SUPER 중학 수학

Level 2

중학교 수학 2 과정

문제 해결력 강화 교재
SUPER
중학 수학

특목고에 진학하거나, 수학 경시 대회에 나가는 학생들은 수학 천재일까요?
꼭, 그렇지만은 않습니다.
그 학생들도 처음에는 평범한 학생으로 출발하였습니다.
그러나 그 학생들에게 물어보면 오랜 시간 특목고와 경시 대회를 목표로 공부해왔다는 것을 알 수 있었습니다.
그렇습니다!
그들도 특화된 문제를 풀기 위해서 그들만의 수많은 시행착오를 걸친 결과였습니다.

수학은 과목의 특성상 수천 또는 수만 개의 유형의 문제일지라도, 그 속에 들어 있는 수학의 개념은 몇 개로 정해져 있습니다.
따라서 다양한 유형의 문제들 속에서, 그 문제들이 묻고자하는 수학 개념이 무엇인지를 파악하는 능력을 기르는 것이 매우 중요합니다.
이렇듯, 특목고나 경시대회의 문제일지라도 기출 문제나 유사한 문제들을 많이 접하고 풀어보다 보면, 그러한 문제를 푸는 능력이 향상 될 수 있을 것입니다.
아무쪼록, SUPER 수학과 함께 여러분의 문제 해결력 능력이 향상되길 기원합니다.

– 지은이 씀 –

Seeing much, suffering much, and studying much, are the three pillars of learning.
(많이 보고, 많이 겪고, 많이 공부하는 것은 배움의 세 기둥이다.)

Constitution

01 개념 정리

특목고 및 경시 대비를 할 수 있도록 교과서의 주요 핵심 내용을 철저히 분석하여 학생들이 이해하기 쉽게 정리하였을 뿐만 아니라 상위 개념도 필요한 경우 교과서 뛰어넘기로 해결할 수 있도록 하였습니다.

I 유리수와 순환소수

1 유리수 ★★

(1) 유리수

a, b가 정수이고 $b \neq 0$일 때, $\frac{a}{b}$ 꼴의 분수로 나타낼 수 있는 수

(2) 유한소수와 무한소수의 판별법

주어진 분수를 기약분수로 나타내었을 때

교과서 뛰어넘기

곱셈 공식의 변형 (1)

① $a^3+b^3=(a+b)^3-3ab(a+b)$, $a^3-b^3=(a-b)^3+$

② $a^3+\frac{1}{a^3}=\left(a+\frac{1}{a}\right)^3-3\left(a+\frac{1}{a}\right)$, $a^3-\frac{1}{a^3}=\left(a-\frac{1}{a}\right.$

곱셈 공식의 변형 (2)

교과서 뛰어넘기 _고등학교 과정이 필요한 개념 및 정리를 다루어 문제를 해결하는데 용이하도록 하였습니다.

02 특목고 대비 문제

그 동안 출제되었던 과학고, 외고, 영재고, 자립형 사립고, 민사고 등의 문제를 분석하여 실제 기출 문제와 동일한 유형 및 출제가 예상되는 문제를 다양하게 다루어 특목고에 대비할 수 있게 하였습니다.

특목고 대비 문제

1 유리수와 유리수 사이에는 또다른 유리수가 항상 존재함을 보여라.

03 특목고 구술 · 면접 대비 문제

그 단원에서 가장 중요한 내용을 가지고 실제 특목고에서 출제된 구술 · 면접 문제와 동일한 유형으로 출제하여 특목고 시험에서 자신감을 가질 수 있도록 하였습니다.

특목고 구술 · 면접 대비 문제

01 0.6066 또는 $\frac{91}{15}=6.0666\cdots=6.0\dot{6}$과 같이 숫자 0과 6으로만 이루어진 소 타낼 수 있는 수를 '별난 수'라고 하자. 수 $\frac{1}{2}$을 별난 수들의 합으로 나타낼 도 몇 개의 별난 수가 필요한지 판정하고 가장 적은 개수의 별난 수들의 합 타낸 예를 들어 보아라.

과고, 외고, 영재고, 자립형 사립고, 민사고 경시에서 출제되었던 문제를 종합적으로 분석하여 출제 가능성이 높은 유형만을 수록하였기 때문에 어떤 특목고 및 경시 시험도 절대로 Super Math를 벗어날 수 없게 만들었습니다.

04 시 · 도 경시 대비 문제

각 시 · 도에서 출제된 경시 문제를 종합적으로 분석하여 출제가 예상되는 문제를 통해 시 · 도 경시 대회에 대비할 수 있게 하였습니다.

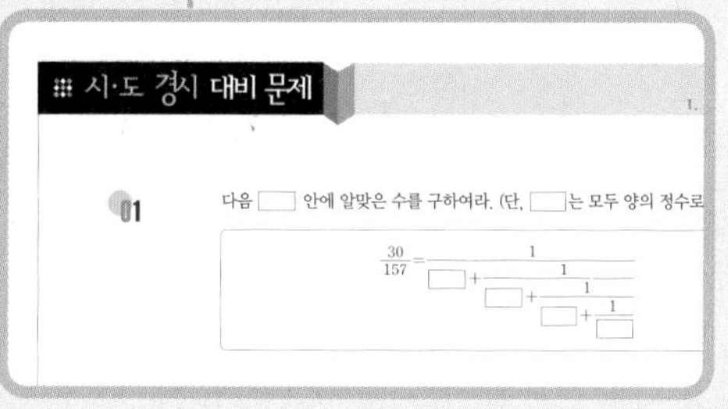

05 올림피아드 대비 문제

시 · 도 경시 및 올림피아드에 출전하고 싶은 학생들을 위해 중학교 교육 과정 및 중학교 교육 과정을 뛰어 넘는 문제를 다루어 올림피아드의 시험 문제 유형을 파악하여 올림피아드에 대비할 수 있도록 하였습니다.

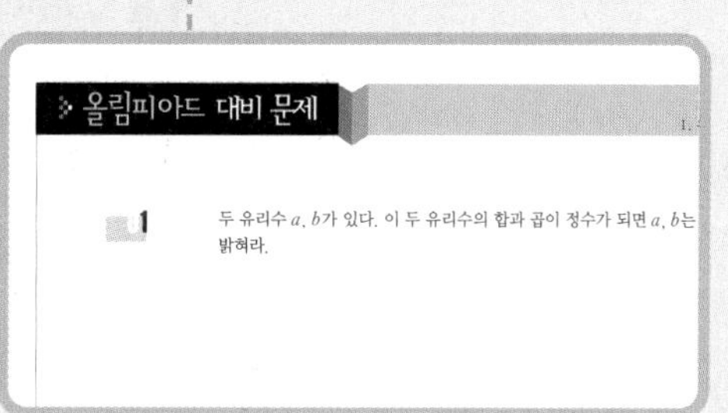

06 정답 및 해설

정답 및 해설을 학생들의 입장에서 가능한 이해하기 쉽게 자세한 풀이를 하였습니다.

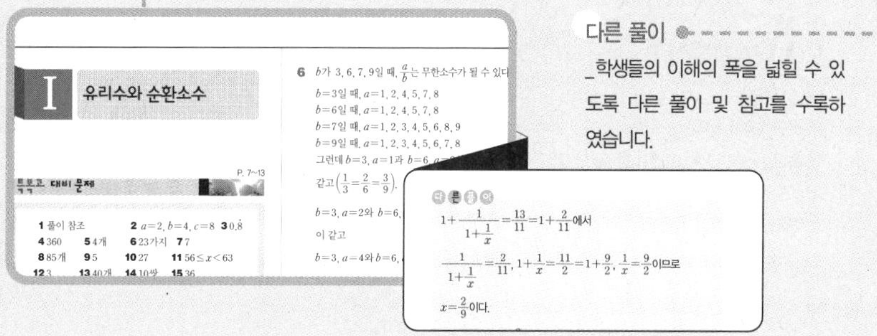

다른 풀이

_학생들의 이해의 폭을 넓힐 수 있도록 다른 풀이 및 참고를 수록하였습니다.

Contents

Chapter I

유리수와 순환소수

Ⅰ 유리수와 순환소수

1 유리수 ★★

> **point**
> 정수가 아닌 유리수에는 유한소수와 무한소수(순환소수)가 있다.

(1) 유리수

a, b가 정수이고 $b \neq 0$일 때, $\dfrac{a}{b}$꼴의 분수로 나타낼 수 있는 수

- 유리수
  - 정수
    - 양의 정수
    - 0
    - 음의 정수
  - 정수가 아닌 유리수

(2) 유한소수와 무한소수의 판별법

> **point**
> 유한소수를 기약분수로 나타내면 그 분모의 소인수는 2나 5뿐이다.

주어진 분수를 기약분수로 나타내었을 때

① 분모의 소인수가 2나 5뿐이면 유한소수로 나타낼 수 있다.

예 $\dfrac{3}{5}=0.6$, $\dfrac{7}{20}=\dfrac{7}{2^2\times5}=0.35$

② 분모의 소인수가 2나 5 이외의 수가 있으면 무한소수이다.

예 $\dfrac{1}{3}=0.333\cdots$, $\dfrac{7}{30}=\dfrac{7}{2\times3\times5}=0.233\cdots$

2 유리수와 순환소수 ★★★

(1) 순환소수

소수점 아래의 어떤 자리에서부터 일정한 숫자의 배열이 한없이 되풀이되는 소수

① 순환마디 : 순환소수에서 되풀이되는 숫자의 한 부분

예 $0.333\cdots \Rightarrow 3$ $0.375375375\cdots \Rightarrow 375$ $0.12343434\cdots \Rightarrow 34$

② 순환소수의 표현 : 순환마디의 양 끝의 숫자 위에 점을 찍어 나타낸다.

예 $0.333\cdots \Rightarrow 0.\dot{3}$ $0.375375375\cdots \Rightarrow 0.\dot{3}7\dot{5}$ $0.12343434\cdots \Rightarrow 0.12\dot{3}\dot{4}$

(2) 순환소수를 분수로 나타내는 방법

> **point**
> 순환소수를 분수로 고칠 때, 양변을 10배, 100배, 1000배, … 곱하여 같은 소수 부분을 없애버림으로써 정수 부분만 남는다.

① 주어진 순환소수를 x로 놓는다.

② 양변에 10, 100, 1000, … 등 적당한 수를 곱하여 순환마디를 일치시킨다.

③ 두 식을 변끼리 빼서 x의 값을 구한다.

(3) 순환소수는 다음과 같이 간단히 분수로 나타낼 수 있다.

$0.\dot{a}=\dfrac{a}{9}$, $0.\dot{a}\dot{b}=\dfrac{ab}{99}$, $0.\dot{a}b\dot{c}=\dfrac{abc}{999}$, $0.a\dot{b}\dot{c}=\dfrac{abc-a}{990}$, $a.b\dot{c}d\dot{e}=\dfrac{abcde-ab}{9990}$

(4) 유리수와 순환소수

> **point**
> 무리수 : 순환하지 않는 무한소수

① 유리소수와 순환소수는 모두 유리수이다.

② 모든 유리수는 유한소수나 순환소수로 나타낼 수 있다.

소수의 분류

- 소수
  - 유한소수 — 유리수
  - 무한소수
    - 순환소수 — 유리수
    - 순환하지 않는 무한소수

특목고 대비 문제

정답 및 해설 p. 2

01 유리수와 유리수 사이에는 또다른 유리수가 항상 존재함을 보여라.

02 a, b, c는 모두 자연수이고 $2 \leq a \leq 6$, $4 \leq c \leq 8$, $a < b < c$이다. 세 순환소수 $0.\dot{a}$, $0.0\dot{b}$, $0.00\dot{c}$가 $(0.0\dot{b})^2 = 0.\dot{a} \times 0.00\dot{c}$를 만족시킬 때, a, b, c의 값을 각각 구하여라.

신유형 new

03 두 수 x, y에 대하여 기호 ☆를

$$x ☆ y = \begin{cases} x & (x > y) \\ 1 & (x = y) \\ y & (x < y) \end{cases}$$

로 정의할 때, $0.8☆(0.\dot{8}☆0.88)$의 값을 구하여라.

04 $x = \dfrac{3}{41}$을 소수로 나타낼 때, 소수점 아래 100번째 자리까지 나타나는 모든 숫자의 합을 구하여라.

05 n이 $1\le n\le 100$인 자연수일 때, $\frac{n}{210}$이 유한소수가 되게 하는 n의 개수를 구하여라.

신유형 new

06 a와 b가 1 이상 9 이하의 자연수 일 때, $\frac{a}{b}$가 무한소수가 되는 경우의 수를 구하여라. $\left(\text{단, }\frac{a}{b}\text{는 기약분수이다.}\right)$

07 $\frac{2}{3}<0.\dot{a}<\frac{4}{5}$를 만족하는 정수 a의 값을 구하여라. (단, $0.\dot{a}$는 순환소수이다.)

신유형 new

08 분수 $1, \frac{1}{2}, \frac{1}{3}, \cdots, \frac{1}{100}$ 중에서 유한소수가 아닌 순환소수의 개수를 구하여라.

09 순환소수 $x=0.2063420634\cdots$에 대하여 $1-x$를 소수로 나타내었을 때, 소숫점 아래 100번째 자리의 수를 구하여라.

신유형 new

10 $\frac{1}{3}\left(\frac{1}{10}+\frac{1}{100}+\frac{1}{1000}+\cdots\right)$을 간단히 하면 $\frac{1}{a}$이 된다. 이때, a의 값을 구하여라.

11 $[x]$는 x보다 크지 않은 최대의 정수이다. 예를 들면 $[2.1]=2$이다. $\left[\frac{x}{7}\right]=8$일 때, x의 값의 범위를 구하여라.

12 자연수 a에 $1.\dot{8}$을 곱해야 할 것으로 잘못하여 1.8을 곱하였더니 정답과 오답의 차가 $0.2\dot{6}$이 되었다. 이때, a의 값을 구하여라.

13 $1 \le a \le 100$일 때, $\frac{a}{100}$가 기약분수가 되는 정수 a의 개수를 구하여라.

신유형 new

14 순환소수 $5.\dot{a}\dot{b}$를 소수점 아래 둘째 자리에서 반올림하였더니 5.3이 되었다. 이때, (a, b)는 모두 몇 쌍인지 구하여라.

15 두 순환소수 $0.\dot{a}2\dot{b}$와 $0.\dot{a}b\dot{2}$의 합이 $\frac{307}{333}$일 때, a와 b의 곱 ab의 값을 구하여라.

(단, a와 b는 한 자리의 자연수이다.)

16 연속한 세 홀수 a, b, c에 대하여 $20 \le bc - ab \le 24$일 때, $0.\dot{a} + 0.\dot{b} + 0.\dot{c}$의 값을 구하여라. (단, $a < b < c$)

17 분수 $\frac{a}{7700}$를 소수로 나타낼 때, 유한소수가 되는 1000 이하의 자연수 a의 개수를 구하여라.

18 $x=0.\dot{a}$이고 $1+\dfrac{1}{1+\dfrac{1}{x}}=\dfrac{13}{11}$이라고 할 때, a의 값을 구하여라.

신유형 new

19 분모와 분자의 합이 50인 기약분수를 소수로 나타내어 소수점 아래 둘째 자리에서 반올림하였더니 0.3이 되었다. 이러한 분수를 모두 구하여라.

20 분수 $\dfrac{1}{2}, \dfrac{1}{3}, \dfrac{1}{4}, \cdots, \dfrac{1}{90}$ 중에서 유한소수가 아닌 순환소수의 개수를 구하여라.

21 $x=\frac{5}{7}$를 소수로 나타낼 때, 소수점 아래 2006번째 자리의 수를 구하여라.

22 다음 조건을 만족하는 x, y, z의 값에 대하여 $\frac{x}{10y+z}$를 순환소수로 나타내어라.

Ⅰ. $1-\frac{1}{2+\frac{1}{x}}=0.\dot{5}\dot{1}$

Ⅱ. y는 $\frac{2}{9}$의 순환마디이다.

Ⅲ. z는 $\frac{7}{90}$의 순환마디이다.

23 $x=\frac{3}{13}$일 때, 10^6x-x의 각 자리의 수의 합을 구하여라.

❖ 특목고 구술 · 면접 대비 문제

01 0.6066 또는 $\frac{91}{15}=6.0666\cdots=6.0\dot{6}$과 같이 숫자 0과 6으로만 이루어진 소수로 나타낼 수 있는 수를 '별난 수'라고 하자. 수 $\frac{1}{2}$을 별난 수들의 합으로 나타낼 때, 적어도 몇 개의 별난 수가 필요한지 판정하고 가장 적은 개수의 별난 수들의 합으로 나타낸 예를 들어 보아라.

02 $x◎y=\begin{cases} 1 & (x=y\text{일 때}) \\ 0 & (x\neq y\text{일 때}) \end{cases}$ 이라 하면 $a=0.1\dot{9}$, $b=0.2$, $c=0.\dot{0}\dot{1}$, $d=\frac{1}{90}$일 때, $(a◎b)◎(c◎d)$의 값을 구하여라.

03 기약분수 $\frac{b}{a}(a>b)$가 유한소수가 되려면 분모 a가 2나 5이외의 소인수를 갖지 않아야 하고 기약분수 $\frac{b}{a}$에서 분모 a가 2나 5 이외의 소인수를 갖지않으면 $\frac{b}{a}$는 유한소수가 됨을 설명하여라.

04 순환하는 무한소수는 유리수임을 설명하여라.

05 다음은 소수 0.3593…을 이용하여 영어 단어 LOVE를 암호문으로 만드는 방법이다.

(1) 암호문으로 바꾸려는 영어 단어의 각 문자와 소수점 아래의 각 자리의 숫자를 다음과 같이 차례대로 대응시킨다.

L	O	V	E	
⇅	⇅	⇅	⇅	
0. 3	5	9	3	…

(2) 주어진 문자를 영어 알파벳에서 다음과 같이 대응된 수만큼 뒤에 나오는 문자로 바꾼다.

① L은 L로부터 세 문자 뒤의 O로 바꾼다.

② O는 O로부터 다섯 문자 뒤의 T로 바꾼다.

③ V는 V의 아홉 문자 뒤의 문자로 보내야 하지만 그런 문자가 없으므로 Z 뒤의 문자를 A로 생각하여 E로 바꾼다.

(3) 만약 같은 숫자가 다시 나오면 다음과 같이 그 숫자에 그 숫자가 나타난 횟수를 곱한 수만큼 뒤의 문자를 선택한다.

④ E에 대응되는 3이 두 번째로 나오므로 E는 E로부터 여섯 문자 뒤의 K로 바꾼다.

(4) 이렇게 하여 LOVE의 암호문은 OTEK가 된다.

이와 같은 방법으로 $\frac{14}{111}$를 이용하여 만들어진 암호문이 NCZJIYDZAGA라고 할 때, 원래의 영어 단어를 말하여라.

시·도 경시 대비 문제

01 다음 □ 안에 알맞은 수를 구하여라. (단, □는 모두 양의 정수로 한다.)

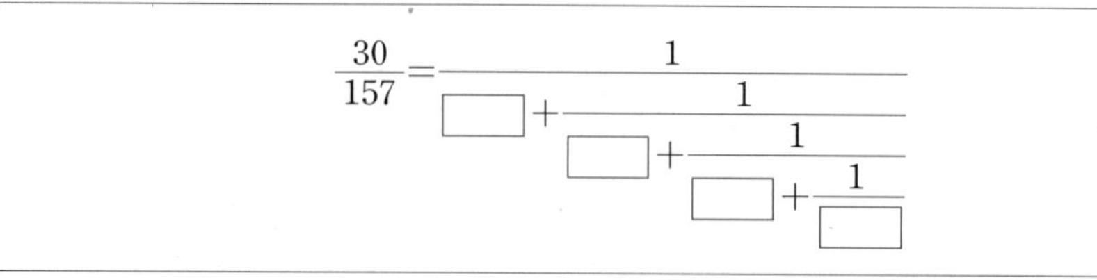

$$\frac{30}{157}=\cfrac{1}{\square+\cfrac{1}{\square+\cfrac{1}{\square+\cfrac{1}{\square}}}}$$

02 역수들의 합이 1이 되는 자연수들의 합으로 표시될 수 있는 수를 '좋은 수'라고 부른다. 예를 들면 $\frac{1}{2}+\frac{1}{2}=1$이므로 $2+2=4$는 좋은 수이다. 다음 중 좋은 수가 될 수 <u>없는</u> 것은?

① 9 ② 10 ③ 11 ④ 15 ⑤ 16

03 양의 정수 a, b, c, d에 대하여 $\frac{a}{b}<\frac{c}{d}$라 하면 $\frac{a+c}{b+d}$는 두 유리수 $\frac{a}{b}$와 $\frac{c}{d}$ 사이에 있음을 보여라.

04 분모가 20과 30 사이에 있는 기약분수를 소수로 나타내면 무한소수 $0.06\cdots$이 된다고 한다. 이 분수를 구하여라.

05 x가 1에서 1500까지의 정수일 때, 정수가 아닌 유리수 $\frac{x}{180}$가 소수점 아래 첫째 자리부터 순환마디가 시작되는 순환소수가 되도록 하는 x의 개수를 구하여라.

06 $S=\frac{2}{10}+\frac{3}{100}+\frac{4}{1000}+\frac{5}{10000}+\cdots$일 때, S를 소수로 나타내면 이 소수의 각 자리의 수에는 1부터 9까지의 숫자 중 들어 있지 않은 수가 있다. 그 숫자를 구하여라.

07 두 순환소수 $0.\dot{a}\dot{b}$와 $0.\dot{b}\dot{a}$의 합은 1이고 순환소수 $0.\dot{a}\dot{b}$에 $\frac{5}{6}$를 곱하였더니 순환소수 $0.\dot{b}\dot{a}$가 되었다. 이때, $a-b$의 값을 구하여라.

08 기약분수 $\frac{b}{a\times1111}$를 순환소수로 나타낸 값이 c이고 $(c\times9999.\dot{9}-c)$가 자연수일 때, 그 최댓값을 구하여라. (단, a, b는 1보다 크고 10보다 작은 자연수이다.)

09 어떤 정수를 6으로 나누어 그 몫을 소수점 아래 첫째 자리에서 반올림하면 9가 되고, 3으로 나누어 그 몫을 소수점 아래 첫째 자리에서 반올림하면 18이 된다고 한다. 이 정수를 구하여라.

10

0, 1, 2, 3, 4, 5, 6, 7, 8, 9에서 서로 다른 두 수를 뽑아 나눗셈으로 표현할 수 있는 수들에 대하여 다음 물음에 답하여라.

(1) 유리수의 개수를 구하여라.
(단, 약분하지 않은 수는 약분한 수와 다른 것으로 간주한다.)

(2) 0보다 크고 1보다 작은 기약분수의 개수를 구하여라.

11

다음 문제를 푼 뒤 암호판을 참고하여 시를 완성하여라.

① $0.6\dot{\text{㉠}}=0.7$	② $1.\dot{9}=$㉡	③ $0.\dot{\text{㉢}}=\frac{4}{9}$
④ $0.\dot{\text{㉣}}\dot{\text{㉤}}=\frac{26}{33}$	⑤ $0.\dot{\text{㉥}}=\frac{1}{9}$	⑥ $2.\dot{3}\dot{\text{㉦}}=\frac{26}{11}$
⑦ $1.\dot{\text{㉧}}=\frac{4}{3}$	⑧ $3.\dot{\text{㉨}}=\frac{32}{9}$	

암호판

1	2	3	4	5	6	7	8	9
피	흔	이	어	지	면	세	는	꽃

㉡들리며 ㉥㉤ ㉠

– 도종환 –

㉡들리㉨ 않고 ㉥㉤ ㉠㉧ ㉢디 있으랴
㉧ ㉣상 그 ㉢떤 아름다운 ㉠들도
다 ㉡들리㉦서 ㉥었나니
㉡들리㉦서 줄기를 곧게 ㉣웠나니
㉡들리㉨ 않고 가㉤ 사랑㉧ ㉢디 있으랴

올림피아드 대비 문제

01 두 유리수 a, b가 있다. 이 두 유리수의 합과 곱이 정수가 되면 a, b는 정수가 됨을 밝혀라.

02 a_n은 $1^3+2^3+3^3+\cdots+n^3$의 일의 자리의 수이다. $0.a_1a_2a_3\cdots$이 유리수임을 설명하여라.

3 어떤 금속 막대기를 1001등분하는 1000개의 각 점에 빨간 구슬을 박고 1002등분하는 1001개의 각 점에 파란 구슬을 박은 다음, 이 막대기를 2003등분하여 잘라 내었다. 이렇게 만들어진 2003개의 토막 중 구슬이 박혀 있는 토막의 개수를 구하여라. (단, 구슬은 부피가 없는 점으로 간주한다.)

4 p와 q가 자연수이고 $\frac{p}{q}=1-\frac{1}{2}+\frac{1}{3}-\frac{1}{4}+\cdots-\frac{1}{1318}+\frac{1}{1319}$을 만족시키면 p는 1979로 나누어 떨어짐을 설명하여라.

한국 수학 올림피아드 (KMO : Korean Mathematical Olympiad)

* 주관 : 대한수학회(www.kms.or.kr)

한국 수학 올림피아드는 대한수학회가 주최하는 전국 규모의 수학 경시대회로서 우리나라 수학 영재들의 발굴을 목적으로 하며, 시험은 1차 시험과 2차 시험이 있다. 1차, 2차 시험에 합격한 학생에게 국제 수학 올림피아드 한국 대표로 참가하게 된다.

* 한국 수학 올림피아드 1차 시험(중등부)

1. 지원 대상

① 중학교 재학생 또는 이에 준하는 자

② 탁월한 수학적 재능이 있는 초등학생 또는 이에 준하는 자

- 현재 재학생이 아닌 경우 초등 · 중학교 교육과정에 해당하는 나이이면 중등부 시험에 지원 가능함.

2. 시험 유형 : 주관식 단답형 20문항, 100점 만점

- 각 문항의 배점은 난이도에 따라 4점, 5점, 6점으로 구성
- 답안은 OMR 카드에 작성하게 되어 있으므로 컴퓨터용 수성 사인펜을 지참하여야 함.

3. 출제 범위 : 기하, 정수, 함수, 부등식, 경우의 수 등

4. 시상

(1) 시상 원칙

- 전국 성적순으로 전국 금상, 은상, 동상, 장려상을 시상하며 지역별 성적순으로 지역 금상, 은상, 동상, 장려상을 시상함.
- 지역 구분은 서울특별시, 부산광역시, 대구광역시, 인천광역시, 광주광역시, 대전광역시, 울산광역시, 경기도, 강원도, 충청북도, 충청남도, 경상북도, 경상남도, 전라북도, 전라남도, 제주도의 16개 시 · 도 · 광역시로 나눔.

(2) 시상 범위

- 전국상은 총 응시자의 10% 내외가 되도록 금상, 은상, 동상, 장려상을 시상함을 원칙으로 함.
  지역상은 지역별 응시자수와 득점 상황을 고려하여 금상, 은상, 동상, 장려상을 시상함. 한 학생이 전국상과 지역상을 둘 다 받을 수 있음.

* 한국 수학 올림피아드 2차 시험(고등부 및 중등부)

1. 응시 자격

고등부 – ① 한국 수학 올림피아드 고등부 1차 교육 및 수행평가에서 우수한 성적을 거두어 KMO 고등부 시험 응시 자격을 부여받은 자

② 한국 수학 올림피아드 위원회에서 추천한 자

중등부 – ① 한국 수학 올림피아드 중등부 1차 시험에서 우수한 성적을 거두어 KMO 중등부 2차 시험 응시 자격을 부여받은 자(전국상 동상 이상 수상자와 지역상 동상 이상 수상자)

② 한국 수학 올림피아드 위원회에서 추천한 자

2. 시험 유형

주관식 서술형 8문항(오전, 오후 각 4문항씩 총 5시간)

3. 출제 범위

출체 범위는 국제 수학 올림피아드(IMO)의 출제 범위와 동일함. 기하, 정수, 대수(함수 및 부등식), 조합 등 4분야의 문제가 출제되며, 미적분은 제외됨. 중등부에서는 고등부보다 다소 적은 수학적 지식을 갖고도 풀 수 있는 문제가 출제됨.

Chapter Ⅱ

식의 계산

Ⅱ 식의 계산

1 지수법칙 ★★★

point
거듭제곱 : 같은 수를 여러 번 곱한 것

m, n이 정수(유리수)일 때 $(a\neq 0)$

(1) $a^m\times a^n=a^{m+n}$

(2) $(a^m)^n=a^{mn}$

(3) $(ab)^n=a^nb^n$, $\left(\dfrac{a}{b}\right)^n=\dfrac{a^n}{b^n}$ (단, $b\neq 0$)

(4) $a^m\div a^n=\begin{cases} a^{m-n} & (m>n) \\ 1 & (m=n) \\ \dfrac{1}{a^{n-m}} & (n>m)\end{cases}$

(5) $a^0=1$, $a^{-n}=\dfrac{1}{a^n}$

2 단항식의 계산 ★★

(1) **단항식의 곱셈** : 지수법칙을 이용하여 계수는 계수끼리 문자는 문자끼리 곱하여 계산한다.

예 $2xy\times 3xy^2=6x^2y^3$, $(-2ab)\times 8a^3b^2=-16a^4b^3$

(2) **단항식의 나눗셈** : 나누는 식의 역수를 곱하여 분수의 모양으로 고친 다음 계산한다.

예 $(-15y^6)\div 5y^2=(-15y^6)\times\dfrac{1}{5y^2}=-3y^4$

(3) **단항식의 혼합 계산**

① 괄호가 있으면 지수법칙을 이용하여 괄호를 푼다.

② 나눗셈은 곱셈으로 바꾼다. 즉, 역수를 곱한다.

③ 계수는 계수끼리, 문자는 같은 문자끼리 계산한다.

point

$A\div B=\dfrac{A}{B}$

$A\div B\div C$
$=A\times\dfrac{1}{B}\times\dfrac{1}{C}=\dfrac{A}{BC}$

$A\div B\times C$
$=A\times\dfrac{1}{B}\times C=\dfrac{AC}{B}$

$A\times B\div C$
$=A\times B\times\dfrac{1}{C}=\dfrac{AB}{C}$

3 비례식 ★

두 수의 비가 같을 때, 이것을 등호로 나타낸 것을 비례식이라 한다.

$\dfrac{a}{b}=\dfrac{c}{d}$이면 다음이 성립한다. (단, $b\neq 0$, $d\neq 0$)

(1) $a:b=c:d$

(2) $ad=bc$

(3) $\dfrac{a+b}{b}=\dfrac{c+d}{d}$, $\dfrac{a-b}{b}=\dfrac{c-d}{d}$

(4) $\dfrac{a+b}{a-b}=\dfrac{c+d}{c-d}$, $\dfrac{a-b}{a+b}=\dfrac{c-d}{c+d}$ (단, (분모) $\neq 0$)

point
비례식에서 외항의 곱과 내항의 곱은 같다.

교과서 뛰어넘기

가비의 리

$$\frac{a}{b}=\frac{c}{d}=\frac{e}{f}=\frac{a+c+e}{b+d+f}=\frac{pa+qc+re}{pb+qd+rf}\ \text{(단, (분모)}\neq 0)$$

4 다항식의 계산 ★★

(1) 다항식의 덧셈과 뺄셈

먼저 괄호를 풀고 동류항끼리 모아서 간단히 하며 여러 가지 괄호가 있는 식의 계산은 소괄호 ( ), 중괄호 { }, 대괄호 [ ] 순으로 푼다.

point
괄호를 푸는 방법
$a+(b-c)=a+b-c$
$a-(b-c)=a-b+c$

(2) 전개와 전개식

① 전개 : 단항식과 다항식의 곱을 풀어서 하나의 다항식을 나타내는 것

② 전개식 : 전개해서 얻은 다항식

예 $3a(2b-c)=6ab-3ac$

(3) 다항식의 곱셈

분배법칙을 이용하여 다항식의 각 항에 단항식을 곱한다.

예 $3x(2x-4y^2)=6x^2-12xy^2$

$m(a+b+c)=ma+mb+mc$, $(a+b+c)m=ma+mb+mc$

point
분배법칙
$a(b+c)=ab+ac$
$(b+c)a=ab+ac$

(4) 다항식의 나눗셈

① 단항식의 나눗셈을 곱셈으로 고친 후 분배법칙을 이용해서 계산한다.

예 $(a+b)\div c=(a+b)\times\frac{1}{c}=a\times\frac{1}{c}+b\times\frac{1}{c}=\frac{a}{c}+\frac{b}{c}$

② 분수의 꼴로 고쳐서 분자의 각 항을 분모로 나누어 계산한다.

예 $(a+b)\div c=\frac{a+b}{c}=\frac{a}{c}+\frac{b}{c}$

point
$\frac{A-B+C}{D}$
$=\frac{A}{D}-\frac{B}{D}+\frac{C}{D}$
$-\frac{A-B-C}{D}$
$=-\frac{A}{D}+\frac{B}{D}+\frac{C}{D}$

5 곱셈 공식 ★★★

(1) 곱셈 공식

① $(a+b)^2=a^2+2ab+b^2$

$(a-b)^2=a^2-2ab+b^2$

② $(a+b)(a-b)=a^2-b^2$

③ $(x+a)(x+b)=x^2+(a+b)x+ab$

④ $(ax+b)(cx+d)=acx^2+(ad+bc)x+bd$

(2) 복잡한 다항식의 곱셈

① 공통 부분이 있으면 하나의 문자로 치환한 후에 곱셈 공식을 이용하여 전개한다.

② 공통 부분이 없으면 공통 부분이 생기도록 묶어서 전개한 다음 치환한다.

point
$(a+b)(b+c)(c+a)$
$=(a+b+c)\cdot(ab+bc+ca)-abc$
$(a+b+c)\cdot(a^2+b^2+c^2-ab-bc-ca)$
$=a^3+b^3+c^3-3abc$
$(a+b+c)^2$
$=a^2+b^2+c^2+2(ab+bc+ca)$

(3) 곱셈 공식의 변형

① $a^2+b^2=(a+b)^2-2ab=(a-b)^2+2ab$
② $a^2+b^2+c^2=(a+b+c)^2-2(ab+bc+ca)$
③ $(a+b)^2=(a-b)^2+4ab$, $(a-b)^2=(a+b)^2-4ab$
④ $a^2+\frac{1}{a^2}=\left(a+\frac{1}{a}\right)^2-2=\left(a-\frac{1}{a}\right)^2+2$
⑤ $\left(a+\frac{1}{a}\right)^2=\left(a-\frac{1}{a}\right)^2+4$, $\left(a-\frac{1}{a}\right)^2=\left(a+\frac{1}{a}\right)^2-4$

교과서 뛰어넘기

곱셈 공식의 변형 (1)

① $a^3+b^3=(a+b)^3-3ab(a+b)$, $a^3-b^3=(a-b)^3+3ab(a-b)$
② $a^3+\frac{1}{a^3}=\left(a+\frac{1}{a}\right)^3-3\left(a+\frac{1}{a}\right)$, $a^3-\frac{1}{a^3}=\left(a-\frac{1}{a}\right)^3+3\left(a-\frac{1}{a}\right)$

곱셈 공식의 변형 (2)

① $(a+b)^3=a^3+3a^2b+3ab^2+b^3$, $(a-b)^3=a^3-3a^2b+3ab^2-b^3$
② $(a+b)(a^2-ab+b^2)=a^3+b^3$, $(a-b)(a^2+ab+b^2)=a^3-b^3$
③ $(x+a)(x+b)(x+c)=x^3+(a+b+c)x^2+(ab+bc+ca)x+abc$
④ $a^2+b^2+c^2-ab-bc-ca=\frac{1}{2}\{(a-b)^2+(b-c)^2+(c-a)^2\}$
⑤ $(a^2+ab+b^2)(a^2-ab+b^2)=a^4+a^2b^2+b^4$
⑥ $(a+b+c)(a^2+b^2+c^2-ab-bc-ca)=a^3+b^3+c^3-3abc$

6 등식의 변형 ★★

(1) 식의 대입

① 식의 값 : 주어진 식의 문자 대신 어떤 수를 대입하여 얻은 값
② 주어진 식의 문자에 그 문자를 나타내는 다른 식을 대입하여 주어진 식을 다른 문자로 나타내는 것

(2) 등식의 변형

point
y에 관하여 나타내기
$y=$(다른 문자에 관한 식)

① 등식의 변형 : 2개 이상의 문자로 이루어진 등식에서 (한 문자)=(다른 문자에 관한 식)으로 나타내는 것
② x에 관하여 푼다. : $x=$(다른 문자에 관한 식)
y에 관하여 푼다. : $y=$(다른 문자에 관한 식)

예 $2x+3y-6=0$을 x에 관하여 풀면 $x=-\frac{3}{2}y+3$
y에 관하여 풀면 $y=-\frac{2}{3}x+2$

정답 및 해설 p. 8

01 $3^5+3^5+3^5=3^a$이고, $2^5+2^5+2^5+2^5=2^b$일 때, $b-a$의 값을 구하여라.

02 $2^{2004}\times5^{2006}$은 몇 자리의 수인지 구하여라.

03 m은 짝수, n이 홀수일 때, $(-1)^{m-n}+(-1)^{m+n}+(-1)^{mn}+(-1)^{2n}$의 값을 구하여라.

04 $A=2^x$일 때, $F(A)=x$로 약속한다. 이때, $F(2^{4(m-2)}\div4^{2m-8})$의 값을 구하여라.

신유형 new

5 $2^x=3^y=a$이고 $\frac{1}{x}+\frac{1}{y}=\frac{1}{2}$일 때, 상수 a의 값을 구하여라.

6 다음 식의 값을 구하여라.

(1) $(-1)+(-1)^2+(-1)^3+\cdots+(-1)^{2006}$

(2) $(-1)\times(-1)^2\times(-1)^3\times\cdots\times(-1)^{2006}$

신유형 new

7 다음과 같이 밑이 2이고 지수가 3의 배수인 200개의 수를 나열하였다. 이들 중 일의 자리의 수가 4인 것의 개수를 구하여라.

$2^3,\ 2^6,\ 2^9,\ 2^{12},\ \cdots,\ 2^{600}$

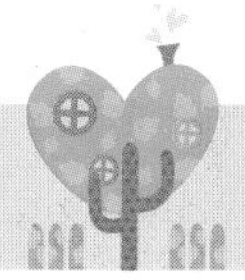

8 다음 식의 값을 구하여라.

(1) $(x+y):y=3:1$일 때, $\frac{x}{x+y}+\frac{y}{x-y}$의 값

(2) $y+\frac{1}{z}=z+\frac{1}{x}=1$일 때, $x+\frac{1}{y}$의 값

9 어떤 식에서 $2x-5y+3$을 더해야 할 것을 잘못하여 이 식을 빼었더니 $4x-6y-2$가 되었다. 옳게 계산했을 때의 답을 구하여라.

10 부피가 125cm^3이고 겉넓이가 180cm^2인 직육면체의 가로, 세로, 높이를 각각 a, b, c라 하면 $b^2=ac$라고 한다. 이때, $a+b+c$의 값을 구하여라.

11 $x^{x+y}=y^4$과 $y^{x+y}=x^4$을 동시에 만족시키는 양의 정수 x, y의 개수를 구하여라.

12 신유형 new

$x_1=97$, $x_2=\dfrac{2}{x_1}$, $x_3=\dfrac{3}{x_2}$, $x_4=\dfrac{4}{x_3}$, $\cdots$, $x_{10}=\dfrac{10}{x_9}$이라 할 때,
$x_1 \cdot x_2 \cdot x_3 \cdot \cdots \cdot x_{10}$의 값을 구하여라.

13 정수 k를 p로 나눈 나머지가 r일 때, $(k, p)=r$이라고 나타내기로 한다.
두 정수 m, n에 대하여 $(m, 5)=4$, $(n, 5)=2$일 때, $(mn, 5)$의 값을 구하여라.

14 $x=\frac{3}{2}$, $y=\frac{4}{3}$일 때, $(x+y)(2x-y)-(x-y)(2x+y)$의 값을 구하여라.

15 두 정수 a, b에 대하여 $\frac{b}{a}<0$, $|a|=4$, $|b|=3$일 때, $(a-b)^2$의 값을 구하여라.

16 $x^2-4x+1=0$일 때, $x^2+\frac{1}{x^2}$의 값을 구하여라.

17 $a-b=3$, $ab=3$일 때, $a^3b+a^2b^2+ab^3$의 값을 구하여라.

18 $x+y=3$, $xy=1$일 때, $x^2(x-y)+y^2(y-x)$의 값을 구하여라.

19 $x+y=8$, $xy=7$일 때, $x-y$의 값을 구하여라. (단, $x>y$)

20 $(-3x^2+2x+1)(x-1)^2$을 전개한 식에서 x^2의 계수를 구하여라.

신유형 new

21 $\frac{1}{a}+\frac{1}{b}+\frac{1}{c}=0$을 만족하는 a, b, c에 대하여

$$P=\frac{a}{(a+b)(a+c)}+\frac{b}{(b+c)(b+a)}+\frac{c}{(c+a)(c+b)}$$

$$Q=\frac{b+c}{a}+\frac{c+a}{b}+\frac{a+b}{c}$$

라고 할 때, $P-Q$의 값을 구하여라.

22 $A=\left(1+\frac{1}{3}\right)\left(1+\frac{1}{3^2}\right)\left(1+\frac{1}{3^4}\right)\left(1+\frac{1}{3^8}\right)$일 때, $1-\frac{2}{3}A$의 값을 구하여라.

23 다음 식을 간단히 하여라.

$$\left(\frac{1}{x+y+z}\right)\left(\frac{1}{x}+\frac{1}{y}+\frac{1}{z}\right)\left(\frac{1}{xy+yz+zx}\right)\left(\frac{1}{xy}+\frac{1}{yz}+\frac{1}{zx}\right)$$

신유형 new

24 $abc=1$일 때, $\frac{a}{ab+a+1}+\frac{b}{bc+b+1}+\frac{c}{ca+c+1}$의 값을 구하여라.
(단, $ab+a\neq-1$, $bc+b\neq-1$, $ca+c\neq-1$)

25 $\dfrac{999\times(1000^2+1001)}{1000\times1001+1}$의 값을 구하여라.

26 $x^2-5x+1=0$일 때, $x^3+2\left(x+\dfrac{1}{x}\right)+\dfrac{1}{x^3}$의 값을 구하여라.

27 $x+y+z=3$, $xy+yz+zx=-4$, $xyz=-12$일 때, 다음 식의 값을 구하여라.

$$(x-1)(y-1)(z-1)$$

신유형 new

28 양의 정수를 제곱한 수, 즉 1, 4, 9, 16, ⋯을 제곱수라 한다. a가 제곱수이고, a 다음으로 큰 제곱수를 b, b 다음으로 큰 제곱수를 c라 할 때, $a+2b+c$의 값을 b를 이용하여 나타내어라.

29 가로, 세로, 대각선에 있는 다항식의 합이 모두 $6x^2-3xy+9y^2$과 같아지도록 빈칸에 알맞은 다항식 또는 수식을 써넣어라.

	$2x^2-xy+3y^2$	
$2x^2-2xy+2y^2$		$x^2+2xy+6y^2$

30 다음 각각의 사다리를 타는 과정을 식으로 쓰고 그 식을 간단히 나타내어 보아라.

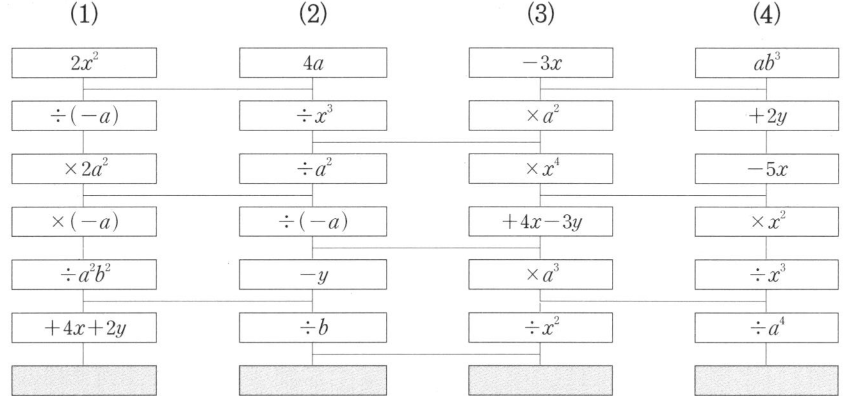

31 a, b, c가 서로 다른 수일 때, $\langle a, b, c\rangle=\dfrac{2b-c}{2a+c}$라고 하자. $\langle a, b, c\rangle=A$라고 할 때, $\langle b, a, -c\rangle$를 A로 나타내어 보아라.

신유형 new

32 농도가 $a\%$인 설탕물 ag이 있다. 이 설탕물에 xg의 물을 섞었더니 농도가 $(a-5)\%$로 낮아졌다. 이때, x의 값을 a로 나타내어라. (단, $a>5$)

33 다음 식의 값을 구하여라.

(1) $\dfrac{1}{2x+1}+\dfrac{1}{2y+1}=1$일 때, $\dfrac{1}{2x-1}+\dfrac{1}{2y-1}$의 값

(2) $\dfrac{1}{x}+\dfrac{1}{y}=3$일 때, $\dfrac{4x-3xy+4y}{3x+3y}$의 값

신유형 new

34 음이 아닌 수 a, b에 대하여 $2^a+2^b\leq1+2^{a+b}$(등호는 $a=0$ 또는 $b=0$일 때 성립)이 성립한다. $a+b+c=5$일 때, $2^a+2^b+2^c$의 최댓값을 구하여라. (단, $c\geq0$)

35 오른쪽 그림과 같이 직사각형 ABCD에서 선분 AB의 길이를 10% 늘려 선분 AB′, 선분 AD의 길이를 10% 줄여 선분 AD′라 하여 직사각형 AB′C′D′를 만들었다. 이때, 줄어든 넓이는 직사각형 ABCD의 넓이의 몇 %인가?

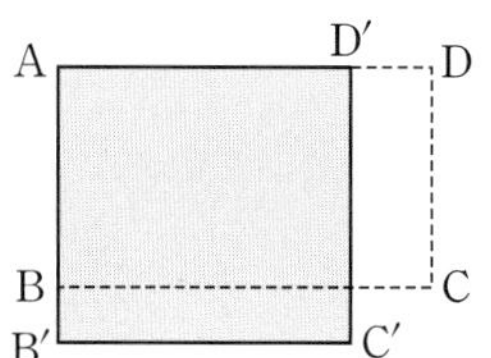

36 어느 강물에 매초 30m의 빠르기로 달리는 배가 있다. 이 배를 타고 매초 10m의 빠르기로 흘러 내려가는 강물을 따라 400m 내려갔다가 쉬지 않고 다시 400m를 거슬러 올라왔다. 이 배가 왕복하는데 걸린 시간을 구하여라.

신유형 new

37 $\langle x, y, z\rangle = 2x+yz$라고 할 때, $x+y=2p$, $y+z=2q$, $z+x=2r$이고, $xy=a$, $yz=b$, $zx=c$이다. 이때, $\langle x, 3y, z\rangle + \langle y, 3z, x\rangle + \langle z, 3x, y\rangle$를 a, b, c, p, q, r를 사용하여 나타내어라.

38 교내 수학경시대회 결과 A, B, C 세 학생의 평균은 p점이고, s점을 받은 D학생을 포함한 네 학생의 평균은 p점보다 x점이 낮았다. 이때, s를 p와 x를 사용하여 나타내어라.

39 두 다항식 A, B에 대하여 $A+B=3x^2-3xy+4y^2$, $A-B=x^2+xy-6y^2$일 때, $3A+B$의 값을 구하여라.

신유형 new

40 다항식 $(203x^2-199x-3)(72y^2+27y+1)$을 전개하였더니 $a_1x^2y^2+a_2x^2y+a_3x^2+\cdots+a_7y^2+a_8y+a_9$라고 할 때, $a_1+a_2+a_3+\cdots+a_9$의 값을 구하여라.

41 오른쪽 그림과 같은 사다리꼴 ABCD의 넓이를 S라고 할 때, a를 b, h, S를 사용하여 나타내어라.

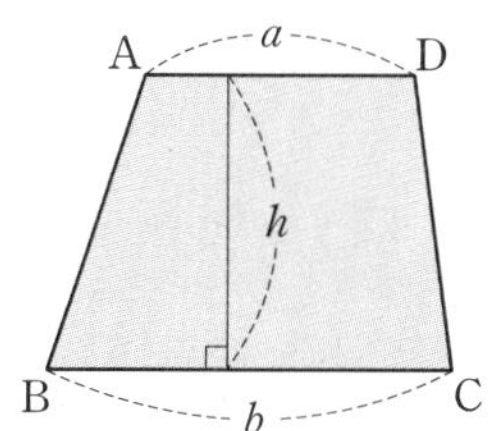

42 $x:y:z=2:3:4$일 때, $\frac{z^2}{xy}+\frac{x^2}{yz}+\frac{y^2}{zx}$의 값을 구하여라. (단, $xyz\neq0$)

특목고 구술 · 면접 대비 문제

01 일환이가 선생님의 연세를 맞출 수 있다고 선생님께 자랑을 하고 있다. “선생님, 1부터 9까지의 숫자 중에서 선생님이 좋아하시는 숫자를 하나 생각하시고 그 수에 9를 곱하세요. 이번에는 선생님의 연세에 10을 곱하시고, 두 번째 나온 수에서 첫 번째 나온 수를 빼시면 얼마입니까?” 라고 물어서 답을 해 주었더니 정말로 알아맞히었다.

선생님의 연세가 32세이고, 좋아하는 숫자가 3이라고 했을 때, $320-27=293$이다. 일환이는 293을 $29+3=32$라는 계산으로 선생님의 연세를 알아맞힐 수 있었다. 선생님의 연세가 20세 이상 90세 미만일 경우는 언제나 위와 같이 계산을 하면 선생님의 연세를 알아맞힐 수 있음을 설명하여라.

02 오른쪽 그림과 같은 직각삼각형 OAB가 있다. $\overline{OA}=20$, $\overline{OB}=30$이고, $\overline{OA}$ 위에 한 점 C를 잡아서 $\overline{OC}=x$인 직사각형 OCDE를 만들었을 때, □OCDE의 넓이를 x를 사용하여 나타내어라.

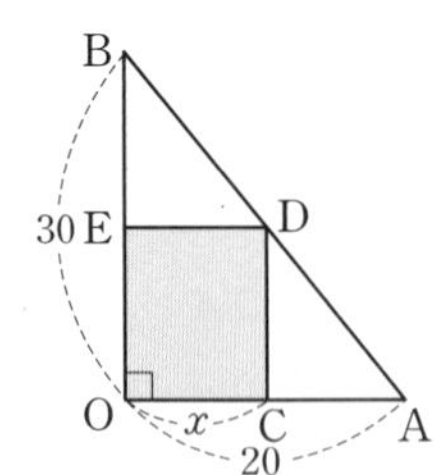

03 우진이는 구열이를 집으로 초대하여 함께 계란을 삶아 먹기로 했다. 그런데 집에는 엄마도 안 계시고, 시간을 잴 수 있는 물건이라고는 7분짜리 모래시계와 11분짜리 모래시계 밖에는 없었다. 또, 우진이와 구열이는 한번도 계란을 삶아 본 적이 없어서 고민에 빠졌다. '어떻게 하면 먹기 좋은 완숙을 정확하게 삶아 낼 수 있을까?' 한참 후에 우진이는 엄마가 하셨던 말이 생각났다. "맛있는 완숙을 만들려면 계란을 15분 동안 삶는 것이 좋지…" 우진이와 구열이는 잠시 후에 맛있는 완숙을 먹을 수 있었다. 과연 7분짜리 모래시계와 11분짜리 모래시계를 가지고 어떻게 정확히 15분의 시간을 맞추어 맛있는 완숙을 만들 수 있었을지 설명하여라.

04 높이가 70m인 나무가 한 그루 있다. 나무 꼭대기에는 굼벵이가 한 마리 있고, 나무의 뿌리 쪽에는 달팽이가 한 마리 있다. 굼벵이는 매일 낮에는 $\frac{1}{3}$m씩 내려오고, 밤이 되면 $\frac{1}{5}$m씩 올라간다. 달팽이는 낮에는 1m씩 올라가고, 밤이 되면 $\frac{1}{3}$m씩 내려온다. 그리고 이 나무는 낮에는 $\frac{1}{4}$m씩 자라고, 밤에는 $\frac{1}{8}$m씩 줄어든다. 그러면 굼벵이와 달팽이가 며칠 째에 만나게 되는지 구하여라.
(단, 나무는 일부만 집중적으로 자라는 것이 아니라 전체적으로 골고루 자란다.)

시·도 경시 대비 문제

01 $a^y=x$를 $y=\nabla_a x$로 나타내기로 한다. 예를 들면, $2^5=32$는 $5=\nabla_2 32$이다.
1이 아닌 양의 정수 a, b, c에 대하여 다음이 성립함을 보여라.
(1) $\nabla_a b+\nabla_a c=\nabla_a bc$
(2) $\nabla_a b\cdot\nabla_b c=\nabla_a c$

02 다음 표는 가로줄의 다항식과 세로줄의 다항식을 각각 곱하여 가로줄과 세로줄이 만나는 칸에 나타낸 것이다. 이때, 알맞은 다항식 A, B, C를 구하여라.

×	A	$2x+y-1$
B	$x^2+(3-y)x-y+2$	$2x^2+(y+1)x+y-1$
$2y-3$	$(2y-3)x-2y^2+7y-6$	C

03 재민이가 영헌이에게 좋아하는 네 자리 수를 생각하라고 하고, 네 자리 수에서 각 자리의 숫자 중에 어느 하나를 지우라고 하였다. 남은 세 개의 숫자를 세 자리 수라고 생각한 다음, 세 자리 수에서 원래의 네 자리 수의 각 자리의 숫자의 합을 뺀 수는 얼마인지를 말해 달라고 하였는데, 재민이는 영헌이가 말한 수를 듣고 처음 네 자리 수에서 지운 숫자가 무엇인지를 알아 맞히었다. 예를 들어, 영헌이가 3651이라는 숫자를 생각했고, 그 중에서 5를 지웠다고 하면 361을 생각하면 된다. 이 수에서 원래의 네 자리의 수의 각 자리의 숫자의 합 $3+6+5+1=15$를 빼면, 즉 $361-15=346$이 된다. 이 수를 말해 주면 재민이는 영헌이가 5를 지웠다는 사실을 알게 된다는 것이다. 과연 재민이는 어떻게 지운 수를 맞힐 수 있었는지 설명해 보아라.

04 오른쪽 그림은 찬이네 집의 도면이다. 그림과 같이 거실에 장판을 새로 깔려고 할 때, 필요한 장판의 넓이를 구하여라. (단, 거실의 넓이는 바닥 부분만 생각하기로 한다.)

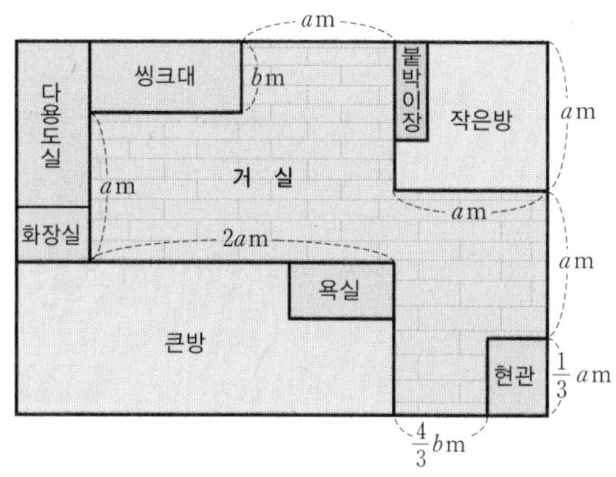

05 나열된 n개의 실수 $a_1, a_2, a_3, \cdots, a_n$에서 임의의 연속된 3개 항의 합은 양수이고, 임의의 연속된 5개 항의 합은 음수이다. 이때, 다음 물음에 답하여라.

(1) $n \le 6$임을 설명하여라.

(2) $n=6$일 때의 예를 들어라.

06 다음 식의 값을 구하여라.

$$\frac{1}{2^{-2006}+1}+\frac{1}{2^{-2005}+1}+\cdots+\frac{1}{2^{-1}+1}+\frac{1}{2^{0}+1}+\frac{1}{2^{1}+1}+\cdots+\frac{1}{2^{2005}+1}+\frac{1}{2^{2006}+1}$$

07 계산 기호 $*$ 를 임의의 실수 x, y, z에 대하여 다음과 같이 정의한다.

Ⅰ. $x*x=0$
Ⅱ. $x*(y*z)=(x*y)+z$

이때, $2006*2005$의 값을 구하여라.

08 등식 $(1+2x+x^2)^n=a_0+a_1x+a_2x^2+\cdots+a_{2n}x^{2n}$에서
$S=a_0+a_2+a_4+\cdots+a_{2n}$이라 할 때, S의 값을 구하여라.

09 다음 그림과 같이 첫줄에 40개의 바둑알을 늘어놓고, 점차적으로 바둑알을 3개씩 적게 늘어놓았다. x의 위치에 y개의 바둑알을 늘어놓았을 때, y를 x에 관한 식으로 나타내어라. (단, $x\leq14$)

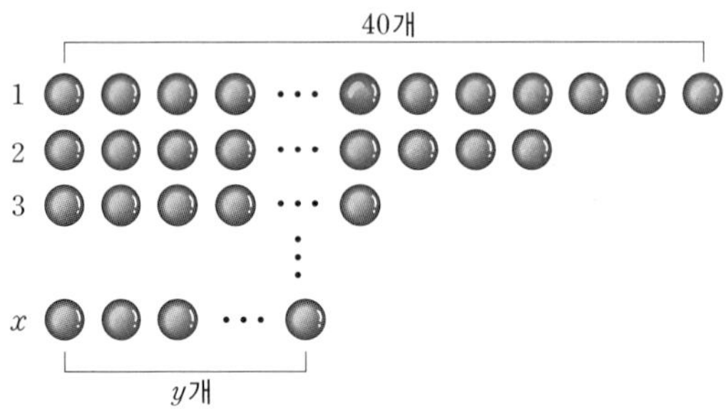

10 서로 다른 6개의 양수 중에서 5개씩 뽑아서 곱하였더니 각각 1, 3, 5, 15, 45, 75가 된다고 한다. 6개의 양수 중에서 가장 큰 수를 M, 가장 작은 수를 m이라고 할 때, $M+5m$의 값을 구하여라.

11

태양 에너지는 대표적인 대체 에너지원으로 태양 전지판을 사용하여 전기 에너지를 얻는다. 어떤 태양 전지판이 $1\mathrm{m}^2$에 $1000\mathrm{W}$의 태양 에너지를 흡수하고, 이 중 12%를 전기 에너지로 바꿀 수 있다고 할 때, 태양 전지판의 넓이를 $x\mathrm{m}^2$, 태양 전지판이 발생시킬 수 있는 전기 에너지를 $y\mathrm{W}$라고 할 때, y를 x에 관한 식으로 나타내어라.

12

다음 물음에 답하여라.

(1) $\dfrac{c}{a\cdot b}=\dfrac{c}{b-a}\left(\dfrac{1}{a}-\dfrac{1}{b}\right)$임을 보여라.

(2) $\dfrac{1}{1\cdot3}+\dfrac{1}{3\cdot5}+\dfrac{1}{5\cdot7}+\cdots+\dfrac{1}{19\cdot21}$의 값을 구하여라.

13

오른쪽 그림과 같이 10명이 원형으로 서 있다. 10명이 각각 좋아하는 수 한 개씩을 좌우에 이웃해 있는 사람에게 말하였다. 이웃한 두 사람으로부터 들은 수의 평균이 오른쪽 그림과 같을 때, 평균이 14인 사람이 좋아하는 수를 구하여라.

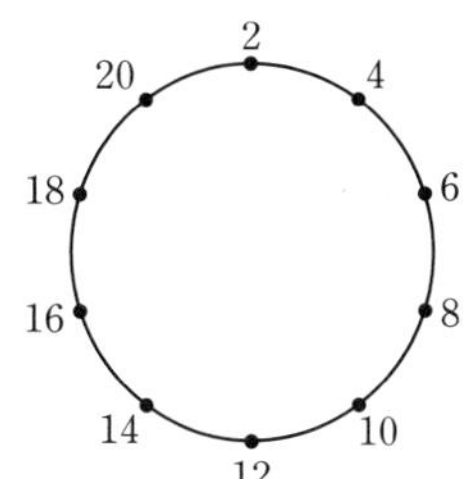

올림피아드 대비 문제

01 다음 그림에서 다섯 번째 삼각형에 알맞은 수를 써넣고, 그와 같이 해결한 이유를 설명하여라.

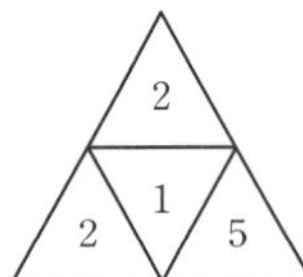

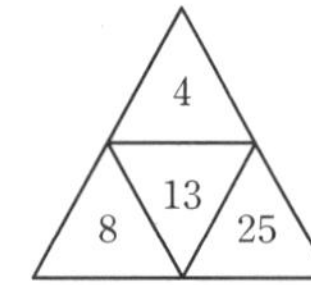

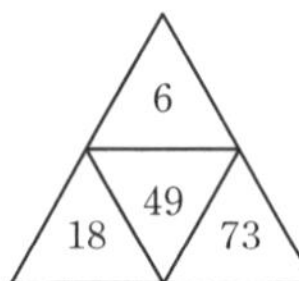

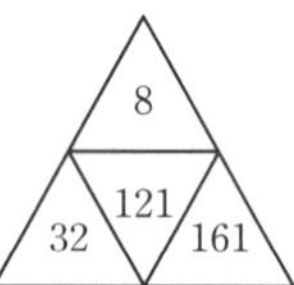

02 어떤 통신 회사에서는 휴대폰의 이용 시간이 2시간을 초과하거나 데이터 이용량이 100MB를 초과하는 경우에 각각의 변수를 고려하여 2배의 요금을 부과하고자 한다.

	이용 시간(1분)	데이터 이용량(1MB)
금 액	500원	200원

이러한 점을 고려하여 요금을 산출하는 관계식을 위의 두 변수를 이용하여 만들어 보아라. (단, 이용 시간을 x분, 데이터 이용량을 yMB로 생각하여 관계식을 만드는 것으로 한다.)

03 실수 a, b, c에 대하여 $a+\frac{4}{b}=1$, $b+\frac{1}{c}=4$일 때, abc의 값을 구하여라.

04 $a\neq b$, $b\neq c$이고 a, b, c가 $\frac{a^2+3a}{a+1}=\frac{b^2+3b}{b+1}=\frac{c^2+3c}{c+1}=k$일 때, $a=c$임을 설명하여라. (단, 두 수 m, n에 대하여 $m^2-n^2=(m+n)(m-n)$이다.)

05 $x=\left(1+\frac{1}{n}\right)^n$이고 $y=\left(1+\frac{1}{n}\right)^{n+1}$일 때, $y^x=x^y$임을 보여라.

Take a break

국제 수학 올림피아드(IMO : International Mathematical Olympiad)

* 개최 목적

1959년에 창설된 국제 수학 올림피아드는 한 나라의 기초과학 또는 과학교육 수준을 가늠하는 국제 청소년 수학 경시대회로서 대회를 통하여 수학영재의 조기 발굴 및 육성, 세계 수학자 및 수학 영재들의 국제 친선 및 문화교류, 수학교육의 정보교환 등을 도모한다.

* 개최 방법

• 문제 출제(어떠한 문제를 어떠한 방법으로 출제하는가)

문제 출제는 각 나라에서 문제를 제출하고(총 약 150~200 문제) 이를 주최국의 출제위원회에서 검토 · 수정한 후 최종 후보 문제 30문제를 선정한다. 이를 Shortlist라 부르며 이 문제들을 대회 기간 중 각국 단장들의 모임인 Jury Meeting에서 3~4일간 논의를 거쳐 다수결 원칙으로 최종 6문제를 결정하게 된다. 기하, 정수론, 함수, 조합, 부등식 등이 출제 분야이며 미적분은 제외된다. 각국은 최대 6명의 학생으로 이루어진 선수단을 참가시킬 수 있다. 시험은 이틀 동안 치러지며, 시험 시간은 오전 9시부터 오후 1시 30분까지 4시간 30분간이다. 문제 수는 첫날 3문제, 둘째 날 3문제로 총 6문제이며 각 문제는 7점 만점으로 총 42점 만점이다. 채점은 각국의 단장 및 부단장이 자기 나라 학생들의 답을 1차 채점하고 난 후 주최국 수학자들로 이루어진 조정(Coordination)팀과 만나서 최종 점수를 결정한다.

* 수상자 선정 방법(금, 은, 동 수상자 결정 방법)

각 참가자의 점수가 결정되면 Jury Meeting에서 금, 은, 동메달 수상자를 결정하게 되어 있다. 수상자 수는 참가자의 약 $\frac{1}{12}$에게 금메달, $\frac{2}{12}$에게 은메달, $\frac{3}{12}$에게 동메달을 수여하는 것을 원칙으로 하고 있다. 각국의 순위는 비공식이지만 각국이 얻은 총점을 기준으로 정해지는 것이 전통이다.

* 국제대회 참가 경위

1986년 2월, 호주는 호주에서 열리는 제 29회(1988년) IMO에 우리나라 선수단의 파견을 요청하였고 이를 받아들여 한국 수학 올림피아드(Korean Mathematical Olympiad, 약칭 KMO)위원회가 결성되었다. 1987년 11월 29일에 제1회 KMO가 개최되었고 여기서 34명을 선발하여 겨울학교, 통신강좌를 통하여 교육하였다. 1988년 4월에 거행된 최종 선발시험에서 선발된 6명이 IMO 한국 대표 선수로 처음 참가하게 되었다.

* 대표 학생 선발 경위

한국 수학 올림피아드(KMO, 11월), 겨울학교 모의고사(1월), 아시아태평양 수학 올림피아드(APMO, 3월), 한국 수학 올림피아드 2차 시험(4월), 이 4가지 시험의 성적을 한국 수학 올림피아드 위원회에서 정한 가중치를 곱하여 합산한 성적을 기준으로 최종 후보 학생 12명을 선발한다. 최종 후보 12명은 5월부터 7~8주간 주말교육을 받게 되며 이 기간 중 모의고사를 2회 실시하여 이 모의고사 성적과 이전 시험의 성적을 합산한 성적을 기준으로 한국 수학 올림피아드 위원회에서 최종 대표 6명을 선발하게 된다.

Chapter III

방정식

III 방정식

① 연립방정식 ★★★

point
미지수가 2개인 일차방정식 : 미지수가 x, y이고, 그 차수가 모두 일차인 방정식 $ax+by+c=0$(단, a, b, c는 상수, $a\neq0$, $b\neq0$)을 미지수가 2개인 일차방정식 또는 미지수 x, y에 관한 일차방정식이라 한다.

(1) 연립일차방정식 : 미지수가 2개인 일차방정식 2개를 다음과 같이 한 쌍으로 묶어 놓은 것을 미지수가 2개인 연립일차방정식 또는 간단히 연립방정식이라고 한다.

$$\begin{cases} ax+by+c=0 \\ a'x+b'y+c'=0 \end{cases}$$

(2) 연립일차방정식의 해 : x, y에 관한 두 개의 일차방정식을 동시에 만족시키는 x, y의 값 또는 그 순서쌍 $(x,\ y)$를 연립방정식의 해 또는 근이라 하고, 해를 구하는 것을 '연립방정식을 푼다' 라고 한다.

point
소거 : 미지수가 2개인 두 연립방정식에서 한 미지수를 없애는 것을 그 미지수를 소거한다고 한다.

(3) 연립방정식의 풀이 방법

① 가감법 : 두 일차방정식을 변끼리 더하거나 빼어서 한 미지수를 소거하여 연립방정식의 해를 구하는 방법

② 대입법 : 연립방정식에서 한 방정식을 어느 한 미지수에 관하여 풀고, 이것을 다른 일차방정식에 대입하여 한 미지수를 소거함으로써 연립방정식의 해를 구하는 방법

(4) 여러 가지 연립방정식의 풀이

① 괄호가 있는 연립방정식 : 먼저 괄호를 풀고, 동류항을 간단히 정리한 후 연립방정식의 해를 구한다.

② 계수가 소수인 연립방정식 : 양변에 적당한 10의 거듭제곱을 곱하여 계수를 정수로 고친 후 연립방정식을 푼다.

③ 계수가 분수인 연립방정식 : 양변에 분모의 최소공배수를 곱하여 계수를 정수로 고친 후 연립방정식을 푼다.

④ $A=B=C$인 꼴의 연립방정식 : $A=B=C$인 형태의 연립방정식은 다음 세 쌍 중 어느 하나로 고쳐서 푼다.

$$\begin{cases} A=B \\ A=C \end{cases},\quad \begin{cases} A=C \\ B=C \end{cases},\quad \begin{cases} A=B \\ B=C \end{cases}$$

(5) 그래프를 이용한 연립방정식의 풀이

연립방정식 $\begin{cases} ax+by+c=0 \\ a'x+b'y+c'=0 \end{cases}$ 의 해는

두 직선 $ax+by+c=0$, $a'x+b'y+c'=0$의 교점의 좌표이다.

point
특수한 해를 갖는 연립방정식을 쉽게 이야기 하면 두 식이 일치하여 항상 성립하는 경우와 동시에 성립하지 않는 경우를 말한다.

(6) 특수한 해를 갖는 연립방정식 : 연립방정식 $\begin{cases} ax+by+c=0 \\ a'x+b'y+c'=0 \end{cases}$ 에서

① 해가 없는 경우 : 한 미지수를 소거하면 '0=(0이 아닌 수)' 의 꼴이 되는 연립방정식은 해가 없다. 즉,

$$\frac{a}{a'}=\frac{b}{b'}\neq\frac{c}{c'}$$

② 해가 무수히 많은 경우 : 한 미지수를 소거하면 '0=0' 의 꼴이 되는 연립방정식의 해는 모든 수이다. (해의 개수는 무수히 많다.) 즉,

$$\frac{a}{a'}=\frac{b}{b'}=\frac{c}{c'}$$

2 연립방정식의 활용 ★★

(1) 구하는 수량이 두 개 있는 문제는 x, y를 써서 문제의 뜻에 따라 연립방정식을 세워 푼다. 물론 미지수가 1개인 일차방정식을 이용하는 경우도 있지만, 이것보다는 미지수가 2개인 연립일차방정식을 이용하는 것이 훨씬 편리하다.

point
연립방정식의 활용 문제
①용어의 정확한 정의를 안다.
②문장을 식으로 나타낸다.

(2) 연립방정식의 활용 문제 풀이 순서

① 문제의 뜻을 파악하여 무엇을 미지수 x, y로 나타낼 것인지 정한다.
② 문제의 뜻에 맞게 x, y에 관한 연립방정식을 세운다.
③ 연립방정식을 풀어 x, y의 값을 구한다.
④ 구한 x, y의 값이 문제의 뜻에 맞는지 확인한다.

(3) 시간, 거리, 속력에 관한 문제 : 시간, 거리, 속력 사이의 관계를 파악한 후, 다음 공식을 이용하여 방정식을 세워 푼다.

$$(\text{시간})=\frac{(\text{거리})}{(\text{속력})},\quad (\text{거리})=(\text{속력})\times(\text{시간}),\quad (\text{속력})=\frac{(\text{거리})}{(\text{시간})}$$

point
농도가 다른 두 소금물을 섞으면 농도는 변하지만 소금의 양은 변하지 않는다.

(4) 농도에 관한 문제 : 소금물을 섞기 전과 후의 소금의 양, 소금물의 양 등의 관계를 파악한 후, 다음 공식을 이용하여 방정식을 세워 푼다.

$$(\text{농도})=\frac{(\text{소금의 양})}{(\text{소금물의 양})}\times 100,\quad (\text{소금의 양})=\frac{(\text{농도})}{100}\times(\text{소금물의 양})$$

(5) 증감의 문제

① x가 $a\%$ 증가 : $x+\frac{a}{100}x=\left(1+\frac{a}{100}\right)x$

② y가 $b\%$ 감소 : $y-\frac{b}{100}y=\left(1-\frac{b}{100}\right)y$

특목고 대비 문제

01 연립방정식 $\begin{cases} 2x-y-2=0 & \cdots\cdots ㉠ \\ 2x+3y+2=0 & \cdots\cdots ㉡ \end{cases}$ 를 푸는데 ㉡에서 y의 계수를 잘못 보고 풀어서 $x=3$이 되었다. y의 계수 3을 얼마로 잘못 보았는가?

02 x, y에 관한 연립방정식 $\begin{cases} x+ay-5=0 \\ 2x+y-5a=0 \end{cases}$ 이 해를 갖지 않을 때, a의 값을 구하여라.

신유형 new

03 두 연립방정식

$$\mathrm{A} : \begin{cases} 3x-2y=8 \\ 2ax+3y=b+11 \end{cases}, \quad \mathrm{B} : \begin{cases} ax-2by=5 \\ 4x+5y=6 \end{cases}$$

에서 A의 해 x와 B의 해 y의 값이 같고 A의 해 y와 B의 해 x의 값이 같을 때, a, b의 값을 각각 구하여라.

04 x, y에 관한 연립방정식 $ax+by=2(ax-by)-3=x+y+7$의 근이 $x=3$, $y=1$일 때, $a+b$의 값을 구하여라.

05 x, y에 관한 연립방정식 $\begin{cases} -6x+5y=12 \\ (a^2+5a+6)x-5y=a-7 \end{cases}$ 의 해가 없을 때, 상수 a의 값을 구하여라.

06 연립방정식 $\begin{cases} xy+yz=24 \\ xz+yz=13 \end{cases}$ 을 만족하는 자연수의 해의 순서쌍 (x, y, z)를 모두 구하여라.

07 두준이와 기광이가 연립방정식 $\begin{cases} ax-y=1 & \cdots\cdots ㉠ \\ 2x+by=3 & \cdots\cdots ㉡ \end{cases}$ 을 푸는데, 두준이는 a를 잘못 보고 풀어서 $x=2$, $y=1$을 얻었고, 기광이는 b를 잘못 보고 풀어 두준이가 얻은 해의 x, y의 값을 서로 바꾸어 놓은 것과 같았다. 이 연립방정식의 옳은 해를 구하여라.

신유형 new

08 x, y에 관한 연립방정식 $\begin{cases} (3m+5)x-(m+3)y+3=0 \\ (m+6)x+(m-1)y-5=0 \end{cases}$ 을 만족시키는 y의 값이 x의 값의 2배일 때, m의 값과 x, y의 값을 구하여라.

09 연립방정식 $\begin{cases} y=|x|+|x-3| \\ y=x+1 \end{cases}$ 을 풀어라.

10 연립방정식 $\begin{cases} 3x+5y=k+1 \\ 2x+3y=k \end{cases}$를 만족시키는 x와 y의 값의 합이 2이다. 이때, k의 값을 구하여라.

11 $\frac{x-3}{3}=\frac{y+2}{2}$를 만족하는 모든 x, y에 대하여 항상 $ax+by=3$이 성립할 때, a, b의 값을 구하여라.

신유형 new

12 연립방정식 $\begin{cases} x+y+xy=-2 \\ \frac{1}{x}+\frac{1}{y}=1 \end{cases}$을 만족하는 x, y의 값에 대하여 $x+y$, xy의 값을 구하여라.

신유형 new

13 농도가 10%인 소금물 100g을 햇볕에 두었더니 증발하고 소금물 50g이 남았다. 다시 물 50g을 부어 새로 100g의 소금물을 만들었다. 처음 남은 소금물 50g의 농도 a와 새로 만든 소금물 100g의 농도 b를 구하여라.

14 민영이는 25,000원으로 수박, 배, 사과를 합하여 10개를 거스름돈 없이 사려고 한다. 수박 1통에 5,000원, 배 1개에 1,000원, 사과 1개에 500원이었고 세 과일을 한 개 이상씩 사려고 할 때, 사과의 개수를 구하여라.

신유형 new

15 어느 중학교의 입학자 수를 조사해 보니 남학생 수는 작년보다 10% 증가하고 여학생 수는 작년보다 10% 감소했지만 전체적으로 2% 늘어 작년보다 10명이 더 늘어났다. 올해의 남학생과 여학생의 입학자 수를 구하여라.

16 농도가 다른 소금물 A , B에 대하여 A의 200g과 B의 100g을 섞으면 농도가 4% 인 소금물이 되고, A의 100g과 B의 200g을 섞으면 농도가 3%인 소금물이 된다고 한다. 이때, 소금물 A, B의 농도를 구하여라.

신유형 new

17 어느 학교의 입학시험에서 입학 지원자의 남녀의 비는 3 : 2, 합격자의 남녀의 비는 5 : 2, 불합격자의 남녀의 비는 1 : 1, 합격자의 수는 140명이었다. 이 학교의 입학 지원자의 수를 구하여라.

18 갑이 200m를 걷는 동안에 을은 100m를 걷는 속력으로, 갑과 을이 1500m 떨어진 지점에서 서로 마주 보고 걸었더니 10분만에 만났다. 갑과 을이 1분 동안에 걸은 거리를 각각 구하여라.

19 어떤 일을 A가 혼자서 하면 x일, B가 혼자서 하면 y일이 걸리고, A, B 두 사람이 함께 일을 하면 하루에 전체 일의 양의 $\frac{3}{20}$을 할 수 있다고 한다. 그 일을 A, B 두 사람이 5일을 함께 일하고 나머지를 A가 3일 일하여 완성하였다. 이때, $x+y$의 값을 구하여라.

20 어떤 일을 A, B두 사람이 함께 하는데 A가 4일, B가 6일 걸려서 완성하였다. 똑같은 일을 A가 3일, B가 12일 하여 끝마쳤을 때, A가 혼자서 하면 일을 완성하는 데 며칠이 걸리겠는가?

신유형 new

21 4%의 소금물과 6%의 소금물을 섞은 후 물을 더 부어 3%의 소금물 120g을 만들었다. 4%의 소금물과 더 부은 물의 양의 비가 1 : 3이라 할 때, 더 부은 물의 양을 구하여라.

22 계단 앞에서 A, B 두 사람이 가위바위보를 하는데 이긴 사람은 두 계단씩 올라가고 진 사람은 한 계단씩 내려가기로 한 결과 A는 처음보다 20개의 계단을, B는 처음보다 8개의 계단을 올라가 있었다. A가 이긴 횟수를 구하여라.

신유형 new

23 상규는 60,000원을 세 개의 은행에 나누어 예금하고 있다. 각 은행의 연이율은 9%, 8%, 7%라고 한다. 1년 뒤 9%의 이자와 7%의 이자의 합은 3,540원이고 8%의 이자와 7%의 이자의 합은 2,280원이라고 한다. 9%, 8%, 7%의 이율로 예금한 금액을 각각 구하여라.

신유형 new

24 학교에서 13km 떨어진 체육관으로 시합을 하러 가는데 A, B 두 모둠으로 나누어서 A모둠은 시속 4km의 속력으로 걸어가고 B모둠은 시속 40km로 달리는 버스를 타고 동시에 출발하였다. 체육관으로 가는 도중에 P지점에서 B모둠은 버스에서 내려서 걸어가고 버스는 바로 되돌아가 걸어오던 A모둠을 태우고 가서 A모둠과 B모둠이 동시에 체육관에 도착하였다. 두 모둠이 걸어서 간 거리를 구하여라. (단, 두 모둠이 걸어서 간 거리와 속력은 같고, 버스를 타고 내리는데 걸린 시간은 무시한다.)

25 오른쪽 그림은 모양과 크기가 똑같은 카드 7장을 늘어 놓은 것이다. 사각형 ABCD의 넓이가 336이라고 할 때, 사각형 ABCD의 둘레의 길이를 구하여라.

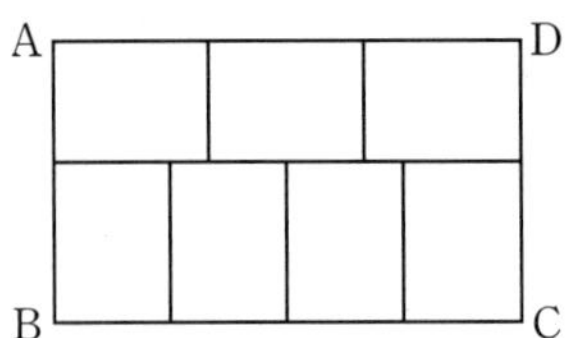

26 어느 학급 5명의 몸무게의 평균이 60kg으로 보고되었다. 그러나 이 수치는 너무 낮은 것 같아 다시 조사해 보니 한 학생의 몸무게가 실제 80kg이었는데 잘못 기록되었음을 알았다. 그래서 다시 평균을 내어 보니 70kg이었다. 잘못 기록된 몸무게를 구하여라.

27 세 자리의 자연수가 있다. 각 자리의 숫자의 합은 17이고 백의 자리의 숫자와 일의 자리의 숫자의 합은 13이다. 또, 백의 자리의 숫자와 일의 자리의 숫자를 바꾼 수는 처음 수보다 99가 작다고 한다. 이 자연수를 구하여라.

28 A중학교와 B중학교에서 160명을 선발하여 국어 시험을 치른 결과 전체의 평균이 66.5점이었다. A중학교의 평균은 전체의 평균보다 1.5점이 높고, B중학교의 평균은 전체의 평균보다 2.5점이 낮았다. A, B중학교에서 국어 시험을 치르기 위해 선발된 학생 수를 각각 구하여라.

❖ 특목고 구술 · 면접 대비 문제

01 어떤 십대 소년이 아버지의 나이 뒤에 자신의 나이를 붙여서 네 자리의 수가 되도록 적었다. 이 네 자리의 수에서 아버지의 나이와 자신의 나이의 차를 뺏더니 4289였다. 이때, 그 소년과 아버지의 나이를 구하는 과정을 설명하고, 두 사람의 나이의 합을 구하여라.

02 $ax+2y-3=4x+by+5$가 두 미지수 x, y에 관한 일차방정식이 되기 위한 상수 a, b의 조건을 구하여라.

03 x, y에 관한 일차방정식 $4x+3y=13$의 양의 정수해가 있으면 구하고 없으면 그 이유를 말하여라.

04

x, y에 관한 연립방정식 $\begin{cases} ax+by+c=0 \\ bx+2cy+4a=0 \end{cases}$의 해가 무수히 많을 때, $x+2y$의 값을 구하여라. (단, a, b, c는 0이 아닌 실수이다.)

05

신명이와 규철이가 트랙의 동일한 지점에서 출발하여 같은 방향으로 달린다. 신명이가 규철이보다 빠르고, 어느 정도 시간이 지나자 신명이가 첫 번째로 규철이를 따라 잡았는데, 이때 신명이는 뒤로 돌아서서 같은 속력으로 반대 방향으로 달렸고 두 사람이 다시 만났을 때 규철이는 세 바퀴를 돌았다. 신명이, 규철이의 속력을 각각 v_1, v_2, 트랙 한 바퀴의 길이를 s라 할 때, 다음 물음에 답하여라.

(1) 같은 방향으로 신명이가 규철이를 따라 잡았을 때 걸린 시간을 t_1이라 할 때, t_1을 v_1, v_2, s를 사용하여 나타내어라.

(2) 반대 방향으로 달려서 두 사람이 만났을 때 걸린 시간을 t_2라 할 때, t_2를 v_1, v_2, s를 사용하여 나타내어라.

(3) 규철이의 속력 v_2를 t_1, t_2, s로 나타내어라.

시·도 경시 대비 문제

01 다음 x, y에 관한 연립방정식을 풀어라.

$$\begin{cases} \dfrac{7}{x+y}+\dfrac{3}{x-y}=1 \\ \dfrac{1}{x+y}-\dfrac{2}{x-y}=5 \end{cases}$$

02 항상 x단의 계단이 보이고 일정한 속력으로 내려오는 에스컬레이터가 있다. 두 학생 A와 B가 각각 에스컬레이터를 타고 내려오면서 서로 일정한 속력으로 한 걸음에 1단씩 걸어서 내려온다. A의 걸음걸이의 속력은 B의 걸음걸이의 속력보다 3배 빠르고, A는 24걸음만에 내려왔고, B는 16걸음만에 내려왔다고 할 때, 이 에스컬레이터의 높이를 나타내는 계단의 수 x를 구하여라.

03 $3x+5y=233$을 만족하는 자연수의 해 (x, y) 중에서 x와 y의 차의 최솟값을 구하여라.

04 동주가 학교와 집 사이의 거리가 24km인 도로를 왕복하는데 갈 때는 4시간 50분, 올 때는 5시간이 걸렸다. 또 평지는 매시 5km, 오르막길은 매시 4km, 내리막길은 매시 6km의 속력으로 갔을 때, 학교와 집 사이에 평지는 몇 km인가?

05 6분짜리 곡과 8분짜리 곡을 섞어서 총 1시간 45분 동안 연주하기로 계획되었던 음악회가 오케스트라 측의 부탁으로 6분짜리 곡과 8분짜리 곡의 수가 바뀌어서 연주되었다. 이때, 걸린 시간이 1시간 57분이고, 곡과 곡 사이에 1분간 쉬는 시간이 있었다면, 처음 계획되었던 6분짜리 곡은 모두 몇 곡이었는가?

06 마른오징어 100마리를 다섯 마리 한 묶음은 9,700원, 세 마리 한 묶음은 6,700원, 낱개로 한 마리씩은 2,500원을 받고 팔았더니 모두 200,000원이 되었다. 낱개로 판 오징어의 수를 구하여라.

07 철수는 연필과 지우개를 합쳐서 12개를 사고 132원을 지불하였다. 연필의 값은 지우개의 값보다 3원이 더 비싸고, 연필의 개수는 지우개의 개수보다 많다고 한다. 연필과 지우개의 개수를 구하여라.

08 A동네에 저수지가 하나 있는데 단위 시간 내에 일정한 물의 양이 흘러듬과 동시에 일정한 물의 양을 흘러 보낸다. 지금의 흘러 보내는 양에 따르면 저수지의 물은 30일 동안 쓸 수 있다. 그런데 최근에 비가 자주 내려 저수지에 흘러드는 물의 양이 20% 증가되었다. 그러나 만일 흘러 보내는 양을 10%늘린다면 저수지의 물을 여전히 30일 분량으로 유지할 수 있다. 만일 원래의 양대로 물을 흘러 보낸다면 저수지의 물은 몇 일 동안 쓸 수 있겠는가?

09 각각 18, 19, 21, 23, 25, 34개의 구슬이 들어 있는 6개의 주머니가 있다. 어느 한 주머니에는 깨진 구슬만 들어 있고 다른 5개의 주머니에는 깨진 구슬이 없다. 미란이가 3개의 주머니를 갖고 정윤이가 2개의 주머니를 갖고 깨진 구슬이 든 주머니는 아무도 갖지 않았다. 미란이가 가진 구슬의 개수가 정윤이가 가진 구슬의 개수의 2배라고 할 때, 깨진 구슬의 개수를 구하여라.

10 $\dfrac{xy}{x+y}=\dfrac{1}{3}$, $\dfrac{yz}{y+z}=\dfrac{1}{5}$, $\dfrac{xz}{x+z}=\dfrac{1}{6}$을 동시에 만족하는 x, y, z의 값을 각각 구하여라.

11 20원짜리, 30원짜리, 100원짜리 우표가 모두 20장 있다. 20원짜리, 30원짜리, 100원짜리 우표를 각각 x장, y장, z장 합한 금액이 1000원일 때, 순서쌍 (x, y, z)를 모두 구하여라.

12 물탱크에 물을 가득 채우기 위하여 A, B, C 세 개의 수도관을 동시에 틀었을 때에는 4시간, A, C 두 개의 수도관은 6시간, B, C 두 개의 수도관은 6시간 40분이 걸렸다. A, B, C 각각 1개의 수도관을 틀었을 때에 물탱크에 물을 가득 채우는 데 걸리는 시간을 구하여라.

올림피아드 대비 문제

01 서로 다른 두 실수 x, y가 다음 조건을 동시에 만족할 때, xy의 값을 구하여라. (단, $\max(x, y)$는 x, y 중에서 큰 수를, $\min(x, y)$는 x, y 중에서 작은 수를 나타낸다.)

$$\begin{cases} \max(x, y)=2x+3y-13 \\ \min(x, y)=3x-y-6 \end{cases}$$

02 민희와 동기가 1200m 떨어진 지점에서 민희가 200m 걷는 동안에 동기는 300m를 걷는 속도로 서로 마주보고 걸었더니 12분 만에 만났다. 민희와 동기가 1분 동안에 걸은 거리를 구하여라.

03

x, y, z에 대한 연립방정식 $\begin{cases} ax+2y+z=0 \\ 2x+ay+z=0 \\ x+y+z=0 \end{cases}$ 이 $x=y=z=0$ 이외의 근이 존재하기 위한 a의 값을 구하여라.

04

상자 안에 A, B, C 세 종류의 선물 28개가 섞여 있다. 선물 A, B, C의 가격은 각각 3만 원, 2만 원, 1만 원이고 이들의 총 합계는 48만 원이다.
(A선물의 개수)<(B선물의 개수)<(C선물의 개수)일 때, A선물의 총 금액을 구하여라. (단, 선물 A, B, C의 개수는 모두 짝수이다.)

오드리햅번이 아들에게 들려준 글

아름다운 입술을 가지고 싶으면
친절한 말을 하라.

사랑스런 눈을 갖고 싶으면
사람들에게서 좋은 점을 봐라.

날씬한 몸매를 갖고 싶으면
너의 음식을 배고픈 사람과 나누어라.

아름다운 머리카락을 갖고 싶으면 하루에 한 번
어린이가 손가락으로 너의 머리를 쓰다듬게 하라.

아름다운 자세를 갖고 싶으면
결코 너 혼자 걷고 있지 않음을 명심하라.

사람들은 상처로부터 복구되어야 하며,

낡은 것으로부터 새로워져야 하고,

병으로부터 회복되어져야 하고,

무지함으로부터 교화되어야 하며,

고통으로부터 구원받고 또 구원받아야 한다.

결코 누구도 버려서는 안 된다.

기억하라... 만약 도움의 손이 필요하다면
너의 팔 끝에 있는 손을 이용하면 된다.

네가 더 나이가 들면 손이 두 개라는 걸 발견하게 된다.

한 손은 너 자신을 돕는 손이고
다른 한 손은 다른 사람을 돕는 손이다.

위의 내용은 오드리햅번이 숨을 거두기 일년 전
크리스마스 이브에 아들에게 들려주었다고 합니다.

Chapter IV

부등식

Ⅳ 부등식

1 일차부등식 ★★

(1) **부등식** : 부등호($<$, $>$, $\le$, $\ge$)를 사용하여 두 수 또는 식의 대소 관계를 나타낸 식

(2) **부등식의 해** : 부등식이 참이 되게 하는 미지수의 값

(3) **부등식의 기본 성질**

① $a>b$, $b>c$일 때, $a>c$

② $a>b$일 때, $a+m>b+m$, $a-m>b-m$

③ $a>b$, $m>0$일 때, $am>bm$, $\dfrac{a}{m}>\dfrac{b}{m}$

④ $a>b$, $m<0$일 때, $am<bm$, $\dfrac{a}{m}<\dfrac{b}{m}$

교과서 뛰어넘기

부등식의 성질로부터 유도된 중요한 성질

a와 b가 같은 부호일 때, $ab>0$, $\dfrac{a}{b}>0$, $\dfrac{b}{a}>0$

a와 b가 다른 부호일 때, $ab<0$, $\dfrac{a}{b}<0$, $\dfrac{b}{a}<0$

2 일차부등식의 풀이 ★★★

(1) **일차부등식** : 부등식의 성질을 이용하여 정리할 때 부등식이 다음 어느 한 가지로 변형되는 부등식

(일차식)>0, (일차식)<0, (일차식)≥0, (일차식)≤0

(2) **일차부등식의 풀이**

① 미지수 x를 포함하는 항은 좌변으로, 상수항은 우변으로 이항한다.

② 양변을 정리하여 $ax>b$, $ax<b$, $ax\ge b$, $ax\le b$의 꼴로 고친다.

③ 양변을 x의 계수 a로 나눈다. 이때, a가 음수이면 부등호의 방향이 바뀐다.

(3) **여러 가지 일차부등식의 풀이**

① 괄호가 있는 일차부등식 : 먼저 분배법칙을 이용하여 괄호를 풀고 부등식을 간단히 정리한 후에 푼다.

② 계수가 분수인 일차부등식 : 양변에 분모의 최소공배수를 곱하여 계수를 정수로 고친 후에 푼다.

③ 계수가 소수인 일차부등식 : 양변에 10의 거듭제곱을 곱하여 계수를 정수로 고친 후에 푼다.

point

일차부등식 $ax>b$의 해

(i) $a>0$일 때, $x>\dfrac{b}{a}$이다.

(ii) $a<0$일 때, $x<\dfrac{b}{a}$이다.

(iii) $a=0$, $b<0$일 때, 해는 모든 수이다.

(iv) $a=0$, $b\ge0$일 때, 해는 없다.

3 연립부등식 ★★★

(1) **연립부등식** : 두 개 이상의 부등식을 한 쌍으로 나타낸 것

(2) **연립부등식의 해** : 연립부등식을 이루는 각각의 부등식을 동시에 만족하는 미지수의 값

point

연립부등식 $\begin{cases} x \le a \\ x \ge a \end{cases}$의 해는 $x=a$이다.

point

연립부등식 $\begin{cases} x < a \\ x > a \end{cases}$, $\begin{cases} x \ge a \\ x < a \end{cases}$, $\begin{cases} x \le a \\ x > a \end{cases}$의 해는 없다.

(3) 연립부등식의 풀이 순서

① 각각의 일차부등식의 해를 구한다.

② 각 부등식의 해를 수직선 위에 나타낸다.

③ 공통 부분을 찾아 미지수의 값의 범위를 나타낸다.

(4) 여러 가지 연립부등식의 풀이

① 괄호가 있는 연립부등식 : 먼저 괄호를 풀어 간단히 한 다음 푼다.

② 계수가 분수 또는 소수인 연립부등식 : 양변에 적당한 수를 곱하여 계수를 정수로 고친 후에 푼다.

③ $A<B<C$꼴의 부등식의 풀이 : 연립방정식 $\begin{cases} A<B \\ B<C \end{cases}$의 꼴로 바꾸어 푼다.

(5) 연립부등식의 활용

① 문제의 뜻을 파악하여 무엇을 미지수로 나타낼 것인지 정한다.

② 문제의 뜻에 맞도록 연립부등식을 세운다.

③ 연립부등식을 푼다.

④ 구한 해가 문제의 뜻에 맞는지 확인한다.

point

절댓값과 부등식

$a>0$, $b>0$일 때

① $|x|<a \Rightarrow -a<x<a$

② $|x|>a \Rightarrow x<-a$ 또는 $x>a$

③ $a<|x|<b \Rightarrow a<x<b$ 또는 $-b<x<-a$

④ $|x-a|<b \Rightarrow a-b<x<a+b$

⑤ $|x-a|>b \Rightarrow x>a+b$ 또는 $x<a-b$

교과서 뛰어넘기

두 실수(또는 두 식) P, Q의 대소 판정

① P에서 Q를 뺀다.

$P-Q>0 \Longleftrightarrow P>Q$, $P-Q<0 \Longleftrightarrow P<Q$, $P-Q=0 \Longleftrightarrow P=Q$

② P^2에서 Q^2을 뺀다.

$P>0$, $Q>0$일 때, $P^2-Q^2>0 \Longleftrightarrow P>Q$

③ P, Q의 비를 구해 본다.

$P>0$, $Q>0$일 때, $\frac{P}{Q}>1 \Longleftrightarrow P>Q$, $\frac{P}{Q}<1 \Longleftrightarrow P<Q$, $\frac{P}{Q}=1 \Longleftrightarrow P=Q$

교과서 뛰어넘기

절대부등식

① a, b의 양, 0, 음에 관계없이 $a>b \Longleftrightarrow a^3>b^3$

② $a>0$, $b>0$일 때, $a>b \Longleftrightarrow a^2>b^2$

③ $a<0$, $b<0$일 때, $a>b \Longleftrightarrow a^2<b^2$

④ a, b가 실수일 때,

- $a^2 \ge 0$
- $a^2+2ab+b^2 \ge 0$, $a^2-2ab+b^2 \ge 0$

⑤ $a>0$, $b>0$일 때, $\frac{a+b}{2} \ge \sqrt{ab} \ge \frac{2ab}{a+b}$ (단, 등호는 $a=b$일 때 성립)

point

어떤 수 x를 제곱하여 a가 될 때, 즉 $x^2=a$일 때, x를 a의 제곱근이라 하고 $x=\sqrt{a}$ 또는 $x=-\sqrt{a}$로 나타낸다.

특목고 대비 문제

01 x에 대한 부등식 $ax>b$를 풀어라.

02 $|x-2|\leq 3$일 때, $\frac{1}{3}(x+4)$의 값의 범위를 구하여라.

신유형 new

03 두 수 x, y가 $x+y=3$, $x\geq 1$, $y\geq 1$을 만족 할 때, $ax-y$의 최댓값을 구하여라. (단, a는 양수)

04 $0<a<b<c<d$일 때, $\frac{a+c}{b+d}$, $\frac{ac}{bd}$의 대소를 비교하여라.

신유형 new

05 $|p|<1$, $|q|<1$일 때, $p+q<pq+1$임을 보여라.

06 x, y에 관한 방정식 $3x-2y=6(x-1)$에 대하여 다음 물음에 답하여라.

(1) $-3<x\leq3$일 때, y를 x에 관한 식으로 나타내고 y의 값의 범위를 구하여라.

(2) 위의 식을 만족하는 x, y의 값이 모두 정수가 되는 순서쌍 (x, y)의 개수를 구하여라.

07 m, n은 정수이고 $m>n>1$, $a=\dfrac{m}{n}$, $b=\dfrac{m+n}{mn}$일 때, a, b의 대소 관계를 구하여라.

08 일차부등식 $ax-(a-2b)>0$의 해가 $x<3$일 때, 부등식 $bx-(4a+b)<0$의 해를 구하여라. (단, a, b는 상수)

09 부등식 $\frac{2x-3}{2}>\frac{5x-6}{3}$의 해와 $5x-3<\frac{3x+a}{2}$의 해가 일치할 때, a의 값을 구하여라.

신유형 new

10 부등식 $|2x-a|<a-4$의 해가 존재할 때, a의 값의 범위를 구하여라.

11 두 수 x, y의 범위가 $-1\le x\le 3$, $2\le y\le 3$일 때, $p\le \frac{x}{y}\le q$이다. 이때, $p+q$의 값을 구하여라.

12 부등식 $(a-3b)x+(b-3a)<0$의 해가 $x>\frac{5}{3}$일 때, a, b의 부호를 정하여라.

13 연립부등식 $\begin{cases} 3-3x \geq 2x-7 \\ x+3 > a \end{cases}$ 의 해가 없을 때, a의 최솟값을 구하여라.

14 연립부등식 $\begin{cases} 3x-5 \leq 2x-a+3 \\ 5x-3 \geq 3x+7 \end{cases}$ 의 해가 존재하지 않기 위한 정수 a의 값의 범위를 구하여라.

신유형 new

15 연립부등식 $2x+a < 2-\dfrac{2-x}{2} < \dfrac{3x-1}{3}$ 을 만족하는 정수 x의 개수가 3개일 때, a의 값의 범위를 구하여라.

16 부등식 $(a+b)x+2a-3b<0$의 해가 $x<-\dfrac{1}{3}$일 때, 부등식 $(a-3b)x+b-2a>0$의 해를 구하여라.

17 연립부등식 $\begin{cases} 2x-4<3x \\ 5x+4>6x-a \end{cases}$ 의 해가 존재하지 않기 위한 정수 a의 값의 범위를 구하여라.

18 $3x+5y=6$일 때, $x<2y\leq 3x$를 만족하는 x의 값의 범위를 구하여라.

신유형 new

19 양수 a, b에 대하여 $(a+b)\left(\frac{1}{a}+\frac{4}{b}\right)$의 최솟값을 구하여라.

20 10%의 소금물 500g에 3%의 소금물을 넣어서 5% 이상 7 %이하의 소금물을 만들려고 한다. 3%의 소금물을 얼마나 넣어야 하는가?

21 과일을 한 봉지에 3개 또는 4개씩 넣으려고 한다. 4개씩 넣으면 봉지가 13개가 필요하고 마지막 봉지의 과일은 4개보다 적게 되고, 또, 3개씩 넣으면 봉지가 17개가 필요하고 마지막 봉지의 과일은 3개보다 적게 된다고 한다. 이때, 과일의 개수를 구하여라.

22 어떤 양의 기약분수를 분모에 2를 더하여 약분하면 $\frac{1}{2}$이 되고 분자에 3을 더하면 1보다 크고 2보다 작다고 한다. 이 기약분수를 구하여라.

신유형 new

23 진이와 정희가 기차 여행을 하려 하는데 1시간의 여유가 있어서 진이는 여행하는 동안 읽을 책을 준비하고 정희는 간식을 준비하기로 했다. 진이는 500m 떨어진 서점을 시속 2km 이상 3km 이하의 속력으로 다녀오고 서점에서 책을 사는 데 10분이 걸린다고 한다. 정희는 100m 떨어진 상점에 시속 1km 이상 2km 이하의 속력으로 다녀오고, 상점에서 물건을 사는 시간이 20분이라 할 때, 진이가 정희를 기다리는 최대 시간은 몇분인지 구하여라.

24 어느 학교에서 학생들에게 과일을 나누어 주는 데, 한 학생에게 4개씩 나누어 주면 7개가 남고, 5개씩 나누어 주면 세 학생은 한 개도 받지 못한다. 과일의 개수 N의 값의 범위가 $a \le N \le b$일 때, $b-a$의 값을 구하여라.(단, a는 과일의 최소 개수, b는 과일의 최대 개수이다.)

25 낱개에 25원, 3개 묶음에는 67원, 5개 묶음에는 97원을 받고 파는 물건 100개를 팔았더니 2000원이 되었다. 낱개로 판 것의 개수를 구하여라.

26 밤 몇 개를 다람쥐에게 나누어 주려 한다. 다람쥐 한 마리에게 3개씩 나누어 주면 8개가 남고, 5개씩 나누어 주면 마지막 한 마리의 다람쥐에게 5개가 돌아가지 않는다. 다람쥐는 몇 마리이고 밤은 몇 개인지 구하여라.

27 한 개에 200원, 400원, 600원짜리 상품 세 종류가 있다. 6000원을 가지고 세 종류의 상품 16개를 사면 거스름돈이 남지 않는다. 600원짜리 상품을 최대로 M개 사고, 200원짜리 상품을 최소로 m개 샀을 때, $M+m$의 값을 구하여라.
(단, 각각의 상품을 한 개 이상씩 사는 것으로 한다.)

신유형 new

28 기준이는 1만 원짜리 지폐 몇 장과 500원짜리 동전 몇 개가 있다. 이 돈의 합은 10만 원이고 학용품을 샀는데 5만 원은 넘고 6만 원은 넘지 않았다고 한다. 그리고 남은 거스름돈을 1000원짜리 지폐로 바꾸니 공교롭게도 남은 지폐는 원래 가지고 있던 동전의 개수와 같았다. 기준이가 처음 가지고 있던 1만 원짜리 지폐와 500원짜리 동전의 개수를 각각 구하고, 학용품을 사는 데 사용한 금액을 구하여라.

신유형 new

29 등속으로 달리는 자동차에서 어느 순간 이정표에 표시된 수를 보니 두 자리 수였다. 1시간이 지난 후 다시 보니 이정표에 표시된 수가 처음에 본 수와 순서가 뒤바뀐 두 자리 수였다. 또, 1시간이 지나서 세 번째로 보니 이정표에 표시된 수가 공교롭게도 처음 본 두 자리 수 사이에 0이 끼인 세 자리 수였다. 세 개의 이정표에 표시된 수를 모두 구하여라.

30 $-1<x\leq 4$인 x에 대하여 항상 $ax-a+2>0$이 되도록 a의 값의 범위를 구하여라.

31 $x+2y+3z=4$, $2x+3y+4z=5$일 때, $x<2y<3z$를 만족하는 x의 값의 범위를 구하여라.

신유형 new

32 기호 $[a]$는 a를 소수점 아래 첫째 자리에서 반올림한 정수를 나타낸다. 예를 들면, $[3.49]=3$, $[7.5]=8$이다. 이때, 부등식 $3<\left[\frac{x}{4}-1\right]<6$을 만족하는 x의 값의 범위를 구하여라.

33 $a>0$, $b>0$, $c>0$이고 $a+4b+9c=1$일 때, $\frac{1}{a}+\frac{1}{b}+\frac{1}{c}$의 최솟값을 구하여라.

34 $0\le x<1$, $0\le y<1$일 때, 한 변의 길이가 1인 정사각형을 이용하여 $xy+1>x+y$임을 보여라.

35 $a>b>0$, $m>0$일 때, $\frac{b}{a}<\frac{b+m}{a+m}$임을 보이고 $\frac{1}{2}\cdot\frac{3}{4}\cdot\frac{5}{6}\cdot\cdots\cdot\frac{99}{100}<\frac{1}{10}$임을 설명하여라.

신유형 new

36 $0<a\le b$, $0<x\le y$일 때, 두 변의 길이가 b와 y인 직사각형을 이용하여 $\frac{ax+by}{2}\ge\frac{a+b}{2}\cdot\frac{x+y}{2}$임을 설명하여라.

37 다음 연립방정식을 만족하는 x, y에 대하여 x가 정수가 아닐 때, $y-x$의 값의 범위를 구하여라. (단, $[x]$는 x보다 크지 않은 최대의 정수이다.)

$$\begin{cases} y=2[x]+3 \\ y=3[x-2]+5 \end{cases}$$

신유형 new

38 서현이가 자신이 태어난 날을 5배하여 4를 뺀 수를 다시 2배 한 후 태어난 달을 더했더니 232가 되었다. 서현이의 생일은 몇 월 몇 일인지 구하여라.

39 두 지점 사이의 거리가 100km인 강에 시속 2km로 강물이 흐르고 있다. 배를 타고 강물이 흐르는 방향으로 내려갈 때는 시속 23km로 가고, 거슬러 올라올 때는 시속 $x$km로 오려고 한다. 두 지점을 8시간 이내에 왕복하려면 올라올 때는 시속 몇 km 이상이어야 하는지 구하여라.

40 4%의 소금물 100g과 5%의 소금물 100g이 들어 있는 컵이 두 개 있다. 이 두 컵의 소금물 적당량과 8%의 소금물을 더해서 6%의 소금물 300g을 만들려고 한다. 이때, 8%의 소금물을 가장 많이 사용할 수 있는 양은 몇 g인지 구하여라.

특목고 구술 · 면접 대비 문제

01 x에 관한 부등식 $ax+b>bx+a$를 풀어라.

02 연립부등식 $\begin{cases} 2x-3<5 \\ x+1\geq a \end{cases}$ 의 해 중 정수가 1개일 때, a의 값의 범위를 구하여라.

03 세 자리의 자연수 N은 백의 자리의 숫자가 a, 십의 자리의 숫자가 b, 일의 자리의 숫자가 c이다. $b>2a+c$, $c>0$일 때, N의 최댓값을 구하여라.

04 x에 관한 부등식 $|ax+1| \le b$를 만족하는 x의 값의 범위가 $-1 \le x \le 3$일 때, a, b의 값을 구하여라.

05 오른쪽 그림을 이용하여 다음 부등식이 성립함을 설명하여라.
(단, □ABCD는 정사각형이고 직사각형은 모두 합동이다.)

a, b가 양수일 때, $\dfrac{a+b}{2} \ge \sqrt{ab}$

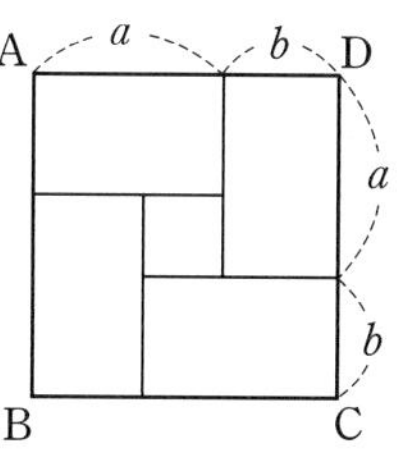

06 x에 관한 방정식 $|x| = ax+1$에는 양의 근이 없고 음의 근이 하나 있다. 이때, a의 값의 범위를 구하여라.

∷ 시·도 경시 대비 문제

01 $0<a<1$일 때, $b=\frac{1}{2}\left(a+\frac{1}{a}\right)$, $c=\frac{1}{2}\left(b+\frac{1}{b}\right)$이라 한다. a, b, c의 대소를 비교하여라.

02 $z>y>x\geq3$일 때, $\frac{1}{x}+\frac{1}{y}=\frac{1}{2}+\frac{1}{z}$을 만족하는 세 정수 x, y, z의 값을 구하여라.

03 세 변의 길이가 a, b, c이고, $a<b<c=20$인 둔각삼각형 중 a의 최댓값을 구하고, 이때의 b의 값을 구하여라. (단, 둔각삼각형이 될 조건은 $a^2+b^2<c^2$이고, a, b, c는 정수이다.)

04 양수 a에 대하여 $\frac{a}{a^2+9}$의 최댓값과 그때의 a의 값을 구하여라.

05 세 부등식 $3x+y-3<0$, $x-y+1<0$, $3x-y+6>0$을 동시에 만족시키는 정수 (x, y)의 순서쌍을 모두 구하여라.

06 $1\le a\le 2$, $\frac{1}{2}\le b\le 1$을 만족하는 실수 a, b에 대해 부등식 $(a+2b)^2\le 9ab$가 성립함을 보여라.

07 연립부등식 $\begin{cases} x+2\le\frac{4}{3}(x-2) \\ 0.5(x+a)<0.2x-0.3 \end{cases}$ 의 해가 무수히 많을 때, a의 최댓값을 구하여라.

08 n개의 실수 $x_1, x_2, \cdots, x_n$ 중 가장 작은 수를 a, 가장 큰 수를 b라 할 때, 다음 물음에 답하여라. (단, $|a|<|b|$)

(1) $x_i^2-(a+b)x_i+ab$의 부호를 판별하여라. (단, $1\le i\le n$)

(2) $x_1+x_2+\cdots+x_n=0$, ${x_1}^2+{x_2}^2+\cdots+{x_n}^2=1$일 때, $ab\le-\frac{1}{n}$임을 설명하여라.

09 0보다 크고 1보다 작은 10개의 실수 $a_1, a_2, \cdots, a_{10}$에 대하여 다음 물음에 답하여라.

(1) 두 수 $1-a_i$, $1-a_i^2$의 대소 관계를 판별하여라. (단, $1\le i\le 10$인 정수)

(2) 두 수 $1-a_i$, $(1-a_i)^2$의 대소 관계를 판별하여라. (단, $1\le i\le 10$인 정수)

(3) $A=1-a_1a_2\cdot\cdots\cdot a_{10}$, $B=(1-a_1)(1-a_2)\cdot\cdots\cdot(1-a_{10})$일 때, A, B의 대소 관계를 판별하여라. (단, $1\le i\le 10$인 정수)

10 $ax-by=1$과 $0<x+y\leq 1$을 동시에 만족시키는 x의 값의 범위를 구하여라.
(단, $a>0$, $b>0$)

11 a, b, c는 $1<a<b<c$를 만족하는 자연수이고, $(ab-1)(bc-1)(ca-1)$은 abc로 나누어 떨어질 때, 다음 물음에 답하여라.
(1) $ab+bc+ca-1$은 abc로 나누어 떨어짐을 설명하여라.
(2) a, b, c의 값을 구하여라.

12 $abc=a+b+c$이고 $a\leq b\leq c$를 만족하는 양의 정수 a, b, c의 값을 구하여라.

올림피아드 대비 문제

01 $a^2-a-2b-2c=0$, $a+2b-2c+3=0$을 만족하는 양수 a, b, c 사이의 대소 관계를 말하여라. (단, $a<5$)

02 0이 아닌 n개의 실수 $a_1, a_2, a_3, \cdots, a_n$이 $a_1 \le a_2 \le \cdots \le a_n$ 및 $a_1+a_2+\cdots+a_n=0$을 만족시킬 때, $a_1+2a_2+3a_3+\cdots+na_n>0$이 성립함을 설명하여라.

03 다음 부등식과 방정식을 모두 만족하는 a, b, c의 값에 대하여 P의 최댓값이 p이고 이 P의 값에 대하여 $a^2+b^2+c^2$의 값이 q일 때, p, q의 값을 구하여라.

$$\begin{cases} a+2b+2\geq P \\ b+2c+1\geq P \\ c+2a-3\geq P \\ a+b+c=8 \end{cases}$$

04 어떤 일을 하는 데 갑이 혼자서 하면 을과 병이 함께 하는 시간의 l배가 걸리고, 을이 혼자 하면 병과 갑이 함께 하는 시간보다 m배가 걸리고, 병이 혼자 하면 갑과 을이 함께하는 시간보다 n배가 걸린다고 한다. $l>m>n$인 서로 다른 자연수 l, m, n에 대하여 $\dfrac{1}{l+1}+\dfrac{1}{m+1}+\dfrac{1}{n+1}=p$라고 할 때, p, l, m, n의 값을 구하여라.

예전엔 미처 몰랐습니다

울 엄마만큼은 자식들 말에 상처받지 않는 줄 알았습니다. 그러나 제가 엄마가 되고 보니 자식이 툭 던지는 한마디에도 가슴이 저림을 이제야 깨달았습니다.

울 엄마만큼은 엄마가 보고 싶을 거라 생각하지 못했습니다. 그러나 제가 엄마가 되고 보니 이렇게도 엄마가 보고 싶은 걸 이제야 알았습니다.

울 엄마만큼은 혼자만의 여행도, 자유로운 시간도 필요하지 않다고 생각했습니다. 항상 우리를 위해서 밥하고 빨래하고 늘 우리 곁에 있어야 되는 존재인 줄 알았습니다. 그러나 제가 엄마가 되고 보니 엄마 혼자만의 시간도 필요함을 이제야 알았습니다.

저는 항상 눈이 밝을 줄 알았습니다. 노안은 저하고 상관이 없는 줄 알았습니다. 그래서 울 엄마가 바늘귀에 실을 꿰어 달라고 하면 핀잔을 주었습니다. 엄만 바늘귀도 못 본다고 ... 그러나 세월이 흐르면서 제게 노안이 올 줄 그땐 몰랐습니다.

울 엄마의 주머니에선 항상 돈이 생겨나는 줄 알았습니다. 제가 손을 내밀 때마다 한번도 거절하지 않으셨기에 ... 그러나 제가 엄마가 되고 보니 이제야 알게 되었습니다. 아끼고 아껴 저에게 그 귀중한 돈을 주신 엄마의 마음을 ...

며칠 전엔 울 엄마 기일이었습니다. 오늘은 울 엄마가 너무나도 보고 싶습니다. 평생 제 곁에 계실 줄 알고 사랑한다는 말 한마디 못 했습니다.

어머니 사랑합니다...

Chapter V

일차함수

V 일차함수

① 일차함수와 그 그래프 ★★★

(1) 일차함수

함수 $y=f(x)$에서

$$y=ax+b\ (a\neq 0,\ a,\ b\text{는 상수})$$

와 같이 y가 x에 대한 일차식으로 나타내어질 때, 이 함수를 x의 일차함수라 한다.

(2) 그래프

① $y=ax(a\neq 0)$: 원점을 지나는 직선

② 평행이동 : 한 도형을 일정한 방향으로 일정한 거리만큼 이동시키는 것

③ $y=ax+b(a\neq 0,\ a,\ b$는 상수)의 그래프 : $y=ax$의 그래프를 y축의 양의 방향으로 b만큼 평행이동시킨 직선

(3) x절편과 y절편

① x절편 : 함수의 그래프가 x축과 만나는 점의 x좌표, 즉 $y=0$일 때 x의 값

② y절편 : 함수의 그래프가 y축과 만나는 점의 y좌표, 즉 $x=0$일 때 y의 값

(4) 기울기

① $y=ax+b$에서 a의 값

$$(\text{기울기})=\frac{(y\text{의 값의 증가량})}{(x\text{의 값의 증가량})}=a(\text{일정})$$

② 그래프 위의 두 점의 좌표가 $(x_1,\ y_1)$, $(x_2,\ y_2)$로 주어졌을 때, $(\text{기울기})=\dfrac{y_2-y_1}{x_2-x_1}$

③ 두 직선의 수직 조건 : (두 직선의 기울기의 곱)$=-1$

② 일차함수 $y=ax+b$의 성질 ★★★

(1) $a>0$일 때

① x의 값이 증가하면 y의 값도 증가

② 오른쪽 위로 향하는 직선

(2) $a<0$일 때

① x의 값이 증가하면 y의 값은 감소

② 오른쪽 아래로 향하는 직선

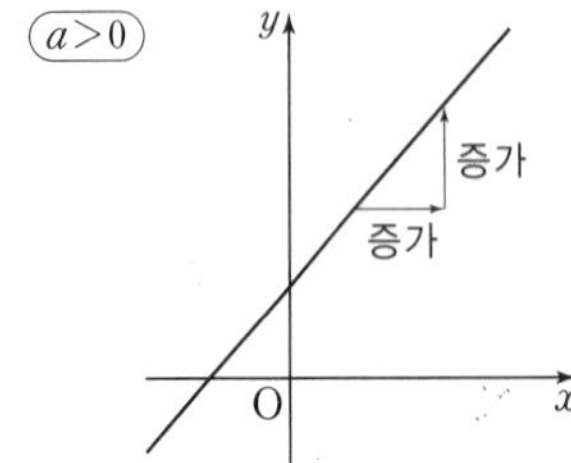

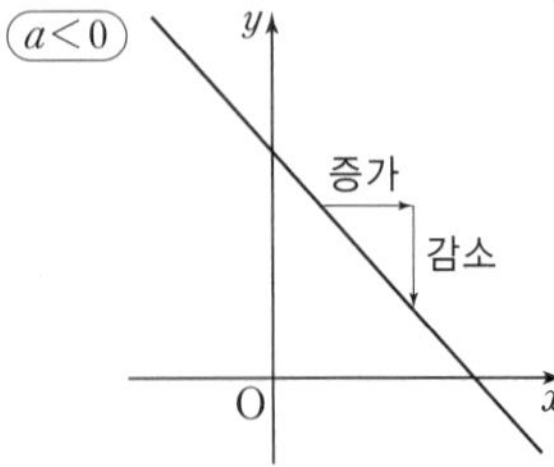

point

함수의 그래프의 이동

① x축의 방향으로 p, y축의 방향으로 q만큼 평행이동할 때에는 함수식에 x 대신 $x-p$를, y 대신 $y-q$를 대입한다.

② 대칭이동

- x축에 대한 대칭이동 : y 대신 $-y$ 대입
- y축에 대한 대칭이동 : x 대신 $-x$ 대입
- 원점에 대한 대칭이동 : x 대신 $-x$, y 대신 $-y$ 대입

3 일차방정식과 일차함수 ★

(1) 일차방정식 $ax+by+c=0(ab\neq0)$의 그래프는 $y=-\dfrac{a}{b}x-\dfrac{c}{b}(ab\neq0)$의 그래프와 같은 직선이다.

(2) 좌표축에 평행한 일차방정식

① $x=k$(k는 상수)의 그래프 : 점 $(k, 0)$을 지나고 y축에 평행인 직선 또는 x축에 수직인 직선

② $y=k$(k는 상수)의 그래프 : 점 $(0, k)$를 지나고 x축에 평행인 직선 또는 y축에 수직인 직선

point

절댓값 기호를 포함한 식의 그래프

$y=f(x)$

$y=f(x)$의 그래프가 위와 같을 때, 각각의 절댓값 기호를 포함한 식의 그래프는 아래와 같다.

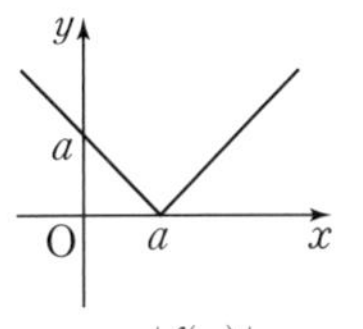

$y=|f(x)|$

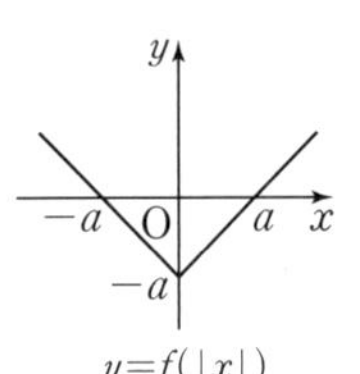

$y=f(|x|)$

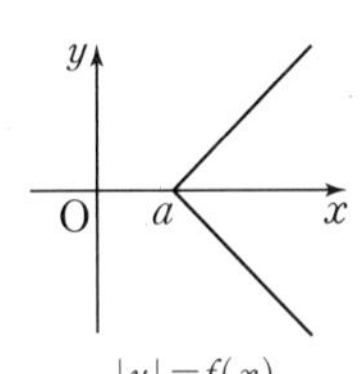

$|y|=f(x)$

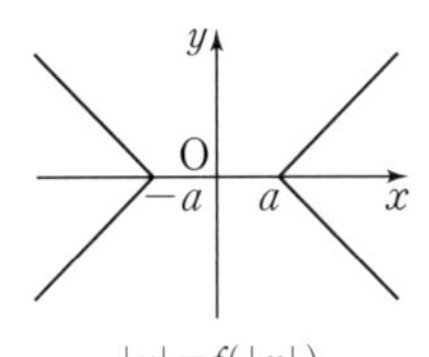

$|y|=f(|x|)$

4 일차함수의 식 구하기 ★★★

(1) 기울기가 a이고 y절편이 b인 직선

$y=ax+b$

(2) 기울기가 a이고 한 점 (x_1, y_1)을 지나는 직선

$y-y_1=a(x-x_1)$

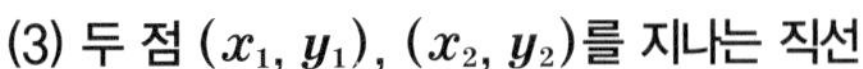

(3) 두 점 (x_1, y_1), (x_2, y_2)를 지나는 직선

① $y-y_1=\dfrac{y_2-y_1}{x_2-x_1}(x-x_1)\quad(x_1\neq x_2)$

② $x=x_1\qquad(x_1=x_2)$

(4) x절편이 p이고 y절편이 q인 직선

$\dfrac{x}{p}+\dfrac{y}{q}=1$

5 연립방정식과 일차함수 ★★

(1) 연립방정식 $\begin{cases}ax+by+c=0 & \cdots\cdots ㉠\\ a'x+b'y+c'=0 & \cdots\cdots ㉡\end{cases}$의 해는 ㉠, ㉡의 그래프의 교점의 좌표와 같다.

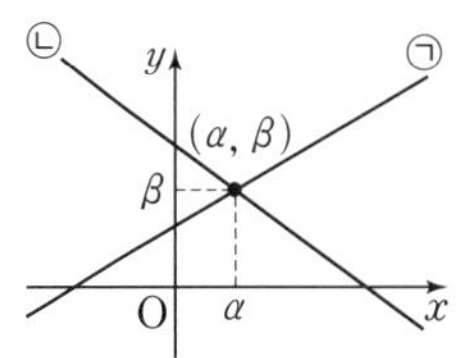

(2) 해의 개수

① (1)의 ㉠, ㉡의 그래프가 한 점에서 만나면 해는 1개이다.

② (1)의 ㉠, ㉡의 그래프가 일치하면 해는 무수히 많다.

③ (1)의 ㉠, ㉡의 그래프가 평행하면 해는 없다.

(3) 활용

① 문제의 뜻에 맞게 변수 x, y를 정한다.

② x와 y 사이의 관계식을 세운다.

③ 관계식을 이용하여 문제를 푼다.

④ 문제의 뜻에 맞는 답인지 확인한다.

특목고 대비 문제

01 일차함수 $y=2x-1$의 그래프와 x축에 대하여 대칭인 그래프를 x축의 방향으로 2만큼, y축의 방향으로 -3만큼 평행이동하였을 때, 이 그래프가 나타내는 일차함수의 식을 구하여라.

02 일차함수 $y=-3x+2$의 그래프를 y축의 방향으로 a만큼 평행이동하면 원점을 지나고, x축의 방향으로 b만큼 평행이동한 그래프의 일차함수의 식은 $y=-3x+8$이 된다고 한다. 이때, ab의 값을 구하여라.

신유형 new

03 일차함수 $y=2ax-b$의 그래프는 $y=-6x+1$의 그래프와 평행하고, $y=3x+4$의 그래프와 y축 위의 한 점에서 만난다고 한다. 이때, $a+b$의 값을 구하여라.

04 일차함수 $y=ax+2$의 그래프를 y축의 방향으로 p만큼 평행이동하면 두 점 $(3,\ 1)$, $(5,\ 5)$를 지난다. 이때, $a+p$의 값을 구하여라.

05 $y=ax+b$의 그래프가 오른쪽 그림과 같을 때 $y=abx-\dfrac{b}{a}$의 그래프가 지나지 않는 사분면을 말하여라.

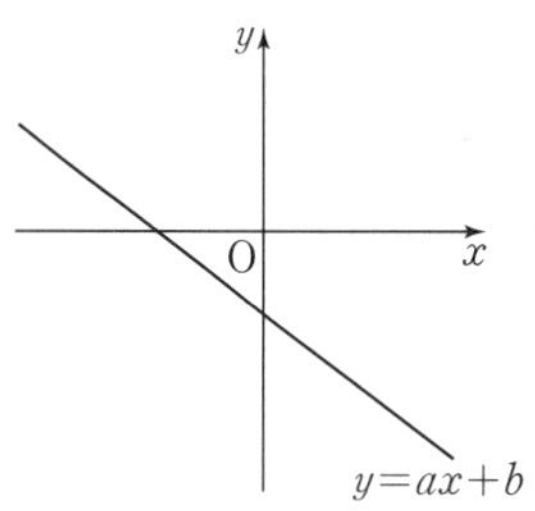

신유형 new

06 두 직선 $y=x+2$, $y=2x-1$의 교점을 지나고, $2x+y=1$에 수직인 직선의 방정식을 구하여라.

07 두 일차함수 $y=2x+6$, $y=ax+6$의 그래프와 x축으로 둘러싸인 도형의 넓이가 24일 때, a의 값을 구하여라. (단, $a<0$)

08 두 점 $(a, -2)$와 $(2a-6, 2)$를 지나는 직선이 y축에 평행할 때, a의 값을 구하여라.

09 오른쪽 그림에서 직선 $y=mx$가 $\triangle ABO$의 넓이를 이등분할 때, m의 값을 구하여라.

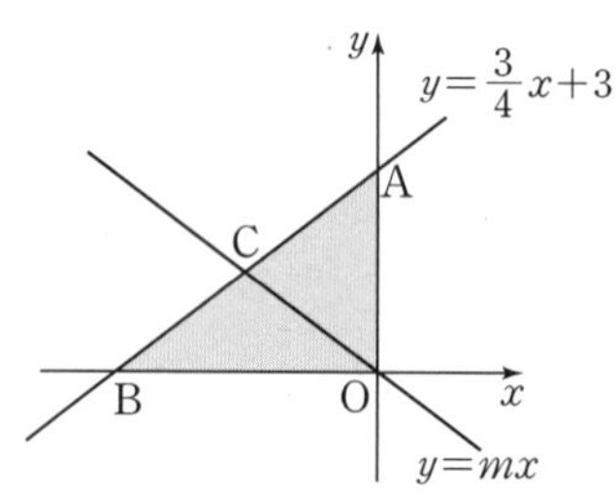

10 두 일차함수 $y=-3ax+3a$, $y=\frac{1}{3}x+\frac{b}{2}$의 그래프가 일치한다고 한다. 이때, x절편이 a이고 y절편이 b인 직선의 방정식을 구하여라.

신유형 new

11 오른쪽 그림과 같이 두 점 $\mathrm{A}(1, 1)$, $\mathrm{B}(3, -2)$와 직선 $y=ax+4$가 있다. 이 직선이 선분 AB와 만날 때, a의 값의 범위를 구하여라.

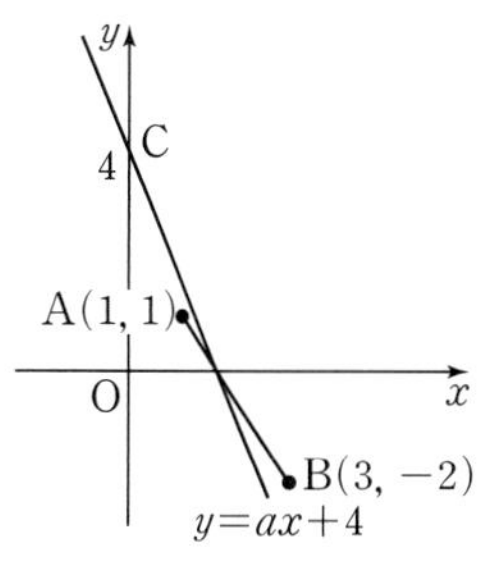

12 일차함수 $f(x)=-3x+16$에서 $f(a)=-a$, $f(b)=b$, $f(a+b)=c$일 때, $f(|c|)$의 값을 구하여라.

신유형 new

13 x의 값의 범위가 $1 \leq x \leq 3$인 일차함수 $y=2x-a+1$의 y의 값 중 4가 반드시 포함된다고 할 때, 상수 a의 범위는 $p \leq a \leq q$라고 한다. 이때, $q-p$의 값을 구하여라.

14 세 점 $(0, 2)$, $(a, 0)$, $(b, 4)$를 지나는 한 직선과 x축, y축으로 둘러싸인 삼각형의 넓이가 6일 때, $a-b$의 값을 구하여라. (단, $a<0$)

15 2 이상의 자연수 범위에서 정의된 함수 f가 $f(x)=x \times \langle x \rangle$일 때, $f(500)$의 값을 구하여라. (단, $\langle x \rangle$는 x의 약수 중 자기자신을 제외한 가장 큰 약수이다.)

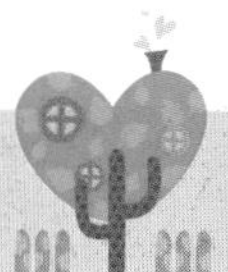

16 일차함수 $y=ax+4$의 그래프가 점 $(1, 1)$을 지날 때, 이 그래프를 x축의 방향으로 3만큼, y축의 방향으로 2만큼 평행이동하면 $y=bx+c$가 된다고 할 때, $a+b+c$의 값을 구하여라.

17 직선 $y=m(x-1)$의 그래프를 y축의 방향으로 3만큼 평행이동한 뒤 원점에 대하여 대칭이동한 직선이 원점을 지날 때, 상수 m의 값을 구하여라.

18 직선 $ax+by+c=0$의 그래프의 모양이 오른쪽 그림과 같을 때, $ax-by+\frac{a}{c}=0$의 그래프가 지나는 사분면을 말하여라. (단, $a>0$)

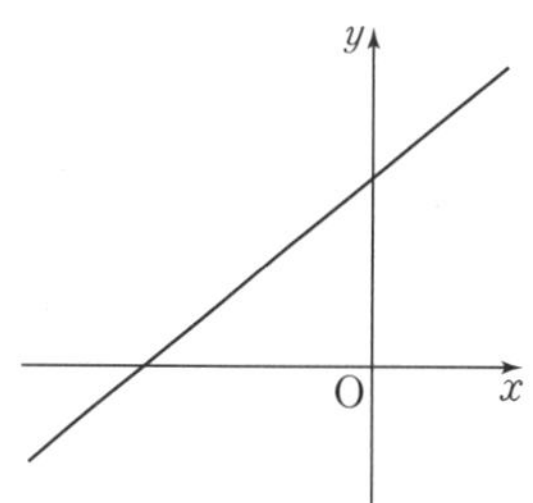

신유형 new

19 직선 $(a+1)x+y+b+2=0$의 기울기가 1이고 y절편이 2일 때, ab의 값을 구하여라.

신유형 new

20 점 $(-2,\ -4)$를 지나는 직선이 제4사분면을 지나지 않도록 할 때, 이 직선의 기울기의 최솟값을 구하여라.

21 직선 $y=ax-1$은 점 $\left(\frac{1}{3},\ 0\right)$을 지난다. 이 직선 위에 x좌표와 y좌표가 같은 점이 있을 때, 이 점의 좌표를 구하여라.

22 직선 $mx+y=5$와 x축, y축의 양의 부분으로 둘러싸인 삼각형의 넓이가 5일 때, m의 값을 구하여라.

23 두 점 $\mathrm{A}(2, 8)$, $\mathrm{B}(4, 2)$에 대하여 $\overline{\mathrm{AB}}$를 대각선으로 하고, 세 점 A, B, O를 꼭짓점으로 하는 평행사변형의 나머지 한 꼭짓점의 좌표를 구하여라.

신유형 new

24 $y=(4-2m)x+m+1$에 대하여 다음 물음에 답하여라.

(1) $-1<x<2$일 때, y가 항상 양의 값을 갖도록 m의 값의 범위를 구하여라.

(2) $-1\leq x\leq 2$일 때, y가 양의 값과 음의 값을 모두 갖도록 하는 m의 조건을 구하여라.

신유형 new

25 오른쪽 그림과 같이 직선 $y=ax+2$가 □OABC를 두 부분으로 나눌 때, 아랫부분의 넓이가 윗부분의 넓이보다 크도록 하는 a의 값의 범위를 구하여라.

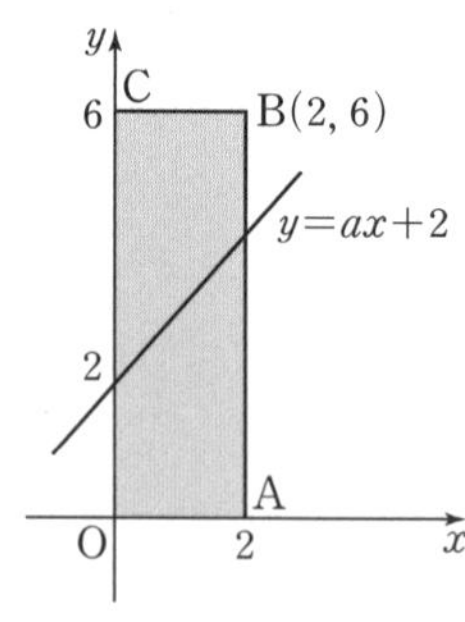

28 네 점 $(1, 1)$, $(3, 1)$, $(3, 5)$, $(1, 5)$를 꼭짓점으로 하는 사각형과 네 점 $(-1, -1)$, $(-5, -1)$, $(-5, -5)$, $(-1, -5)$를 꼭짓점으로 하는 사각형의 넓이를 동시에 이등분하는 직선의 방정식을 구하여라.

27 직선 $\frac{x}{3}+\frac{y}{4}=1$ 위에 점 $\mathrm{P}(a, b)$가 있고 직선 $\frac{a}{3}x+\frac{b}{4}y=1$이 직선 $\frac{x}{3}+\frac{y}{4}=1$과 평행할 때, $a+b$의 값을 구하여라.

28 일차함수 $y=mx+2m-3$이 $-1<x<1$인 범위에서 항상 $y<0$되도록 상수 m의 값의 범위를 구하여라.

신유형 new

29 임의의 실수 x에 대하여 함수 $f(x+1)=3x+2$일 때, $f(1)+f(2)+f(3)+\cdots+f(9)+f(10)$의 값을 구하여라.

30 오른쪽 그림과 같은 평행사변형 OABC에서 점 $\mathrm{A}(7,\ 5)$, $\mathrm{B}(3,\ 5)$일 때, 직선 AC의 방정식을 구하여라.

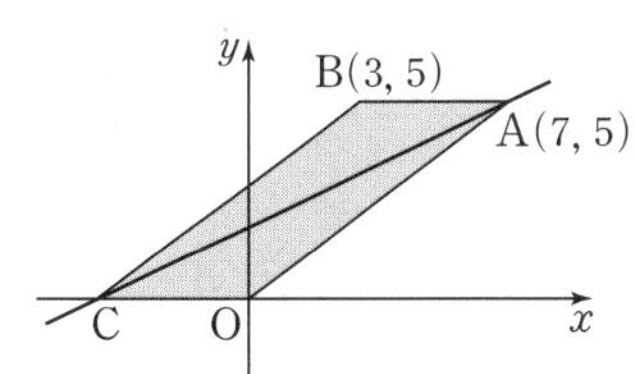

31 일차함수 $y=ax+b$가 $x=0$일 때 $-1<y<1$, $x=1$일 때 $2<y<3$을 만족한다면 $x=3$일 때, y의 값의 범위를 구하여라.

32 일차함수 $y=ax+b$의 그래프와 $y=bx+a$의 그래프가 직선 $y=x$에 대하여 대칭일 때, a^2+b^2의 값을 구하여라.

신유형 new

33 직선 $\frac{x}{a}+\frac{y}{b}=1$이 x축, y축과 만나는 점을 각각 A, B, 원점을 O라 한다. $\overline{\text{OA}}+\overline{\text{OB}}=8$일 때, $\triangle\text{OAB}$의 넓이의 최댓값을 구하여라. (단, $a>0$, $b>0$)

34 세 점 $\left(2,\ \frac{1}{3}\right)$, $\left(-1,\ \frac{4}{3}\right)$, (a, b)가 일직선 위에 있을 때, a와 b사이의 관계식을 구하여라.

35 함수 $y=f(x)$의 그래프가 오른쪽 그림과 같을 때, $f(x)$를 구하여라.

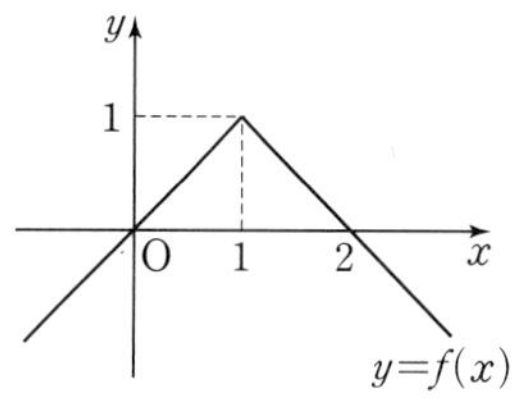

36 오른쪽 그림에서 $\overline{OC}$ 위의 점 P를 지나는 직선이 $\overline{AB}$와 Q에서 만나고 $\square OAQP=\frac{3}{5}\square OABC$일 때, 직선 PQ의 방정식을 구하여라.

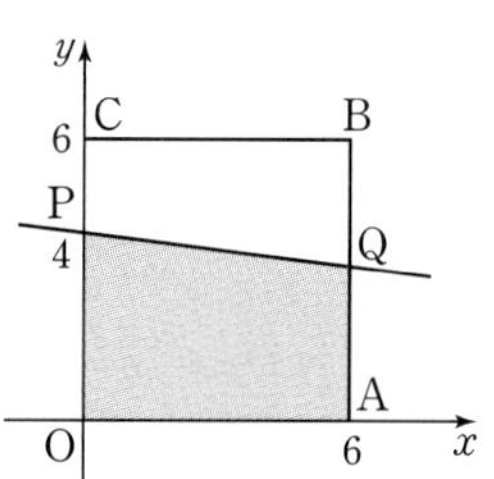

신유형 new

37 오른쪽 그림과 같이 좌표평면 위에 두 점 A$(3, 2)$, B$(6, 4)$가 있다. $\overline{AC}+\overline{BC}$의 길이가 최소가 되도록 x축 위에 점 C를 잡으려고 할 때, 점 C의 좌표를 구하여라.

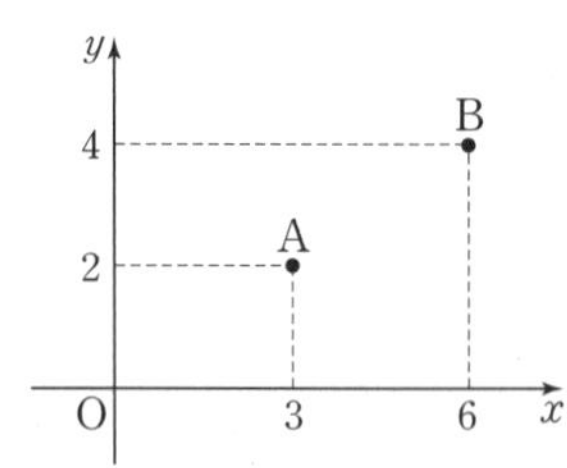

38 연립방정식 $\begin{cases} 2x+ay=4 \\ y=-\frac{2}{5}x+b \end{cases}$의 해가 무수히 많을 때, $ax+y-b=0$의 그래프는 $x-ky=4$의 그래프와 평행하다고 한다. 상수 k의 값을 구하여라.

39 미국에 여행을 간 주영이는 온도계가 95°F를 가리키고 있는 것을 보고 깜짝 놀라 안내원에게 물으니 그 기온은 화씨 온도라는 것을 가르쳐 주었다. 또한, 섭씨 0°C는 화씨로 32°F이고, 섭씨 100°C는 화씨로 212°F라고 알려 주었다. 그렇다면 그 때의 화씨 95°F를 섭씨로 나타내어라.

신유형 new

40 세 점 $A(x_1, y_1)$, $B(x_2, y_2)$, $C(x_3, y_3)$를 꼭짓점으로 하는 $\triangle ABC$의 무게중심은 $\left(\frac{x_1+x_2+x_3}{3}, \frac{y_1+y_2+y_3}{3}\right)$이다. 세 직선 $x=0$, $y=1$, $ax+by-2=0$ $(a>0, b>0)$으로 이루어진 삼각형의 무게중심의 좌표가 $(2, 2)$일 때, $\frac{b}{a}$의 값을 구하여라.

41 오른쪽 그림과 같이 점 P는 직선 $y=2x+a$ 위에 있고 점 P의 x좌표는 4이다. 색칠한 사다리꼴의 넓이가 24일 때, a의 값을 구하여라.

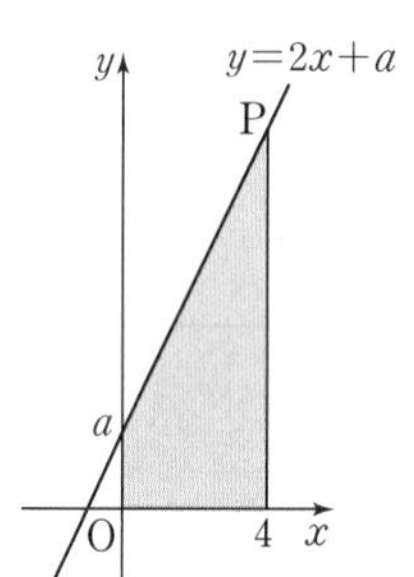

42 길이가 20cm인 용수철에 xg의 무게를 달았을 때, 용수철의 길이는 $y$cm이고 어떤 물체의 무게를 측정하는 데 물체의 무게가 20g 증가할 때, 용수철의 길이는 1cm씩 늘어난다고 한다. 이때, x와 y 사이의 관계식을 구하고 물체의 무게가 120g일 때, 용수철의 길이를 구하여라.

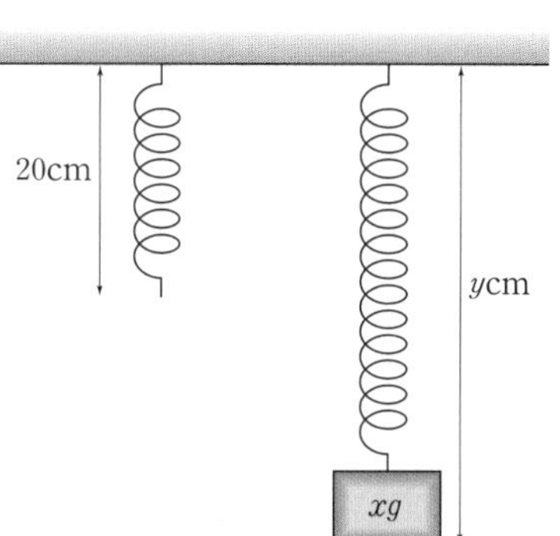

❖ 특목고 구술 · 면접 대비 문제

01 $ac>0$, $bc<0$일 때, 일차함수 $y=\frac{b}{a}x-\frac{c}{a}$가 지나지 않는 사분면을 말하여라.

02 일차함수 $f(x)$에 대하여

$$1\le f(1)\le 2,\ 0\le f(2)\le 2$$

가 성립할 때, y절편이 취할 수 있는 값의 범위를 구하여라.

03 세 점 A$(1, 3)$, B$(5, 0)$, C$(3, 8)$을 꼭짓점으로 하는 $\triangle$ABC가 있다. 직선 $y=mx-m+3$이 $\triangle$ABC의 넓이를 이등분할 때, 상수 m의 값을 구하여라.

04 세 직선 $2x+3y+4=0$, $x-2y-5=0$, $7x-3y-a=0$의 교점으로 삼각형이 만들어지지 않도록 a의 값을 정하여라.

05 $-3\leq x\leq 3$일 때, 함수 $f(x)=-2|x|+[x]$의 그래프의 모양을 그려라.
(단, $[x]$는 x보다 크지 않은 최대의 정수이다.)

06 함수 $f(x)=\begin{cases} x-2 & (x\geq 1) \\ -x & (x<1) \end{cases}$, $g(x)=3mx-m+2$의 그래프가 한 점에서만 만날 때, m의 값의 범위를 구하여라.

시·도 경시 대비 문제

01 연립방정식 $\begin{cases} y=-\dfrac{|x|}{x} \\ y=mx \end{cases}$ 의 해가 존재하지 않을 때, m의 값의 범위를 구하여라.

02 직선 $\dfrac{x}{a}+\dfrac{y}{b}=1$은 제 1, 2, 4사분면만 지난다. 이 직선과 x축, y축으로 둘러싸인 부분의 넓이가 32일 때, $a+b$의 최솟값을 구하여라.

03 서로 다른 세 직선 $x+ay-3=0$, $ax+4y+2=0$, $x-3y-1=0$에 의해 좌표평면이 7개의 부분으로 나누어 질 때, a의 조건을 구하여라.
(단, $a\neq0$인 정수이고 세 직선은 한 점에서 만나지 않는다.)

04 오른쪽 그림과 같이 좌표평면 위에 두 점 A$(-4, 3)$, B$(-2, 5)$가 있다. x축, y축 위에 점 P, Q를 정하여 $\overline{AP}+\overline{PQ}+\overline{QB}$의 길이가 최소가 될 때의 P, Q의 좌표를 각각 구하여라.

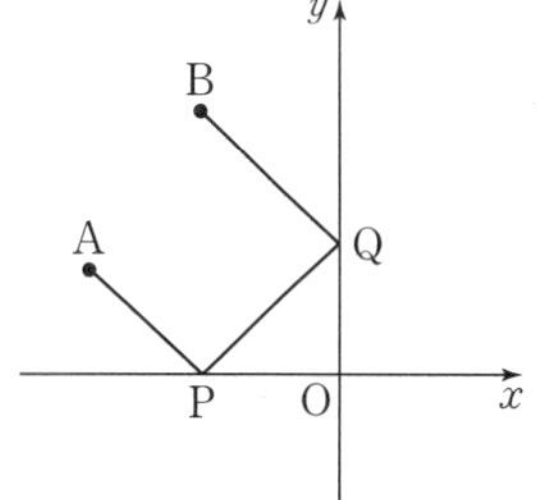

05 $f(x)$는 $3x+2$, $x+3$, $-x+5$의 값들 중 최소인 것을 함숫값으로 하는 것일 때, 함수 $f(x)$의 최댓값을 구하여라.

06 오른쪽 그림과 같이 세 점 A$(4, 8)$, B$(2, 4)$, C$(7, 2)$를 꼭짓점으로 하는 △ABC가 있다. 직선 $y=x+k$가 △ABC와 만나기 위한 k의 값의 범위를 구하여라.

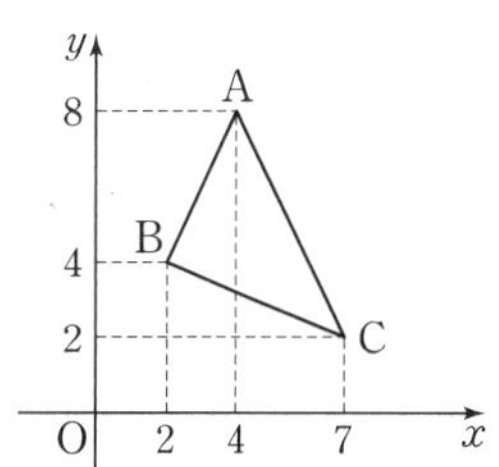

07 함수 $f(x)$에 대하여 $f(x)=ax+b$(a, b는 상수)이고 $f(0)\le f(1)$, $f(2)\ge f(3)$, $f(4)=7$을 만족한다. 이때, $f(2006)$의 값을 구하여라.

08 일차함수 $y=ax-2$의 그래프가 점 $\mathrm{A}(1,\ 3)$, $\mathrm{B}(4,\ -1)$을 이은 선분과 만날 때, a의 값의 범위를 구하여라.

09 점 $(a,\ b)$가 직선 $2x+y=1$ 위를 움직일 때, 점 $(a+b,\ a-b)$가 움직이는 직선의 방정식을 구하여라.

10 수직선 위의 세 점 A, B, C의 좌표를 각각 2, 3, x라 하고 점 C가 수직선 위의 점 O를 기준으로 양의 방향으로 움직일 때, $y=\overline{\mathrm{CA}}+\overline{\mathrm{CB}}$라고 한다. y를 x에 관한 식으로 나타내어라. (단, $\overline{\mathrm{CA}}$와 $\overline{\mathrm{CB}}$는 각각 점 C에서 점 A, B까지의 거리)

11 함수 $y=f(x)$의 그래프가 오른쪽 그림과 같을 때, 다음의 그래프를 그려라.

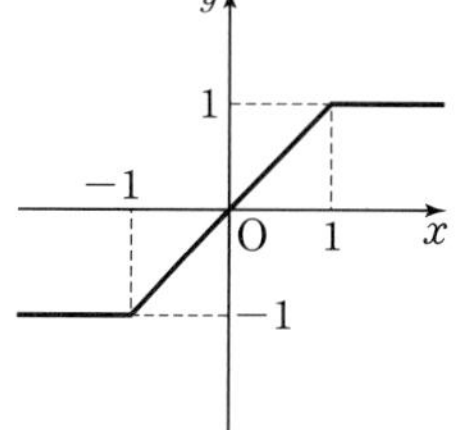

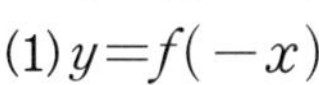

(1) $y=f(-x)$

(2) $y=f(|x|)$

(3) $|y|=f(x)$

12 두 함수 $y=[x]-4$, $y=3[x-5]+1$의 그래프의 교점을 $\mathrm{P}(x, y)$라고 할 때, $x+y$의 값의 범위를 구하여라. (단, $[x]$는 x를 넘지 않는 최대의 정수이다.)

올림피아드 대비 문제

01 오른쪽 그림은 시침, 분침이 12를 가리킬 때를 0°로 보아 4시와 5시 사이에 시침, 분침의 위치를 그래프로 나타낸 것이다. 시침, 분침이 이루는 각을 θ라 할 때, 다음 중에서 옳은 것을 모두 골라라.

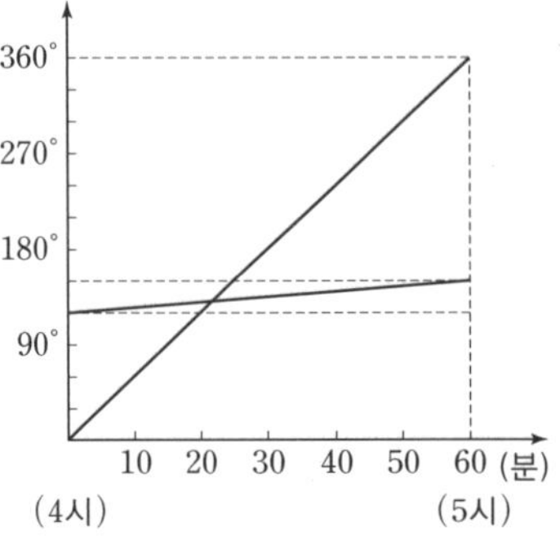

ㄱ. $\theta=0^\circ$일 때는 4시 25분
ㄴ. 4시 30분 이전 $\theta=98^\circ$일 때는 4시 4분
ㄷ. 4시 30분 이후 $\theta=89^\circ$일 때는 4시 38분

02 함수 $f(x)$가 모든 실수 x, y에 대하여

$$f(0)=0,\ \ |f(x)-f(y)|=|x-y|$$

일 때, 다음을 설명하여라.

(1) $|f(x)|=|x|$

(2) $f(x)f(y)=xy$일 때, $f(x+y)=f(x)+f(y)$

3 오른쪽 그림의 직사각형 ABCD에서 $\overline{CD}=5$, $\overline{BC}=6$이다. 점 P가 A를 출발하여 B, C, D의 순서로 D까지 변을 따라 움직인다고 한다. 점 P가 A로부터 움직인 거리를 x, △APD의 넓이를 y로 놓고 x와 y의 관계를 좌표평면 위에 그래프로 나타내었을 때, 이 그래프와 x축으로 둘러싸인 도형의 넓이를 구하여라.

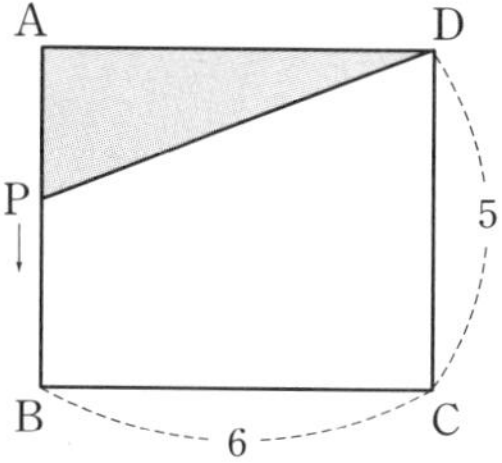

4 함수 $y=f(x)$에 대하여 다음을 설명하여라.

(1) 원점에 관한 대칭이동의 방정식은 $-y=f(-x)$이다.

(2) $y=x$에 관한 대칭이동의 방정식은 $x=f(y)$이다.

솔개의 선택

솔개는 가장 장수하는 조류로 알려져 있다. 솔개는 최고 약 70살의 수명을 누릴 수 있는데 이렇게 장수하려면 약 40살이 되었을 때 매우 고통스럽고 중요한 결심을 해야만 한다.

솔개는 약 40살이 되면 발톱이 노화하여 사냥감을 그다지 효과적으로 잡아챌 수 없게 된다. 부리도 길게 자라고 구부러져 가슴에 닿을 정도가 되고, 깃털이 짙고 두껍게 자라 날개가 매우 무겁게 되어 하늘로 날아오르기가 나날이 힘들게 된다.

이 즈음이 되면 솔개에게는 두 가지 선택이 있을 뿐이다. 그대로 죽을 날을 기다리든가 아니면 약 반년에 걸친 매우 고통스런 갱생 과정을 수행하는 것이다.

갱생의 길을 선택한 솔개는 먼저 산 정상 부근으로 높이 날아올라 그 곳에 둥지를 짓고 머물며 고통스런 수행을 시작한다.

먼저 부리로 바위를 쪼아 부리가 깨지고 빠지게 만든다. 그러면 서서히 새로운 부리가 돋아나는 것이다. 그런 후 새로 돋은 부리로 발톱을 하나하나 뽑아낸다. 그리고 새로 발톱이 돋아나면 이번에는 날개의 깃털을 하나하나 뽑아낸다. 이리하여 약 반년이 지나 새 깃털이 돋아난 솔개는 완전히 새로운 모습으로 변신하게 된다.

그리고 다시 힘차게 하늘로 날아올라 30년의 수명을 더 누리게 되는 것이다.

Chapter Ⅵ

확률

Ⅵ 확 률

1 경우의 수 ★★

point
경우의 수 : 어떤 사건이 일어날 수 있는 경우의 가짓수

(1) 시행과 사건

동전이나 주사위를 던지는 것과 같이 같은 조건에서 몇 번이고 반복할 수 있으며, 그 결과가 우연에 의하여 결정되는 실험이나 관찰을 시행이라 하고 그것에 의하여 일어나는 결과를 사건이라 한다.

point
경우의 수를 구하는 기본 원칙 : 빠짐없이 중복없이 구해야 한다.

(2) 사건 A 또는 사건 B가 일어나는 경우의 수 : 사건 A가 일어나는 경우의 수가 m가지, 사건 B가 일어나는 경우의 수가 n가지이고, 두 사건 A, B가 동시에 일어나지 않을 때, 사건 A 또는 사건 B가 일어나는 경우의 수는 $(m+n)$가지

(3) 두 사건 A, B가 동시에 일어나는 경우의 수 : 사건 A가 일어나는 경우의 수가 m가지이고, 그 각각에 대하여 사건 B가 일어나는 경우의 수가 n가지일 때, 사건 A, B가 동시에 일어나는 경우의 수는 $(m\times n)$가지

교과서 뛰어넘기

경우의 수에 관한 여러 가지 문제

(1) 순서를 생각해야 하는 문제

① n개를 일렬로 나열하는 경우의 수

$n!=n\times(n-1)\times(n-2)\times\cdots\times2\times1$

② n개에서 r개를 뽑아 일렬로 나열하는 경우의 수 (단, $r\leq n$)

${}_n\mathrm{P}_r=n\times(n-1)\times(n-2)\times\cdots\times(n-r+1)$

point
경우의 수를 구하는 방법 : 기준을 정하여 변화시키면서 관찰(조사)한다.

(2) 순서를 생각하지 않는 문제

순서를 생각하지 않고 n개에서 r개를 뽑는 경우의 수

$${}_n\mathrm{C}_r=\frac{n\times(n-1)\times(n-2)\times\cdots\times(n-r+1)}{r!}$$

예제 1

남자 4명, 여자 4명을 일렬로 세울 때, 남자와 여자가 교대로 서는 방법의 수를 구하여라.

(i) 남 여 남 여 남 여 남 여　　　(ii) 여 남 여 남 여 남 여 남

(i)의 경우, 남자를 세우는 방법은 $4!$가지, 여자를 세우는 방법도 $4!$가지이므로 방법의 수는 $4!\times4!=24^2=576$(가지)

(ii)의 경우도 (i)과 마찬가지이므로 남자와 여자가 교대로 서는 방법의 수는

$2\times4!\times4!=2\times24^2=2\times576=1152$(가지)

예제 2

A, B, C, D 네 사람 중 의장 1명, 부의장 1명, 총무 1명을 뽑는 경우의 수를 x가지, 세 명의 대표를 뽑는 경우의 수를 y가지라고 할 때, $x+y$의 값을 구하여라.

x는 4개에서 3개를 뽑아 일렬로 늘어놓는 경우의 수와 같으므로 $x=4\times3\times2=24$

y는 순서를 생각하지 않고 4개에서 3개를 뽑는 경우의 수와 같으므로 $y=\frac{4\times3\times2}{3!}=4$

따라서, $x+y=24+4=28$

2 확률의 계산 ★★★

(1) 확률

어떤 시행에서 얻어지는 각각의 사건이 셀 수 있고 모두 같은 정도로 일어날 것이라고 기대될 때,

$$(\text{사건 }A\text{가 일어날 확률})=\frac{(\text{사건 }A\text{가 일어나는 경우의 수})}{(\text{모든 경우의 수})}$$

(2) 확률의 성질 [1]

① 어떤 사건이 일어날 확률을 p라고 하면

$$0\le p\le 1$$

② 반드시 일어나는 사건의 확률은 1이다.

③ 절대로 일어날 수 없는 사건의 확률은 0이다.

point
문제에서 '적어도'라는 말이 포함되어 있으면 여사건의 확률을 이용한다.

(3) 확률의 성질 [2] (여사건의 확률)

사건 A가 일어날 확률이 p일 때, 사건 A가 일어나지 않을 확률 q는

$$q=1-p$$

(4) 사건 A 또는 B가 일어날 확률 (합의 법칙)

사건 A, B가 동시에 일어나지 않는 경우, 사건 A가 일어날 확률을 p, 사건 B가 일어날 확률을 q라고 하면

(사건 A 또는 B가 일어날 확률)$=p+q$

(5) 사건 A, B가 동시에 일어날 확률 (곱의 법칙)

사건 A, B가 서로 영향을 끼치지 않는 경우, 사건 A가 일어날 확률을 p, 사건 B가 일어날 확률을 q라고 하면

(사건 A, B가 동시에 일어날 확률)$=p\times q$

교과서 뛰어넘기

기하학적 확률 – 시험 횟수가 무한하거나 셀 수 없을 때,

$$(\text{사건 }A\text{가 일어날 확률})=\frac{(\text{사건 }A\text{가 일어나는 크기})}{(\text{전체의 크기})}$$

특목고 대비 문제

01 같은 모양과 크기의 연필 12자루를 세 묶음으로 나누는 경우의 수를 구하여라.
(단, 각 묶음 속에는 적어도 한 자루의 연필이 들어 있다.)

신유형 new

02 어떤 경기에서 세 경기를 먼저 이기는 팀이 우승한다고 한다. A, B 두 팀이 이러한 경기를 진행했을 때, 결과에 대해 일어날 수 있는 모든 경우의 수를 구하여라.
(단, 비기는 경우는 없다.)

03 오른쪽 그림의 5개 부분에 빨강, 노랑, 초록, 파랑, 검정의 어느 색이든지 칠하려고 한다. 같은 색을 몇 번이고 써도 좋으나 서로 인접한 부분은 서로 다른 색으로 칠하는 방법의 수를 구하여라.

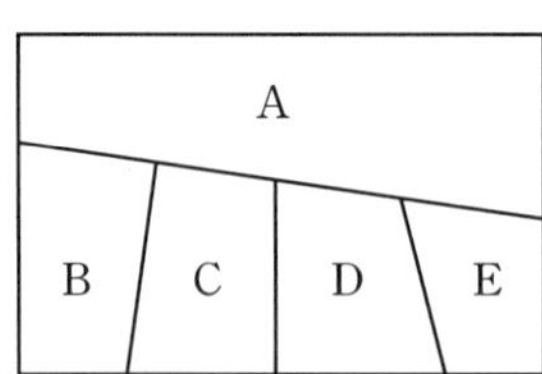

04

오른쪽 그림과 같은 상자에 과일을 넣으려고 한다. 여기에 사과, 배, 복숭아, 포도, 밤을 한 개씩 넣을 때, 사과와 배는 이웃(변을 공유)하지 않도록 넣는 경우의 수를 구하여라.(단, 상자의 모양과 크기는 관계없고 과일들의 위치 관계만 생각한다.)

신유형 new

05

한 손의 5개의 손가락에서 엄지 이외의 손가락 끝을 엄지손가락 끝에 붙여 여러 가지 경우를 만들어 신호로 쓰려고 한다. 신호를 만들 수 있는 방법의 수를 구하여라. (단, 엄지에 다른 손가락이 하나도 붙지 않은 것은 신호가 아니다.)

06

1부터 50까지의 정수 중에서 4 또는 5의 배수의 개수를 구하여라.

07 0, 0, 1, 2, 3, 4를 써놓은 6장의 카드 중에서 3장을 뽑아 나열하여 세 자리 정수를 만들 때, 짝수의 개수를 구하여라.

신유형 new

08 오른쪽 그림을 그리는데 중심 A에서 출발하여 연필을 떼지 않고 한 번에 그리는 방법의 수를 구하여라.

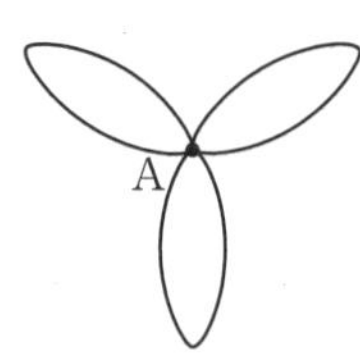

09 1, 2, 3, 4, 5의 5개의 숫자를 모두 배열하여 만들어지는 5자리의 자연수 중에서 32000보다 작은 수의 개수를 구하여라.

신유형 new

10 5개의 문자 a, b, c, d, e를 사용하여 만들어지는 120개의 문자를 사전식으로 $abcde$에서 $edcba$까지 나열하였다. 이때, $bdcea$는 몇 번째에 있는지 구하여라.

11 오른쪽 그림은 정사각형의 각 변을 4등분하여 얻은 도형이다. 이 도형의 선들로 이루어지는 사각형 중에서 정사각형이 아닌 직사각형의 개수를 구하여라.

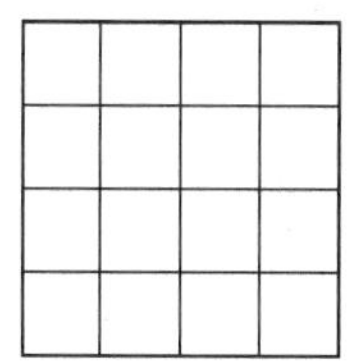

12 오른쪽 그림과 같이 일정한 간격으로 9개의 점이 있다. 다음 물음에 답하여라.

(1) 임의의 두 점을 연결하여 그은 직선의 개수

(2) 임의의 세 점을 연결하여 만든 삼각형의 개수

13 PROOF를 알파벳 순서로 FOOPR, FOORP, FOPOR, …, RPOOF와 같이 사전식으로 배열하는 모든 방법의 수를 구하여라.

14 오른쪽 그림과 같이 A지점에서 B지점으로 가는 길이 있다. 갑, 을 두 사람이 A에서 중간 지점 C, D를 각각 통과하여 B로 가는 경우의 수를 구하여라. (단, 한 사람이 통과한 중간 지점을 다른 사람이 통과할 수 없다.)

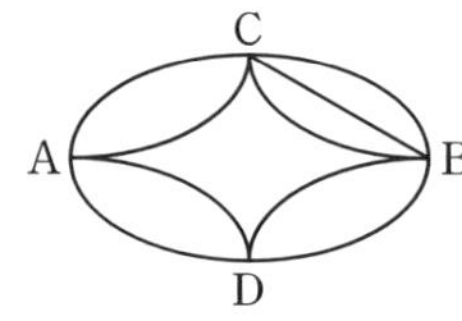

15 오른쪽 그림과 같이 반원모양의 부채꼴 위에 7개의 점이 있다. 이 중 세 점을 꼭짓점으로 하는 삼각형의 개수를 구하여라.

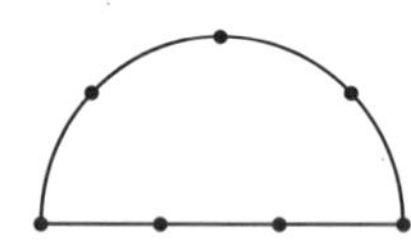

16 오른쪽 그림과 같이 4개의 섬이 있다. 3개의 다리를 건설하여 4개의 섬 모두를 연결하는 방법의 수를 구하여라.

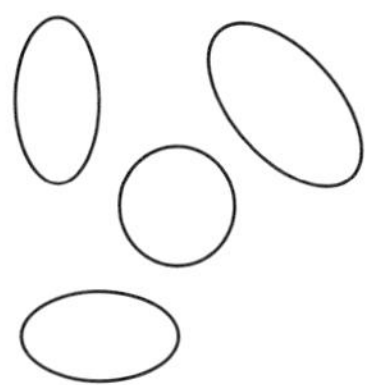

신유형 new

17 문자 a, b, c에서 중복을 허용하여 세 개로 만든 단어를 전송하려고 한다. 단, 전송되는 단어에 a가 연속되면 수신이 불가능하다고 하자. 예를 들면, aab, aaa등은 수신이 불가능하고 bba, aba등은 수신이 가능하다. 수신 가능한 단어의 개수를 구하여라.

18 x, y가 $3 \leq x \leq 8$, $2 \leq y \leq 6$인 정수일 때, (x, y)를 좌표로 하는 점의 개수를 구하여라.

19 두 종류의 주사위 A, B를 동시에 던질 때 나타나는 눈의 수의 합이 3의 배수가 되는 경우의 수를 구하여라.

20 A, B, C, D 네 사람이 릴레이 선수로 선발되었다. 달리는 순서를 결정할 때 반드시 A는 B에게 바톤을 준다고 한다면, 달리는 순서는 몇 가지가 있는지 구하여라.

21 0, 1, 2, 3, 4의 다섯 개의 숫자로 만들어지는 다음과 같은 정수는 각각 몇 개인지 구하여라. (단, 같은 숫자는 두 번 이상 쓰지 않는다)

(1) 다섯 자리 수

(2) 네 자리 수 중 짝수

(3) 세 자리 수 중 3의 배수

신유형 new

22 4장의 카드의 앞면과 뒷면에 각각 0과 1, 2와 3, 4와 5, 6과 7이라는 숫자가 한 자씩 적혀 있다. 이 4장의 카드를 한 줄로 늘어놓아 4자리 정수를 만들 때의 경우의 수를 구하여라.

23 오른쪽 그림과 같은 도로망이 있다. A지점을 출발하여 C지점을 거쳐 B지점까지 최단 거리로 가는 모든 경우의 수를 구하여라.

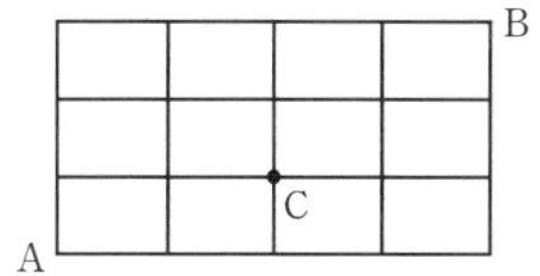

신유형 new

24 직선 $-ax+by=b$가 있다. 주사위를 두 번 던져서 첫 번째 나온 눈의 수를 a, 두 번째 나온 눈의 수를 b라 할 때, 서로 다른 직선의 개수를 구하여라.

25 붉은색 구슬과 푸른색 구슬이 들어 있는 주머니 속에서 붉은색 구슬을 1개 꺼내면 남은 구슬의 $\frac{1}{7}$이 붉은색 구슬이고, 푸른색 구슬을 2개 꺼내면 남은 구슬의 $\frac{1}{5}$이 붉은색 구슬이라고 한다. 이 주머니 속에 들어 있는 구슬은 모두 몇 개인지 구하여라.

신유형 new

26 회원이 1000명인 어느 모임에서 1차 투표로 3명의 대표를 뽑고, 이어서 2차 투표에서 3명의 대표 중 한 명의 회장을 뽑는다고 한다. 이와 같은 방법으로 대표와 회장을 뽑을 때, 반드시 대표가 되기 위한 최소의 득표 수를 p, 회장이 될 수 있는 최소의 득표 수를 q라고 하면 $p+q$의 값을 구하여라. (단, 1000명의 회원 모두가 1차 투표와 2차 투표에 참여하고, 무효표는 없으며, 각 회원은 각 투표에서 한 후보에게만 투표할 수 있다.)

27 5000원을 1000원짜리 3장과 500원짜리 4개로 바꿀 수 있다. 이와 같이 5000원을 100원, 500원, 1000원짜리 돈으로 바꿀 수 있는 서로 다른 방법의 수를 구하여라.

28 한 쪽에는 추만 놓고 다른 쪽에는 물건을 놓아 무게를 재는 양팔저울과 1g짜리 추 2개, 3g짜리 추 2개, 9g짜리 추 1개, 27g짜리 추 2개 등 모두 7개의 추가 있다. 이때, 7개의 추로 측정할 수 있는 무게의 경우의 수를 구하여라.

29 50원짜리 우표, 100원짜리 우표, 200원짜리 우표 세 종류를 1000원어치 사기 위한 방법의 수를 구하여라. (단, 세 종류의 우표가 모두 포함되어야 한다.)

30 세 개의 주사위를 동시에 던질 때, 나타나는 눈의 수의 최댓값을 M, 최솟값을 m이라고 할 때, $M-m>1$일 확률을 구하여라.

31 숫자 -1, -1, 0, 1, 1, 1이 각 면에 각각 적힌 정육면체 모양의 주사위를 두 번 던져 나오는 눈의 수를 각각 x, y라 할 때, xy의 기댓값을 구하여라.

신유형 new

32 파스칼(Pascal)과 페르마(Fermat)는 다음과 같은 문제를 가지고 서신 왕래를 하면서 확률에 대한 관심을 갖기 시작하였다.

> A, B 두 사람이 게임을 3번 하는데 2번을 먼저 이기는 사람이 상금을 가지기로 하였다. 매 게임에서 두 사람이 이길 확률은 같고 비기는 경우는 없다. A가 첫 번째 게임을 이긴 후 게임이 중단되었다면 상금을 어떻게 분배하면 되겠는가?

위 문제에서 전체 상금의 얼마를 A가 받는 것이 적당한지 말하여라.

33 A, B 두 사람이 같은 표적을 향하여 활을 쏠 때, 그 명중률은 각각 $\frac{2}{5}$, $\frac{1}{3}$이라고 한다. A, B 두 사람이 동시에 활을 쏠 때, 적어도 한 사람은 표적을 명중시킬 확률을 구하여라.

34 A, B 두 사람이 A, B, A, B의 순으로 주사위를 던지는 게임을 한다. 짝수의 눈이 먼저 나오는 사람이 이기는 것으로 할 때, 4회 이내에 B가 이길 확률을 구하여라.

35 비가 오는 날의 다음 날에 비가 올 확률은 $\frac{1}{5}$이고, 비가 오지 않은 날의 다음 날에 비가 올 확률은 $\frac{1}{4}$이라고 한다. 월요일에 비가 내렸다고 할 때, 그 주의 수요일에 비가 올 확률을 구하여라.

신유형 new

36 동전을 6회 던져서 n번째 동전이 앞면이면 $X_n=1$이라 하고, 뒷면이면 $X_n=-1$이라 한다. $S_n=X_1+X_2+\cdots+X_n(1\le n\le 6)$이라고 할 때, $S_2=0$이고 $S_6=2$일 확률을 구하여라.

37 두 개의 주사위 A, B를 던져서 나오는 눈의 수를 각각 a, b라고 할 때, 두 방정식 $3x+ay+1=0$, $(b+1)x+4y+1=0$의 공통인 해가 존재하지 않을 확률을 구하여라.

38 오른쪽 그림과 같은 도로망이 있다. P지점에서 Q지점까지 가는 방법 중 한 번 지난 곳은 다시 지나지 않고 가는 방법의 수를 x, 최단 거리로 가는 방법의 수를 y라 할 때, $x+y$의 값을 구하여라.

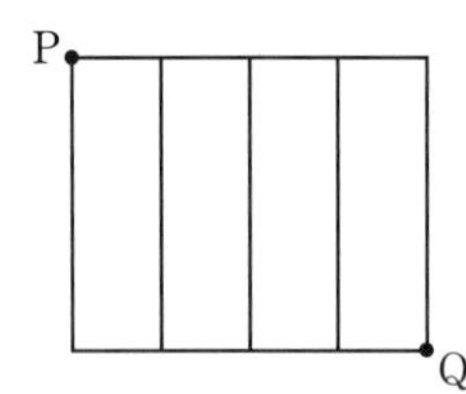

39 수험생 5명의 수험표를 섞어서 임의로 1장씩 나누어 줄 때, 5명 중 어느 2명만이 자기 수험표를 받을 경우의 수를 구하여라.

40

1부터 12까지의 자연수가 적힌 12장의 카드를 보이지 않게 덮어 놓았다. 계속하여 한 장씩 뒤집어서 그 카드에 적힌 수를 더하는 시행을 반복할 때, 연속하여 뒤집은 카드에 적힌 수의 합이 12가 되는 경우의 수를 구하여라. (단, 각각의 시행에 뒤집은 카드는 다시 덮지 않는다.)

41

4명의 학생이 가방을 운동장에 모아 놓고 배드민턴을 하였다. 배드민턴이 끝난 후 무심코 가방을 들었을 때, 자기 가방을 든 학생이 한 명도 없을 경우의 수를 구하여라.

신유형 new

42

A, B 두 개의 주사위를 동시에 던져서 나온 눈의 수를 각각 a, b라 하고, 두 직선 $y=x+4$, $y=-2x+10$이 x축과 만나는 점을 각각 P, Q, 두 직선의 교점을 R라고 할 때, 점 (a, b)가 $\triangle$PQR의 내부에 있을 확률을 구하여라.

(단, 경계선은 제외한다.)

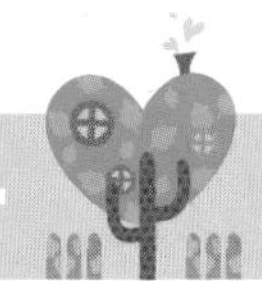

43

주사위 두 개를 던져서 나오는 눈의 수를 각각 a, b라 할 때, 두 직선 $y=x-a$, $y=-3x+b$의 교점의 x좌표가 1이 될 확률을 구하여라.

44

서로 다른 세 개의 주사위를 던져서 나온 눈의 수를 각각 100의 자리, 10의 자리, 1의 자리로 하는 세 자리의 정수가 11의 배수가 될 확률을 구하여라.

45

오른쪽 그림과 같이 직사각형 모양으로 도로가 나 있는 지역에 2곳의 피자 가게 P, Q가 있다. 2곳의 피자 가게 중 어느 한 곳은 꼭 들러서 간다고 할 때, A지점에서 B지점까지 최단 거리로 가는 방법의 수를 구하여라.

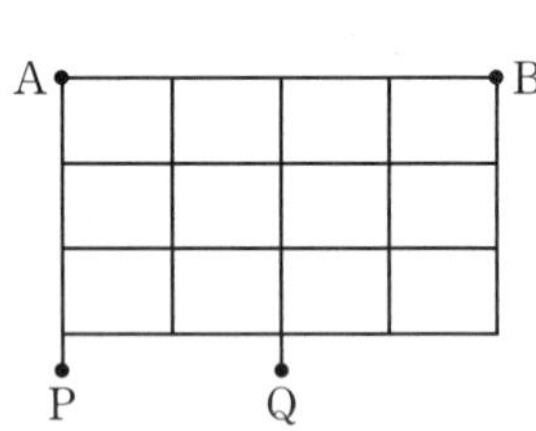

정답 및 해설 p. 51

01 아래 그림과 같이 a, b, c, d, e, f, g의 길이 있다. 다음 물음에 답하여라.

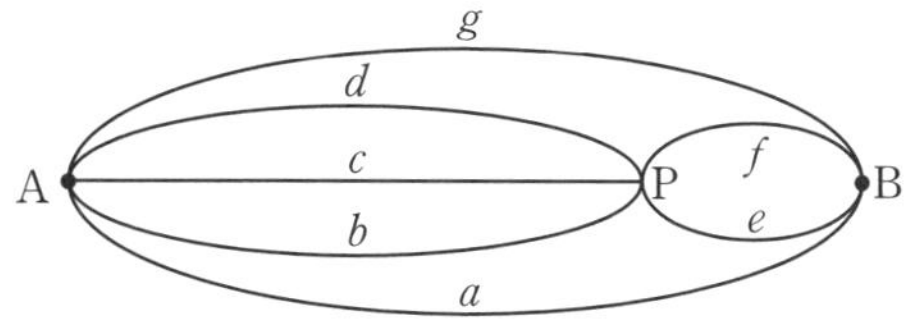

(1) A지점에서 B지점까지 갈 수 있는 모든 경우의 수를 구하여라.
(2) A지점에서 B지점으로 갈 때, 길 f를 지나갈 확률을 구하여라.

02 주머니에 a, a, a, b, b, c의 6개의 문자가 들어 있다. 세 개의 문자를 뽑아 만들어지는 문자의 개수를 구하여라.

03 주사위를 던져서 1의 눈이 나오면 오른쪽으로 1만큼, 2와 3 중 어느 한 눈이 나오면 위로 1만큼, 4, 5, 6 중 어느 한 눈이 나오면 왼쪽으로 1만큼 움직인다고 한다. 주사위를 네 번 던질 때, 원점 O을 출발하여 점 A의 위치에 올 확률을 구하여라. (단, 한 칸의 길이는 1이다.)

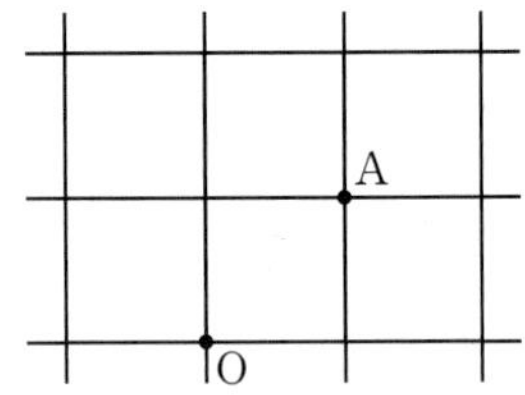

04 [그림 1]과 같이 아홉 개의 수가 차례로 적힌 9개의 칸이 있다.

a_1	a_2	a_3
b_1	b_2	b_3
c_1	c_2	c_3

[그림 1]

b_1	b_2	b_3
a_1	a_2	a_3
c_1	c_2	c_3

[그림 2]

다음의 규칙 A 또는 B를 시행하여 9개의 칸에 적힌 수를 이동하려고 한다.

> 규칙 A : 2개의 가로줄을 택하여 같은 위치의 수를 서로 바꾼다.
> 규칙 B : 2개의 세로줄을 택하여 같은 위치의 수를 서로 바꾼다.

예를 들어, [그림 2]는 첫 번째 가로줄과 두 번째 가로줄의 수를 서로 바꾸는 규칙 A에 따라 시행하여 얻을 수 있는 배열이다. 규칙 A 또는 B를 여러 번 반복하여 시행할 때, 얻을 수 있는 서로 다른 배열의 모든 가짓수를 구하여라.

정답 및 해설 p. 52

01 1, 2, 3, 4, 5 다섯 개의 숫자를 모두 사용하여 다섯 자리의 정수를 만들어 작은 수부터 차례로 나열하려고 한다. 즉, 12345, 12354, 12435, 12453, ⋯, 54321과 같이 차례로 나열하였을 때, 100번째 나타나는 수를 구하여라.

02 주사위를 던졌을 때, 1 또는 2가 나오면 오른쪽으로 한 칸, 3 또는 4가 나오면 위로 한 칸씩 움직이는 것으로 하고, 5 또는 6이 나오면 제자리에 멈추기로 한다. 오른쪽 그림에서 바둑알이 점 A에서 출발하여 점 P로 이동할 때, 주사위를 3번 던져 갈 수 있는 지점 중 확률이 가장 높은 지점을 점 A～점 P에서 선택하고 그 확률을 구하여라.

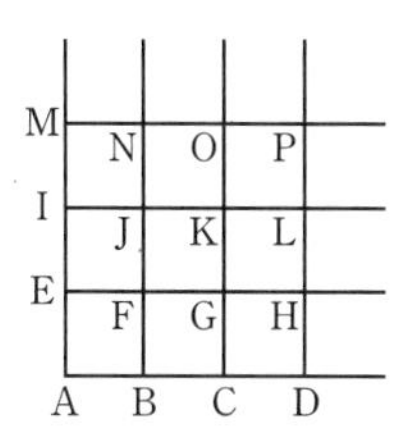

03 원에 내접하는 10각형의 꼭짓점 중에서 세 점을 연결하여 삼각형을 만들 때, 처음 주어진 10각형과 공유하는 변이 하나도 없는 삼각형이 만들어질 확률을 구하여라.

04 두 개의 주사위 A, B를 동시에 던져서 나온 눈의 수를 각각 x, y라 할 때, $\sqrt{xy-2x-3y+6}$이 정수가 될 확률을 구하여라.

05 K고등학교 기숙사 각 방에는 1호, 2호, 3호, 4호의 네 개의 침대가 있다. 지금 여섯 사람을 두 개의 방 A, B에 침대 순으로 배정하려고 한다. 예를 들면 2호 침대를 비워두고 3호 침대를 배정하거나 3호 침대를 비워두고 4호 침대를 배정할 수 없다. 어느 한 방의 3호와 4호 침대를 모두 비워둘 수도 있다. 모두 몇 가지 배정 방법이 있는지 구하여라.

06 A, B 두 개의 주사위를 던져서 나타난 눈의 수를 각각 x, y라 할 때, x와 y의 차 $|x-y|$의 기댓값을 기약분수로 나타내어라.

07 두 사람이 1시와 2시 사이에 만나기로 하고, 먼저 온 사람은 나중에 오는 사람을 15분간만 기다리기로 하였다. 두 사람이 만날 수 있는 확률을 구하여라. (단, 두 사람은 반드시 1시와 2시 사이에 약속 장소에 나온다.)

08 어느 프로야구 팀이 경기에 이긴 후 다음 경기에 이길 확률은 $\frac{2}{3}$이고, 경기에 패한 후 다음 경기에 이길 확률은 $\frac{2}{5}$이다. 첫 경기에서 이긴 후 네 번째 경기에서도 이길 확률을 구하여라. (단, 무승부는 없는 것으로 한다.)

09 오른쪽 그림과 같이 두 점 A(3, 2), B(4, 2)가 있고 주사위 두 개를 던져서 나온 눈의 수를 차례로 m, n이라고 할 때, 직선 $y=\frac{n}{m}x$와 선분 AB가 만날 확률을 구하여라.

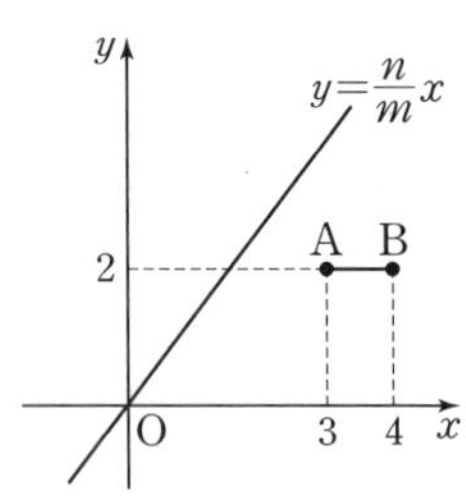

10 1, 2, 3 세 개의 숫자가 한 면에 한 개의 숫자씩 각각 a번, b번, c번 적힌 정육면체의 주사위 2개가 있다. 이 2개의 주사위를 동시에 계속 던져 보면 두 주사위의 눈의 합이 3인 수가 3회에 1회 꼴로 나온다고 한다. 이때, c의 값을 구하여라.

(단, $a\geq1$, $b\geq1$, $c\geq1$)

11 1개의 박테리아가 10분 후에 2개, 1개, 0개가 될 확률이 각각 $\frac{1}{2}$, $\frac{1}{3}$, $\frac{1}{6}$이다. 1개의 박테리아가 20분 후에 2개가 될 확률을 구하여라.

12 마술사가 1부터 100까지 쓰인 카드 100장을 가지고 있다. 그가 빨간색, 파란색, 노란색의 3개의 상자에 이 카드를 모두 넣는데 각 상자에 최소한 한 장 이상의 카드를 넣는다. 관객 중 한 명이 나와 세 개의 상자 중 두 개를 골라 이 두 상자에서 한 장씩의 카드를 뽑아 두 장의 카드에 쓰인 숫자의 합을 말한다. 이 합을 듣고 마술사는 세 상자 중 카드가 뽑히지 않은 상자를 맞추는 게임을 한다. 미술사가 항상 이길 수 있도록 세 상자에 카드를 넣는 방법의 수를 구하여라.

올림피아드 대비 문제

01 8단으로 된 계단을 1단 또는 2단씩 오를 때, 이 계단을 오르는 방법의 수를 구하여라.

02 어린이 7명이 버섯을 100송이 땄는데 임의의 두 어린이가 딴 버섯의 수가 모두 같지 않았다. 이때, 어떤 세 어린이가 딴 버섯의 수의 합이 50보다 작지 않은 경우가 반드시 존재함을 설명하여라.

3

아래 7개의 정수를 적당히 배열하여 앞에서부터 4개의 정수의 합과 뒤에서부터의 4개의 정수의 합이 모두 3의 배수가 되게 하려고 한다. 가능한 배열은 모두 몇 가지인지 구하여라.

144, 154, 164, 174, 184, 194, 204

4

주사위 한 개를 7번 던져서 1에서부터 6까지의 눈이 모두 나올 확률을 $\frac{n}{6^5}$이라 할 때, n의 값을 구하여라.

반지에 새겨진 글귀

어느 날 다윗 왕이 궁중의 한 보석 세공인을 불러 명령을 내렸습니다.

"나를 위하여 반지 하나를 만들되 거기에 내가 매우 큰 승리를 거둬 그 기쁨을 억제하지 못할 때 그것을 조절할 수 있는 글귀를 새겨 넣어라. 그리고 동시에 그 글귀가 내가 절망에 빠져 있을 때는 나를 이끌어 낼 수 있어야 하느니라."

보석 세공인은 명령대로 곧 매우 아름다운 반지 하나를 만들었습니다. 그러나 적당한 글귀가 생각나지 않아 걱정을 하고 있었습니다.

어느 날 그는 솔로몬 왕자를 찾아갔습니다. 그에게 도움을 구하기 위해서였습니다.

"왕의 황홀한 기쁨을 절제해 주고 동시에 그가 낙담했을 때 북돋워 드리기 위해서는 도대체 어떤 말을 써 넣어야 할까요?"

솔로몬이 대답했습니다. 이런 말을 써 넣으시오.

"이것 역시 곧 지나가리라!"

"왕이 승리의 순간에 이것을 보면 곧 자만심이 가라앉게 될 것이고, 그가 낙심 중에 그것을 보게 되면 이내 표정이 밝아질 것입니다."

Chapter Ⅷ

도형의 성질

Ⅶ 도형의 성질

1 이등변삼각형 ★★

(1) 이등변삼각형의 성질

① 이등변삼각형의 두 밑각의 크기는 같다.

② 이등변삼각형의 꼭지각의 이등분선은 밑변을 수직이등분한다. 즉, 삼각형 ABC에서 $\overline{AD}$가 꼭지각의 이등분선이면 $\overline{DB}=\overline{DC}$이고 $\overline{AD}\perp\overline{BC}$이다.

③ 이등변삼각형의 밑변을 수직이등분한 직선은 꼭지각의 이등분선이다.

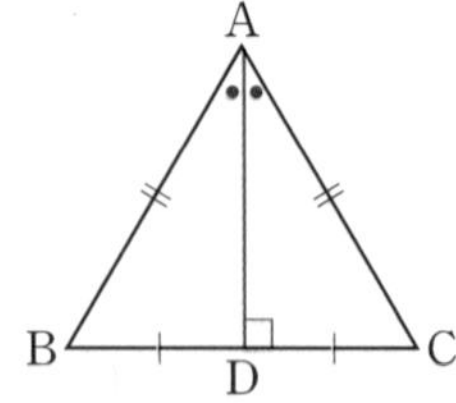

(2) 이등변삼각형이 되기 위한 조건

① 두 밑각의 크기가 같으면 이등변삼각형이다.

② 한 각의 이등분선이 대변을 수직이등분하면 이등변삼각형이다.

> **point**
> • 수직이등분선 : 주어진 선분과 수직이며 주어진 선분의 중점을 지나는 직선

2 직각삼각형의 합동조건 ★★

(1) 빗변의 길이와 한 예각의 크기가 각각 같은 두 직각삼각형은 서로 합동이다. (RHA합동)

(2) 빗변의 길이와 다른 한 변의 길이가 각각 같은 두 직각삼각형은 서로 합동이다. (RHS합동)

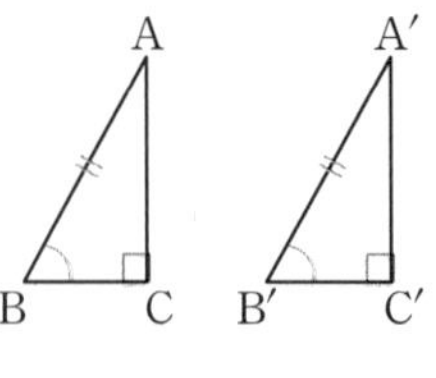

(RHA합동)

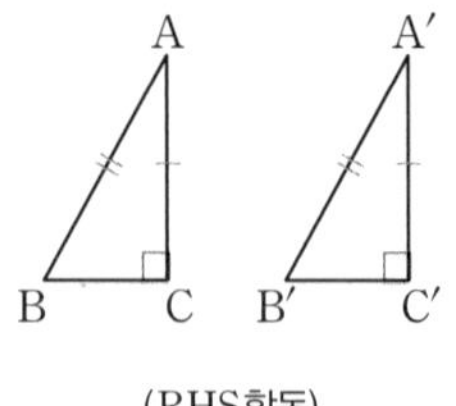

(RHS합동)

3 삼각형의 외심과 내심 ★★★

(1) 외심

① 삼각형의 세 변의 수직이등분선은 한 점 O에서 만난다. 이때, 점 O는 삼각형의 외접원의 중심(외심)이다.

② 외심에서 세 꼭짓점에 이르는 거리는 같다.

③ $\angle BOC=2\angle BAC$

④ $\triangle AFO\equiv\triangle BFO$, $\triangle BDO\equiv\triangle CDO$, $\triangle CEO\equiv\triangle AEO$ (SAS합동)

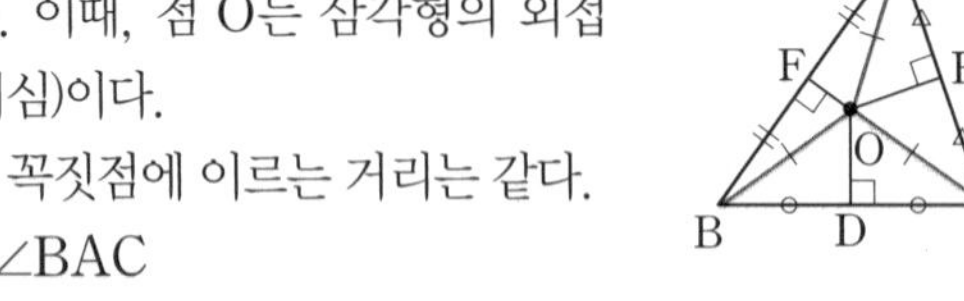

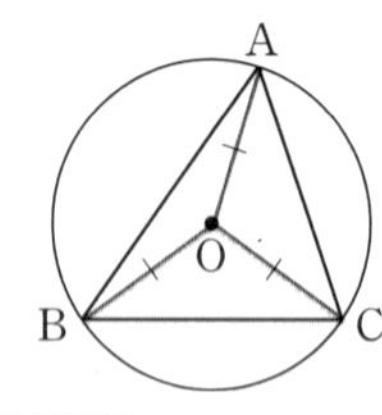

> **point**
> 외심의 위치
> • 예각삼각형 : 삼각형의 내부
> • 직각삼각형 : 빗변의 중점
> • 둔각삼각형 : 삼각형의 외부

(2) 내심

① 삼각형의 세 각의 이등분선은 한 점 I에서 만난다. 이때, 점 I는 삼각형의 내접원의 중심(내심)이다.

② 내심에서 세 변에 이르는 거리는 같다.

③ $\angle BIC=90^\circ+\frac{1}{2}\angle BAC$

④ $\triangle AFI\equiv\triangle AEI$, $\triangle BFI\equiv\triangle BDI$, $\triangle CDI\equiv\triangle CEI$ (RHA합동)

4 평행사변형 ★★★

(1) 평행사변형의 성질

① 두 쌍의 대변의 길이가 각각 같다. ($\overline{AB}=\overline{DC}$, $\overline{AD}=\overline{BC}$)

② 두 쌍의 대각의 크기가 각각 같다. ($\angle A=\angle C$, $\angle B=\angle D$)

③ 두 대각선은 서로 다른 것을 이등분한다.
($\overline{OA}=\overline{OC}$, $\overline{OB}=\overline{OD}$)

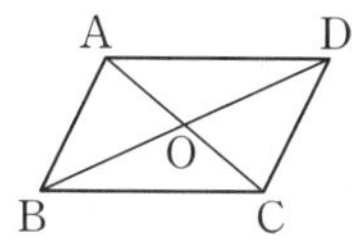

(2) 평행사변형이 되는 조건

사각형이 다음의 어느 한 조건을 만족하면 그 사각형은 평행사변형이다.

① 두 쌍의 대변이 각각 평행하다. ($\overline{AB}/\!/\overline{DC}$, $\overline{AD}/\!/\overline{BC}$)

② 두 쌍의 대변의 길이가 각각 같다. ($\overline{AB}=\overline{DC}$, $\overline{AD}=\overline{BC}$)

③ 두 쌍의 대각의 크기가 각각 같다. ($\angle A=\angle C$, $\angle B=\angle D$)

④ 두 대각선이 서로 다른 것을 이등분한다. ($\overline{OA}=\overline{OC}$, $\overline{OB}=\overline{OD}$)

⑤ 한 쌍의 대변이 평행하고 그 길이가 같다. ($\overline{AD}/\!/\overline{BC}$, $\overline{AD}=\overline{BC}$)

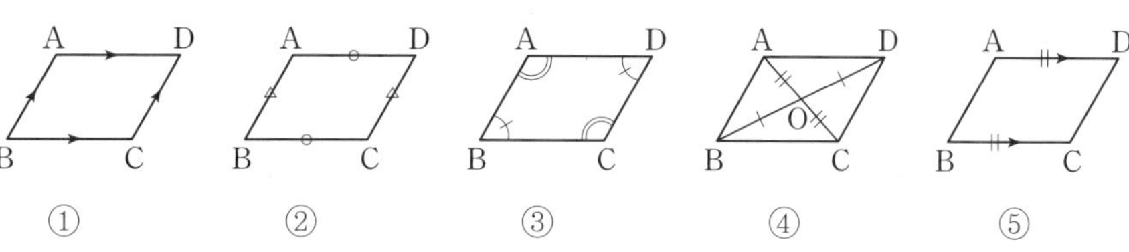

point
평행사변형이 직사각형이 되는 조건
① 두 대각선의 길이가 같다.
② 한 내각이 직각이다.

point
평행사변형이 마름모가 되는 조건
① 두 대각선이 서로 직교한다.
② 이웃하는 두 변의 길이가 같다.

point
평행사변형과 넓이

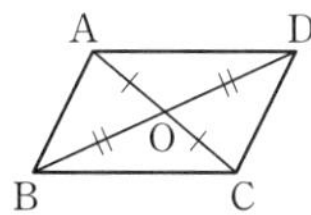

$\triangle ABO=\triangle BCO$
$=\triangle CDO=\triangle DAO$

5 여러 가지 사각형 ★★

(1) 직사각형

① 네 내각의 크기가 모두 같은 사각형

② 두 대각선의 길이가 서로 같고, 서로 다른 것을 이등분한다.

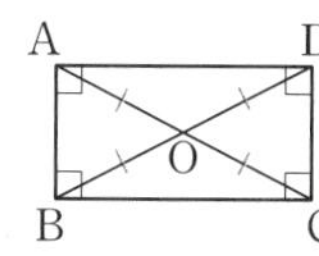

(2) 마름모

① 네 변의 길이가 모두 같은 사각형

② 두 대각선은 서로 다른 것을 수직이등분한다.

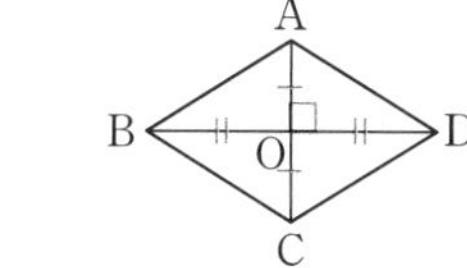

(3) 정사각형

① 네 각의 크기가 같고, 네 변의 길이가 같은 사각형

② 두 대각선의 길이가 서로 같고, 서로 다른 것을 수직이등분한다.

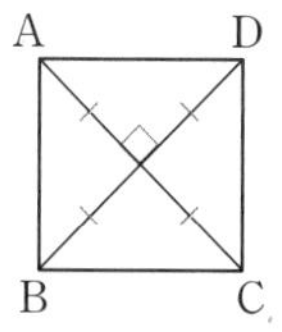

point
등변사다리꼴
① 밑의 양 끝각의 크기가 같은 사다리꼴
② 평행이 아닌 한 쌍의 대변의 길이가 서로 같고, 두 대각선의 길이가 서로 같다.

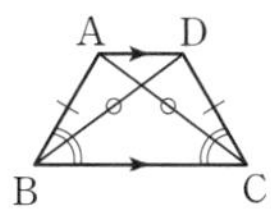

6 평행선과 넓이 ★★

두 직선 l, m이 평행할 때, 한 직선 위의 두 점 A, D에 대하여 두 삼각형 ABC와 DBC는 밑변 BC를 공유하고 높이가 같으므로 그 넓이가 서로 같다. 즉

$l/\!/m$이면 $\triangle ABC=\triangle DBC$

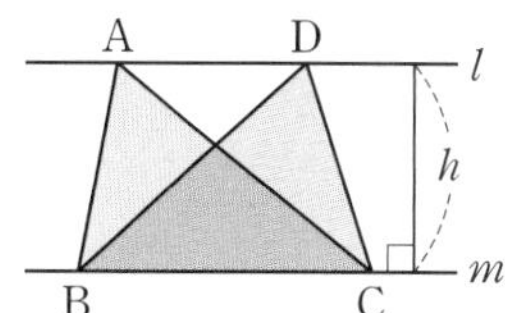

point
삼각형과 넓이

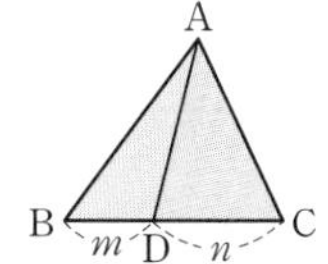

$\triangle ABD : \triangle ACD=m : n$

01

다음 중 도형의 뜻으로 옳지 않은 것은?

① 이등변삼각형 : 두 변의 길이가 서로 같은 삼각형
② 평행사변형 : 두 쌍의 대변의 길이가 각각 같은 사각형
③ 마름모 : 네 변의 길이가 모두 같은 사각형
④ 사다리꼴 : 한 쌍의 대변이 평행한 사각형
⑤ 직사각형 : 네 내각의 크기가 모두 같은 사각형

02

오른쪽 그림과 같이 $\overline{AB}=\overline{AC}$인 $\triangle ABC$에서 변 BC 위에 $\overline{BD}=\overline{CE}$인 점 D, E를 각각 잡으면 $\triangle ADE$는 이등변삼각형임을 설명하여라.

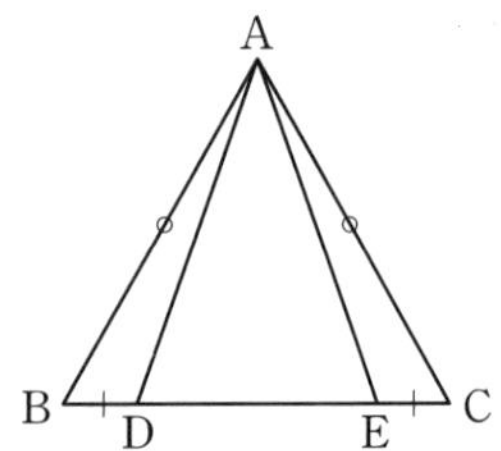

신유형 new

03

오른쪽 그림에서 x의 값을 구하여라.

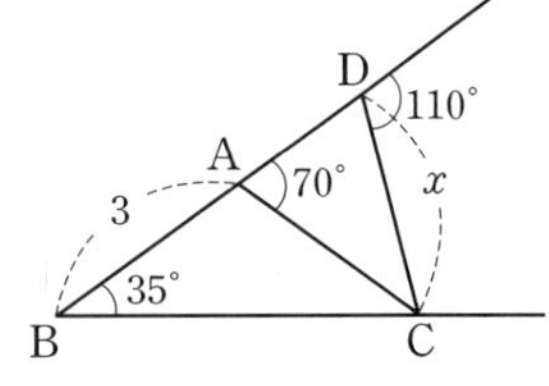

신유형 new

04 오른쪽 그림과 같이 $\overline{AB}=\overline{AC}$인 이등변삼각형 ABC의 밑변 BC에 수직인 직선이 $\overline{BC}$, $\overline{AC}$, $\overline{AB}$의 연장선과 만나는 점을 각각 D, E, F라고 하면 $\overline{AE}=\overline{AF}$임을 설명하여라.

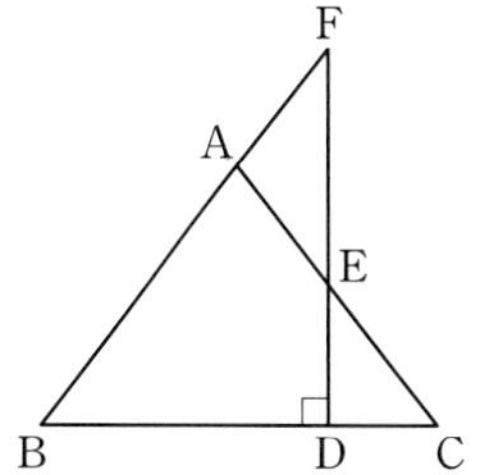

05 오른쪽 그림에서 $\overline{BD}=\overline{DE}=\overline{EA}=\overline{AC}$이고, $\angle ACE=\angle DBE+40°$일 때, $\angle EAC$의 크기를 구하여라.

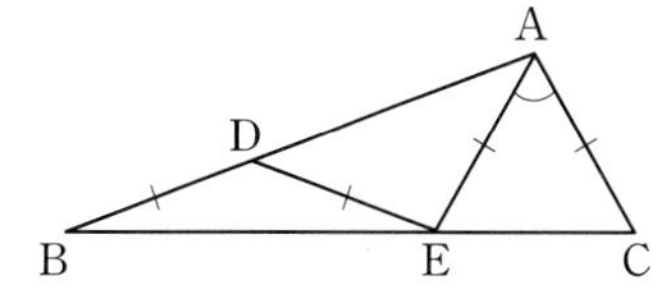

06 오른쪽 그림과 같이 $\angle A=90°$인 직각이등변삼각형 ABC에서 꼭짓점 A를 지나는 직선 l 위에 점 B, C에서 내린 수선의 발을 각각 D, E라 하고, $\overline{BD}=3$, $\overline{CE}=4$일 때, $\overline{DE}$의 길이를 구하여라.

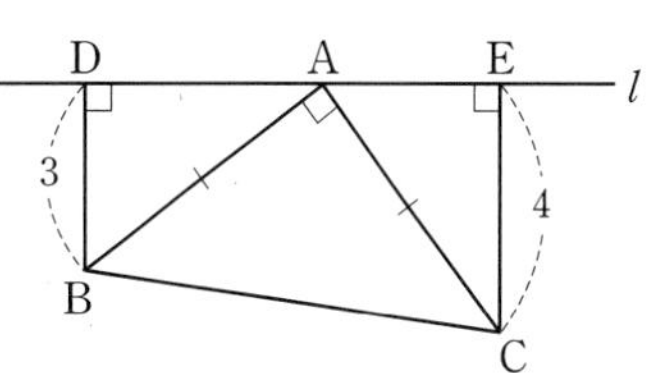

07 오른쪽 그림과 같은 직각삼각형 ABC에서 $\overline{AB}=5$, $\overline{AC}=3$, $\overline{BC}=4$이다. 빗변 AB 위에 $\overline{AC}=\overline{AD}$인 점 D를 잡고, $\overline{AB}\perp\overline{DE}$가 되도록 변 BC 위에 점 E를 잡을 때, △DBE의 넓이를 구하여라.

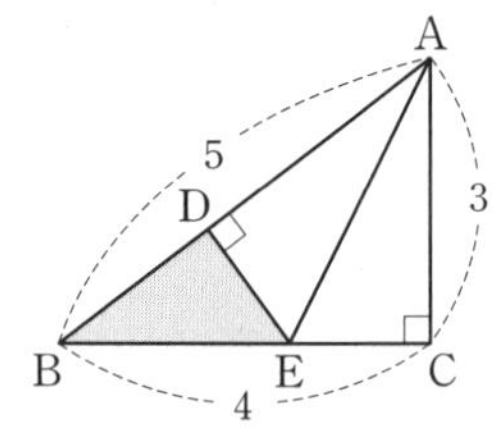

신유형 new

08 오른쪽 그림의 △ABC에서 ∠A와 ∠C의 외각의 이등분선의 교점을 P라 하고, 점 P에서 $\overline{AB}$의 연장선, $\overline{AC}$, $\overline{BC}$의 연장선 위에 내린 수선의 발을 각각 D, E, F라고 한다. $\overline{AB}=6$, $\overline{AE}=3$이고, $\overline{PF}=4$일 때, □PDBF의 넓이를 구하여라.

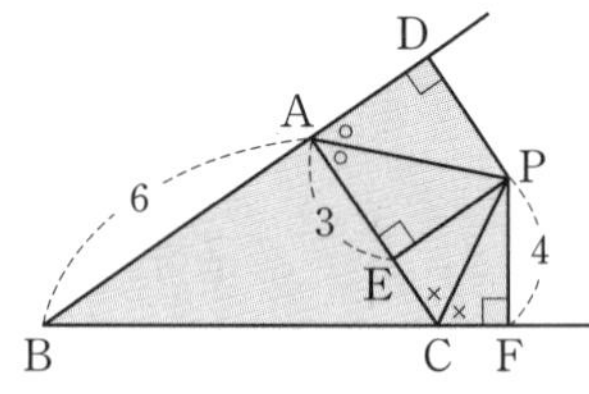

09 오른쪽 그림과 같이 ∠C=90°인 △ABC에서 $\overline{AB}$의 수직이등분선과 $\overline{BC}$와의 교점을 D라 하고, $\overline{AD}$가 ∠A의 이등분선이 될 때, ∠B의 크기를 구하여라.

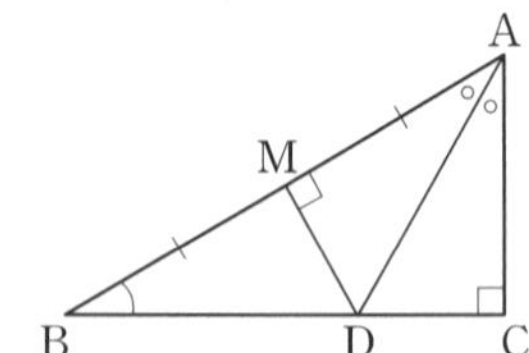

신유형 new

10 오른쪽 그림에서 점 O는 △ABC의 외심이다. 이때, $\angle x$의 크기를 구하여라.

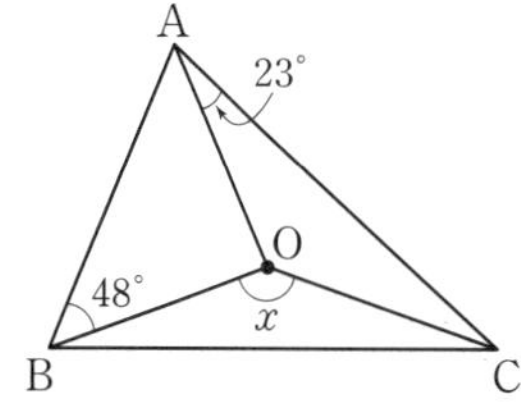

11 오른쪽 그림에서 점 I는 △ABC의 내심이고, $\angle A=50°$일 때, ∠BIC의 크기를 구하여라.

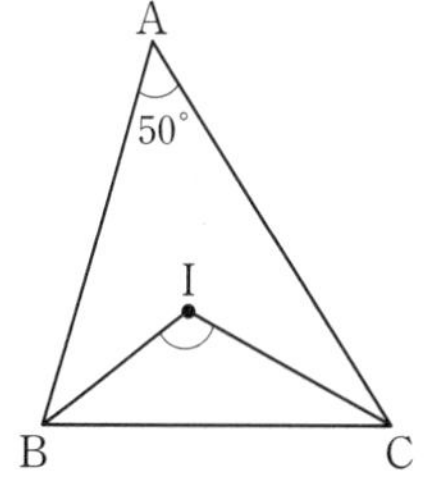

12 오른쪽 그림에서 점 I가 △ABC의 내심이고, 내접원과 삼각형의 세 변의 교점을 각각 D, E, F라 할 때, $\overline{BC}=11\text{cm}$, $\overline{BE}=8\text{cm}$라고 한다. 이때, $\overline{CD}$의 길이를 구하여라.

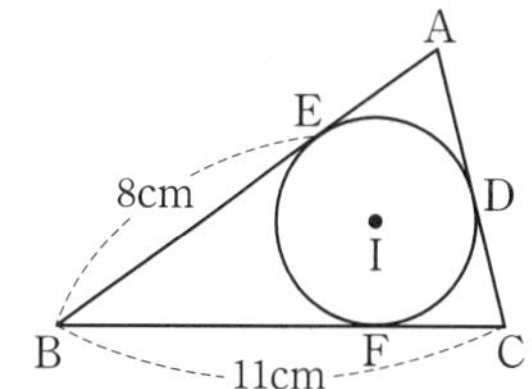

신유형 new

13 오른쪽 그림의 △ABC에서 점 O와 I는 각각 삼각형의 외심과 내심이다. ∠BAD=30°, ∠CAE=40°일 때, ∠ADE의 크기를 구하여라.

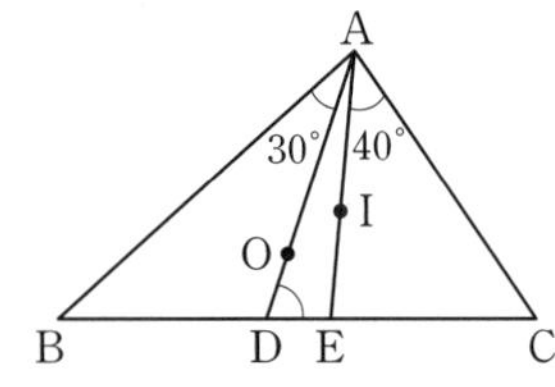

14 오른쪽 그림에서 △ABC는 ∠C=90°인 직각삼각형이고, 점 I는 내심이다. 이때, x의 값을 구하여라.

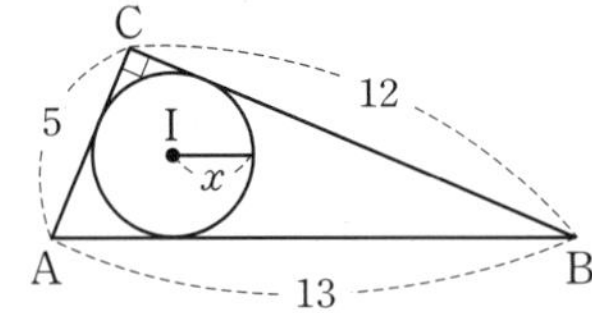

15 오른쪽 그림에서 점 I는 △ABC의 내심이다. $\overline{AB}=10$, $\overline{AC}=8$이고, $\overline{DE}\,/\!/\,\overline{BC}$이다. ∠DBI=22°, ∠ECI=30°일 때, 다음 물음에 답하여라.

(1) ∠BIC의 크기를 구하여라.

(2) △ADE의 둘레의 길이를 구하여라.

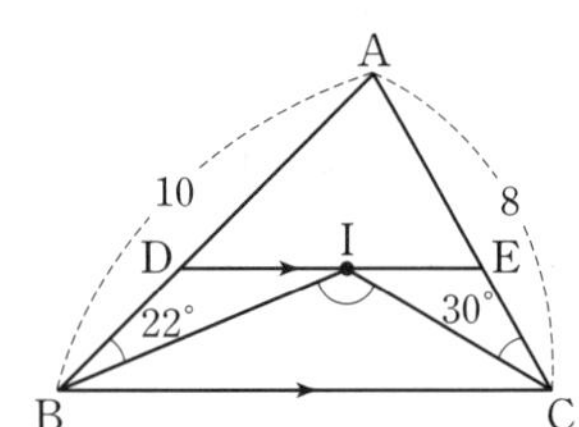

신유형 new

16 오른쪽 그림에서 점 O는 △ABC의 외심인 동시에 △ACD의 외심이다. ∠B=80°일 때, ∠D의 크기를 구하여라.

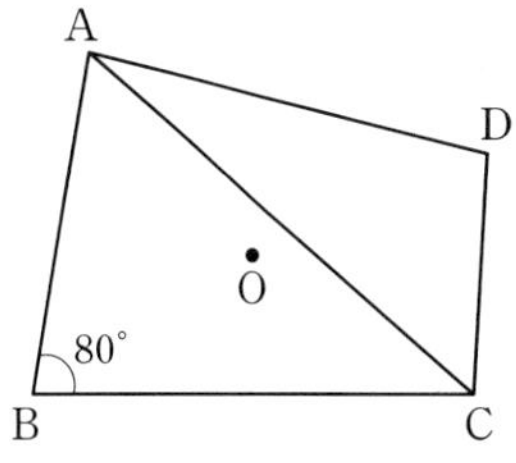

17 오른쪽 그림에서 점 O가 △ABC의 외심이고 $\overline{AC}$=7cm, △AOC의 둘레의 길이가 19cm일 때, △ABC의 외접원의 넓이를 구하여라.

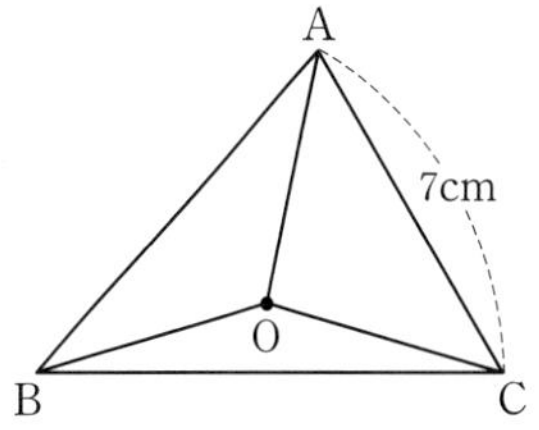

18 오른쪽 그림과 같이 $\overline{AB}=\overline{AC}$인 이등변삼각형 ABC의 외심과 내심이 각각 O, I이고 ∠A=36°일 때, ∠OBI의 크기를 구하여라.

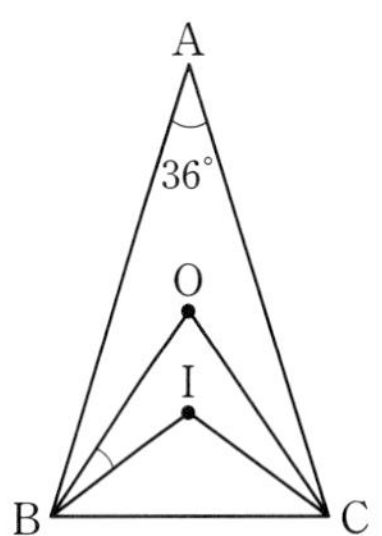

신유형 new

19 오른쪽 그림과 같이 $\angle A=90^\circ$인 직각이등변삼각형 ABC가 있다. 두 점 B, C에서 점 A를 지나는 직선 l에 내린 수선의 발을 각각 D, E라 하고, $\overline{BD}=7\text{cm}$, $\overline{CE}=15\text{cm}$일 때, $\overline{DE}$의 길이를 구하여라.

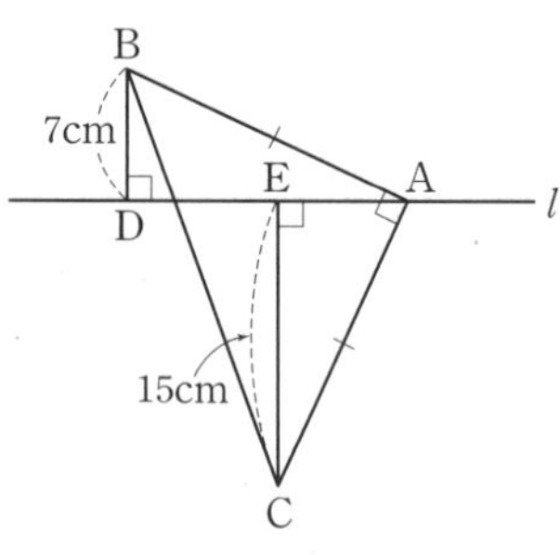

20 오른쪽 그림과 같은 $\triangle AEC$에서 $\triangle ABC$의 넓이와 $\triangle ADE$의 넓이의 비를 가장 간단한 정수비로 나타내어라.

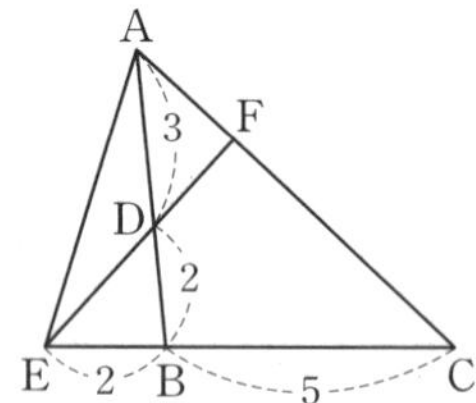

21 오른쪽 그림에서 점 I는 $\triangle ABC$의 내심이고, $\overline{AD}=3\text{cm}$, $\overline{BD}=5\text{cm}$, $\overline{BC}=9\text{cm}$일 때, $\overline{AC}$의 길이를 구하여라.

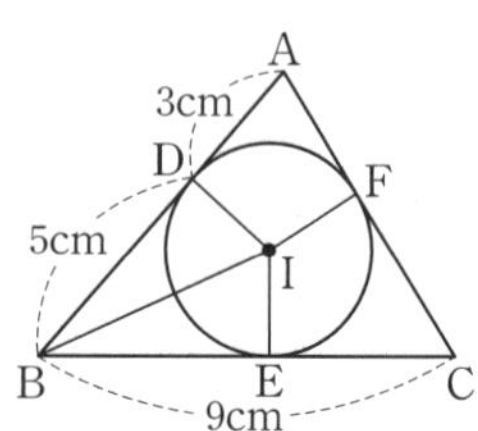

22 오른쪽 그림의 $\triangle ABC$에서 점 I가 $\triangle ABC$의 내심이고 $\overline{AH} \perp \overline{BC}$이다. $\angle ABC = 80°$, $\angle ACB = 50°$일 때, $\angle x + \angle y$의 크기를 구하여라.

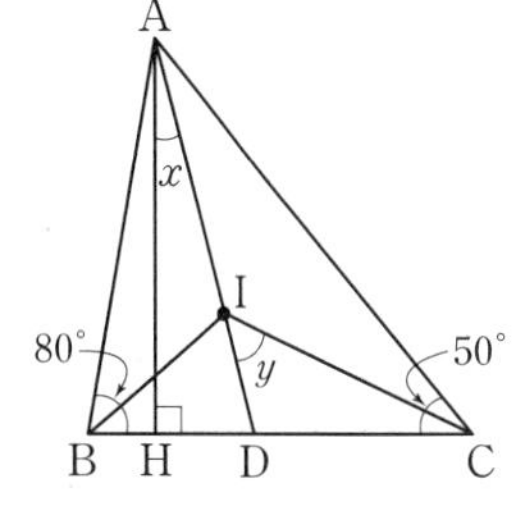

23 오른쪽 그림과 같이 둘레의 길이가 28인 평행사변형 ABCD에서 $x+y$의 값을 구하여라.

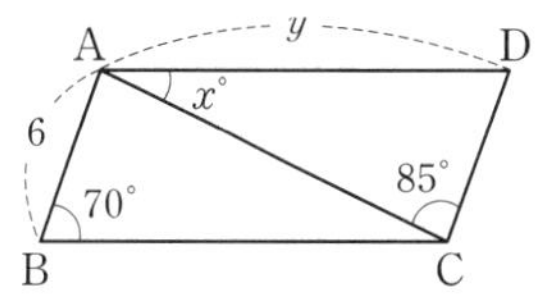

24 오른쪽 그림의 평행사변형 ABCD에서 $\angle DAC = 60°$, $\angle DBC = 30°$일 때, $\angle BDC$의 크기를 구하여라.

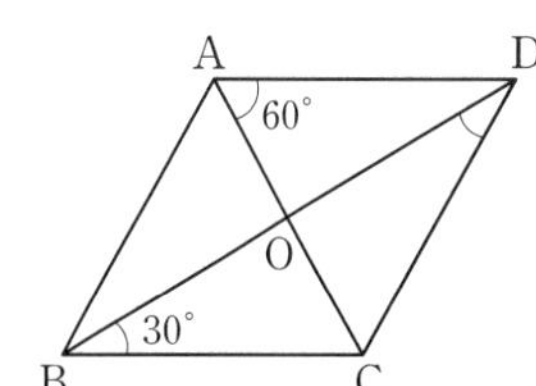

25

오른쪽 그림의 평행사변형 ABCD에서 $\angle A : \angle B = 3 : 2$이고, $\overline{AP}$는 $\angle DAB$의 이등분선일 때, $\angle APC$의 크기를 구하여라.

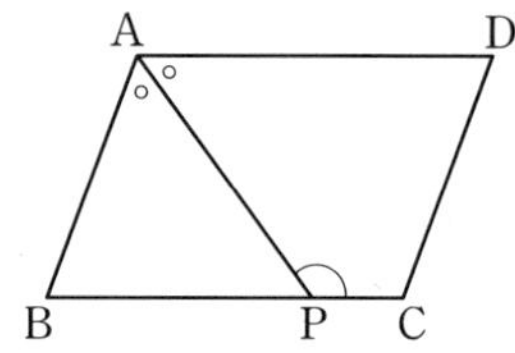

26

□ABCD는 평행사변형이고, 꼭짓점 D에서 대변 $\overline{BC}$의 연장선에 내린 수선의 발을 H라 하면 $\overline{AD}=7\text{cm}$, $\overline{DH}=4\text{cm}$이고 △PBC의 넓이는 5cm^2라고 한다. 이때, △PAD의 넓이를 구하여라.

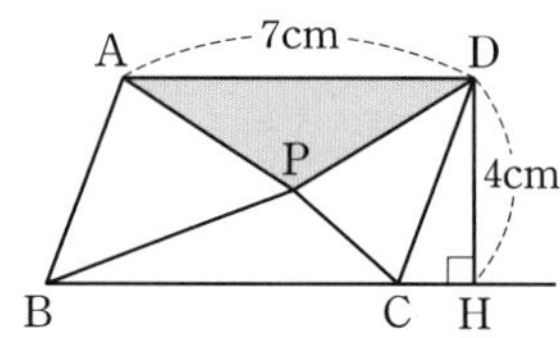

신유형 new

27

오른쪽 그림과 같은 평행사변형 ABCD의 네 내각의 이등분선의 교점을 E, F, G, H라 할 때, □EFGH는 어떤 사각형인지 말하여라.

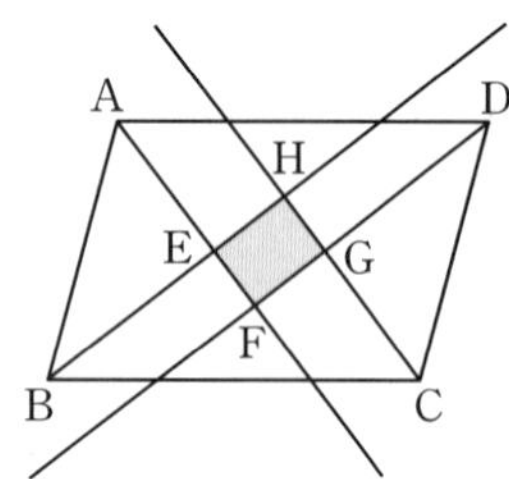

28 넓이가 50cm^2인 평행사변형 ABCD에서 변 AD 위의 점 E에 대하여 $\overline{AE}:\overline{ED}=3:2$일 때, △ABE의 넓이와 △DCE의 넓이를 구하여라.

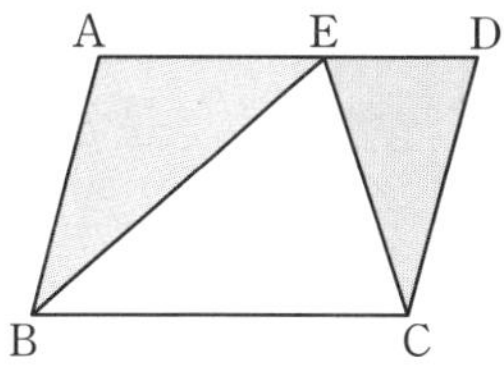

신유형 new

29 오른쪽 그림에서 □ABCD는 평행사변형이고 $2\overline{AB}=\overline{AD}$이다. $\overline{FD}=\overline{DC}=\overline{CE}$이고, $\overline{BF}$와 $\overline{AE}$의 교점을 P라 하자. 이때, ∠FPE의 크기를 구하여라.

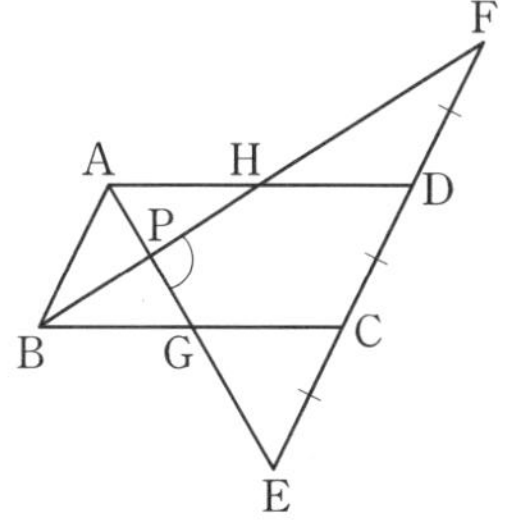

30 오른쪽 그림은 □ABCD의 꼭짓점 D에서 대각선 AC에 평행한 직선을 그은 것이다. 이 평행선과 변 BC의 연장선과의 교점을 E라 할 때, $\triangle ABC=18\text{cm}^2$, $\triangle ACE=16\text{cm}^2$이다. 이때, □ABCD의 넓이를 구하여라.

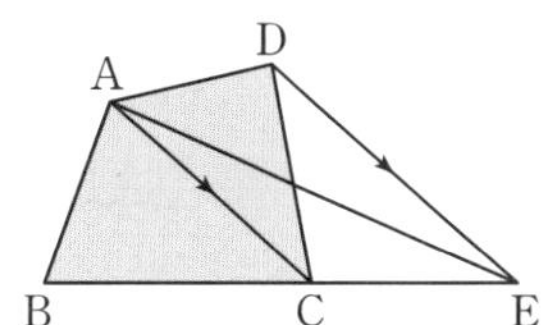

31 오른쪽 그림의 평행사변형 ABCD에서 $\angle BDC$의 이등분선이 $\overline{BC}$와 만나는 점을 E라 하자. $\overline{BE}=\overline{DE}$이고 $\angle A=120°$일 때, $\angle BDE$의 크기를 구하여라.

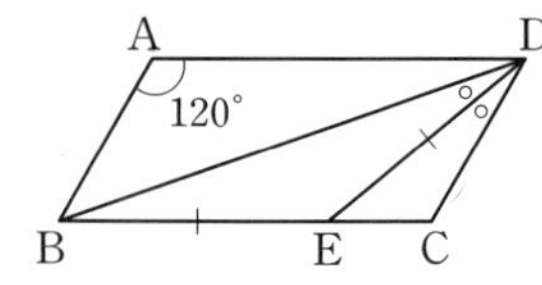

32 오른쪽 그림의 정사각형 ABCD에서 변 BC와 CD 위의 점 E, F에 대하여 $\overline{BE}=\overline{CF}$이다. $\angle AEC=110°$일 때, $\angle CBF$의 크기를 구하여라.

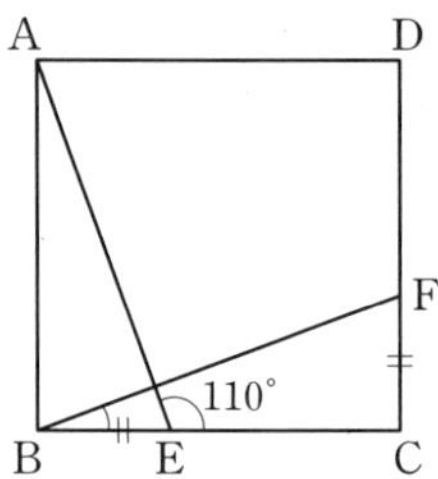

신유형 new

33 오른쪽 그림의 평행사변형 ABCD에서 대각선 AC 위의 한 점 P에 대하여 $\overline{BP}=\overline{DP}$이고 $\overline{OA}=4$, $\overline{OB}=6$일 때, □ABCD의 넓이를 구하여라.

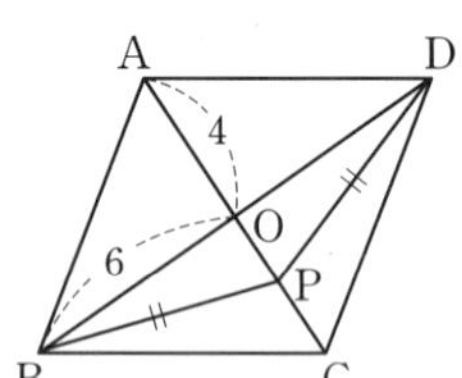

34 오른쪽 그림의 평행사변형 ABCD에서 ∠D의 이등분선과 $\overline{BC}$와의 교점을 E, 꼭짓점 A에서 $\overline{DE}$에 내린 수선의 발을 F라 하자. ∠C=115°일 때, ∠BAF의 크기를 구하여라.

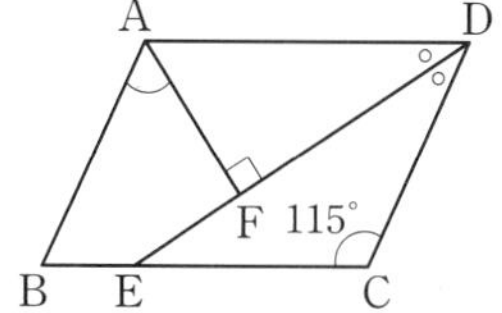

신유형 new

35 오른쪽 그림과 같은 평행사변형 ABCD에서 $\overline{BD} /\!/ \overline{EF}$이고, 점 E가 $\overline{BC}$의 중점일 때, 다음 중 넓이가 같지 <u>않은</u> 삼각형은 어느 것인가?

① △ABE ② △BDF ③ △DCE
④ △BCF ⑤ △AEF

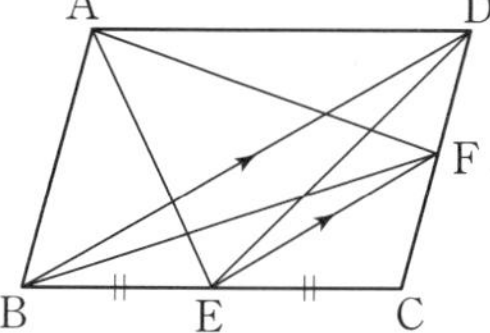

36 다음을 설명하여라.

(1) 직사각형의 각 변의 중점을 차례대로 연결한 도형은 마름모이다.
(2) 마름모의 각 변의 중점을 차례대로 연결한 도형은 직사각형이다.

37 오른쪽 그림과 같은 평행사변형 ABCD에서 변 BC의 중점을 M이라 하고 $\overline{AM}$과 $\overline{DC}$의 연장선의 교점을 E라 할 때, 다음 중 옳은 것을 모두 고르면? (정답 3개)

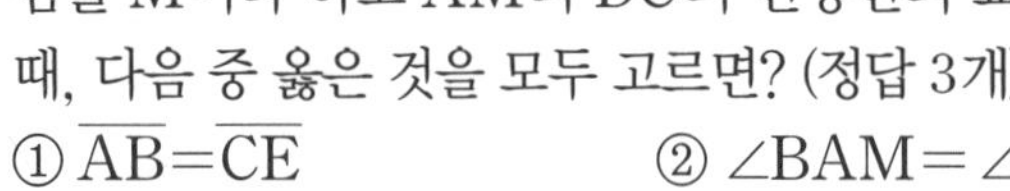

① $\overline{AB}=\overline{CE}$　　② $\angle BAM=\angle CAM$

③ $\triangle ABM\equiv\triangle ACM$　　④ $\triangle CDA\equiv\triangle ECB$

⑤ $\overline{AM}=\overline{EM}$

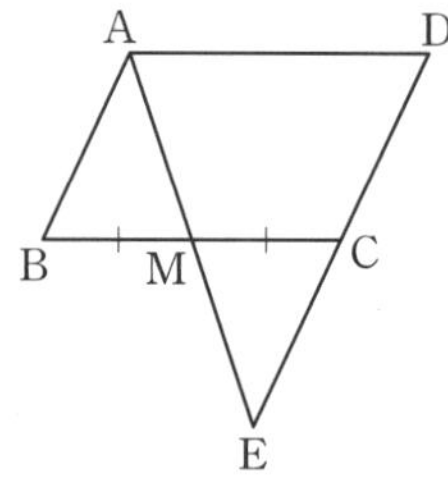

38 오른쪽 그림과 같이 $\overline{AD}/\!/\overline{BC}$인 등변사다리꼴 ABCD에 대하여 $\overline{OB}=\overline{OC}$임을 설명하여라.

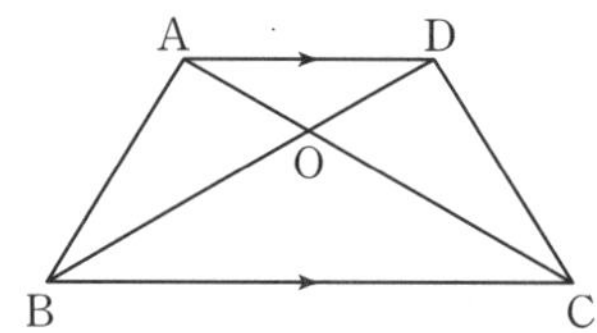

신유형 new

39 오른쪽 그림의 정사각형 ABCD에서 대각선 BD 위에 점 E를 잡고, $\overline{AE}$의 연장선과 변 CD의 교점을 F라 한다. $\angle DAF=23^\circ$일 때, $\angle BEC$의 크기를 구하여라.

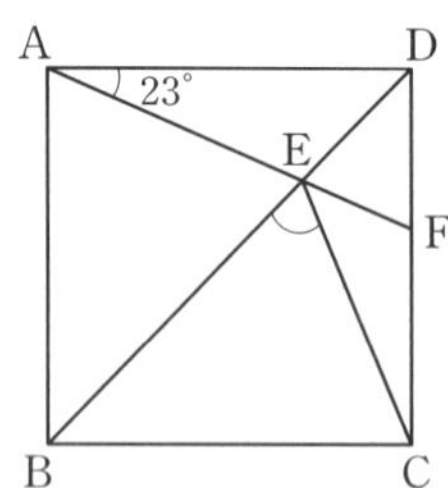

40 오른쪽 그림은 $\overline{AB}=6$, $\overline{AC}=10$, $\overline{BC}=8$, $\angle B=90°$인 직각삼각형 ABC의 내접원과 외접원을 그린 것이다. 이때, 색칠한 부분의 넓이를 구하여라.

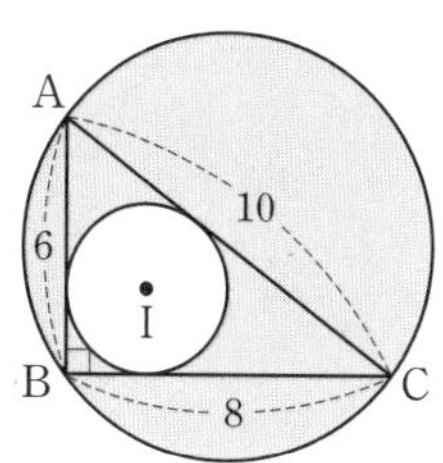

신유형 new

41 오른쪽 그림과 같이 정삼각형 ABC와 CDE가 있다. $\angle EBD=62°$일 때, $\angle AEB$의 크기를 구하여라.

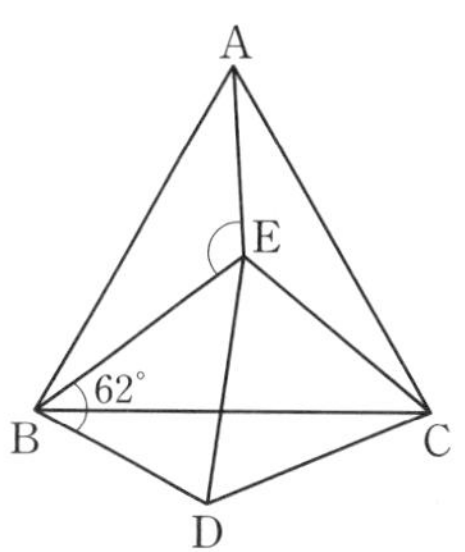

42 오른쪽 그림의 △ABC에서 ∠B의 이등분선과 ∠C의 외각의 이등분선의 교점을 D라 하자. $\overline{AB}=\overline{AC}$, $\angle D=40°$일 때, ∠A의 크기를 구하여라.

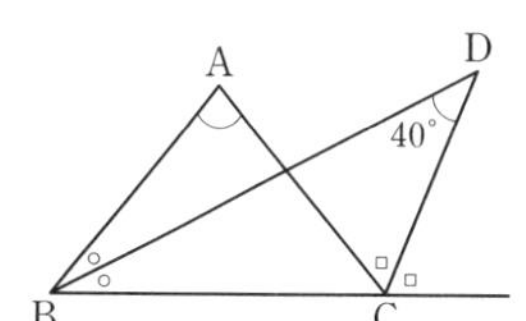

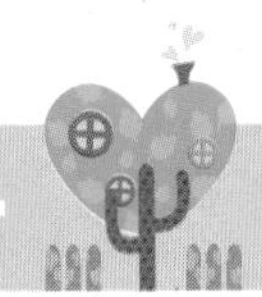

43 오른쪽 그림에서 점 O는 $\overline{AC}$의 중점이고, □ABCD, □OCDE가 모두 평행사변형일 때, $\overline{AF}+\overline{OF}$의 길이를 구하여라.

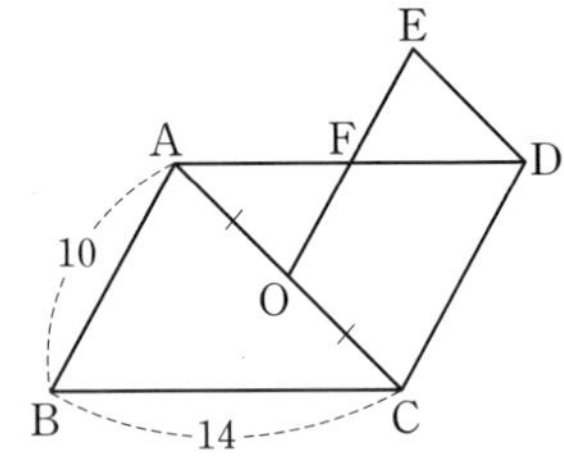

44 정사각형 ABCD의 두 대각선의 교점 O를 한 꼭짓점으로 하여 정사각형 ABCD와 합동인 정사각형 OEFG를 오른쪽 그림과 같이 그릴 때, □ABCD의 넓이는 □OHCI의 넓이의 몇 배인지 구하고, 그 이유를 설명하여라.

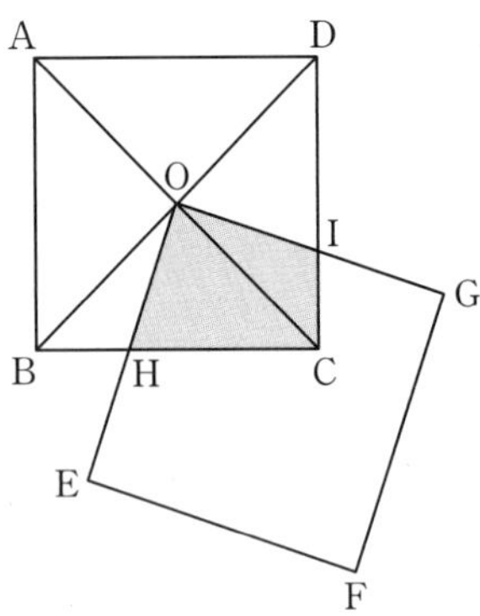

신유형 new

45 오른쪽 그림과 같이 평행사변형 ABCD의 두 대각선의 교점을 O라 하자. $\overline{DC}$의 연장선 위에 $\overline{CD}=\overline{CE}$가 되도록 점 E를 잡고 $\angle BEO=\angle OED=31°$일 때, $\angle ABD$의 크기를 구하여라.

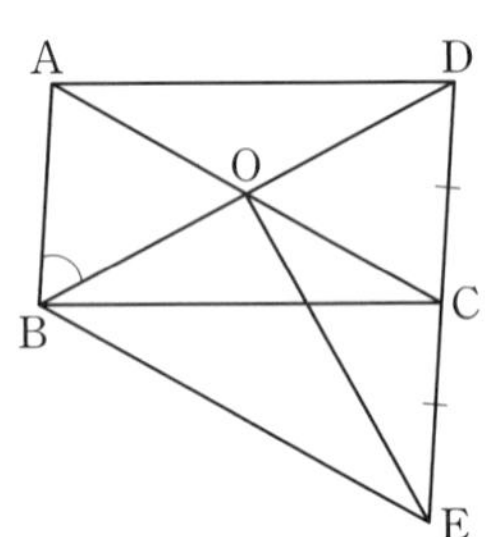

특목고 구술 · 면접 대비 문제

정답 및 해설 p. 61

01 오른쪽 그림과 같이 △ABC의 변 AB, AC를 각각 한 변으로 하는 정삼각형 ABD, ACE를 △ABC의 밖에 그리고 변 BC를 한 변으로 하는 정삼각형 BCF를 꼭짓점 A와 같은 쪽에 그린다. $\overline{AB}=4$, $\overline{BC}=7$, $\overline{CA}=5$일 때, □ADFE의 둘레의 길이를 구하여라.

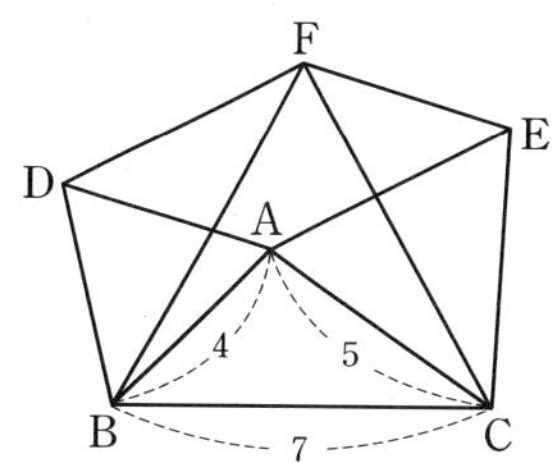

02 오른쪽 그림은 직사각형 ABCD의 대각선 BD를 접는 선으로 하여 점 C가 점 C′에 오도록 접은 것이다. $\overline{AB}$의 연장선과 $\overline{DC'}$의 연장선과의 교점을 P라 하고, ∠DBC=32°라 할 때, ∠P의 크기를 구하여라.

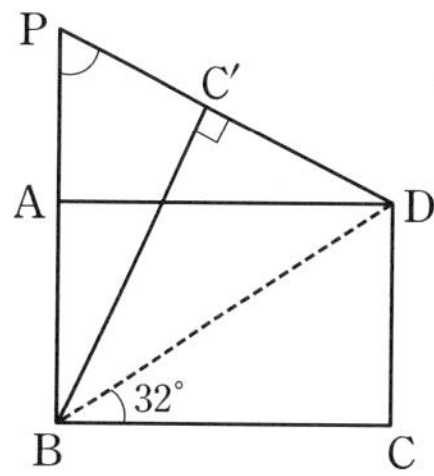

03 오른쪽 그림과 같이 평행사변형 ABCD의 내부에 한 점 P가 있다. 이때, 두 삼각형 PAB와 PCD의 넓이의 합이 평행사변형의 넓이의 $\frac{1}{2}$이 됨을 설명하여라.

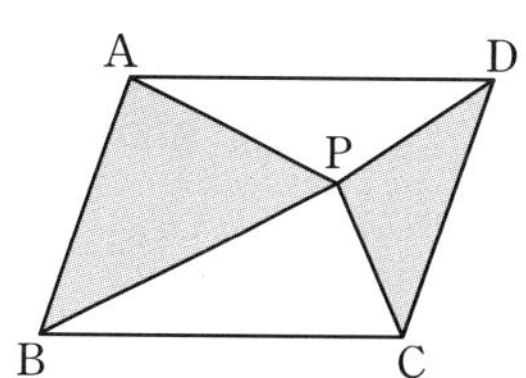

04 오른쪽 그림에서 $\overline{AB}=\overline{AC}$, $\angle ABP=\angle CBP$, $\overline{CP}=\overline{CQ}$일 때, $\overline{PB}=\overline{PQ}$임을 설명하여라.

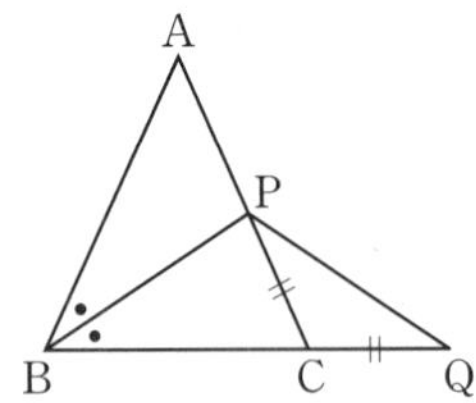

05 오른쪽 그림과 같이 한붓그리기를 A－B－C－D－E－F－A의 순서로 그렸더니 $\angle F$의 크기가 $40°$가 되었다. 이때, $\angle A+\angle B+\angle C+\angle D+\angle E$의 크기를 구하여라. (단, 한붓그리기란 주어진 도형을 그릴 때, 선을 한 번도 떼지 아니하면서 같은 선 위를 두 번 반복해서 지나지 않도록 그리는 일을 말한다.)

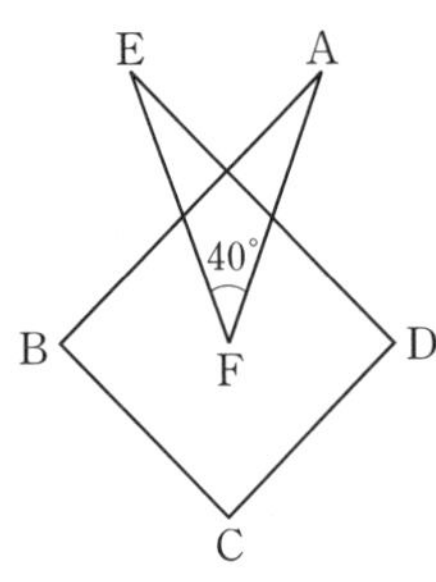

06 오른쪽 그림과 같이 점 P가 $\overline{BD}$ 위를 움직인다. $\overline{AP}+\overline{PC}$의 값이 최소가 될 때, $\angle APB$의 크기를 구하여라.

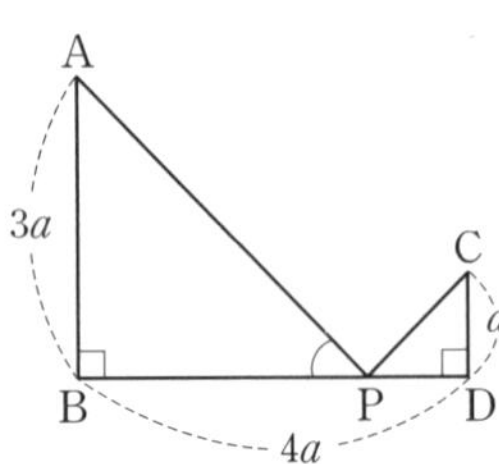

시·도 경시 대비 문제

정답 및 해설 p. 62

01 오른쪽 그림과 같이 원의 지름을 한 변으로 하는 삼각형은 모두 직각삼각형이 됨을 보여라.

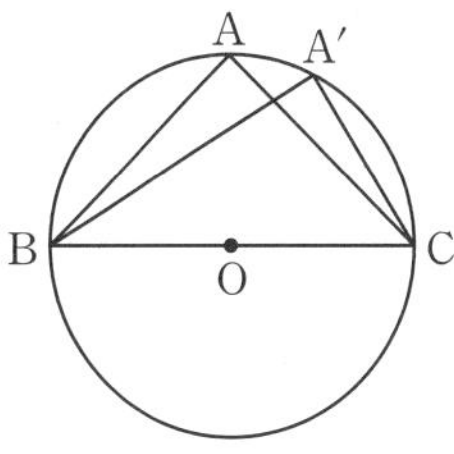

02 오른쪽 그림과 같이 정사각형 ABCD에서 $\overline{AE}=\overline{BF}=\overline{CG}=\overline{DH}$일 때, □EFGH가 정사각형임을 설명하여라.

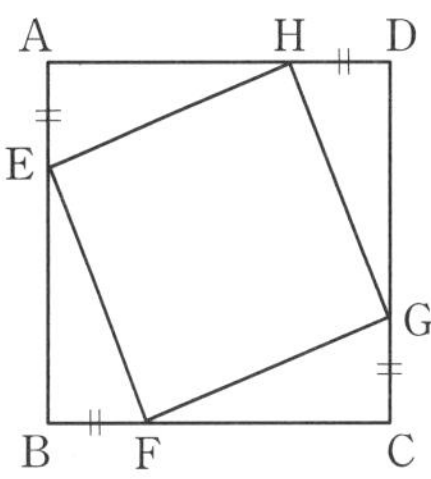

03 오른쪽 그림의 △ABC에서 점 D는 A에서 $\overline{BC}$에 내린 수선의 발이고, $\overline{BC}$의 중점을 E, $\overline{AB}$의 중점을 F라 할 때, $\angle EFD=\angle B-\angle C$임을 설명하여라. (단, $\overline{AC}>\overline{AB}$)

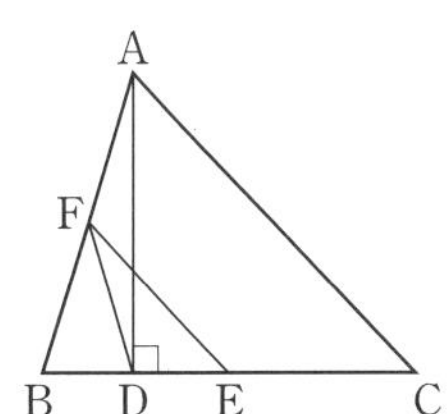

04 오른쪽 그림의 $\triangle ABC$에서 $\overline{BE}\perp\overline{AC}$, $\overline{CF}\perp\overline{AB}$이고, 점 D는 $\overline{BC}$의 중점, 점 G는 $\overline{EF}$의 중점이다. 이때, $\overline{DG}\perp\overline{EF}$임을 설명하여라.

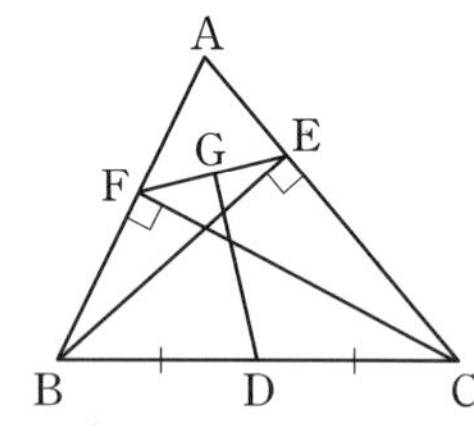

05 오른쪽 그림의 $\square ABCD$에서 $\overline{AD}/\!/\overline{BC}$이고 $\triangle APD$와 $\triangle BPC$의 넓이의 비는 $3:2$이다. $\overline{AD}=8$, $\overline{BC}=16$일 때, $\square ABCD$의 넓이와 색칠한 부분의 넓이의 비를 구하여라.

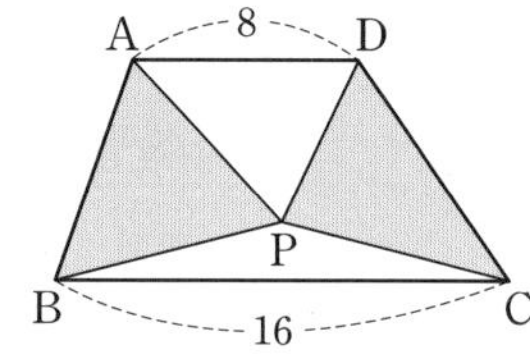

06 오른쪽 그림에서 $\triangle ABC$의 내심을 I라 하면 $\angle BIC=90^\circ+\frac{1}{2}\angle A$임을 설명하여라.

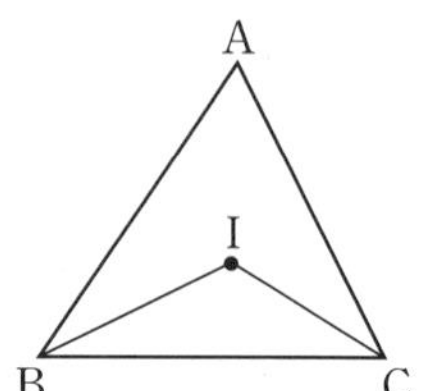

07 오른쪽 그림과 같은 $\overline{AB}=4$, $\overline{BC}=7$, $\angle B=90^\circ$ 인 직각삼각형 ABC에 대하여 변 AB, AC를 각각 한 변으로 하는 정사각형 ABDE, ACFG를 만들 때, $\triangle GEA$의 넓이를 구하여라.

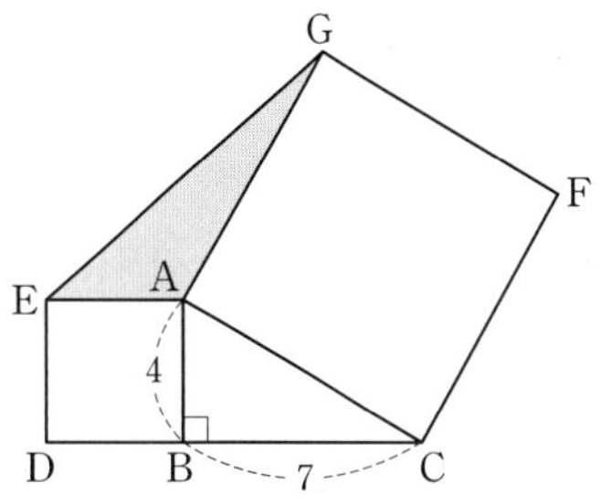

08 오른쪽 그림과 같이 직사각형 ABCD의 점 B에서 $\overline{CD}$ 위의 한 점 E를 지나는 직선을 그어 $\overline{AD}$의 연장선과 만나는 교점을 F라 하자. $\overline{EF}$의 중점 H에 대하여 $\overline{BD}=\overline{DH}$, $\angle BDC=36^\circ$일 때, $\angle DEF$의 크기를 구하여라.

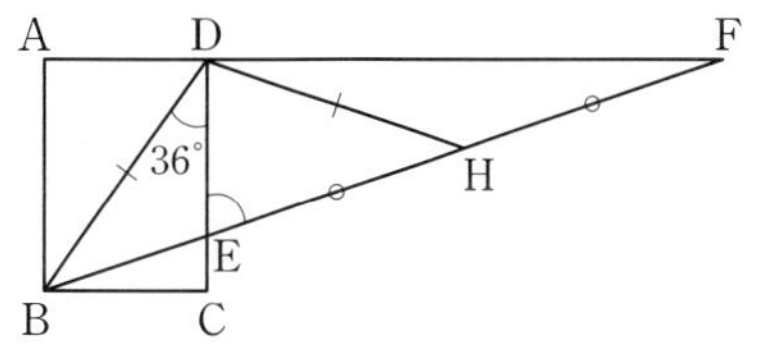

09 오른쪽 그림의 정삼각형 ABC에서 $\overline{AE}=\overline{CD}$가 되도록 점 E, D를 변 AC, BC 위에 잡고, 선분 AD와 BE가 만나는 점을 P, 점 B에서 AD에 내린 수선의 발을 Q라 할 때, ∠PBQ의 크기를 구하여라.

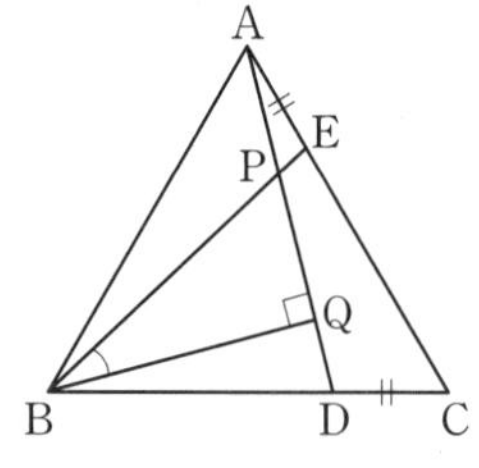

10 오른쪽 그림의 △ABC는 임의의 삼각형이고 △ABP, △BCM, △CAN은 모두 정삼각형이다. 이때, $\overline{AM}=\overline{BN}=\overline{CP}$임을 설명하여라.

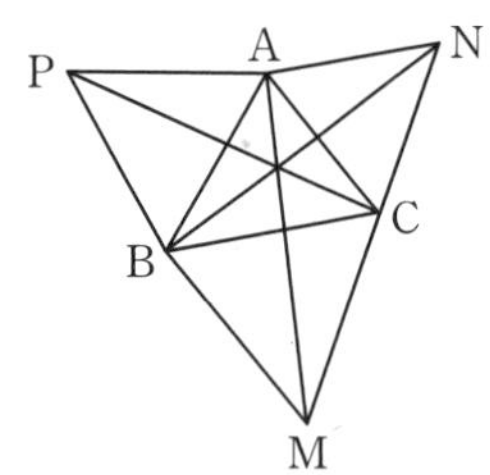

11 정사각형 ABCD에서 선분 AB의 연장선을 AG라 하고 외각 ∠CBG의 이등분선을 $\overline{BF}$, 선분 AB 위에 $\overline{DE}\perp\overline{EF}$가 되도록 한 점 E를 잡을 때, $\overline{DE}=\overline{EF}$임을 설명하여라.

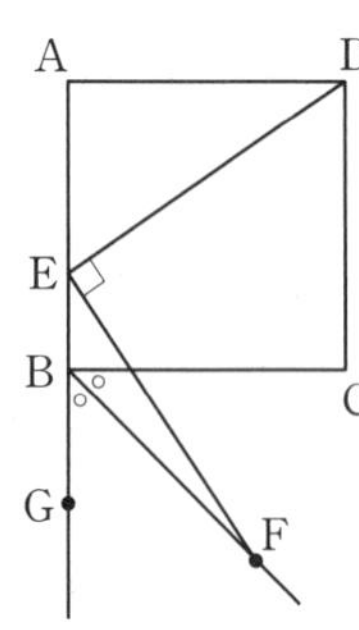

올림피아드 대비 문제

정답 및 해설 p. 64

01 오른쪽 그림과 같은 직사각형 ABCD에서 점 M은 변 AB의 중점이고, 점 N은 변 BC를 2 : 1로 내분하는 점이다. $\overline{AB} : \overline{BC} = 2 : 3$일 때, $\angle ADM + \angle BNM$의 크기를 구하여라.

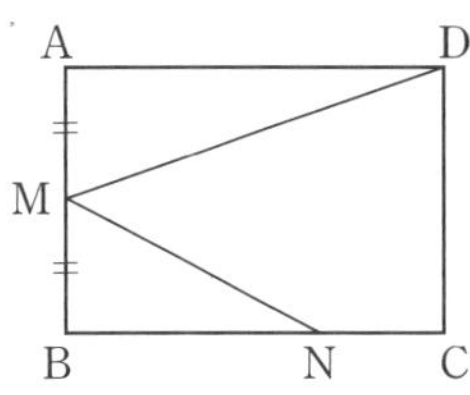

02 오른쪽 그림과 같이 정삼각형 ABC가 있다. $\triangle ABC$의 내부의 점 D와 외부의 점 F가 $\overline{DB} = \overline{DA}$, $\overline{BF} = \overline{AB}$, $\angle DBF = \angle DBC$를 만족할 때, $\angle BFD$의 크기를 구하여라.

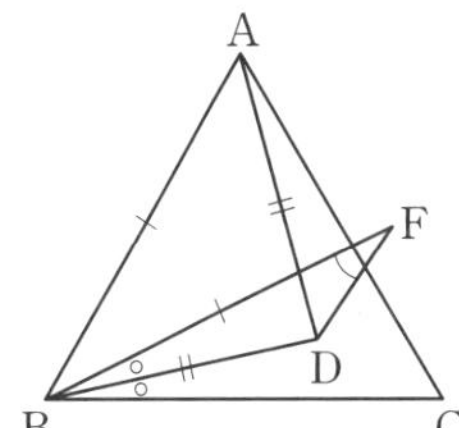

03 오른쪽 그림과 같이 △ABC의 꼭짓점 A를 지나는 임의의 반직선을 긋고 두 점 B, C에서 이 반직선에 내린 수선의 발을 각각 P, Q라 하자. 점 M이 $\overline{BC}$의 중점일 때, $\overline{MP}=\overline{MQ}$임을 설명하여라.

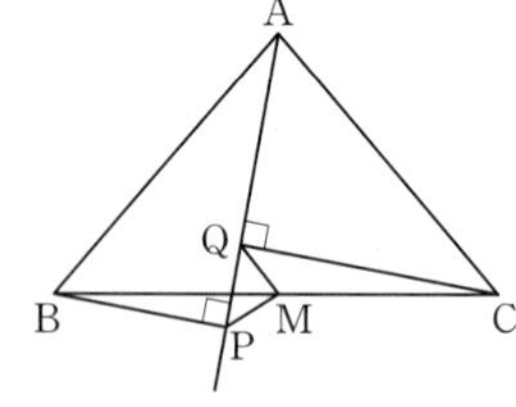

04 오른쪽 그림과 같이 ∠XOY의 내부에 한 점 A가 있다. $\overline{OX}$, $\overline{OY}$ 위에 각각 점 B, C를 잡아서 △ABC를 만들 때, 그 둘레의 길이가 최소가 되는 점 B, C의 위치를 정하여라.

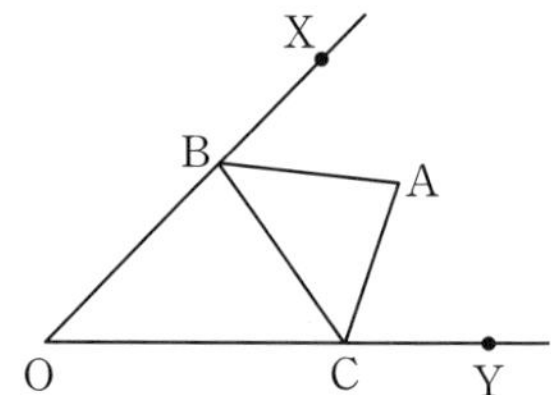

Chapter Ⅷ

도형의 닮음

Ⅷ 도형의 닮음

1 닮은 도형 ★★

(1) **닮음 :** 두 도형이 서로 합동이거나 한 도형을 일정한 비율로 확대 또는 축소하여 다른 도형과 합동이 될 때, 이 두 도형을 서로 닮음이라 한다.
$\triangle$ABC와 $\triangle$DEF가 닮음일 때, $\triangle ABC \backsim \triangle DEF$로 나타낸다.

(2) **닮음비 :** 닮음인 두 도형에서 대응하는 변의 길이의 비

(3) **닮은 평면도형의 성질 :** 대응하는 변의 길이의 비가 일정하고, 대응하는 각의 크기가 서로 같다.

(4) **닮은 입체도형의 성질 :** 대응하는 면이 닮은 도형이고 대응하는 선분의 길이의 비가 일정하다.

point

닮음의 중심

A A′ O C C′ B B′

$\triangle ABC \backsim \triangle A'B'C'$

㉠ $\overline{AB} : \overline{A'B'}$
$= \overline{BC} : \overline{B'C'}$
$= \overline{CA} : \overline{C'A'}$
$= \overline{OA} : \overline{OA'}$
$= \overline{OB} : \overline{OB'}$
$= \overline{OC} : \overline{OC'}$

㉡ $\overline{AB} /\!/ \overline{A'B'}$, $\overline{BC} /\!/ \overline{B'C'}$, $\overline{CA} /\!/ \overline{C'A'}$

교과서 뛰어넘기

닮음의 중심, 닮음의 위치

닮음인 두 도형의 대응하는 두 점을 연결한 직선이 모두 한 점에서 만날 때, 그 교점을 닮음의 중심이라 하고, 이런 위치에 있는 두 도형을 닮음의 위치에 있다고 한다.

2 삼각형의 닮음조건 ★★★

(1) 세 쌍의 대응하는 변의 길이의 비가 같을 때 (SSS닮음)

(2) 두 쌍의 대응하는 변의 길이의 비가 같고 그 끼인각의 크기가 같을 때 (SAS닮음)

(3) 두 쌍의 대응하는 각의 크기가 같을 때 (AA닮음)

3 직각삼각형과 닮음 ★

$\angle A = 90°$인 직각삼각형 ABC에서 $\overline{AH} \perp \overline{BC}$일 때

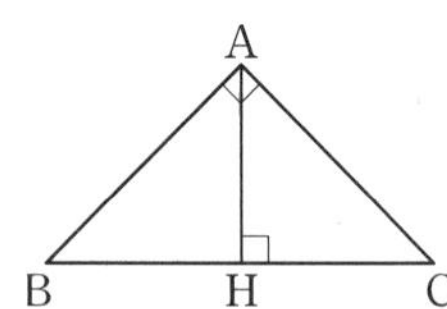

(1) $\triangle ABC \backsim \triangle HBA \Rightarrow \overline{AB}^2 = \overline{BH} \cdot \overline{BC}$

(2) $\triangle ABC \backsim \triangle HAC \Rightarrow \overline{AC}^2 = \overline{CH} \cdot \overline{CB}$

(3) $\triangle HBA \backsim \triangle HAC \Rightarrow \overline{AH}^2 = \overline{HB} \cdot \overline{HC}$

(4) $\overline{AB} \cdot \overline{AC} = \overline{BC} \cdot \overline{AH}$

(5) $\overline{AB}^2 : \overline{AC}^2 = \overline{BH} : \overline{CH}$

4 평행선과 선분의 길이의 비 ★★★

(1) $\overline{BC} /\!/ \overline{DE}$이면

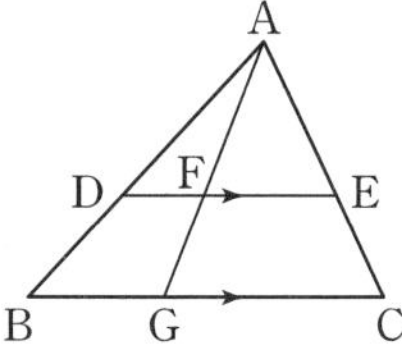

① $\overline{AD} : \overline{AB} = \overline{AE} : \overline{AC} = \overline{DE} : \overline{BC}$

② $\overline{AD} : \overline{DB} = \overline{AE} : \overline{EC}$

③ $\overline{AB} : \overline{DB} = \overline{AC} : \overline{EC}$

④ $\overline{DF} : \overline{FE} = \overline{BG} : \overline{GC}$

(2) $l /\!/ m /\!/ n$이면

①$a : a' = b : b'$

②$a : b = a' : b'$

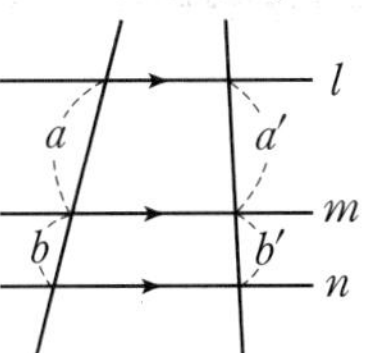

point

체바(Ceva)의 정리

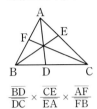

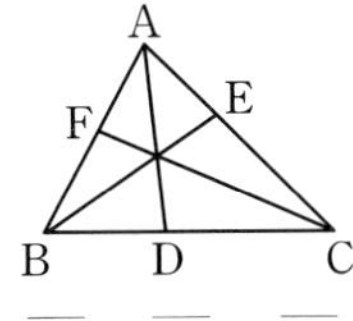

$\dfrac{\overline{BD}}{\overline{DC}} \times \dfrac{\overline{CE}}{\overline{EA}} \times \dfrac{\overline{AF}}{\overline{FB}} = 1$

(3) $\overline{AD} /\!/ \overline{BC}$인 사다리꼴 ABCD에서 $\overline{AD} /\!/ \overline{EF} /\!/ \overline{BC}$이면

① $\overline{EF} = \dfrac{a \cdot \overline{EB} + b \cdot \overline{AE}}{\overline{AE} + \overline{EB}}$

② 점 E와 F가 각 변의 중점이면 $\overline{EF} = \dfrac{a+b}{2}$

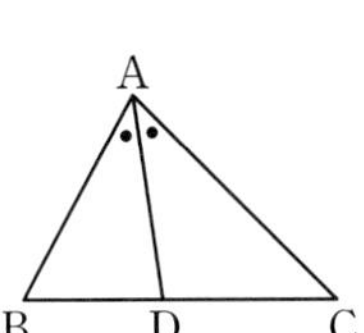

(4) $\triangle ABC$에서 $\angle A$의 이등분선과 $\overline{BC}$의 교점을 D라고 하면
$\overline{AB} : \overline{AC} = \overline{BD} : \overline{CD}$

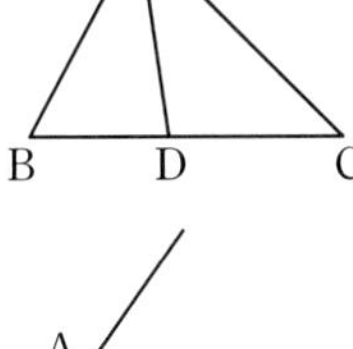

point

메넬라우스(Menelaus)의 정리

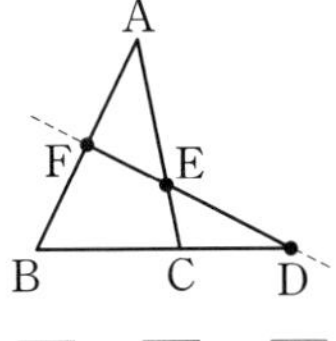

$\dfrac{\overline{BD}}{\overline{DC}} \times \dfrac{\overline{CE}}{\overline{EA}} \times \dfrac{\overline{AF}}{\overline{FB}} = 1$

(5) $\triangle ABC$에서 $\angle A$의 외각의 이등분선이 $\overline{BC}$의 연장선과 만나는 점을 D라고 하면
$\overline{AB} : \overline{AC} = \overline{BD} : \overline{CD}$

교과서 뛰어넘기

삼각형의 중점연결정리

(1) $\overline{AM} = \overline{MB}$, $\overline{AN} = \overline{NC}$이면 $\overline{MN} /\!/ \overline{BC}$, $\overline{MN} = \dfrac{1}{2}\overline{BC}$

(2) $\overline{AM} = \overline{BM}$, $\overline{MN} /\!/ \overline{BC}$이면 $\overline{AN} = \overline{CN}$, $\overline{MN} = \dfrac{1}{2}\overline{BC}$

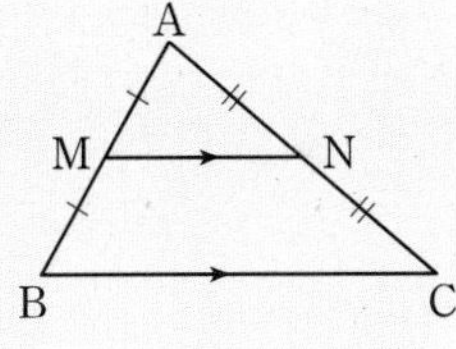

5 삼각형의 무게중심 ★★★

(1) **중선 :** 삼각형의 한 꼭짓점과 그 대변의 중점을 이은 선분

(2) **삼각형의 무게중심 :** 삼각형의 세 중선의 교점

(3) $\overline{AG} : \overline{GE} = \overline{BG} : \overline{GF} = \overline{CG} : \overline{GD} = 2 : 1$

(4) $\triangle ABG = \triangle BCG = \triangle CAG = \dfrac{1}{3}\triangle ABC$

(5) $\triangle ADG = \triangle BDG = \triangle BEG = \triangle CEG = \triangle CFG = \triangle AFG = \dfrac{1}{6}\triangle ABC$

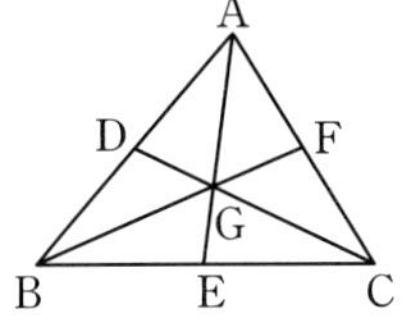

6 닮음의 응용 ★★

(1) 닮음비가 $m : n$이면 넓이의 비는 $m^2 : n^2$이고, 부피의 비는 $m^3 : n^3$이다.

(2) **축척 :** 축도에서 실제 도형을 줄인 비율

(축척)$=\dfrac{(\text{축도의 길이})}{(\text{실제의 길이})}$

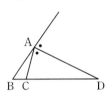

특목고 대비 문제

신유형 new

01 오른쪽 그림과 같은 평행사변형 ABCD에서 E가 $\overline{AD}$ 위의 점이고, $\overline{DE}=\frac{1}{3}\overline{AE}$이다. 또, 점 F가 $\overline{BD}$와 $\overline{CE}$의 교점일 때, $\overline{BD}=t\overline{FD}$가 성립한다. 이때, t의 값을 구하여라.

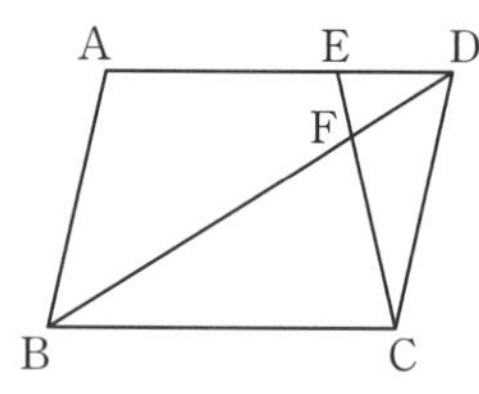

02 오른쪽 그림의 △ABC에서 점 D는 $\overline{BC}$ 위의 점이고 $\overline{AC}\,/\!/\,\overline{DE}$, $\overline{BC}\,/\!/\,\overline{EF}$이다. $\overline{BD}=4$, $\overline{DC}=6$일 때, $\overline{EF}$의 길이를 구하여라.

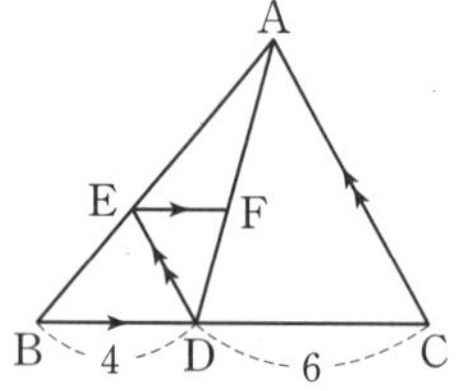

03 오른쪽 그림과 같은 평행사변형 ABCD에서 $\overline{BE}$의 길이를 구하여라.

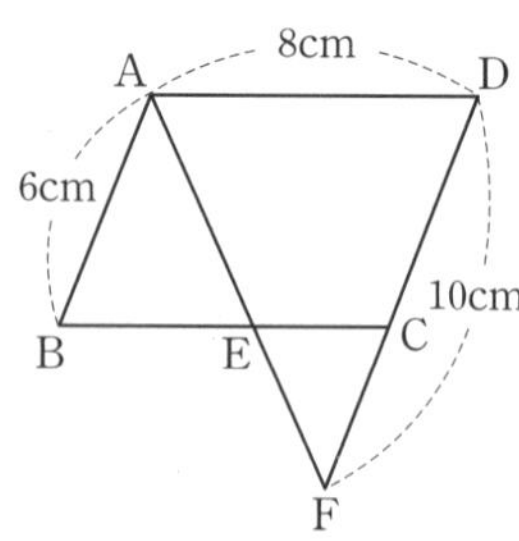

04 오른쪽 그림에서 $\overline{AB} /\!/ \overline{CD} /\!/ \overline{EF}$이고, 선분 AB, CD의 길이가 각각 3, 2이다. 이때, 선분 EF의 길이를 구하여라.

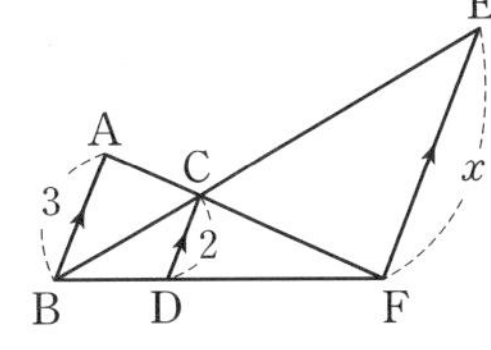

신유형 new

05 오른쪽 그림에서 $aa'=100$, $bb'=41$일 때, cc'의 값을 구하여라.

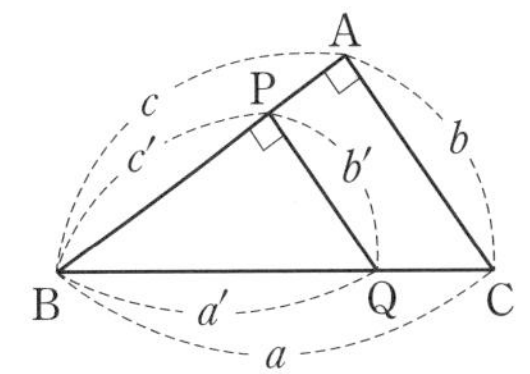

06 오른쪽 그림과 같이 $\angle A=90^\circ$인 $\triangle ABC$에서 $\overline{AD} \perp \overline{BC}$일 때, $\triangle ABC$의 넓이를 구하여라.

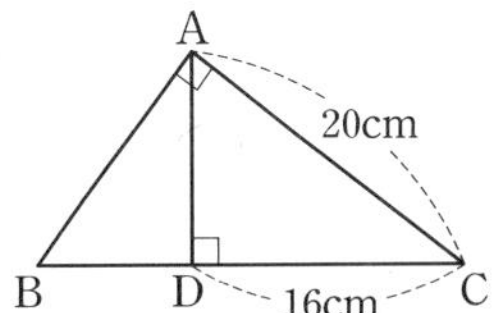

07 오른쪽 그림에서 $\angle BAC=\angle BDE=\angle AFC=90^\circ$ 일 때, $\dfrac{\triangle ABC}{\triangle AFC}$ 의 값을 구하여라.

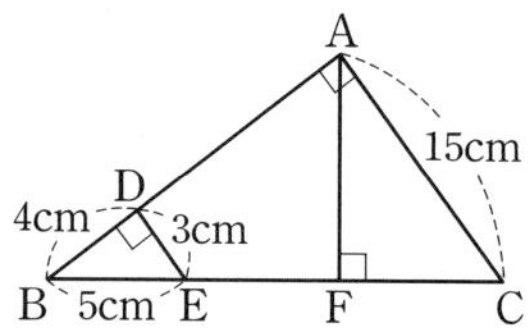

신유형 new

08 오른쪽 그림과 같이 평행사변형 ABCD의 변 BC, CD의 중점을 각각 E, F, 대각선 BD와 $\overline{AE}$, $\overline{AF}$의 교점을 각각 G, H라 한다. $\triangle AGH$의 넓이가 8일 때, $\triangle EFC$의 넓이를 구하여라.

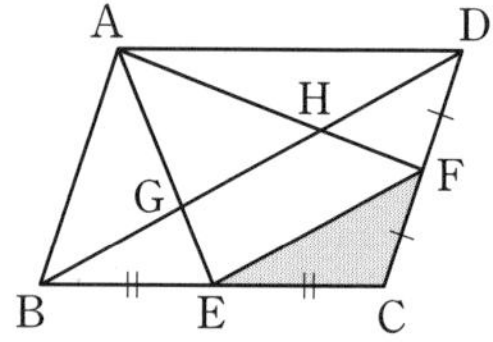

09 오른쪽 그림의 사다리꼴 ABCD에서 $\overline{AB}$, $\overline{DC}$의 중점이 각각 M, N이고 $\overline{AD}+\overline{BC}=36$cm, $\overline{MP}:\overline{PQ}=7:4$일 때, $\overline{AD}$의 길이를 구하여라.

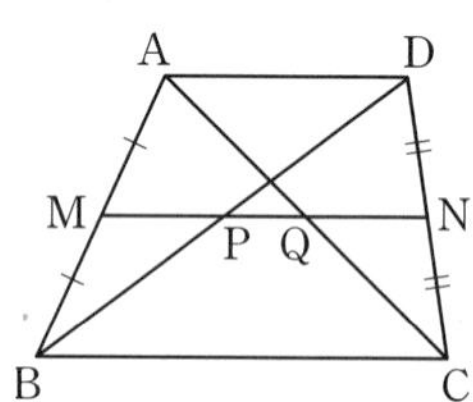

10 오른쪽 그림과 같이 넓이가 162cm^2인 정삼각형 ABC의 두 변 AB와 BC 위에 $\overline{AD}=\overline{BE}=\overline{CF}=\frac{1}{3}\overline{AC}$가 되는 세 점 D, E, F를 잡고 $\overline{CE}$와 $\overline{DF}$의 교점을 O라 할 때, △OFC의 넓이를 구하여라.

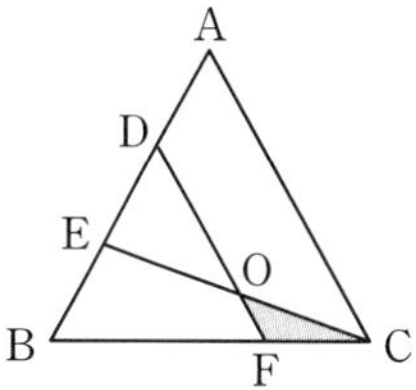

11 오른쪽 그림과 같이 ∠A=90°인 △ABC에서 $\overline{BM}=\overline{CM}$이고 $\overline{BD}=8$, $\overline{CD}=2$일 때, $\overline{AH}$의 길이를 구하여라.

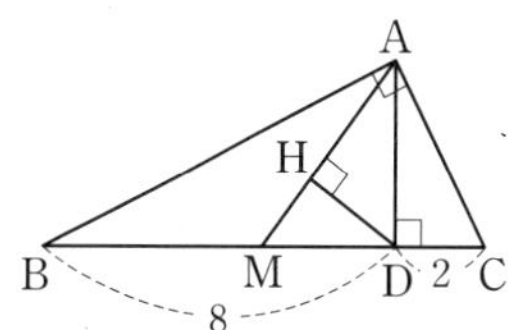

신유형 new

12 오른쪽 그림과 같이 가로의 길이가 20cm인 직사각형 ABCD가 있다. 꼭짓점 D에서 대각선 AC에 수선 DE를 내리고, 그 연장선이 변 BC와 만나는 점을 F라고 하자. $\overline{CF}=5\text{cm}$일 때, △AED+△CEF의 넓이를 구하여라.

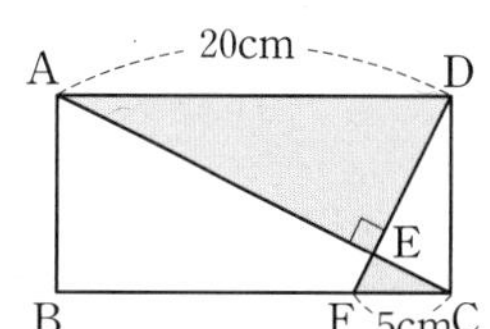

13 오른쪽 그림의 $\triangle ABC$에서 $\overline{AB}$의 길이는 20% 늘이고, $\overline{AC}$의 길이는 30% 줄여서 새로운 $\triangle ADE$를 만들 때, 넓이의 변화량을 구하여라.

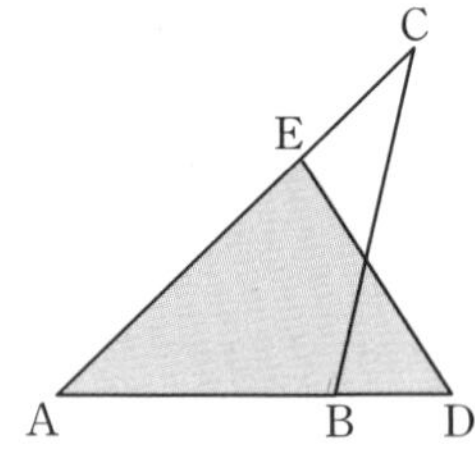

14 오른쪽 그림에서 $\overline{DE} /\!/ \overline{BC}$이고, 점 G가 $\triangle ABC$의 무게중심이다. $\triangle ABC = 54\text{cm}^2$일 때, $\triangle GFE$의 넓이를 구하여라.

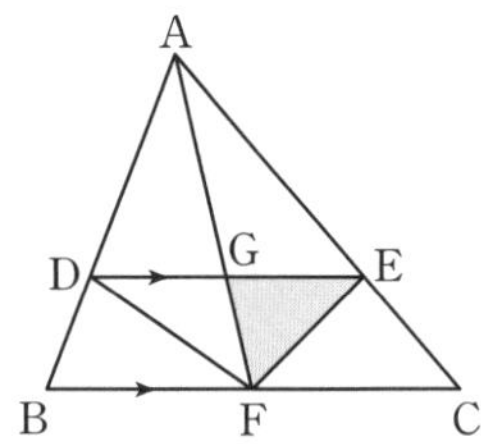

신유형 new

15 오른쪽 도형에서 $\overline{AP}=3$, $\overline{BP}=4$, $\overline{AQ}=10$, $\overline{CQ}=7$이고 $\overline{PR}$, $\overline{QS}$는 각각 $\angle APB$, $\angle AQC$의 이등분선이다. 직선 RS와 직선 BC의 두 연장선의 교점을 D라 할 때, $\dfrac{\overline{BC}}{\overline{CD}}$의 값을 구하여라.

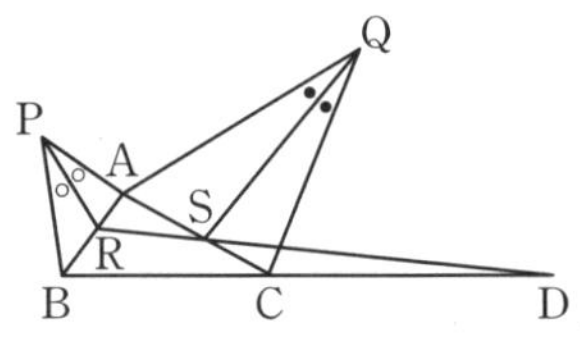

16 오른쪽 그림과 같이 직각이등변삼각형 ABC의 빗변 BC의 중점을 D, $\angle B$의 이등분선과 $\overline{AC}$, $\overline{AD}$와의 교점을 각각 E, F라 한다. $\overline{DF}=5$일 때, $\overline{CE}$의 길이를 구하여라.

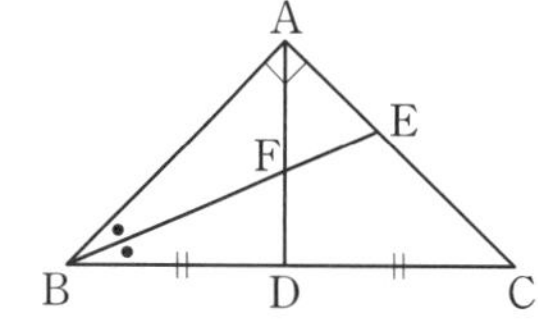

17 오른쪽 그림의 $\triangle ABC$에서 $\overline{AN}$은 $\angle BAC$의 이등분선이고, 점 N을 지나고 $\overline{AC}$와 평행한 직선을 그어 $\overline{AB}$와 만나는 점을 M이라 할 때, $\dfrac{\overline{AM}}{\overline{AB}}+\dfrac{\overline{AM}}{\overline{AC}}$의 값을 구하여라.

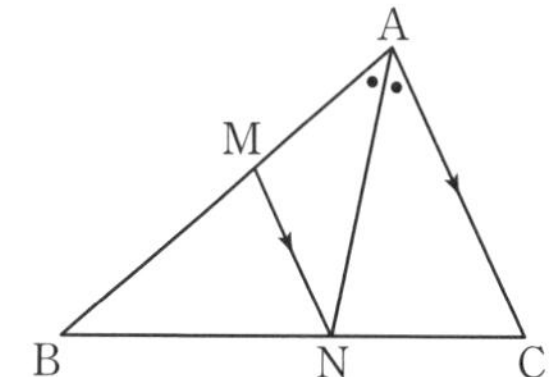

신유형 new

18 오른쪽 그림의 $\triangle ABC$에서 $\overline{BC}=a$, $\overline{AC}=b$라 하자. $\overline{BC}$ 위에 $\overline{DC}=\dfrac{1}{3}\overline{BC}$가 되는 점 D를 잡고, $\overline{AE}=\overline{ED}=\dfrac{1}{2}\overline{AD}$가 되도록 점 E를 잡는다. $\overline{BE}$의 연장선과 $\overline{AC}$와의 교점을 F라 할 때, $\overline{AF}:\overline{FC}$를 가장 간단한 정수의 비로 나타내어라.

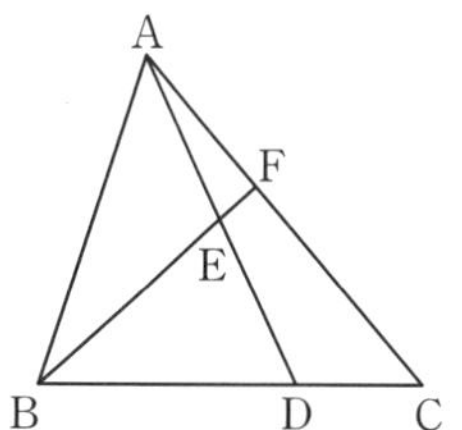

신유형 new

19 오른쪽 그림과 같이 평행사변형 모양의 종이 □ABCD를 대각선 BD에서 접어 올려 점 C가 점 E에 오도록 하였다. 점 P는 $\overline{BE}$와 $\overline{AD}$의 교점, 점 Q는 $\overline{BA}$의 연장선과 $\overline{DE}$의 연장선과의 교점이라 할 때, $\overline{PA}:\overline{PE}$의 비를 구하여라.

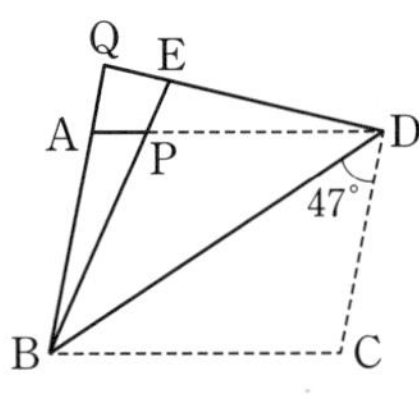

20 오른쪽 그림의 △ABC와 △ADE에 대하여 ∠BAC=∠DAE, ∠ABC=∠ADE일 때, △ABD∽△ACE임을 설명하여라.

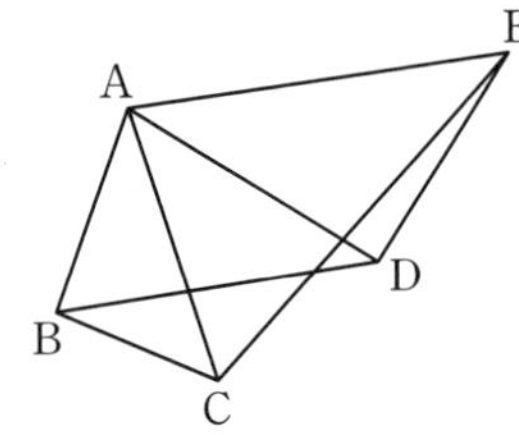

21 오른쪽 그림의 □ABCD는 직사각형이고, 점 M은 $\overline{BC}$의 중점이다. 두 대각선 AC, BD의 교점을 P, $\overline{AM}$과 $\overline{BD}$의 교점을 Q, $\overline{MD}$와 $\overline{AC}$의 교점을 R라 할 때, 다음 물음에 답하여라.

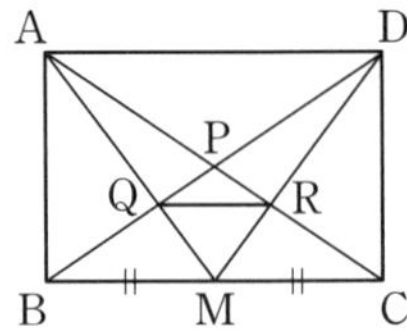

(1) $\overline{QR} /\!/ \overline{BC}$임을 보여라.

(2) △PQR의 넓이가 5cm^2일 때, □ABCD의 넓이를 구하여라.

22 오른쪽 그림과 같이 $\overline{AB}=27\text{cm}$인 이등변삼각형 ABC에서 꼭지각 A의 이등분선이 $\overline{BC}$와 만나는 점을 H라 하고 $\overline{AH}$의 중점을 M이라 하자. $\overline{BM}$의 연장선이 $\overline{AC}$와 만나는 점을 N이라 할 때, $\overline{CN}$의 길이를 구하여라.

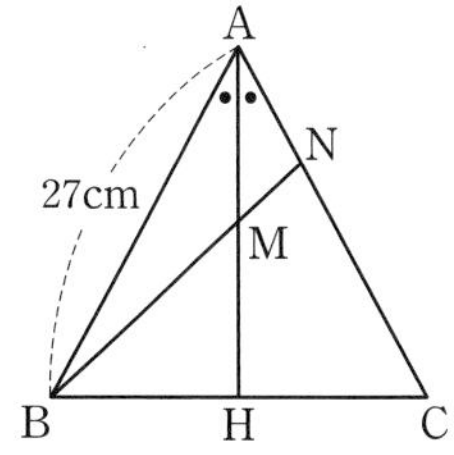

23 오른쪽 그림과 같은 평행사변형 ABCD에서 $\overline{BC}$위에 점 E를 잡고, $\overline{DC}$의 연장선과 $\overline{AE}$의 연장선의 교점을 G, $\overline{AB}$의 연장선과 $\overline{DE}$의 연장선의 교점을 F라 한다. $\overline{AB}=10\text{cm}$, $\overline{DG}=14\text{cm}$일 때, $\overline{BF}$의 길이를 구하여라.

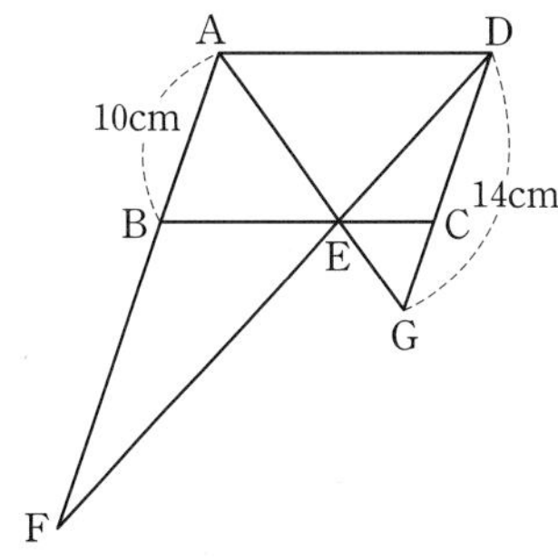

신유형 new

24 오른쪽 그림과 같이 △ABC의 내부의 한 점 P에 대하여 △PAB$=a$, △PBC$=b$, △PCA$=c$라 하고, 점 P를 지나 $\overline{BC}$에 평행한 직선이 $\overline{AB}$, $\overline{AC}$와 만나는 점을 각각 M, N이라 하자. 이 때, 점 A에서 $\overline{MN}$위의 임의의 점 Q를 잇는 직선이 $\overline{BC}$와 만나는 점을 R라 할 때, $\dfrac{\overline{AQ}}{\overline{QR}}$를 a, b, c를 사용하여 나타내어라.

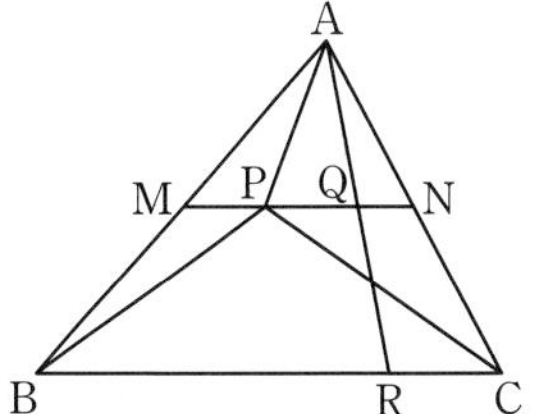

25 오른쪽 그림의 △ABC는 ∠B=90°인 직각삼각형이고, $\overline{AB}$=8cm, $\overline{BC}$=15cm이다. 또한 세 점 D, E, F는 각각 $\overline{BC}$, $\overline{AC}$, $\overline{AB}$ 위의 점이고, $\overline{EF}$∥$\overline{BC}$, ∠EDF=90°, $\overline{DF}$: $\overline{DE}$: $\overline{EF}$=3 : 4 : 5이다. 이 때, $\overline{DF}$의 길이를 구하여라.

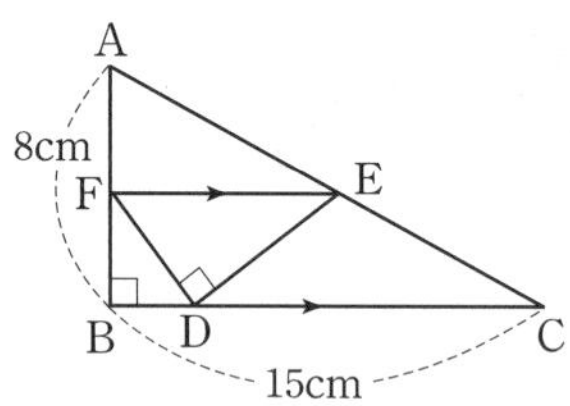

신유형 new

26 오른쪽 그림과 같이 $\overline{AD}$∥$\overline{BC}$인 사다리꼴 ABCD가 있다. ∠C의 이등분선이 $\overline{AB}$와 점 E에서 수직으로 만나고, $\overline{BE}$=2$\overline{AE}$이다. □ABCD의 넓이가 90cm^{2}일 때, □AECD의 넓이를 구하여라.

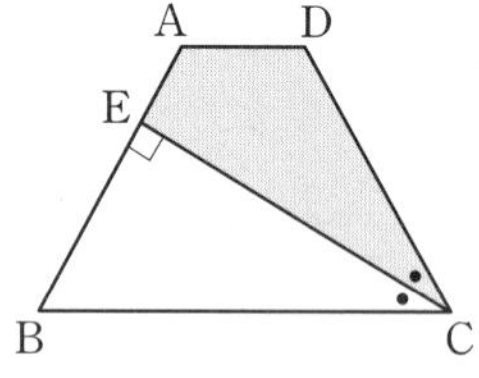

27 오른쪽 그림과 같이 정삼각형 ABC의 꼭짓점 A가 $\overline{BC}$ 위의 점 E에 오도록 접었다. $\overline{AB}$=30, $\overline{AF}$=21, $\overline{BE}$=6일 때, $\overline{AD}$의 길이를 구하여라.

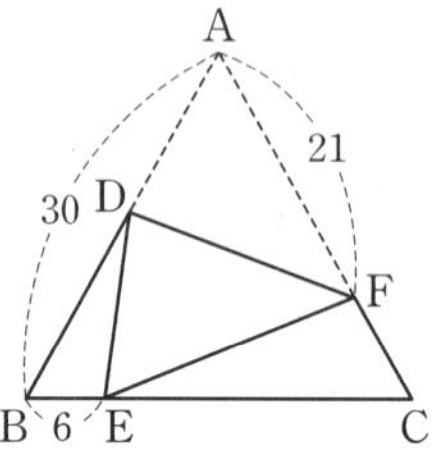

28 오른쪽 그림은 정사각형의 각 꼭지점에서 마주보는 변의 중점을 연결하여 만든 도형이다. 정사각형의 넓이가 36일 때, 색칠한 부분의 넓이와 흰 부분의 넓이의 비를 구하여라.

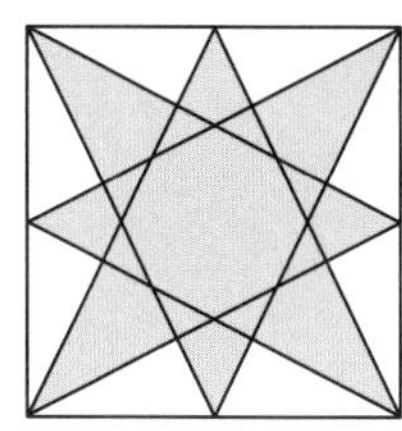

29 좌표평면 위에 오른쪽 그림과 같이 정사각형 ABOC가 놓여 있다. 변 AB 위에 한 점 P를 잡아 만든 직선 CP가 x축과 만나는 점을 Q라 하자. △APC와 △PQB의 넓이의 합이 □PBOC와 같을 때, △APC와 △PQB의 넓이의 비를 구하여라.

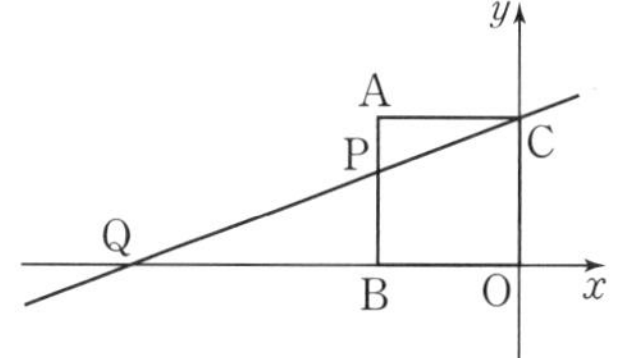

신유형 new

30 오른쪽 그림에서 □ABCD는 마름모이고, 점 M은 선분 BC 위의 점으로 $\overline{BM}=2\overline{MC}$, 점 N은 선분 DC 위의 점으로 $\overline{DN}=2\overline{NC}$가 되게 각각 M, N을 잡았을 때, 마름모 ABCD의 넓이는 △AMN의 넓이의 몇 배인지 구하여라.

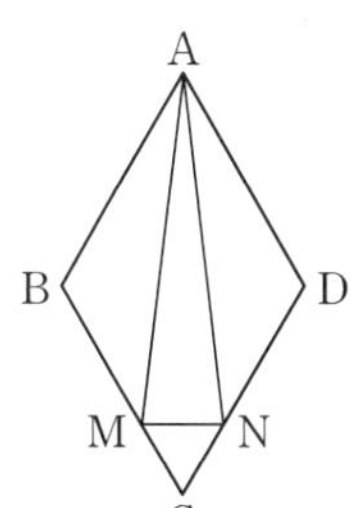

31 오른쪽 그림과 같은 평행사변형 ABCD에서 $\overline{AE}:\overline{BE}=1:1$, $\overline{AF}:\overline{DF}=5:3$이고, $\overline{BF}$와 $\overline{CE}$의 교점을 K라 할 때, $\overline{CK}:\overline{KE}$를 구하여라.

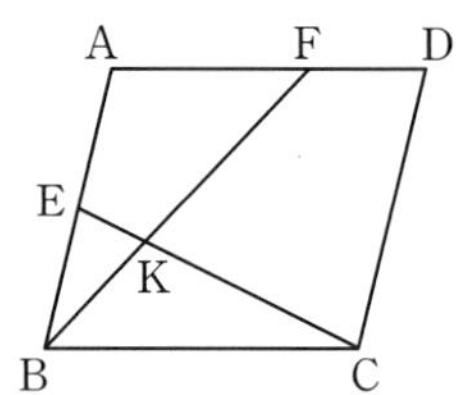

32 오른쪽 그림에서 선분 AB와 선분 BC는 수직이고 $\overline{AB}$와 $\overline{BC}$의 중점을 각각 D, E, $\overline{AE}$와 $\overline{CD}$의 교점을 F라 하자. $\overline{AB}=24\text{cm}$, $\overline{BC}=20\text{cm}$일 때, $\triangle FEC$의 넓이를 구하여라.

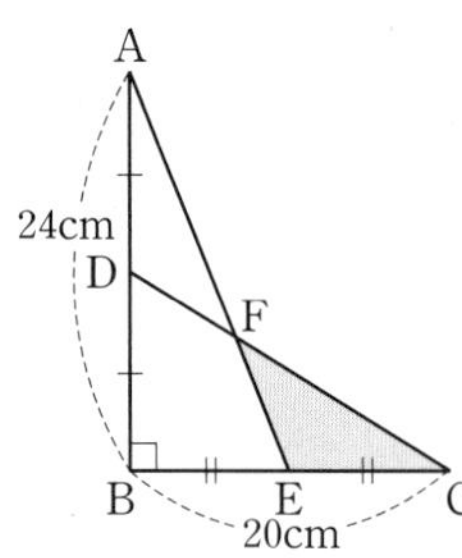

신유형 new

33 오른쪽 그림의 평행사변형 ABCD에서 $\overline{BC}$를 $1:2$로 내분하는 점 E를 잡고, $\overline{DE}$와 대각선 AC의 교점을 F, $\overline{BF}$의 연장선과 $\overline{DC}$의 교점을 G라 한다. $\triangle ABF=54\text{cm}^2$일 때, $\triangle FGD$의 넓이를 구하여라.

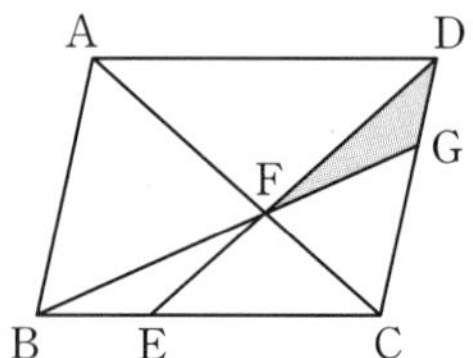

34 오른쪽 그림의 $\triangle ABC$에서 $\overline{AD}$는 $\angle A$의 이등분선이다. $\overline{AB}=14cm$, $\overline{AC}=16cm$이고 $\overline{AE}:\overline{EC}=3:5$, $\overline{AD}$와 $\overline{BE}$의 교점을 F라 할 때, $\triangle ABF$의 넓이는 $\triangle ABC$의 넓이의 몇 배인지 구하여라.

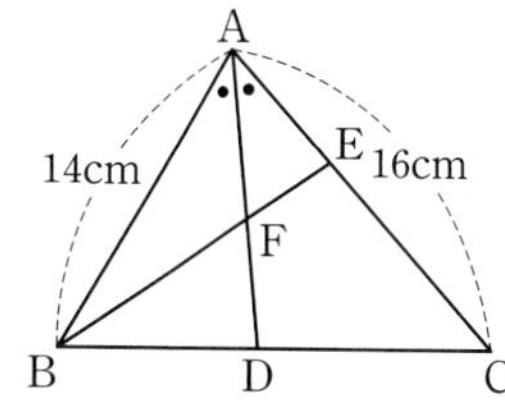

신유형 new

35 오른쪽 그림과 같은 직각삼각형 ABC에서 $\overline{CM}$은 중선이고, 점 G는 $\triangle ABC$의 무게중심이다. $\overline{AS}=\overline{ST}=\overline{TU}=\overline{UV}=\overline{VB}$를 만족하고, $\overline{BC}=12cm$, $\overline{AC}=8cm$일 때, $\triangle GMV+\triangle GCT$의 넓이를 구하여라.

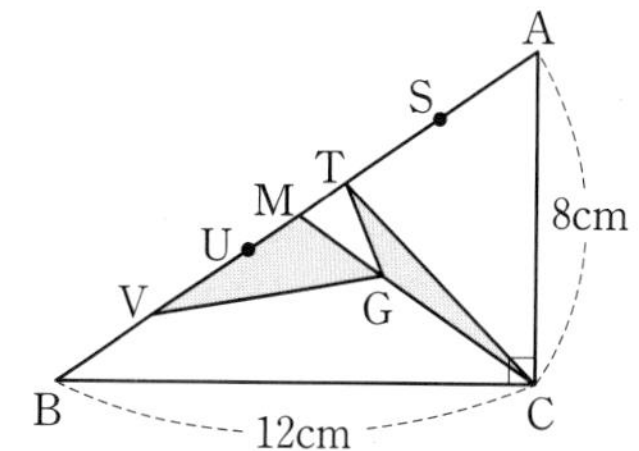

36 $\angle XOY$에서 $\overline{AB}/\!/\overline{CD}$, $\overline{CB}/\!/\overline{ED}$이고 $\overline{OA}=9$, $\overline{OB}=12$, $\overline{AB}=6$, $\overline{BC}=8$, $\overline{BD}=8$일 때, $3(\overline{CD}+\overline{DE}+\overline{EC})$의 길이를 구하여라.

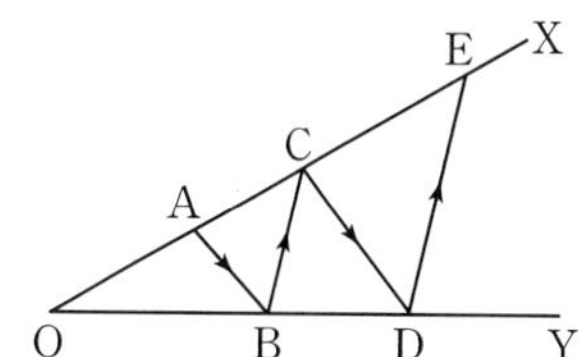

신유형 new

37 오른쪽 그림과 같이 반지름의 길이가 각각 4cm, 7cm인 두 원 O, O′가 그림과 같이 점 A에서 내접하고 있다. 점 A를 지나는 직선이 두 원 O, O′와 만나는 점을 각각 B, C라 할 때, $\overline{BC}$의 길이를 구하여라. (단, $\overline{AB}$=7cm)

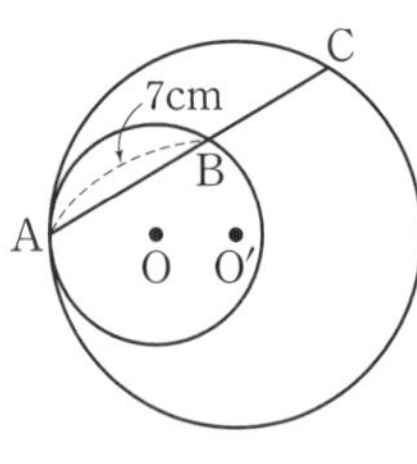

38 오른쪽 그림의 사다리꼴 ABCD에서 $\overline{AD}$=4cm, $\overline{BC}$=12cm, $\overline{AD}$∥$\overline{EF}$∥$\overline{ST}$이다. 이 때, $\overline{AG}$: $\overline{GT}$: $\overline{TC}$의 값을 가장 간단한 정수비로 나타내어라.

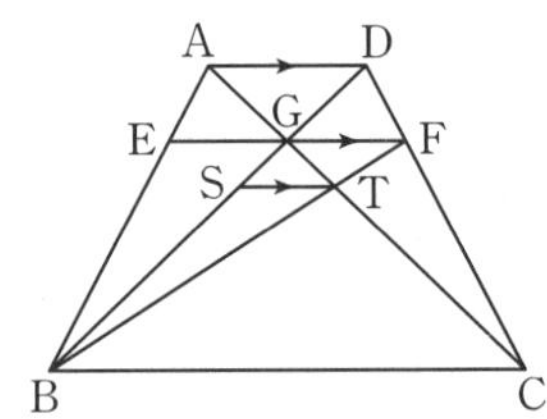

39 오른쪽 그림에서 $\overline{AB}$∥$\overline{CD}$∥$\overline{EF}$, $\overline{AC}$∥$\overline{DE}$이다. $\overline{AB}$=16cm, $\overline{EF}$=4cm일 때, $\overline{CD}$의 길이를 구하여라.

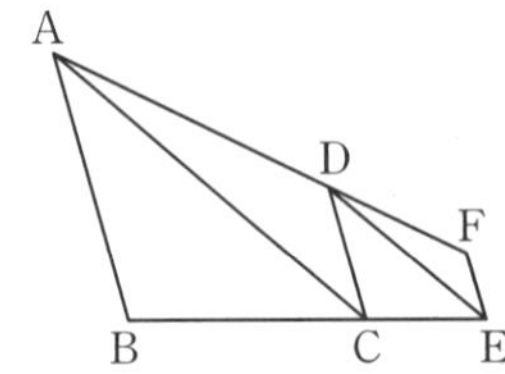

40 오른쪽 그림의 평행사변형 ABCD에서 점 E, F, G, H는 각 변의 중점이고, 각 꼭짓점과 중점을 연결한 선분의 교점을 각각 I, J, K, L이라 할 때,
□ABCD : △ABH : △CKF의 넓이의 비를 구하여라.

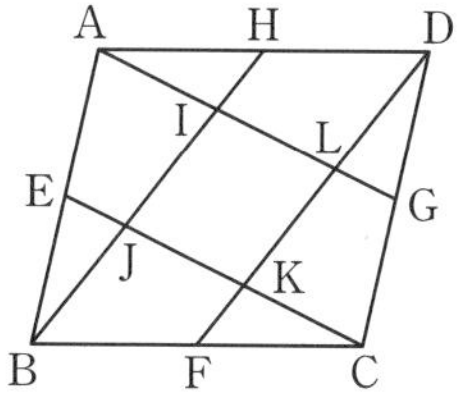

신유형 new

41 오른쪽 그림과 같이 □ABCD의 각 변 $\overline{AB}$, $\overline{BC}$, $\overline{CD}$, $\overline{DA}$의 연장선 위에 $\overline{AP}=2\overline{AB}$, $\overline{BQ}=2\overline{BC}$, $\overline{CR}=2\overline{CD}$, $\overline{DS}=2\overline{DA}$가 되는 점 P, Q, R, S를 취하여 □PQRS를 만들었다. 이때, □PQRS의 넓이는 □ABCD의 넓이의 몇 배인지 구하여라.

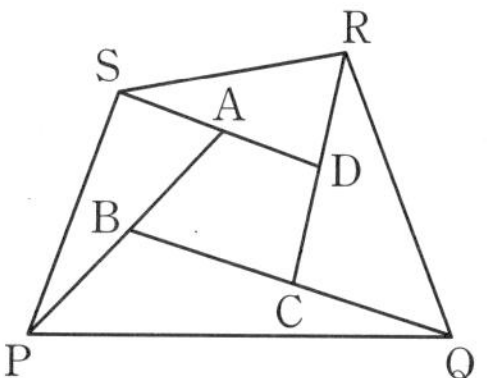

42 $\overline{AD}/\!/\overline{BC}$인 사다리꼴 ABCD의 두 대각선의 교점을 O라 하자. △AOD$=a^2$, △BOC$=b^2$이면, 사다리꼴 ABCD의 넓이는 $a^2+2ab+b^2$임을 설명하여라.

43 오른쪽 그림에서 $\overline{AB} /\!/ \overline{EF} /\!/ \overline{CD}$이다. $\overline{AB}=a$, $\overline{EF}=b$, $\overline{CD}=c$일 때, b를 a와 c를 사용하여 나타내어라.

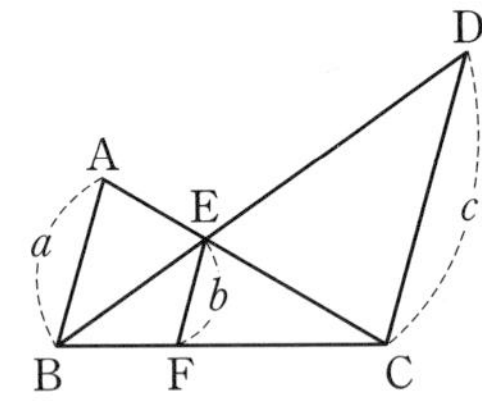

신유형 new

44 오른쪽 그림과 같이 $\overline{AC}=2\overline{AB}$인 $\triangle ABC$의 두 변 AC, BC의 중점을 각각 M, N, $\angle BAC$의 이등분선이 $\overline{BC}$와 만나는 점을 E라 한다. $\overline{MN}$의 연장선과 $\overline{AE}$의 연장선이 만나는 점을 F라 할 때, $\triangle AEC : \triangle NEF$의 비를 구하여라.

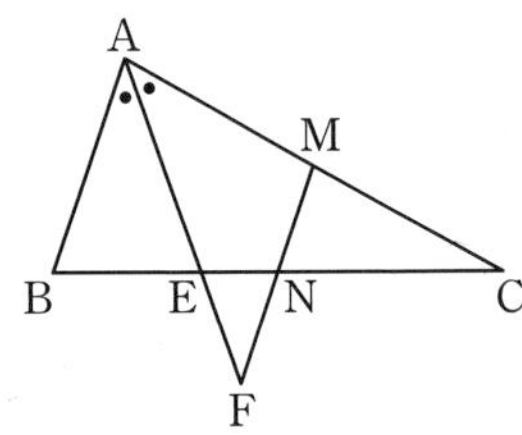

45 오른쪽 그림에서 등변사다리꼴 ABCD는 $\overline{AC}=\overline{BD}=\overline{BC}=2\overline{AB}$이다. 점 A에서 $\overline{DC}$에 평행하게 그은 직선이 $\overline{BC}$와 만나는 점을 E라 하고, $\overline{AE}$와 $\overline{BD}$의 교점을 P라 하자. 이때, $\overline{CD}$의 길이는 $\overline{PE}$의 길이의 몇 배인지 구하여라.

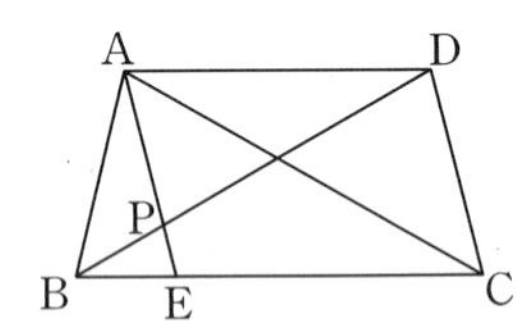

46 오른쪽 그림에서 원뿔의 밑면의 반지름의 길이가 15cm일 때, 작은 원뿔을 잘라내고 남은 원뿔대의 부피를 구하여라.

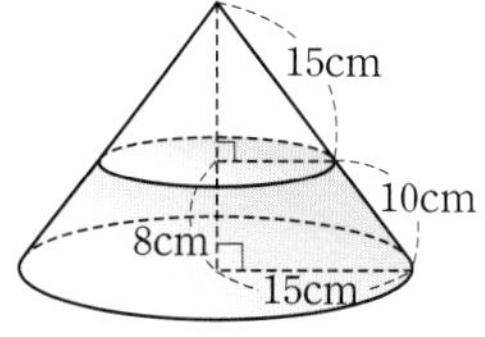

47 오른쪽 그림과 같은 직사각형 ABCD에서 변 $\overline{AB}$, $\overline{DC}$, $\overline{BC}$의 중점이 각각 E, F, M이고 $\overline{AM}$과 $\overline{EF}$의 교점을 P, $\overline{AM}$과 $\overline{BF}$의 교점을 Q라 할 때, △AEP : □EBQP의 넓이의 비를 구하여라.

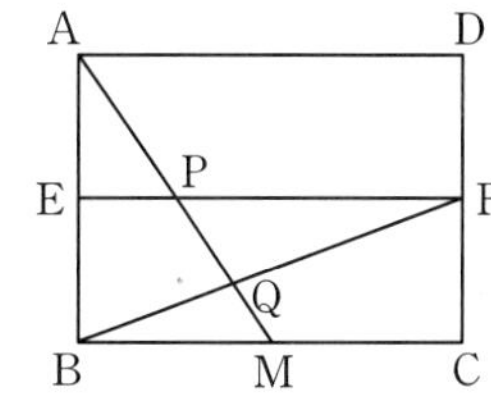

신유형 new

48 오른쪽 그림의 평행사변형 ABCD에서 $\overline{BM}=\overline{CM}$이고, $\overline{AM}$과 $\overline{BD}$의 교점을 P라 하면
$\triangle PBM = a\triangle ABP = b\triangle AMC = c\triangle APD$라고 한다.
이 때, $a+b+c$의 값을 구하여라.

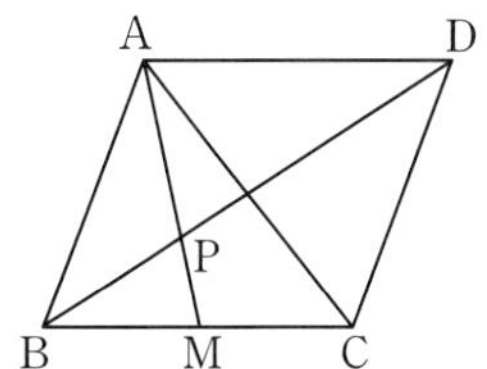

특목고 구술 · 면접 대비 문제

01 $\overline{AD} /\!/ \overline{BC}$인 사다리꼴 ABCD에서 선분 AB, CD의 중점을 각각 M, N이라 하면 $\overline{MN} /\!/ \overline{BC}$이고 $\overline{MN}=\frac{1}{2}(\overline{AD}+\overline{BC})$임을 설명하여라.

02 오른쪽 그림과 같이 △ABC의 내부의 한 점 O에서 만나는 세 직선 AO, BO, CO가 대변과 각각 D, E, F에서 교차하면, $\frac{\overline{AO}}{\overline{DO}}=\frac{\overline{AF}}{\overline{BF}}+\frac{\overline{AE}}{\overline{CE}}$임을 설명하여라.

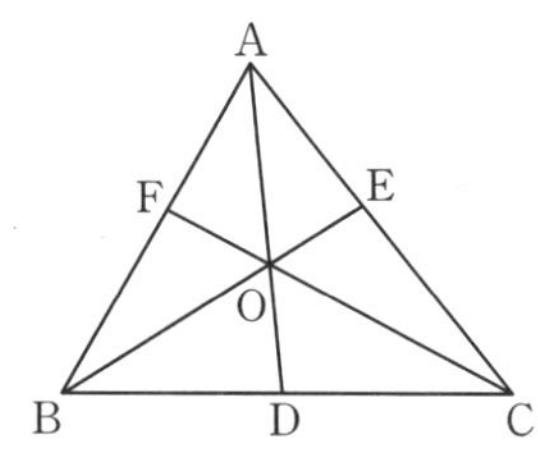

03 사각형의 각 변의 중점을 차례대로 이어서 생기는 도형은 평행사변형이고, 그 넓이는 처음 사각형의 넓이의 $\frac{1}{2}$임을 설명하여라.

04 $\angle XTY$와 점 C가 오른쪽 그림과 같이 주어져 있다. 두 점 A, B는 $\overrightarrow{TX}$, $\overrightarrow{TY}$ 위의 점일 때, 점 C를 지나고 $\dfrac{1}{\overline{AC}}+\dfrac{1}{\overline{BC}}$이 최대가 되는 선분 AB를 그릴 수 있는 방법을 설명하여라.

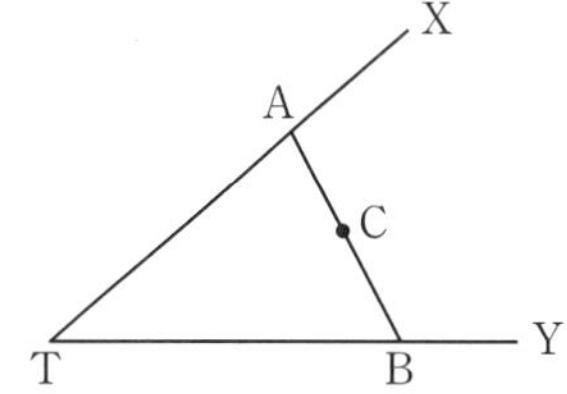

05 오른쪽 그림에서 $\overline{AD}/\!/\overline{EF}/\!/\overline{BC}$이고, $\overline{BC}=15\text{cm}$, $\overline{PQ}=5\text{cm}$, $\overline{AE}=6\text{cm}$, $\overline{EB}=4\text{cm}$일 때, $\triangle AOD : \square PBCQ$의 비를 구하여라.

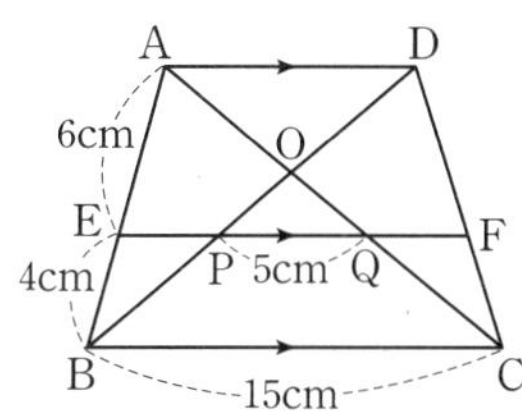

06 오른쪽 그림은 $\overline{AD}/\!/\overline{BC}$, $\overline{AD}:\overline{BC}=3:7$인 사다리꼴 ABCD이다. 변 AB를 $3:2$로 내분하는 점을 E, 변 DC를 $2:1$로 내분하는 점을 F, $\overline{AF}$와 $\overline{DE}$의 교점을 P라 할 때, $\dfrac{\triangle DAP}{\triangle DAF}$를 구하여라.

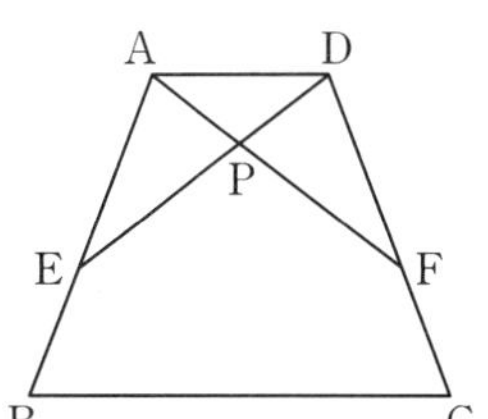

시·도 경시 대비 문제

01 오른쪽 그림과 같이 $\triangle ABC$의 내부의 점 O를 지나고 변 BC에 평행한 직선이 변 AB, AC와 만나는 점을 각각 D, E라 하고, 점 O를 지나고 변 AC에 평행한 직선이 변 AB, BC와 만나는 점을 각각 F, G, 또 점 O를 지나고 변 AB에 평행한 직선이 변 BC, AC와 만나는 점을 각각 H, I라고 할 때, $\frac{\overline{AF}}{\overline{AB}}+\frac{\overline{BH}}{\overline{BC}}+\frac{\overline{CE}}{\overline{CA}}$의 값을 구하여라.

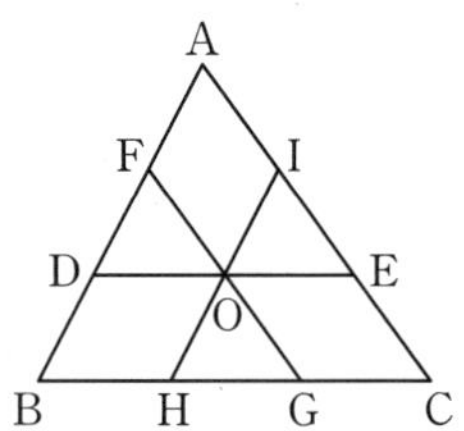

02 오른쪽 그림과 같이 $\triangle ABC$에서 $\overline{AD}=\frac{1}{3}\overline{AB}$, $\overline{CE}=\frac{1}{4}\overline{AC}$이고, $\overline{BE}$, $\overline{CD}$의 교점을 P라 할 때, $\triangle BPC$의 넓이와 $\triangle PCE$의 넓이의 비를 구하여라.

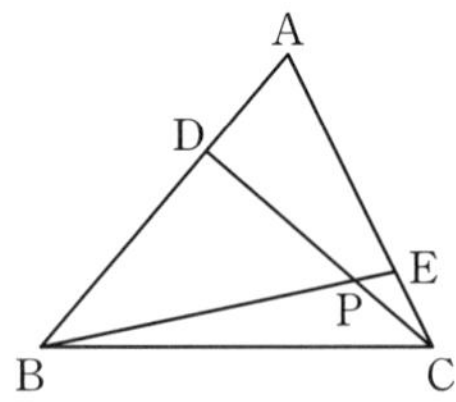

03 오른쪽 그림과 같이 $\triangle ABC$에서 $\overline{AF}:\overline{FC}=3:1$, $\overline{BE}:\overline{EC}=3:2$가 되도록 점 F와 E를 잡고, $\overline{AE}$와 $\overline{BF}$의 교점을 D라 할 때, $\overline{AD}=k\overline{DE}$라고 한다. 이때, k의 값을 구하여라.

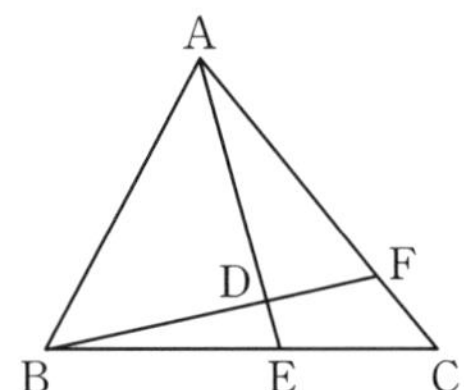

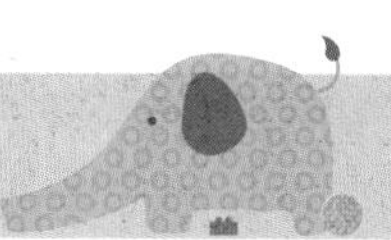

04 $\triangle ABC$에서 $\overline{AC}$의 중점을 M, $\overline{BC}$의 사등분점을 각각 P, Q, R라 하자. 이때, $\overline{BM}$은 $\overline{AP}$, $\overline{AQ}$, $\overline{AR}$에 의하여 네 조각으로 나누어진다. 이 네 조각의 길이를 점 B와 만나는 선분부터 각각 a, b, c, d라고 할 때, $a : b : c : d$를 구하여라.

(단, $a>b>c>d$)

05 오른쪽 그림에서 $\triangle ABC$의 변 AC의 중점을 M이라 하고, 중선 BM의 중점을 N이라 한다. 점 C와 N을 연결한 직선과 $\overline{AB}$와의 교점을 D라 할 때, $\overline{CD}=4\overline{ND}$임을 설명하여라.

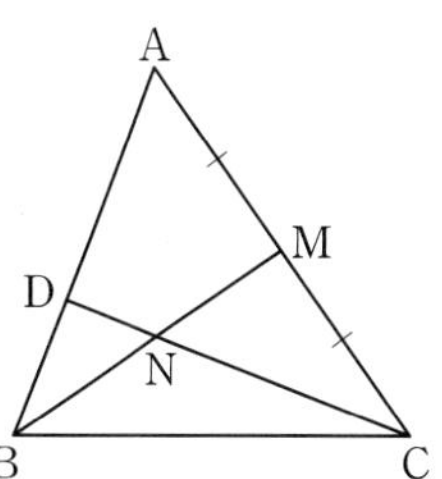

06 오른쪽 그림과 같이 $\triangle ABC$의 $\angle A$의 외각의 이등분선에 점 B와 C에서 그은 수선을 각각 $\overline{BD}$, $\overline{CE}$라 하고 $\overline{BC}$의 중점을 M이라 할 때, $\overline{MD}$의 길이를 구하여라.
(단, $\overline{AB}=10$, $\overline{BC}=12$, $\overline{AC}=8$)

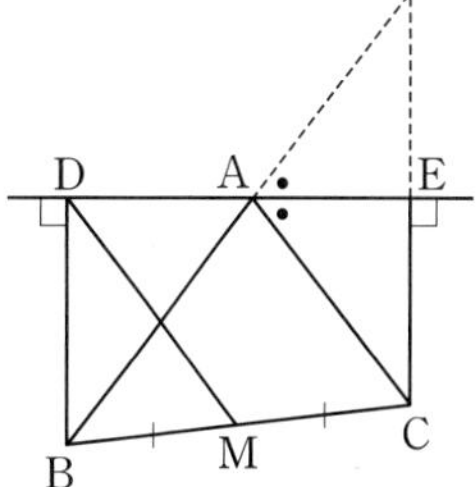

07 오른쪽 그림에서 □ABCD는 평행사변형이고, 점 G, H는 각각 $\overline{AE}$, $\overline{FE}$와 대각선 BD와의 교점이다. $\overline{BC}:\overline{CE}=4:1$, $\overline{AF}:\overline{FD}=4:1$, $\overline{BD}=29$cm일 때, $\overline{GH}$의 길이를 구하여라.

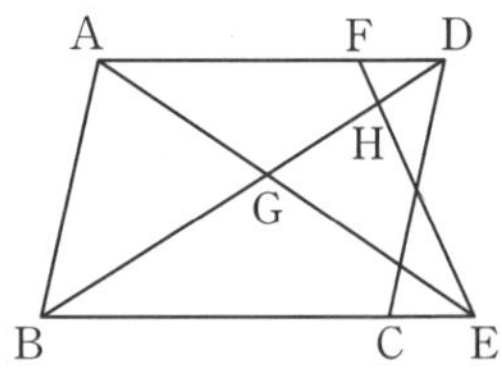

08 오른쪽 그림과 같이 △ABC의 $\overline{BC}$를 3 : 1로 내분하는 점을 D, 두 변 CA와 AB의 중점을 각각 E, F라 하고, $\overline{BE}$와 $\overline{DF}$의 교점을 P라 하자. △FBP의 넓이가 9일 때, □AFPE의 넓이를 구하여라.

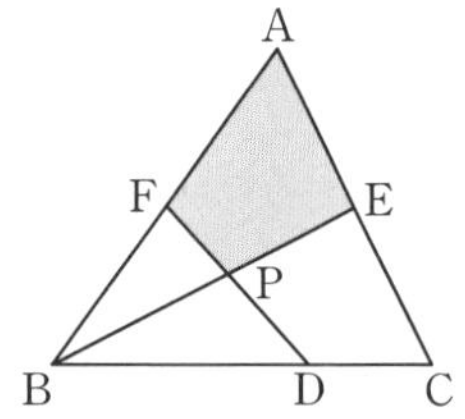

09 오른쪽 그림과 같이 △ABC의 내부에 한 점 P를 잡아 △PBC, △PCA, △PAB의 무게중심을 각각 A′, B′, C′라고 하자. △ABC의 넓이가 54cm^{2}일 때, △A′B′C′의 넓이를 구하여라.

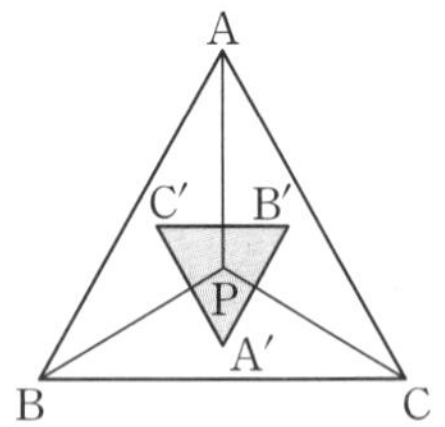

10 오른쪽 그림과 같이 바닥과 수직으로 서 있는 전봇대의 A지점에 바닥과 평행인 길이 72cm의 가로대가 설치되어 있다. 이 전봇대의 가로대의 윗부분에 전등을 달고자 한다. 바닥에서 B까지의 높이의 2배가 되는 C지점에 전등을 올려 달았을 때, 바닥에 비춰진 가로대의 길이는 B에서 비춰진 길이의 $\frac{2}{3}$배가 되었다. 이때, $\frac{\overline{AB}}{\overline{AC}}$의 값을 구하여라.

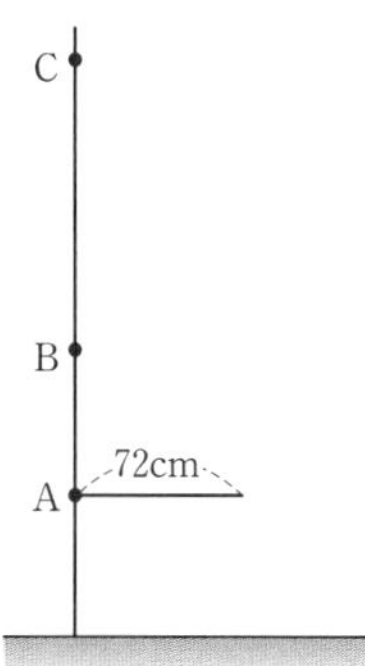

11 오른쪽 그림과 같이 정삼각형 ABC의 $\overline{BC}$ 위에 임의의 점을 E라 하고, $\angle AEF=60°$가 되도록 $\overline{AB}$ 위에 점 F를 잡았다. $\overline{BE}:\overline{EC}=3:2$일 때, $\overline{AF}:\overline{FB}:\overline{EC}$의 비를 구하여라.

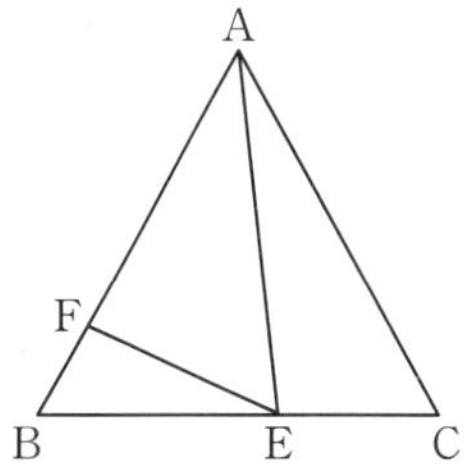

12 오른쪽 그림의 $\triangle ABC$에서 $\angle C=2\angle B$, $\overline{BC}$의 중점이 점 O이다. 점 A에서 $\overline{BC}$에 내린 수선의 발을 H라 할 때, $\overline{AC}=2\overline{OH}$임을 설명하여라.

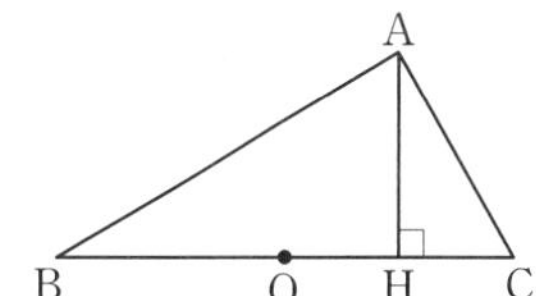

13 오른쪽 그림과 같이 $\overline{AD}/\!/\overline{EF}/\!/\overline{BC}$이고, $\overline{AD}:\overline{BC}=1:2$인 사다리꼴 ABCD가 있다. $\overline{AB}$와 $\overline{CD}$ 위에 점 E와 F가 있고, $\overline{EC}$와 $\overline{FB}$는 사다리꼴 ABCD의 넓이를 각각 이등분하고 있다. $\overline{EC}$와 $\overline{FB}$의 교점을 P라 할 때, $\dfrac{\triangle PBC}{\square ABCD}$의 값을 구하여라.

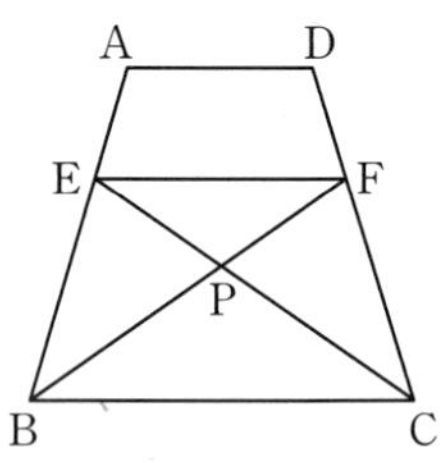

14 $a:b=c:d$라는 것을 오른쪽 그림과 같이 삼각형의 닮음을 이용하여 나타낼 수 있다.
$a:b=c:d$일 때, $\dfrac{a+b}{b-a}=\dfrac{c+d}{d-c}$가 성립함을 그림으로 나타내어 보아라. (단, 분모는 0이 아니다.)

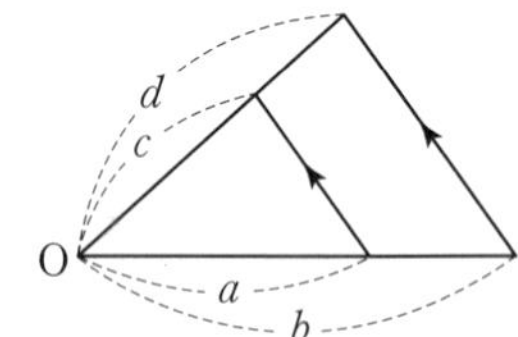

15 오른쪽 그림과 같이 $\overline{AB}$를 지름으로 하는 원에서 지름 AB위에 점 A, B가 아닌 정점 C를 잡고, 호 AB 위에 점 A, B가 아닌 동점 Q를 잡는다. 이때, 점 P는 C와 Q를 잇는 직선 위의 점으로 $\frac{\overline{AC}}{\overline{BC}}=\frac{\overline{QC}}{\overline{CP}}$를 만족한다고 한다. 이때, 점 P의 자취를 지름이 AB인 원을 이용하여 구하고, 이를 설명해 보아라.

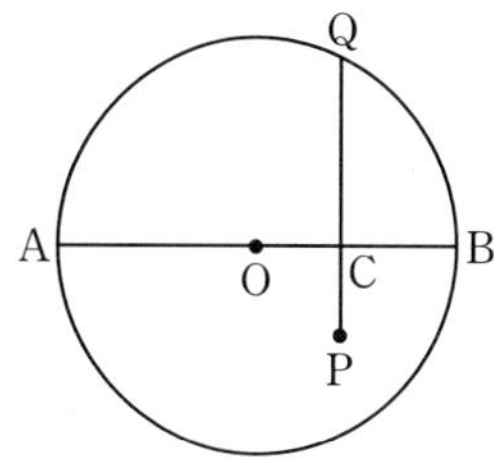

16 오른쪽 그림과 같이 △ABC의 내부의 한 점 P를 지나는 길이가 같은 세 선분 $\overline{DE}$, $\overline{FG}$, $\overline{MN}$이 변 $\overline{AB}$, $\overline{BC}$, $\overline{AC}$와 각각 평행하고 $\overline{AB}=5$, $\overline{BC}=6$, $\overline{CA}=7$일 때, $\overline{AM}:\overline{MF}:\overline{FB}$의 비를 구하여라.

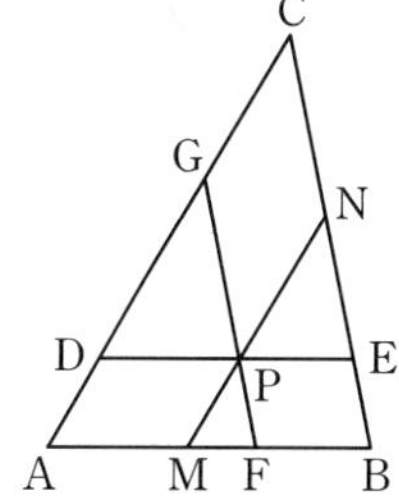

17 오른쪽 그림의 사다리꼴 ABCD에서 $\overline{AD}/\!/\overline{EF}/\!/\overline{BC}$이다. $\overline{AB}=10\text{cm}$, $\overline{BC}=15\text{cm}$, $\overline{CD}=11\text{cm}$, $\overline{AD}=8\text{cm}$이고, 사다리꼴 AEFD와 사다리꼴 EBCF의 둘레의 길이가 같을 때, $\overline{EF}$의 길이를 구하여라.

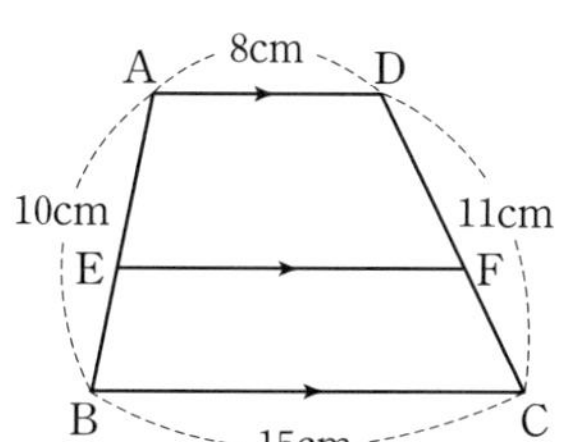

01 오른쪽 그림의 □ABCD에서 $\overline{AD}=\overline{BC}$, $\angle A+\angle B=120°$이다. $\overline{AC}$, $\overline{BD}$, $\overline{CD}$의 중점을 각각 P, Q, R라 하면, △PQR는 정삼각형임을 설명하여라.

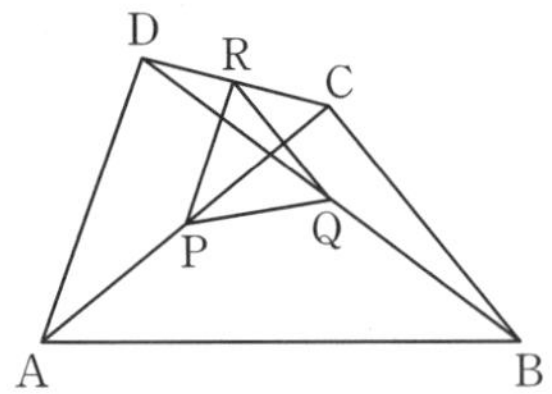

02 오른쪽 그림과 같이 한 변의 길이가 4인 정삼각형 ABC의 $\overline{AB}$의 중점을 M, $\overline{AC}$의 중점을 N이라 하고, $\overline{MN}$위의 임의의 점 D에 대하여 $\overline{BD}$의 연장선과 $\overline{AC}$와의 교점을 E, $\overline{CD}$의 연장선과 $\overline{AB}$와의 교점을 F라 하자. $\overline{CE}=x$, $\overline{BF}=y$일 때, $\frac{1}{x}+\frac{1}{y}=k$라고 한다. 이때, k의 값을 구하여라.

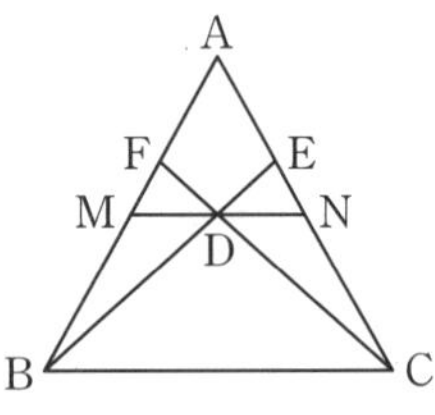

3 오른쪽 그림의 정사각형 ABCD에서 $\overline{CD}$의 중점이 M이고, $\overline{AD}$위의 점 E가 $\angle BEM = \angle MED$를 만족시킨다고 한다. 두 선분 AM과 BE의 교점을 P라 할 때, $\dfrac{\overline{PE}}{\overline{BP}}$의 값을 구하여라.

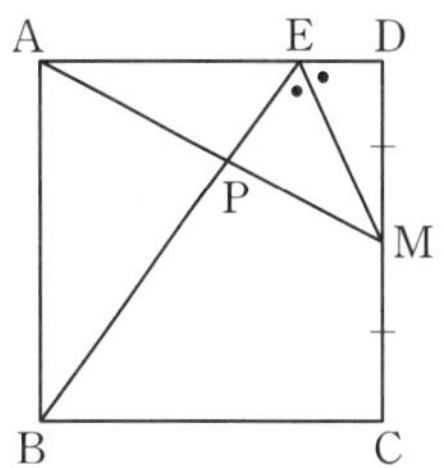

4 오른쪽 그림과 같이 일직선이 아닌 세 점 A, B, C가 있다. 메뚜기 한 마리가 세 점 A, B, C와 같은 평면 위의 한 점 P에 있다. 이 메뚜기가 점 A에 대하여 P와 대칭인 점 P_1으로 첫번째 점프를 하였다. 다시 점 B에 대하여 P_1과 대칭인 점 P_2로 두 번째 점프를 하였다. 세 번째 점프는 점 C에 대하여 P_2와 대칭인 점 P_3로, 네 번째 점프는 점 A에 대하여 P_3와 대칭인 점 P_4로, …, 이 과정을 반복하여 점프하였다. 이와 같이 메뚜기가 점 P에서 P_1, P_2, P_3, P_4, …로 움직여 갈 때, 2015번째 점프 위치인 P_{2015}는 같은 자리를 몇 바퀴 돌고, 어느 위치로 오는지 구하여라.

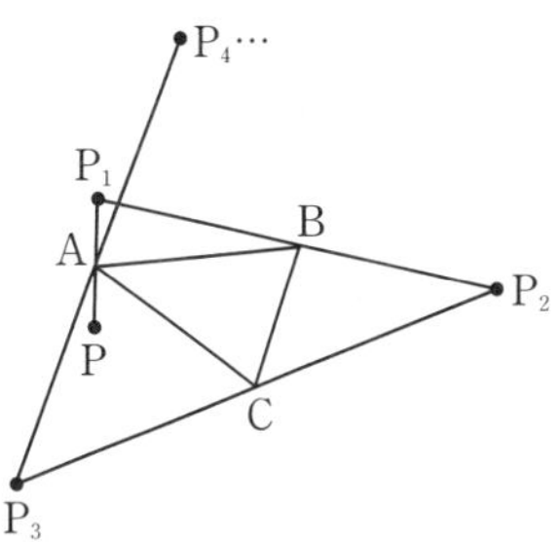

아버지의 사랑

그날따라 눈도 밤새 많이 내렸고 갑작스런 한파에 길이 온통 꽁꽁 얼었습니다.

저와 제 직장 동료는 무려 30분이나 통근 버스를 기다렸습니다.

너무 추운 상태에서 30분이 지나고 드디어 우리 앞으로 온 통근 버스, 그런데 우리를 못 본 채 그냥 지나칩니다.

너무나 화가 나서 말도 못하고 발만 동동 구르고 서있는데 갑자기 승용차 한대가 서더니 저희 회사까지 태워준다고 합니다.

조금 연세가 드신 분이라 안심하고 탔는데 그분이 저희를 보고 말합니다.

"미안하오, 오늘 내 아들이 저 통근 버스를 처음 운전하는 날이라 염려했는데 역시나 두 분을 못 본 모양이네요, 미안하오, 아들의 잘못을 용서해 주시죠."

Chapter IX

교과서 외의 경시

IX

교과서 외의 경시

1 비둘기집의 원리 ★

point
(비둘기집의 원리)
=(서랍의 원리)
=(우체통의 원리)
=(디리클레의 방 나누기 원리)

point
비둘기집의 원리를 잘 활용한다면 아주 복잡해 보이거나 심지어 전혀 풀 수 없을 것 같던 문제도 어려운 수학적 원리나 수학 공식을 이용하지 않고서도 문제를 쉽게 풀 수 있다.

(1) 비둘기집의 원리

n개의 비둘기집에 $(n+1)$마리 이상의 비둘기가 들어갔다면 적어도 하나의 비둘기집에는 두 마리 이상의 비둘기가 들어갔다고 판정할 수 있다.

예 5마리의 비둘기가 4개의 비둘기집에 들어갔다면 적어도 하나의 비둘기집에는 두 마리 이상의 비둘기가 들어갔다고 판정할 수 있다.

예 한 학교에서 나이가 같은 신입생 370명을 받았다면 등록표를 보지 않고서도 출생 월일이 똑같은 신입생이 적어도 2명 있다고 판정할 수 있다.

(2) 일반화된 원리

m마리의 비둘기와 n개의 비둘기집이 있을 때,

① m이 n의 배수이면 $\frac{m}{n}$마리 이상 들어간 비둘기집이 적어도 하나 있다.

② m이 n의 배수가 아니면 $\left[\frac{m}{n}\right]+1$마리 이상 들어간 비둘기집이 적어도 하나 있다.

(단, $\left[\frac{m}{n}\right]$은 $\frac{m}{n}$을 넘지 않는 최대의 정수이다.)

예 8개의 비둘기집에 17마리의 비둘기가 들어갔다면 비둘기집의 원리에 의하여 적어도 하나의 집에는 $\left[\frac{17}{8}\right]+1=3$마리 이상의 비둘기가 들어가게 된다.

(3) 무한 원리

무한 개의 물건을 아무렇게나 유한 개의 서랍에 넣으면 적어도 한 서랍에는 무한 개의 물건이 들어 있게 된다.

2 가우스 함수 $[x]$ ★★★

point
가우스 정수는 음이 아닌 소수 부분을 버려서 얻어진 정수이다.

$[x]$: 실수 x를 넘지 않는 최대의 정수

즉, x가 실수이고, $[x]=n$(n은 정수)이면

$\Longleftrightarrow n\le x<n+1$

$\Longleftrightarrow x=n+h(0\le h<1)$

예 $[3.9]=[3+0.9]=3$, $[-2.3]=[-3+0.7]=-3$

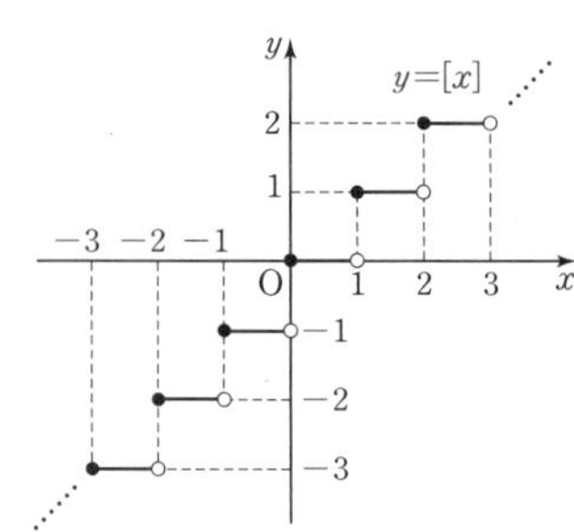

(1) 가우스 함수의 성질

x, y가 실수일 때,

① $[x] \leq x < [x]+1$

② $[x+m]=[x]+m$ (단, $x \geq 0$이고, m은 정수)

③ $[x]+[y] \leq [x+y] \leq [x]+[y]+1$

④ $[x]+[-x]=\begin{cases} 0 & (x\text{가 정수일 때}) \\ -1 & (\text{그 외의 경우일 때}) \end{cases}$

⑤ $\left[\dfrac{n}{a}\right]$은 n을 a로 나눈 몫이며 n 이하의 자연수 중 a의 배수의 개수이다.

⑥ $[x]\times[y]=[xy]$ (단 x, y는 양의 실수)

⑦ $-[-x]$는 x보다 작지 않은 최소의 정수이다.

예 $x=2.5$일 때, $-[-2.5]=-(-3)=3$

⑧ 1에서 n까지의 수 중 k의 배수인 것들의 개수는 $\left[\dfrac{n}{k}\right]$개이다.

⑨ $\{x\}=x-[x]$라고 하면 $\{x\}$는 x의 소수 부분을 나타낸다.

point

$\{x\}$: 실수 x에 가장 가까운 최대의 정수

즉, $n-\frac{1}{2} \leq x < n+\frac{1}{2}$ 일 때, $\{x\}=n$이다.

예 $\{3.9\}=\{3+0.9\}=4$

$\{-2.3\}=\{-3+0.7\}=-2$

3 순열 ★★

서로 다른 n개의 원에서 $r(n \geq r)$개를 택하여 순서 있게 늘어 놓는 것을 n개에서 r개를 택한 순열이라 하고 이 순열의 수를 ${}_nP_r$로 나타낸다.

① ${}_nP_r=n(n-1)(n-2)\times\cdots\times(n-r+1)$

② $n!=n(n-1)(n-2)\times\cdots\times3\times2\times1$

예 ${}_{10}P_3=10\times9\times8=720$

$5!=5\times4\times3\times2\times1=120$

4 특수한 수들의 합 ★★★

① 자연수의 합

$1+2+3+\cdots+n=\dfrac{n(n+1)}{2}$

예 $1+2+3+\cdots+100=\dfrac{100(100+1)}{2}=5050$

② 홀수의 합

$1+3+5+\cdots+(2n-1)=n^2$

예 $1+3+5+\cdots+99=50^2=2500$

③ 짝수의 합

$2+4+6+\cdots+2n=n(n+1)$

예 $2+4+6+\cdots+100=50(50+1)=2550$

특목고 대비 문제

01 오른쪽 그림과 같이 한 변의 길이가 2인 정삼각형 ABC가 있다. 삼각형 내부에 점을 다섯 개 찍으면 두 점 사이의 거리가 1보다 작은 두 점이 적어도 한 쌍이 존재함을 보여라.

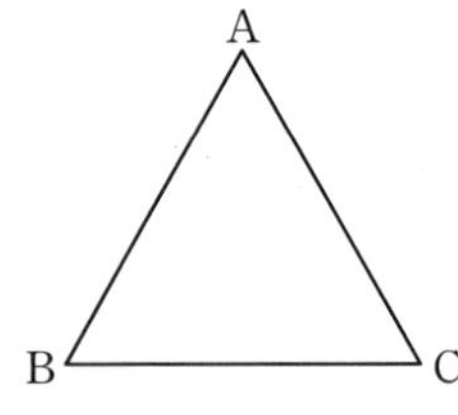

02 1에서 100까지의 정수 중에서 51개를 뽑으면 그 중 하나가 다른 하나로 나누어 떨어지는 두 수가 있음을 보여라.

03 37명이 한 반인 학생들 중에 반드시 같은 달에 생일인 학생이 적어도 4명 이상 있는 달이 있음을 보여라.

04 1에서 $2n$까지의 정수 중 $n+1$개를 택하면 반드시 서로소인 두 정수가 포함됨을 밝혀라.

05 학년이 바뀌면서 36명의 학생이 반배정을 다시 받았다. 작년에 같은 반인 학생이 적어도 5명 이상이 항상 있다고 한다면 이 학교의 같은 학년은 최대 몇 학급까지 가능한지 구하여라.

06 영준이의 생일에 10명의 친구들이 초대되어 왔다. 친구들끼리는 서로 아는 친구와 모르는 친구들이 있는데, 이 중에서 서로 아는 친구들의 수가 같은 사람이 적어도 2명이 존재함을 보여라.

07 n개의 정수 $a_1, a_2, \cdots, a_n$ 중 몇 개를 합하면 그 합이 n으로 나누어 떨어지는 것이 있음을 설명하여라.

08 n개의 음이 아닌 정수 $m_1, m_2, \cdots, m_n$의 평균 $\dfrac{m_1+m_2+\cdots+m_n}{n}$이 r보다 크면 이들 $m_i(i=1, 2, \cdots, n)$ 중 적어도 하나는 r보다 크다는 것을 설명하여라.

09 정수 $0, 1, 2, \cdots, 9$를 임의로 원주 위에 배열할 때, 적어도 하나는 이웃한 세 숫자의 합이 13을 넘는다는 것을 설명하여라.

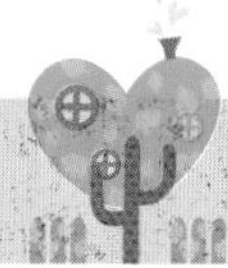

10 $1<\left[3-\frac{x}{2}\right]<4$를 만족하는 정수 x는 몇 개인지 구하여라.
(단, $[x]$는 x보다 크지 않은 최대의 정수이다.)

11 $2<x<3$일 때, $\frac{[x]}{x-[x]}-\frac{x}{[-x+1]+x}$의 값을 구하여라.
(단, $[x]$는 x보다 크지 않은 최대의 정수이다.)

12 임의의 수 x에 대하여, $[x]+[-x]$의 값을 구하여라.
(단, $[x]$는 x보다 크지 않은 최대의 정수이다.)

13 다음 식의 값을 구하여라. (단, $[x]$는 x보다 크지 않은 최대의 정수이다.)

$$\left[2.45+\frac{1}{100}\right]+\left[2.45+\frac{2}{100}\right]+\cdots+\left[2.45+\frac{99}{100}\right]+\left[2.45+\frac{100}{100}\right]$$

14 $100!=100\times 99\times\cdots\times 3\times 2\times 1=2^a3^b5^c7^d\cdots$이라고 할 때, a의 값을 구하여라.

15 $\langle x\rangle=x-10\left[\frac{x}{10}\right]$라 할 때, $\langle 9^n-1\rangle$의 값을 구하여라.

(단, n은 자연수이고, $[x]$는 x보다 크지 않은 최대의 정수이다.)

16 $\left[x-\frac{2}{3}\right]+\left[x+\frac{1}{3}\right]=5$를 만족하는 정수 x의 개수를 구하여라.

(단, $[x]$는 x보다 크지 않은 최대의 정수이다.)

17 자연수 n에 대하여 $a_n=\left[\frac{n}{5}\right]+\left[\frac{2n}{5}\right]+\left[\frac{3n}{5}\right]+\left[\frac{4n}{5}\right]$이라 할 때, $a_1+a_2+\cdots+a_{30}$의 값을 구하여라. (단, $[x]$는 x보다 크지 않은 최대의 정수이다.)

❖ 특목고 구술 · 면접 대비 문제

정답 및 해설 p. 83

01

세 수 $[2x]$, $2[x]$, $\left[x+\frac{1}{2}\right]+\left[x-\frac{1}{2}\right]$은 서로 같은지 다른지에 대하여 설명하여라.

(단, $[x]$는 x보다 크지 않은 최대의 정수이다.)

02

한 변의 길이가 n인 정삼각형 안에 n^2+1개의 점을 넣으면 두 점 사이의 거리가 1보다 크지 않은 두 점이 있음을 아래 식을 이용하여 설명하여라.

$$1+3+5+\cdots+(2n-1)=n^2$$

03

$[|x|]+[|y|]=1$을 만족하는 x, y의 영역의 넓이를 구하여라.
(단, $[x]$는 x보다 크지 않은 최대의 정수이다.)

내 탓입니다

어떤 촌에 평화스럽고도 단란한 가정이 있었는데 가난하여 아들을 늦게 장가를 들이고 보니 신이 났다.

하루는 새 며느리가 선반에 얹어둔 기름병을 실수로 엎지르고 너무도 부끄러워 우는데

시어머니는 위로하여 "아가, 네 잘못이 아니라 내가 그 곳에 얹은 것이 잘못이다."라고 하였고

시아버지는 이 말을 듣고 "아니, 새 애기나 마누라의 잘못이 아니다. 내가 보고도 치워놓지를 않았으니 내 잘못이다."라고 하니

곁에 있는 아들이 이 말을 듣고 하는 말이 "내 아내 잘못도 아니요, 부모님의 잘못도 아니고, 내가 선반을 높이 매지 못하여서 엎지르게 되었으니 내 잘못입니다."라고 하였다.

이 가정은 늘 화락한 가운데 살았다고 한다.

Memo

Super Math

Answers & Explanations

정답 및 해설

I 유리수와 순환소수

P. 7~13

특목고 대비 문제

1 풀이 참조		**2** $a=2, b=4, c=8$	**3** $0.\dot{8}$
4 360	**5** 4개	**6** 23가지	**7** 7
8 85개	**9** 5	**10** 27	**11** $56\leq x<63$
12 3	**13** 40개	**14** 10쌍	**15** 36
16 $\frac{5}{3}$	**17** 12개	**18** 2	**19** $\frac{11}{39}$
20 76개	**21** 1	**22** $0.\dot{5}9\dot{2}$	**23** 27

1 두 유리수를 a, $b(a<b)$라고 하자.
그러면 $\frac{a+b}{2}$는 유리수이며 $a<\frac{a+b}{2}<b$이므로
유리수와 유리수 사이에는 또다른 유리수가 항상 존재하게 된다.

2 $\left(\frac{b}{90}\right)^2=\frac{a}{9}\times\frac{c}{900}$, $\frac{b^2}{8100}=\frac{ac}{8100}$이므로
$b^2=ac$이다.
$2\leq a\leq 6$, $4\leq c\leq 8$, $a<b<c$를 만족하는 a, b, c의 값은
$\boldsymbol{a=2, b=4, c=8}$**이다.**

3 괄호안을 먼저 정리하면 $0.\dot{8}>0.88$이므로 괄호의 값은 $0.\dot{8}$이다.
따라서, 구하고자 하는 값은 $0.8☆0.\dot{8}$에서 $0.8<0.\dot{8}$이므로 $\boldsymbol{0.\dot{8}}$이다.

4 $x=0.0731707317\cdots=0.\dot{0}731\dot{7}$로 순환마디가 5개이므로 소숫점 아래 100번째 자리까지 나타나는 숫자는 0, 7, 3, 1, 7이 $100\div5=20$(번)씩 나온다.
따라서, 모든 숫자의 합은
$20\times(0+7+3+1+7)=20\times18=\mathbf{360}$

5 $210=2\times5\times3\times7$이므로 $\frac{n}{210}$이 유한소수가 되기 위해서는 n이 3×7의 배수가 되어야 한다.
따라서, 100을 넘지 않는 21의 배수는 4개이므로 n은 **4개**이다.

6 b가 3, 6, 7, 9일 때, $\frac{a}{b}$는 무한소수가 될 수 있다.
$b=3$일 때, $a=1, 2, 4, 5, 7, 8$
$b=6$일 때, $a=1, 2, 4, 5, 7, 8$
$b=7$일 때, $a=1, 2, 3, 4, 5, 6, 8, 9$
$b=9$일 때, $a=1, 2, 3, 4, 5, 6, 7, 8$
그런데 $b=3$, $a=1$과 $b=6$, $a=2$와 $b=9$, $a=3$이 서로 같고$\left(\frac{1}{3}=\frac{2}{6}=\frac{3}{9}\right)$,
$b=3$, $a=2$와 $b=6$, $a=4$와 $b=9$, $a=6\left(\frac{2}{3}=\frac{4}{6}=\frac{6}{9}\right)$이 같고
$b=3$, $a=4$와 $b=6$, $a=8\left(\frac{4}{3}=\frac{8}{6}\right)$이 서로 같다.
따라서, $\frac{a}{b}$가 무한소수가 되는 경우는
$28-5=\mathbf{23}$**(가지)**이다.

7 $\frac{2}{3}<\frac{a}{9}<\frac{4}{5}$에서 $\frac{30}{45}<\frac{5a}{45}<\frac{36}{45}$이므로
$30<5a<36$이고 $6<a<7.2$이다.
따라서 정수 a의 값은 **7**이다.

8 유한소수가 되기 위해서는 분모가 2^a5^b꼴이 되어야 한다.
(단, $a\geq0$, $b\geq0$)
$b=0$일 때, $a=0, 1, 2, \cdots 6$이므로 7개,
$b=1$일 때, $a=0, 1, 2, \cdots 4$이므로 5개,
$b=2$일 때, $a=0, 1, 2$이므로 3개
$b\geq3$일 때, 없다.
그러므로 유한소수의 개수는 $7+5+3=15$(개)이다.
따라서, 유한소수가 아닌 순환소수의 개수는
$100-15=\mathbf{85}$**(개)**이다.

9 $1-x=1-0.\dot{2}063\dot{4}=1-\frac{20634}{99999}=\frac{79365}{99999}$
$=0.\dot{7}936\dot{5}$
따라서, $1-x$는 순환마디가 79365로 5개이므로 소숫점 아래 100번째 자리의 수는 **5**이다.

10 $\frac{1}{3}\left(\frac{1}{10}+\frac{1}{100}+\frac{1}{1000}+\cdots\right)$
$=\frac{1}{3}(0.1+0.01+0.001+\cdots)=\frac{1}{3}\times0.\dot{1}$
$=\frac{1}{3}\times\frac{1}{9}=\frac{1}{27}$
따라서, a의 값은 **27**이다.

11 $\left[\frac{x}{7}\right]=8$에서 $8\leq\frac{x}{7}<9$, $7\times8\leq x<7\times9$
따라서, $\boldsymbol{56\leq x<63}$이다.

12 $a\times1.\dot{8}-a\times1.8=0.2\dot{6}$이므로

$\frac{17}{9}a-\frac{18}{10}a=\frac{24}{90}$ ……㉠

위의 식의 양변에 90을 곱하면

$170a-162a=24$, $8a=24$

따라서, $a=\mathbf{3}$이다.

13 $\frac{a}{100}$가 기약분수가 되려면 a가 100과 서로소이어야 한다.

$100=2^2\times5^2$이므로 a는 2의 배수도 아니고, 동시에 5의 배수도 아니다.

2의 배수의 개수는 50개, 5의 배수의 개수는 20개,

$2\times5=10$의 배수의 개수는 10개이므로 정수 a의 개수는

$100-(50+20-10)=$**40(개)**이다.

14 소숫점 아래 둘째 자리에서 반올림하여 계산하면

$5.\dot{2}\dot{5}\le5.\dot{a}\dot{b}<5.\dot{3}\dot{5}$이므로

(a, b)는

$(2, 5)$, $(2, 6)$, $(2, 7)$, $(2, 8)$, $(2, 9)$, $(3, 0)$, $(3, 1)$, $(3, 2)$, $(3, 3)$, $(3, 4)$로 모두 **10쌍**이다.

15 $0.\dot{a}2\dot{b}=\frac{100a+20+b}{999}$, $0.\dot{a}b\dot{2}=\frac{100a+10b+2}{999}$이므로

$\frac{100a+20+b}{999}+\frac{100a+10b+2}{999}=\frac{307}{333}$에서

$200a+20+10b+b+2=307\times3=921$이다.

즉, $200a+20+10b+b+2$의 일의 자리의 숫자가 1이므로 $b=9$이고

$200a+20+90+9+2=921$에서 $200a=800$이므로

$a=4$이다.

따라서, $ab=4\times9=\mathbf{36}$이다.

16 a, b, c가 연속한 세 홀수이므로 세 수는 차례대로 2씩 커진다.

이때, $a=x-2$, $b=x$, $c=x+2$라고 하면

$bc-ab=x(x+2)-(x-2)x=x^2+2x-x^2+2x=4x$

이므로 $20\le bc-ab\le24$에서

$20\le4x\le24$, $5\le x\le6$이다.

그런데 x는 홀수이므로 $x=5$가 되어

$a=3$, $b=5$, $c=7$이다.

따라서, $0.\dot{a}+0.\dot{b}+0.\dot{c}=0.\dot{3}+0.\dot{5}+0.\dot{7}$

$=\frac{3}{9}+\frac{5}{9}+\frac{7}{9}=\frac{15}{9}=\mathbf{\frac{5}{3}}$

17 $\frac{a}{7700}=\frac{a}{2^2\times5^2\times7\times11}$이고 이 분수를 소수로 나타내면 유한소수이므로 분모가 2나 5의 거듭제곱만 있어야 한다.

따라서, a는 7×11, 즉 77의 배수이다.

$1000\div77=12.\times\times\times$이므로 77의 배수 중에서

1000 이하의 자연수 a의 개수는 **12개**이다.

18 $1+\frac{1}{1+\frac{1}{x}}=\frac{13}{11}$에서 $1+\frac{x}{x+1}=\frac{13}{11}$,

$\frac{2x+1}{x+1}=\frac{13}{11}$, $11(2x+1)=13(x+1)$, $9x=2$이므로

$x=\frac{2}{9}$이다.

따라서, $x=\frac{a}{9}=\frac{2}{9}$에서 $a=\mathbf{2}$이다.

다른풀이

$1+\frac{1}{1+\frac{1}{x}}=\frac{13}{11}=1+\frac{2}{11}$에서

$\frac{1}{1+\frac{1}{x}}=\frac{2}{11}$, $1+\frac{1}{x}=\frac{11}{2}=1+\frac{9}{2}$, $\frac{1}{x}=\frac{9}{2}$이므로

$x=\frac{2}{9}$이다.

따라서, $x=\frac{a}{9}=\frac{2}{9}$에서 $a=2$이다.

19 분수를 $\frac{a}{b}$라고 하면

$a+b=50$ ……㉠

$0.25\le\frac{a}{b}<0.35$ ……㉡

㉡에서 $1.25\le\frac{a+b}{b}<1.35$이므로 ㉠을 대입하면

$1.25\le\frac{50}{b}<1.35$, $0.025\le\frac{1}{b}<0.027$에서

$37.\times\times\cdots<b\le40$이다.

따라서, $b=38, 39, 40$이고, $a=12, 11, 10$이다.

따라서 $a+b=50$이고 a와 b가 서로소이므로 $\frac{a}{b}=\mathbf{\frac{11}{39}}$

이다.

20 모두 유리수이므로 유한소수 또는 순환소수 중에 하나가 되고 유한소수의 개수를 구하면 순환소수의 개수를 구할 수 있다.

분모의 소인수가 2 또는 5로 구성되면 유한소수가 되므로

2^n으로 이루어진 경우는

2^1, 2^2, 2^3, 2^4, 2^5, 2^6의 6개,

$2^n\times5$인 경우는

1×5, 2×5, $2^2\times5$, $2^3\times5$, $2^4\times5$의 5개,

$2^n\times5^2$인 경우는

1×5^2, 2×5^2의 2개이다.

따라서, 순환소수는 $89-(6+5+2)=$**76(개)**이다.

21 $x=0.714285714285\cdots=0.\dot{7}1428\dot{5}$이고

$2006=6\times334\ +2$이므로

소숫점 아래 2006번째 자리의 수는 순환마디 중 두 번째 숫자인 **1**이다.

22 Ⅰ. $0.\dot{5}\dot{1}=\frac{51}{99}=\frac{17}{33}$이므로 $1-\dfrac{1}{2+\frac{1}{x}}=\frac{17}{33}$에서

$\dfrac{1}{2+\frac{1}{x}}=\frac{16}{33},\ 2+\frac{1}{x}=\frac{33}{16}=2+\frac{1}{16}$

따라서, $x=16$이다.

Ⅱ. $\frac{2}{9}=0.222\cdots=0.\dot{2}$이므로 $y=2$이다.

Ⅲ. $\frac{7}{90}=0.0777\cdots=0.0\dot{7}$이므로 $z=7$이다.

따라서, $\dfrac{x}{10y+z}=\dfrac{16}{10\times2+7}=\dfrac{16}{27}$

$=0.592592\cdots=\mathbf{0.\dot{5}9\dot{2}}$

23 $x=\frac{3}{13}=0.230769230769\cdots$ ……㉠

㉠의 양변에 10^6을 곱하면

$10^6x=230769.230769\cdots$ ……㉡

㉡－㉠에서

$10^6x-x=230769$이다.

따라서, 10^6x-x의 각 자리의 수의 합은

$2+3+0+7+6+9=\mathbf{27}$이다.

P. 14~15

특목고 구술 · 면접 대비 문제

1 풀이 참조 **2** 0 **3** 풀이 참조
4 풀이 참조 **5** MATHEMATICS

1 $\frac{1}{2}<0.6$이므로 $\frac{1}{2}$보다 작은 별난 수 중에서 가장 큰 수는 $0.0666\cdots=0.0\dot{6}=\frac{1}{15}$이다. 또, $\frac{1}{2}\div\frac{1}{15}=7.5$이므로 $\frac{1}{2}$을 별난 수의 합으로 나타내기 위해서는 적어도 8개 이상의 별난 수가 필요하다. 그런데

$\frac{1}{2}=0.0\dot{6}+0.0\dot{6}+0.0\dot{6}+0.06+0.06+0.06+0.06+0.06$

이므로 $\frac{1}{2}$은 8개의 별난 수의 합으로 나타낼 수 있다.

다음은 그 예이다.

$\frac{1}{2}=0.0\dot{6}+0.0\dot{6}+0.0\dot{6}+0.06+0.06+0.06+0.06+0.06$

2 $a=0.1\dot{9}=0.2,\ b=0.2$에서

$a=b$이므로 $a◎b=1$이고

$c=0.\dot{0}\dot{1}=\frac{1}{99},\ d=\frac{1}{90}$에서

$c\neq d$이므로 $c◎d=0$이다.

따라서, $(a◎b)◎(c◎d)=1◎0=\mathbf{0}$이다.

3 (ⅰ) 기약분수 $\frac{b}{a}$가 유한소수로 표시되면

$\frac{b}{a}=0.a_1a_2\cdots a_n=\dfrac{a_1a_2\cdots a_n}{10^n}=\dfrac{a_1a_2\cdots a_n}{2^n\cdot5^n}$이고

$\dfrac{a_1a_2\cdots a_n}{2^n\cdot5^n}$은 약분이 되어도 분모에는 2나 5의 소인수만 남는다.

(ⅱ) 분모가 2나 5 이외의 소인수를 갖지 않는다면

$\frac{b}{a}=\frac{k}{2^m\cdot5^n}=k(0.5)^m\cdot(0.2)^n$ (k, m, n은 정수)으로 유한소수가 된다.

4 순환마디가 n개인 무한소수를 $x=0.\dot{a}_1a_2a_3\cdots\dot{a}_n$이라 하면 ($0\leq a_1, a_2, a_3, \cdots, a_n\leq9$인 정수)

$x=0.a_1a_2a_3\cdots a_na_1a_2a_3\cdots a_n\cdots$ ……㉠

$10^nx=a_1a_2a_3\cdots a_n.a_1a_2a_3\cdots a_n\cdots$ ……㉡

㉡－㉠을 하면 $(10^n-1)x=a_1a_2a_3\cdots a_n$이므로

$x=\dfrac{a_1a_2a_3\cdots a_n}{10^n-1}$이다.

따라서, x는 분모, 분자가 모두 정수인 분수꼴로 표시되므로 유리수가 된다.

5 $\frac{14}{111}=0.\dot{1}2\dot{6}$이므로 다음과 같이 표를 만들 수 있다.

암호문 문자	N	C	Z	J	I	Y	D	Z	A	G	A
대응되는 수	1	2	6	1	2	6	1	2	6	1	2
변환에 필요한 실제의 수	1	2	6	2	4	12	3	6	18	4	8
변환되기 전의 문자	M	A	T	H	E	M	A	T	I	C	S

따라서, 원래의 영어 단어는 **MATHEMATICS**이다.

P. 16~19

시 · 도 경시 대비 문제

1 5, 4, 3, 2 **2** ④ **3** 풀이 참조
4 $\frac{2}{29}$ **5** 67개 **6** 8 **7** 1 **8** 24
9 53, 54, 55 **10** (1) 73개 (2) 27개
11 풀이 참조

1 $\frac{30}{157}=\frac{1}{\frac{157}{30}}=\frac{1}{5+\frac{7}{30}}=\frac{1}{5+\frac{1}{\frac{30}{7}}}$

$=\frac{1}{5+\frac{1}{4+\frac{2}{7}}}=\frac{1}{5+\frac{1}{4+\frac{1}{\frac{7}{2}}}}$

$=\frac{1}{5+\frac{1}{4+\frac{1}{3+\frac{1}{2}}}}$

따라서, 순서대로 **5, 4, 3, 2**이다.

2 $\frac{1}{n}+\frac{1}{n}+\cdots+\frac{1}{n}=1$에서 $n+\cdots+n$은 좋은 수이다.

또, $\frac{1}{n(n+1)}=\frac{1}{n}-\frac{1}{n+1}$에서

$\frac{1}{n}=\frac{1}{n+1}+\frac{1}{n(n+1)}$을 이용하면

$\frac{1}{2}+\frac{1}{2}=\frac{1}{2}+\left(\frac{1}{3}+\frac{1}{2\cdot3}\right)=\frac{1}{2}+\frac{1}{3}+\frac{1}{6}=1$이므로

$2+3+6=11$은 좋은 수이다.

$\frac{1}{2}+\frac{1}{2}=\frac{1}{2}+\frac{1}{4}+\frac{1}{4}=1$이므로

$2+4+4=10$도 좋은 수이다.

$\frac{1}{2}+\frac{1}{2}=\frac{1}{4}+\frac{1}{4}+\frac{1}{4}+\frac{1}{4}=1$이므로

$4+4+4+4=16$도 좋은 수이다.

$\frac{1}{3}+\frac{1}{3}+\frac{1}{3}=1$이므로 $3+3+3=9$도 좋은 수이다.

따라서, 좋은 수가 될 수 없는 것은 **15**이다.

참고

부분분수의 분해

한 개의 분수를 두 개 이상의 분수로 나눌 때 다음을 이용한다.

즉, $\frac{C}{AB}=\frac{C}{B-A}\left(\frac{1}{A}-\frac{1}{B}\right)$이다.

3 $\frac{a}{b}<\frac{c}{d}$의 양변에 양수 bd를 곱하면 $ad<bc$이다.

$\frac{a+c}{b+d}-\frac{a}{b}=\frac{ab+bc-ab-ad}{b(b+d)}=\frac{bc-ad}{b(b+d)}>0$

이므로 $\frac{a+c}{b+d}>\frac{a}{b}$ ······㉠

$\frac{a+c}{b+d}-\frac{c}{d}=\frac{ad+cd-bc-cd}{d(b+d)}=\frac{ad-bc}{d(b+d)}<0$

이므로 $\frac{a+c}{b+d}<\frac{c}{d}$ ······㉡

㉠, ㉡으로부터 $\frac{a}{b}<\frac{a+c}{b+d}<\frac{c}{d}$가 성립한다.

4 m, n이 서로소인 양의 정수라고 할 때, 구하고자 하는 분수를 $\frac{n}{m}$이라 하자.

이때, $\frac{n}{m}=0.06\cdots$에서 $0.06<\frac{n}{m}<0.07$이므로

$0.06m<n<0.07m$이다.

$20<m<30$이므로 $0.06\times20<n<0.07\times30$, 즉

$1.2<n<2.1$

n은 정수이므로 $n=2$

따라서, $0.06m<2<0.07m$이고 이것을 계산하면

$28.5\cdots<m<33.3\cdots$이다. 이때 $20<m<30$이므로

$m=29$이다.

따라서, 구하는 분수는 $\mathbf{\frac{2}{29}}$이다.

5 $\frac{x}{180}$가 소숫점 아래 첫째 자리부터 순환마디가 시작되려면 분모인 소인수에 2와 5가 없어야 한다.

즉, $180=2^2\times3^2\times5$이므로 분모에 $2^2\times5=20$의 배수가 없어야 한다.

따라서, x는 20의 배수이다. 이때, 1부터 1500까지의 수 중 20의 배수의 개수는 $\frac{1500}{20}=75$(개)이다.

또, $\frac{x}{180}$가 정수가 아니므로 x는 180의 배수가 아니다.

이때, 1부터 1500까지의 수 중 180의 배수의 개수는

$\frac{1500}{180}=8.\dot{3}$에서 8개이다.

따라서, 구하는 x의 개수는 $75-8=$**67(개)**이다.

참고

$\frac{x}{180}=\frac{x}{2^2\times3^2\times5}$에서 2^2만 제거하여 만들 수 있는 순환소수 (예를 들면 $\frac{x}{3^2\times5}$ 등)나 5만 제거해서 만들 수 있는 순환소수(예를 들면 $\frac{x}{2^2\times3^2}$ 등)는 소숫점 아래 첫째자리부터 순환마디가 시작되는 순환소수가 안 된다.

따라서, 분모에 2^2과 5가 모두 없어져야 소숫점 아래 첫째 자리부터 순환마디가 시작되는 순한소수가 된다.

6 $S=0.2+0.03+0.004+0.0005+\cdots$ ······㉠

㉠의 양변에 0.1을 곱하면

$0.1S=0.02+0.003+0.0004+\cdots$ ······㉡

㉠−㉡에서

$0.9S=0.2+0.01+0.001+0.0001\cdots$

$=0.21111\cdots=0.2\dot{1}=\frac{19}{90}$

따라서, $S=\frac{19}{90}\times\frac{10}{9}=\frac{19}{81}=0.\dot{2}3456790\dot{1}$이므로

구하는 숫자는 **8**이다.

7 $\frac{10a+b}{99}+\frac{10b+a}{99}=1$에서 $11a+11b=99$이므로

$a+b=9$이다. ……㉠

$\frac{10a+b}{99}\times\frac{5}{6}=\frac{10b+a}{99}$에서 $50a+5b=60b+6a$

이므로 $4a=5b$이다. ……㉡

㉡에서 $b=\frac{4}{5}a$를 ㉠에 대입하여 풀면

$a=5, b=4$이므로

$a-b=5-4=\mathbf{1}$이다.

8 $c\times 9999.\dot{9}-c=c\times 10000-c=9999c$

$=9999\times\frac{b}{a\times 1111}=\frac{3^2b}{a}$이고

$\frac{b}{a\times 1111}$가 기약분수이므로 a, b는 서로소이다.

$\frac{3^2b}{a}$가 자연수가 되려면 a는 3의 배수이어야 하므로 a의 값은 3, 6, 9 중의 하나이다.

따라서, $a=3, b=8$일 때, $\frac{3^2b}{a}$는 최댓값을 가지고

그 값은 **24**이다.

9 어떤 정수 x를 6으로 나눈 몫을 소숫점 아래 첫째 자리에서 반올림하여 9가 되었다면

$8.5\leq\frac{x}{6}<9.5 \Rightarrow 51\leq x<57$

어떤 정수 x를 3으로 나눈 몫을 소숫점 아래 첫째 자리에서 반올림하여 18이 되었다면

$17.5\leq\frac{x}{3}<18.5 \Rightarrow 52.5\leq x<55.5$

따라서, 두 부등식을 모두 만족하는 정수는

53, 54, 55이다.

10 (1) 분모는 0이 될 수 없으므로

$\frac{0}{1}, \frac{2}{1}, \frac{3}{1}, \cdots, \frac{9}{1}$의 9개

$\frac{0}{2}, \frac{1}{2}, \frac{3}{2}, \cdots, \frac{9}{2}$의 9개

⋮

$\frac{0}{8}, \frac{1}{8}, \cdots, \frac{7}{8}, \frac{9}{8}$의 9개

$\frac{0}{9}, \frac{1}{9}, \frac{2}{9}, \cdots, \frac{8}{9}$의 9개

따라서 $9\times 9=81$(개)이고, 0이 9번 나오므로

$81-8=\mathbf{73}$**(개)**이다.

(2) $0<\frac{n}{m}<1$ (단, m, n은 서로소)이므로

$0<n<m$인 (n, m)의 순서쌍을 구하면

(1, 2), (1, 3), (1, 4), (1, 5), (1, 6), (1, 7),

(1, 8), (1, 9) : 8개

(2, 3), (2, 5), (2, 7), (2, 9) : 4개

(3, 4), (3, 5), (3, 7), (3, 8) : 4개

(4, 5), (4, 7), (4, 9) : 3개

(5, 6), (5, 7), (5, 8), (5, 9) : 4개

(6, 7) : 1개

(7, 8), (7, 9) : 2개

(8, 9) : 1개

따라서, 기약분수의 개수는

$8+4+4+3+4+1+2+1=\mathbf{27}$**(개)**

11 ㉠ : 9 – 꽃, ㉡ : 2 – 흔, ㉢ : 4 – 어

㉣ : 7 – 세, ㉤ : 8 – 는, ㉥ : 1 – 피

㉦ : 6 – 면, ㉧ : 3 – 이, ㉨ : 5 – 지

따라서, 완성된 시는 다음과 같다.

흔들리며 피는 꽃

– 도종환 –

흔들리지 않고 피는 꽃이 어디 있으랴
이 세상 그 어떤 아름다운 꽃들도
다 흔들리면서 피었나니
흔들리면서 줄기를 곧게 세웠나니
흔들리지 않고 가는 사랑이 어디 있으랴

P. 20~21

올림피아드 대비 문제

1 풀이 참조 **2** 풀이 참조 **3** 2001개
4 풀이 참조

1 a, b 중 어느 한 쪽이 정수, 다른 쪽이 정수가 아닌 유리수라고 하면 두 수의 합은 분수가 되어 문제의 조건에 맞지 않으므로 이 경우는 생각하지 않는다.

따라서, a, b를 기약분수라 하고 다음과 같이 문제의 조건에 맞게 놓도록 하자.

$a=\frac{q}{p}, b=\frac{s}{r}$ (p, q, r, s는 정수, $p\neq 0, r\neq 0$)

$a+b=\frac{q}{p}+\frac{s}{r}=m$($m$은 정수) ……㉠

$ab=\frac{q}{p}\times\frac{s}{r}=n$($n$은 정수) ……㉡

㉠에서 $\frac{s}{r}=m-\frac{q}{p}$이고 이것을 ㉡에 대입하면

$n=\frac{q}{p}\left(m-\frac{q}{p}\right)=\frac{qm}{p}-\frac{q^2}{p^2}$

즉, $np^2=mpq-q^2$에서 $p(mq-np)=q^2$이므로 q^2은 p로 나누어 떨어지고, 또한 q^2은 p가 소수가 아니라면 p의 한 소인수로도 나누어 떨어진다.

이것은 $a=\frac{q}{p}$가 기약분수라는 가정에 모순이다.

따라서, p는 소인수분해가 되지 않으므로, 즉 소수의 인수를 갖지 않으므로 $p=1$이다.

마찬가지로 $\frac{q}{p}=m-\frac{s}{r}$를 ㉡에 대입하면 $r=1$이 된다.

따라서, a, b는 정수이다.

2 무한소수 $0.a_1a_2a_3\cdots$이 유리수임을 설명하려면 이 수가 순환소수임을 보이면 된다.

a_1은 $1^3=1$이므로 $a_1=1$,
a_2는 $1+2^3=9$이므로 $a_2=9$,
a_3은 $9+3^3=36$이므로 $a_3=6$,
a_4는 $36+4^3=100$이므로 $a_4=0$,
a_5는 $100+5^3=225$이므로 $a_5=5$
이와 같은 식으로 a_6, a_7, a_8, $\cdots$을 구하면
$a_{20}=0$, $a_{21}=1$, $a_{22}=9$, $a_{23}=6$, $\cdots$이므로
$0.a_1a_2a_3\cdots$은 순환마디가 $a_1a_2a_3\cdots a_{20}$인 순환소수이다.
따라서, $0.a_1a_2a_3\cdots$은 유리수이다.

3 금속 막대기의 길이를 1이라 하고 수직선 상에서 한쪽 끝점을 0, 다른 한쪽 끝점을 1로 이름 붙여 주면 잘려진 2003개의 막대는 $\frac{i}{2003}$에서 $\frac{i+1}{2003}$ $(i=0, 1, 2, \cdots, 2002)$까지의 구간이 된다.

그리고 빨간 구슬은 $\frac{1}{1001}$ 간격으로, 파란 구슬은 $\frac{1}{1002}$ 간격으로 박히게 되고

$$\frac{2k-1}{2003}<\frac{2k}{2004}=\frac{k}{1002}<\frac{2k}{2003}<\frac{2k}{2002}=\frac{k}{1001}<\frac{2k+1}{2003}$$
$$(k=1, 2, 3, \cdots, 1000)$$

이때, $\frac{2001}{2003}<\frac{2002}{2004}=\frac{1001}{1002}<\frac{2002}{2003}$가 성립하므로 각각의 처음과 마지막 토막을 제외한 모든 토막에 파란 구슬과 빨간 구슬이 교대로 박혀 있다.

따라서, 구슬이 박혀 있는 토막의 개수는 **2001개**이다.

4 이 문제의 핵심은 1979가 소수인 것이다.

수의 배열에서 음수 항은 짝수의 분모를 가지므로 $-\frac{1}{2k}$로 나타낸다.

여기서 $-\frac{1}{2k}=\frac{1}{2k}-\frac{1}{k}$ $(k=1, 2, 3, \cdots, 659)$이므로

$$\begin{aligned}\frac{p}{q}&=1-\frac{1}{2}+\frac{1}{3}-\frac{1}{4}+\cdots-\frac{1}{1318}+\frac{1}{1319}\\&=\left(1+\frac{1}{2}+\frac{1}{3}+\frac{1}{4}+\cdots+\frac{1}{1319}\right)-2\left(\frac{1}{2}+\frac{1}{4}+\cdots+\frac{1}{1318}\right)\\&=\left(1+\frac{1}{2}+\frac{1}{3}+\frac{1}{4}+\cdots+\frac{1}{1319}\right)-\left(1+\frac{1}{2}+\frac{1}{3}+\cdots+\frac{1}{659}\right)\\&=\frac{1}{660}+\frac{1}{661}+\frac{1}{662}+\cdots+\frac{1}{1319}\end{aligned}$$

또한,

$$\begin{aligned}\frac{1}{660+j}+\frac{1}{1319-j}&=\frac{1319+660}{(660+j)(1319-j)}\\&=\frac{1979}{(660+j)(1319-j)}\end{aligned}$$
$$(j=0, 1, 2, \cdots, 329)$$

이므로

$$\begin{aligned}\frac{p}{q}&=\left(\frac{1}{660}+\frac{1}{1319}\right)+\left(\frac{1}{661}+\frac{1}{1318}\right)+\cdots+\left(\frac{1}{989}+\frac{1}{990}\right)\\&=\frac{1979}{660\cdot1319}+\frac{1979}{661\cdot1318}+\cdots+\frac{1979}{989\cdot990}\\&=\frac{1979\cdot p'}{660\cdot661\cdots989\cdot990\cdots1318\cdot1319}\end{aligned}$$

여기서 분모는 660에서 1319 사이의 모든 자연수의 곱이 되고 각각은 1979와 서로 소(1979가 소수이므로)이다.
그러므로
$p\cdot(660\cdot661\cdots1319)=1979p'q$
그리고 $(660\cdot661\cdots1319)$는 1979로 나누어 떨어지지 않으므로 p는 1979로 나누어 떨어진다.

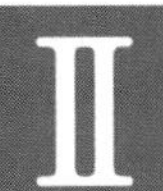

Ⅱ 식의 계산

P. 27~39

특목고 대비 문제

1 1　**2** 2006자리의 수　**3** 0　**4** 8
5 36　**6** (1) 0　(2) -1　**7** 50개
8 (1) $\frac{5}{3}$　(2) 1　**9** $8x-16y+4$　**10** 18
11 2개　**12** 3840　**13** 3　**14** 4　**15** 49
16 14　**17** 54　**18** 15　**19** 6　**20** -6
21 3　**22** $\frac{1}{3^{16}}$　**23** $\left(\frac{1}{xyz}\right)^2$　**24** 1　**25** 999
26 120　**27** -6　**28** $4b+2$　**29** 풀이 참조
30 (1) 2　(2) 8　(3) 0　(4) -1　**31** $\frac{1}{A}$
32 $x=\frac{5a}{a-5}$　**33** (1) -1　(2) 1　**34** 34
35 1%　**36** 30초　**37** $2(p+q+r)+3(a+b+c)$
38 $s=p-4x$　**39** $7x^2-5xy+2y^2$　**40** 100
41 $a=\frac{2S}{h}-b$　**42** $\frac{33}{8}$

1 $3^5+3^5+3^5=3\cdot3^5=3^6$이므로 $a=6$이고
$2^5+2^5+2^5+2^5=4\times2^5=2^2\cdot2^5=2^7$이므로 $b=7$이다.
따라서, $b-a=7-6=\mathbf{1}$

2 $5^2\times2^{2004}\times5^{2004}=25\times10^{2004}$이므로
$2^{2004}\times5^{2006}$은 **2006자리의 수**이다.

3 (-1)의 지수가 홀수이면 -1, 지수가 짝수이면 1이고, $m-n$과 $m+n$은 홀수, mn과 $2n$은 짝수이므로 주어진 식의 값은 $(-1)+(-1)+1+1=\mathbf{0}$

4 $2^{4(m-2)}\div4^{2m-8}=2^{4m-8}\div2^{4m-16}=2^{4m-8-(4m-16)}=2^8$
따라서, $F(2^8)=\mathbf{8}$이다.

5 $2^x=a$, $3^y=a$에서 $2=a^{\frac{1}{x}}$, $3=a^{\frac{1}{y}}$이므로
$2\times3=a^{\frac{1}{x}}\times a^{\frac{1}{y}}=a^{\frac{1}{x}+\frac{1}{y}}$이다.
따라서, $6=a^{\frac{1}{2}}$이므로 $6^2=a$에서 $a=\mathbf{36}$이다.

참고
$a^x=A$, $b^y=B$일 때, $a=A^{\frac{1}{x}}$, $b=B^{\frac{1}{y}}$이다.
(단, a, b, A, B는 양수, $x\neq0$, $y\neq0$)

6 (1) $(-1)^n$에서 n이 홀수이면 -1, n이 짝수이면 1이다.
따라서, (주어진 식)
$=\{(-1)+(-1)^2\}+\{(-1)^3+(-1)^4\}+\cdots+\{(-1)^{2005}+(-1)^{2006}\}$
$=\mathbf{0}$
(2) $(-1)^{4k+1}(-1)^{4k+2}(-1)^{4k+3}(-1)^{4k+4}=1$(단, $k\geq0$인 정수)이므로
$(-1)\times(-1)^2\times(-1)^3\times\cdots\times(-1)^{2004}=1$
따라서, 구하고자 하는 식의 값은
$(-1)^{2005}(-1)^{2006}=(-1)\cdot1=\mathbf{-1}$

7 일의 자리의 수만 생각해 보면
$2^3=8$
$2^6=2^3\times2^3$ ⇨ 4
$2^9=2^6\times2^3$ ⇨ 2
$2^{12}=2^9\times2^3$ ⇨ 6
$2^{15}=2^{12}\times2^3$ ⇨ 8
$2^{18}=2^{15}\times2^3$ ⇨ 4
⋮
즉, 일의 자리의 수는 8, 4, 2, 6이 반복됨을 알 수 있다.
따라서, 일의 자리의 수가 4인 것의 개수는
$200\div4=$**50(개)**이다.

8 (1) $(x+y):y=3:1$에서 $x+y=3y$이므로 $x=2y$이다.
따라서, $\frac{x}{x+y}+\frac{y}{x-y}=\frac{2y}{3y}+\frac{y}{y}$
$=\frac{2}{3}+1=\mathbf{\frac{5}{3}}$
(2) $y+\frac{1}{z}=1$, $z+\frac{1}{x}=1$이라고 하면
$y+\frac{1}{z}=1$에서 $y=1-\frac{1}{z}=\frac{z-1}{z}$이므로
$\frac{1}{y}=\frac{z}{z-1}$
$z+\frac{1}{x}=1$에서 $\frac{1}{x}=1-z$이므로
$x=\frac{1}{1-z}$
따라서, $x+\frac{1}{y}=\frac{1}{1-z}+\frac{z}{z-1}=\frac{1}{1-z}-\frac{z}{1-z}$
$=\frac{1-z}{1-z}=\mathbf{1}$

참고
나누기를 할 때 나누는 수는 0이 아니어야 함에 유의한다.
즉, 분수에서 (분모)$\neq$0이어야 한다.
(1)에서 $\frac{2y}{3y}+\frac{y}{y}=\frac{2}{3}+1$이 되려면 $y\neq0$이어야 한다.
만약에 $y=0$이면 $(x+y):y=x:0\neq3:1$이 되어 모순이다.
따라서, $y\neq0$이다.

(2)에서 $\frac{1-z}{1-z}=1$이 되려면 $1-z\neq 0$, 즉 $z\neq 1$이어야 한다.
만약에 $z=1$이면 $z+\frac{1}{x}=1$에서 $1+\frac{1}{x}=1$, $\frac{1}{x}=0$이 되어 모순이다. 따라서, $z\neq 1$이다.

9 어떤 식을 A라 하면
$A-(2x-5y+3)=4x-6y-2$이므로
$A=(4x-6y-2)+(2x-5y+3)=6x-11y+1$
따라서, 옳은 계산은
$6x-11y+1+(2x-5y+3)=\mathbf{8x-16y+4}$

10 이 직육면체의 부피를 V, 겉넓이를 S라 하면
$V=abc=b^3=125$이므로 $b=5$이다.
이때,
$S=2(ab+bc+ca)=2(ab+bc+b^2)$
$=2b(a+b+c)=10(a+b+c)=180$
이므로 $a+b+c=\mathbf{18}$이다.

11 주어진 두 식에서 $x=1$이면 $y=1$이고, $y=1$이면 $x=1$이므로 $x=1$, $y=1$이다.
$x\neq 1$일 때, 두 식을 변변끼리 곱하면
$(xy)^{x+y}=(xy)^4$이다.
여기서 x, y는 양의 정수이고 $x\neq 1$이므로 $xy\neq 1$이다.
그러므로 $x+y=4$이고 x, y는 양의 정수이므로
$(x, y)=(3, 1), (2, 2), (1, 3)$
이 중에서 주어진 식을 만족시키는 것은 $(2, 2)$뿐이므로
구하는 해는 $(1, 1)$, $(2, 2)$의 **2개**이다.

12 $x_1x_2=2$, $x_3x_4=4$, $x_5x_6=6$, $x_7x_8=8$, $x_9x_{10}=10$이므로 모두 곱하면 된다.
따라서, 구하는 식의 값은
$2\times 4\times 6\times 8\times 10=\mathbf{3840}$

13 $(m, 5)=4$이므로 $m=5a+4$(a는 정수)
$(n, 5)=2$이므로 $n=5b+2$(b는 정수)
따라서, $mn=(5a+4)(5b+2)$
$=25ab+10a+20b+8$
$=5(5ab+2a+4b+1)+3$
이므로 $(mn, 5)=\mathbf{3}$

14 $(x+y)(2x-y)-(x-y)(2x+y)$
$=2x^2-xy+2xy-y^2-(2x^2+xy-2xy-y^2)$
$=2xy=2\times\frac{3}{2}\times\frac{4}{3}=\mathbf{4}$

다른풀이
$(x+y)(2x-y)-(x-y)(2x+y)$
$=\left(\frac{3}{2}+\frac{4}{3}\right)\times\left(3-\frac{4}{3}\right)-\left(\frac{3}{2}-\frac{4}{3}\right)\times\left(3+\frac{4}{3}\right)$
$=\frac{17}{6}\times\frac{5}{3}-\frac{1}{6}\times\frac{13}{3}=\mathbf{4}$

15 $ab<0$이므로
$(a-b)^2=a^2-2ab+b^2$
$=|a|^2-2ab+|b|^2$
$=16+2\cdot 4\cdot 3+9=\mathbf{49}$

16 $x^2-4x+1=0$은 $x=0$을 근으로 하지 않으므로
양변을 x로 나누면 $x-4+\frac{1}{x}=0$, $x+\frac{1}{x}=4$
따라서, $x^2+\frac{1}{x^2}=\left(x+\frac{1}{x}\right)^2-2=16-2=\mathbf{14}$

17 (주어진 식)$=ab(a^2+ab+b^2)$
$=ab\{(a-b)^2+3ab\}$
$=3\cdot(9+9)=\mathbf{54}$

18 (주어진 식)$=x^2(x-y)-y^2(x-y)$
$=(x-y)(x^2-y^2)=(x-y)^2(x+y)$
$=\{(x+y)^2-4xy\}(x+y)$
$=(9-4)\cdot 3=\mathbf{15}$

19 $(x-y)^2=(x+y)^2-4xy=64-28=36$
이때, $x>y$이므로 $x-y=\mathbf{6}$이다.

20 (주어진 식)$=(-3x^2+2x+1)(x^2-2x+1)$에서
x^2이 되는 항은
$(-3x^2)\times 1+2x\times(-2x)+1\times x^2$
$=-3x^2-4x^2+x^2=-6x^2$
따라서, x^2의 계수는 $\mathbf{-6}$이다.

21 $\frac{1}{a}+\frac{1}{b}+\frac{1}{c}=0$에서 $\frac{ab+bc+ca}{abc}=0$이고
$abc\neq 0$이므로 $ab+bc+ca=0$ ……㉠
㉠에 의해
$P=\frac{a(b+c)+b(c+a)+c(a+b)}{(a+b)(b+c)(c+a)}$
$=\frac{ab+ca+bc+ab+ca+bc}{(a+b)(b+c)(c+a)}$
$=\frac{2(ab+bc+ca)}{(a+b)(b+c)(c+a)}=0$

이때, $a+b+c=t$라 하면 $\frac{1}{a}+\frac{1}{b}+\frac{1}{c}=0$이므로

$$Q=\frac{t-a}{a}+\frac{t-b}{b}+\frac{t-c}{c}$$
$$=\frac{t}{a}-1+\frac{t}{b}-1+\frac{t}{c}-1$$
$$=\frac{t}{a}+\frac{t}{b}+\frac{t}{c}-3$$
$$=t\left(\frac{1}{a}+\frac{1}{b}+\frac{1}{c}\right)-3$$
$$=-3$$

따라서, $P-Q=0-(-3)=$**3**

22 $\frac{2}{3}A=\left(1-\frac{1}{3}\right)A$

$$=\left(1-\frac{1}{3}\right)\left(1+\frac{1}{3}\right)\left(1+\frac{1}{3^2}\right)\left(1+\frac{1}{3^4}\right)\left(1+\frac{1}{3^8}\right)$$
$$=\left(1-\frac{1}{3^2}\right)\left(1+\frac{1}{3^2}\right)\left(1+\frac{1}{3^4}\right)\left(1+\frac{1}{3^8}\right)$$
$$=\left(1-\frac{1}{3^4}\right)\left(1+\frac{1}{3^4}\right)\left(1+\frac{1}{3^8}\right)$$
$$=\left(1-\frac{1}{3^8}\right)\left(1+\frac{1}{3^8}\right)=1-\frac{1}{3^{16}}$$

따라서, $1-\frac{2}{3}A=1-\left(1-\frac{1}{3^{16}}\right)=\boldsymbol{\frac{1}{3^{16}}}$

23 (주어진 식)$=\frac{1}{x+y+z}\times\frac{xy+yz+zx}{xyz}\times\frac{1}{xy+yz+zx}\times\frac{x+y+z}{xyz}$

$$=\boldsymbol{\left(\frac{1}{xyz}\right)^2}$$

24 (주어진 식)$=\frac{a}{ab+a+1}+\frac{ab}{abc+ab+a}+\frac{abc}{abca+abc+ab}$

$$=\frac{a}{ab+a+1}+\frac{ab}{1+ab+a}+\frac{1}{a+1+ab}$$
$$=\frac{ab+a+1}{ab+a+1}=\mathbf{1}$$

25 $x=1000$이라 하면

(주어진 식)$=\frac{(x-1)(x^2+x+1)}{x(x+1)+1}$

$$=\frac{(x-1)(x^2+x+1)}{x^2+x+1}$$
$$=x-1=\mathbf{999}$$

26 $x^2-5x+1=0$ ······㉠

㉠에 $x=0$을 대입하면 성립하지 않으므로 $x\neq0$이다.

㉠의 양변을 x로 나누면

$x-5+\frac{1}{x}=0$에서 $x+\frac{1}{x}=5$이므로

$$x^3+\frac{1}{x^3}=\left(x+\frac{1}{x}\right)^3-3\left(x+\frac{1}{x}\right)$$
$$=5^3-3\times5=110$$

따라서, (주어진 식)$=110+2\times5=$**120**

27 $(x-1)(y-1)(z-1)$

$$=(xy-x-y+1)(z-1)$$
$$=xyz-xy-xz+x-yz+y+z-1$$
$$=xyz-(xy+yz+zx)+(x+y+z)-1$$
$$=-12-(-4)+3-1=\mathbf{-6}$$

28 $b=n^2$(단, $n>1$인 정수)이라 하면

$a=(n-1)^2$, $c=(n+1)^2$이므로

$$a+2b+c=(n-1)^2+2n^2+(n+1)^2$$
$$=n^2-2n+1+2n^2+n^2+2n+1$$
$$=4n^2+2=\mathbf{4b+2}$$

29

A	B	C
D	$2x^2-xy+3y^2$	E
$2x^2-2xy+2y^2$	F	$x^2+2xy+6y^2$

$A+(2x^2-xy+3y^2)+(x^2+2xy+6y^2)$

$=6x^2-3xy+9y^2$이므로 $\boldsymbol{A=3x^2-4xy}$

$C+(2x^2-xy+3y^2)+(2x^2-2xy+2y^2)$

$=6x^2-3xy+9y^2$이므로 $\boldsymbol{C=2x^2+4y^2}$

$A+B+C=6x^2-3xy+9y^2$이므로

$\boldsymbol{B=x^2+xy+5y^2}$

$A+D+(2x^2-2xy+2y^2)=6x^2-3xy+9y^2$이므로

$\boldsymbol{D=x^2+3xy+7y^2}$

$C+E+(x^2+2xy+6y^2)=6x^2-3xy+9y^2$이므로

$\boldsymbol{E=3x^2-5xy-y^2}$

$B+(2x^2-xy+3y^2)+F=6x^2-3xy+9y^2$이므로

$\boldsymbol{F=3x^2-3xy+y^2}$

$3x^2-4xy$	$x^2+xy+5y^2$	$2x^2+4y^2$
$x^2+3xy+7y^2$	$2x^2-xy+3y^2$	$3x^2-5xy-y^2$
$2x^2-2xy+2y^2$	$3x^2-3xy+y^2$	$x^2+2xy+6y^2$

30 (1) $2x^2\div x^3\times x^4\times x^2\div x^3\div x^2=\mathbf{2}$

(2) $4a\div(-a)\times2a^2\div(-a)\times a^3\div a^4=\mathbf{8}$

(3) $-3x+2y-5x+(4x-3y)-y+(4x+2y)=\mathbf{0}$

(4) $ab^3\times a^2\div a^2\times(-a)\div a^2b^2\div b=\mathbf{-1}$

31 $\langle a, b, c\rangle=\dfrac{2b-c}{2a+c}=A$이므로

$\langle b, a, -c\rangle=\dfrac{2a+c}{2b-c}=\boldsymbol{\dfrac{1}{A}}$

32 농도가 $a\%$인 설탕물 ag에 들어 있는 설탕의 양은

$\left(\dfrac{a}{100}\times a\right)$g

이 설탕물에 xg의 물을 섞으면 농도가 $(a-5)\%$가 되므로

$\dfrac{\frac{a}{100}\times a}{a+x}\times 100=a-5$, $\dfrac{a^2}{a+x}=a-5$

$a^2=(a-5)(a+x)$, $a^2=a^2+ax-5a-5x$

$(a-5)x=5a$

따라서, $\boldsymbol{x=\dfrac{5a}{a-5}}$이다.

33 (1) $\dfrac{1}{2x+1}+\dfrac{1}{2y+1}=1$을 통분하면

$\dfrac{2y+1+2x+1}{(2x+1)(2y+1)}=1$이므로

$2y+1+2x+1=4xy+2x+2y+1$, $4xy=1$

(주어진 식)$=\dfrac{2y-1+2x-1}{(2x-1)(2y-1)}$

$=\dfrac{2(x+y-1)}{4xy-2(x+y)+1}$

$=\dfrac{2(x+y-1)}{-2(x+y-1)}=\boldsymbol{-1}$

(2) $\dfrac{1}{x}+\dfrac{1}{y}=3$의 좌변을 통분하면 $\dfrac{y+x}{xy}=3$이므로

$x+y=3xy$

따라서, $\dfrac{4x-3xy+4y}{3x+3y}=\dfrac{4(x+y)-3xy}{3(x+y)}$

$=\dfrac{12xy-3xy}{9xy}=\boldsymbol{1}$

참고

(1)에서 $\dfrac{2(x+y-1)}{-2(x+y-1)}=-1$이 되려면

$x+y-1\neq0$, 즉 $x+y\neq1$이어야 한다.

$\dfrac{1}{2x-1}+\dfrac{1}{2y-1}$에서 (분모)$\neq0$이므로

$2x-1\neq0$, $2y-1\neq0$, 즉 $x\neq\dfrac{1}{2}$, $y\neq\dfrac{1}{2}$

따라서, $x+y\neq1$이다.

34 $2^a+2^b\leq1+2^{a+b}$이 성립하므로

$2^a+2^b+2^c\leq1+2^{a+b}+2^c\leq1+(1+2^{a+b+c})$

$=1+1+2^5=34$

따라서, $2^a+2^b+2^c$의 최댓값은 **34**이다.

35 직사각형 ABCD의 가로, 세로의 길이를 각각 a, b라 하면

직사각형 ABCD의 넓이는 ab이다.

또, 직사각형 AB′C′D′의 넓이는

$a(1-0.1)\times b(1+0.1)=ab(1-0.01)$

따라서, 줄어든 넓이는 직사각형 ABCD의 **1%**이다.

36 (시간)$=\dfrac{\text{(거리)}}{\text{(속력)}}$이므로

내려갈 때 걸린 시간은 $\dfrac{400}{30+10}=10$(초)이고

올라올 때 걸린 시간은 $\dfrac{400}{30-10}=20$(초)이다.

따라서, 왕복하는데 걸린 시간은

$10+20=$**30(초)**이다.

37 $\langle x, 3y, z\rangle+\langle y, 3z, x\rangle+\langle z, 3x, y\rangle$

$=2x+3yz+2y+3xz+2z+3xy$

$=2(x+y+z)+3(xy+yz+zx)$

이때, $x+y=2p$, $y+z=2q$, $z+x=2r$의 각 식을 변변끼리 더하면 $2(x+y+z)=2(p+q+r)$이므로

$x+y+z=p+q+r$

따라서, 주어진 식은 $\boldsymbol{2(p+q+r)+3(a+b+c)}$

38 A, B, C 세 학생의 점수를 a점, b점, c점이라 하면

$\dfrac{a+b+c}{3}=p$이므로 $a+b+c=3p$이다.

또한, $\dfrac{a+b+c+s}{4}=\dfrac{3p+s}{4}=p-x$이므로

$3p+s=4(p-x)$, $s=4p-4x-3p$에서

$\boldsymbol{s=p-4x}$이다.

39 $A+B=3x^2-3xy+4y^2$, $A-B=x^2+xy-6y^2$에서

양변을 각각 더하면

$2A=4x^2-2xy-2y^2$

따라서, $3A+B=2A+(A+B)$

$=4x^2-2xy-2y^2+(3x^2-3xy+4y^2)$

$\boldsymbol{=7x^2-5xy+2y^2}$

40 다항식을 전개한 식은

$a_1x^2y^2+a_2x^2y+a_3x^2+\cdots+a_7y^2+a_8y+a_9$이고 구하는 것은 각 항의 계수와 상수항과의 합이므로 $x=1$, $y=1$을 대입한 값과 같다. 그러므로

$(203x^2-199x-3)(72y^2+27y+1)$

$=a_1x^2y^2+a_2x^2y+a_3x^2+\cdots+a_7y^2+a_8y+a_9$

의 양변에 $x=1$, $y=1$을 대입하면

$1\times100=a_1+a_2+a_3+\cdots+a_9$

따라서, $a_1+a_2+a_3+\cdots+a_9=\boldsymbol{100}$

41 $S=\dfrac{(a+b)}{2}h$이므로

$2S=(a+b)h$에서 $a+b=\dfrac{2S}{h}$이다.

따라서, $\boldsymbol{a=\dfrac{2S}{h}-b}$이다.

42 $x:y:z=2:3:4$이므로 $x=2k$, $y=3k$, $z=4k$(단, k는 상수)라 하고 이것을 주어진 식에 대입하면

$$\frac{z^2}{xy}+\frac{x^2}{yz}+\frac{y^2}{zx}=\frac{16k^2}{6k^2}+\frac{4k^2}{12k^2}+\frac{9k^2}{8k^2}$$
$$=\frac{8}{3}+\frac{1}{3}+\frac{9}{8}=\boldsymbol{\frac{33}{8}}$$

P. 40~41

특목고 구술 · 면접 대비 문제

1 풀이 참조	**2** $\dfrac{3}{2}x(20-x)$
3 풀이 참조	**4** 104일째

1 선생님의 연세를 $10a+b$(세), 좋아하는 숫자를 x라 하면 (단, a, b, x는 1 이상 9 이하의 자연수) 계산식은

$$10(10a+b)-9x=100a+10b-10x+x$$
$$=10(10a+b-x)+x$$

따라서, 백의 자리를 십의 자리로, 십의 자리를 일의 자리로 생각하는 것은 일의 자리를 제외한 나머지를 10으로 나눈 값을 말하고 $10a+b-x+x=10a+b$가 된다.
따라서, 선생님의 연세가 $10a+b$(세)임을 알 수 있다.

2 $\triangle$OAB와 $\triangle$CAD는 닮음이므로

$\overline{OA}:\overline{OB}=2:3$에서

$\overline{CA}:\overline{CD}=2:3$, 즉 $\overline{CD}=\dfrac{3}{2}\overline{CA}$이다.

이때, $\overline{CA}=20-x$이므로 $\overline{CD}=\dfrac{3}{2}(20-x)$

따라서, □OCDE의 넓이는

$x\times\dfrac{3}{2}(20-x)=\boldsymbol{\dfrac{3}{2}x(20-x)}$ (단, $0<x<20$)

3 먼저 두 모래시계를 함께 작동시킨다. 그리고 7분짜리 모래시계가 다 끝났을 때 계란을 삶기 시작한다. 그런 다음 11분짜리 모래시계가 다 끝나면($11-7=4$(분) 후) 11분짜리 모래시계를 다시 작동시킨다. 이 11분짜리 모래시계가 다 끝나면($4+11=15$(분)) 맛있는 완숙이 되는 것이다.
따라서, $(11-7)+11=15$(분)이다.

4 굼벵이와 달팽이, 나무가 하루에 변화하는 길이를 정리하면 다음 표와 같다.

	낮	밤	하루의 변화
굼벵이	$\frac{1}{3}$m	$\frac{1}{5}$m	$\frac{2}{15}$m
달팽이	1m	$\frac{1}{3}$m	$\frac{2}{3}$m
나무	$\frac{1}{4}$m	$\frac{1}{8}$m	$\frac{1}{8}$m

굼벵이와 달팽이가 x일 후에 만난다고 하면

나무의 높이는 $70+\dfrac{1}{8}x(\mathrm{m})$,

굼벵이가 내려간 거리는 $\dfrac{2}{15}x(\mathrm{m})$,

달팽이가 올라간 거리는 $\dfrac{2}{3}x(\mathrm{m})$이다.

$\dfrac{2}{15}x+\dfrac{2}{3}x=70+\dfrac{1}{8}x$이므로 $\left(\dfrac{2}{15}+\dfrac{2}{3}-\dfrac{1}{8}\right)x=70$에서

$x=\dfrac{2800}{27}=103.\times\times\times$

따라서, **104일째** 되는 날에 굼벵이와 달팽이가 만난다.

P. 42~45

시 · 도 경시 대비 문제

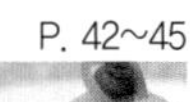

1 풀이 참조	**2** 풀이 참조	**3** 풀이 참조
4 $3a^2+\dfrac{13}{9}ab(\mathrm{m}^2)$	**5** 풀이 참조	**6** $2006\dfrac{1}{2}$
7 1 **8** 2^{2n-1}	**9** $y=43-3x$	**10** 16
11 $y=120x$	**12** (1) 풀이 참조 (2) $\dfrac{10}{21}$	
13 4		

1 (1) $x=\nabla_a b$, $y=\nabla_a c$라 하면 $b=a^x$, $c=a^y$이므로

$bc=a^x\cdot a^y=a^{x+y}$에서 $x+y=\nabla_a bc$

따라서, $\nabla_a b+\nabla_a c=\nabla_a bc$

(2) $x=\nabla_a b$, $z=\nabla_b c$라 하면 $b=a^x$, $c=b^z$이므로

$c=b^z=(a^x)^z=a^{xz}$

따라서, $xz=\nabla_a c$, 즉 $\nabla_a b\cdot\nabla_b c=\nabla_a c$

2 $(2x+y-1)\times B=2x^2+(y+1)x+y-1$이므로

$\boldsymbol{B=x+1}$

$A\times B=A\times(x+1)=x^2+(3-y)x-y+2$이므로

$\boldsymbol{A=x-y+2}$

$(2x+y-1)\times(2y-3)=C$이므로

$\boldsymbol{C=(4y-6)x+2y^2-5y+3}$

따라서, 다음과 같이 표를 완성한다.

×	$x-y+2$	$2x+y-1$
$x+1$	$x^2+(3-y)x-y+2$	$2x^2+(y+1)x+y-1$
$2y-3$	$(2y-3)x-2y^2+7y-6$	$(4y-6)x+2y^2-5y+3$

3 네 자리 수가 $abcd$라고 가정할 때
$a\times1000+b\times100+c\times10+d$에서 $(a+b+c+d)$를 빼면 $999a+99b+9c$가 되므로 9의 배수가 된다.
그러므로 9의 배수는 각 자리의 숫자의 합이 9의 배수가 된다는 것을 생각해 보면 쉽게 알 수 있을 것이다.
영헌이가 말한 숫자가 9의 배수가 되지 않는 이유는 그 수를 빼었기 때문이므로 마지막에 나온 346의 각 자리의 숫자를 합하면 $3+4+6=13$이 된다.
9의 배수가 되기 위해서는 5가 부족하므로 지운 수는 5가 되는 것이다.

네 자리 수 $abcd$에서 b를 지워서 세 자리 수 acd를 만들었다고 하면
$100a+10c+d-(a+b+c+d)$
$=99a+9c-b=9(11a+c)-b$
이므로 여기에 b를 더하면 9의 배수가 됨을 알 수 있다.

4

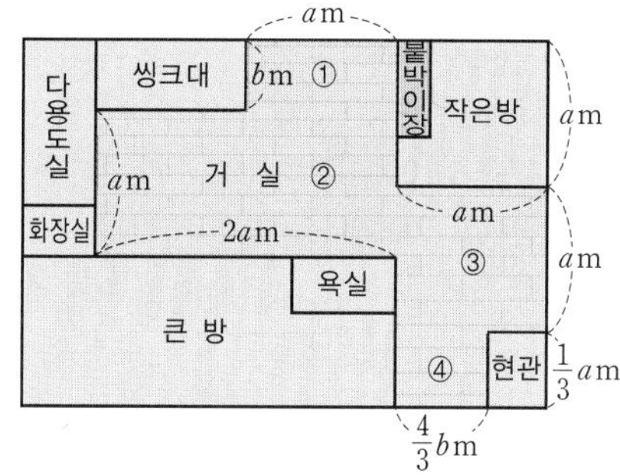

①의 넓이 : $a\times b=ab(\text{m}^2)$
②의 넓이 : $2a\times a=2a^2(\text{m}^2)$
③의 넓이 : $a\times a=a^2(\text{m}^2)$
④의 넓이 : $\frac{1}{3}a\times\frac{4}{3}b=\frac{4}{9}ab(\text{m}^2)$
따라서, 거실의 넓이는
①+②+③+④$=ab+2a^2+a^2+\frac{4}{9}ab$
$=\mathbf{3a^2+\frac{13}{9}ab(m^2)}$

5 (1) $n\geq7$이라 가정하자.
오른쪽에 나열된 수를 보면
매 행의 3개 항의 합은 양수이므로 오른쪽에 있는 15개 항의 합은 양수이다. 또한 매 열의 5개 항의 합은 음수이므로

a_1, a_2, a_3
a_2, a_3, a_4
a_3, a_4, a_5
a_4, a_5, a_6
a_5, a_6, a_7

오른쪽에 있는 15개 항의 총합도 음수이다. 이는 모순이다. 그러므로 $n\leq6$이다.
(2) $3, -5, 3, 3, -5, 3$ 또는 $4, -7, 5, 3, -7, 5$ 등

6 양의 정수 a와 m에 대하여 다음 식이 성립한다.
$$\frac{1}{a^{-m}+1}+\frac{1}{a^m+1}=\frac{a^m}{1+a^m}+\frac{1}{a^m+1}=1$$
따라서, 주어진 식은
$$\left(\frac{1}{2^{-2006}+1}+\frac{1}{2^{2006}+1}\right)+\left(\frac{1}{2^{-2005}+1}+\frac{1}{2^{2005}+1}\right)+\cdots$$
$$+\left(\frac{1}{2^{-1}+1}+\frac{1}{2^1+1}\right)+\left(\frac{1}{2^0+1}\right)$$
$$=1\times2006+\frac{1}{2}=\mathbf{2006\frac{1}{2}}$$

7 (i) $x=y=z$이면 $x*(x*x)=x*x+x$이므로
$x*0=0+x=x$, 즉 $x*0=x$
(ii) $y=z$이면 $x*(y*y)=(x*y)+y$이고
$x*0=x$이므로
$x*0=(x*y)+y=x$
즉, $x*y=x-y$
따라서, $2006*2005=2006-2005=\mathbf{1}$

8 주어진 등식에 $x=1$을 대입하면
$4^n=a_0+a_1+a_2+\cdots+a_{2n-1}+a_{2n}$ ……㉠
주어진 등식에 $x=-1$을 대입하면
$0=a_0-a_1+a_2-\cdots-a_{2n-1}+a_{2n}$ ……㉡
㉠+㉡을 하면
$4^n=2(a_0+a_2+a_4+\cdots+a_{2n})=2S$
따라서, $S=\frac{4^n}{2}=\frac{2^{2n}}{2}=\mathbf{2^{2n-1}}$

9 줄이 하나씩 증가할 때마다 바둑알은 3개씩 감소한다.
$x=1$일 때, $y=40$
$x=2$일 때, $y=37$,
$x=3$일 때, $y=34$, …
따라서, $3x+y=43$이므로
$\mathbf{y=43-3x}$ $(1\leq x\leq14)$

10 서로 다른 6개의 양수를 a, b, c, d, e, f라고 하면
$(abcdef)^5=1\cdot3\cdot5\cdot15\cdot45\cdot75=(3\cdot5)^5=15^5$이므로
$abcdef=15$이다.
따라서, $M=\frac{abcdef}{1}=15$, $m=\frac{abcdef}{75}=\frac{1}{5}$이므로
$M+5m=15+5\times\frac{1}{5}=\mathbf{16}$

11 태양 전지판 $1m^2$에 1000W의 태양 에너지를 흡수하고 이 중 12%를 전기 에너지로 바꿀 수 있으므로 태양 전지판 $1m^2$로 얻을 수 있는 전기 에너지는

$1000 \times 0.12 = 120(\mathrm{W})$

따라서, 태양 전지판의 넓이 $x\mathrm{m}^2$에서 발생시킬 수 있는 전기에너지 yW에 대하여

$x : y = 1 : 120$이므로 $\boldsymbol{y=120x}$이다.

12 (1) $\frac{c}{b-a}\left(\frac{1}{a}-\frac{1}{b}\right)=\frac{c}{b-a}\left(\frac{b-a}{a \cdot b}\right)=\frac{c}{a \cdot b}$이므로

$\frac{c}{a \cdot b}=\frac{c}{b-a}\left(\frac{1}{a}-\frac{1}{b}\right)$

(2) $\frac{1}{1 \cdot 3}+\frac{1}{3 \cdot 5}+\frac{1}{5 \cdot 7}+\cdots+\frac{1}{19 \cdot 21}$

$=\frac{1}{3-1}\left(\frac{1}{1}-\frac{1}{3}\right)+\frac{1}{5-3}\left(\frac{1}{3}-\frac{1}{5}\right)$

$+\frac{1}{7-5}\left(\frac{1}{5}-\frac{1}{7}\right)+\cdots+\frac{1}{21-19}\left(\frac{1}{19}-\frac{1}{21}\right)$

$=\frac{1}{2}\left\{\left(1-\frac{1}{3}\right)+\left(\frac{1}{3}-\frac{1}{5}\right)+\left(\frac{1}{5}-\frac{1}{7}\right)+\cdots+\left(\frac{1}{19}-\frac{1}{21}\right)\right\}$

$=\frac{1}{2}\left(1-\frac{1}{21}\right)=\frac{1}{2} \cdot \frac{20}{21}=\boldsymbol{\frac{10}{21}}$

13 평균이 k인 사람이 좋아하는 수를 a_k라고 하면 오른쪽 그림과 같이 나타낼 수 있다.

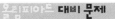

(a_1) 2, 4(a_2), 6(a_3), 8(a_4), 10(a_5), 12 (a_6), (a_7)14, (a_8)16, (a_9)18, (a_{10})20

$\frac{a_1+a_3}{2}=4$

$\frac{a_3+a_5}{2}=8$

$\frac{a_5+a_7}{2}=12$

$\frac{a_7+a_9}{2}=16$

$\frac{a_9+a_1}{2}=20$

위의 식을 변변끼리 모두 더하면

$a_1+a_3+a_5+a_7+a_9=60$

그런데 $a_3+a_5=16$, $a_1+a_9=40$이므로

$a_7=60-16-40=\mathbf{4}$

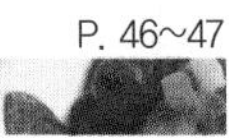

올림피아드 대비 문제

1 풀이 참조 **2** 풀이 참조 **3** -1
4 풀이 참조 **5** 풀이 참조

1 다섯 번째 삼각형의 수를 오른쪽 그림과 같이 a, b, c, d라 하면 네 번째까지의 그림에 나타나는 수의 규칙으로부터 a, b, c, d를 다음과 같이 구할 수 있다.

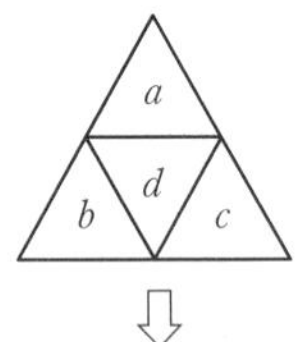

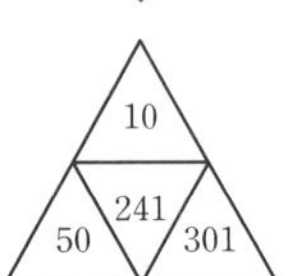

a의 위치에 있는 수는 차례로 배열된 짝수이므로

$a=10$이다.

b의 위치에 있는 수는 먼저 결정된 a를 차례로 1, 2, 3, …배 하여 만든 수이므로 $b=10 \times 5=50$이다.

c의 위치에 있는 수는 이미 결정된 b를 각각 2, 3, 4, …배 하여 1을 더한 수이므로 $c=50 \times 6+1=301$이다.

d의 위치에 있는 수는 이미 결정된 수 a, b, c에 대하여 c에서 a와 b의 합을 뺀 수이므로 $d=301-(10+50)=241$이다.

2 이용 시간이 120분 이하일 때의 휴대폰 요금은 1분당 500원이고 120분을 초과했을 때는 1분당 1000원이 부과 된다. 또한, 데이터 이용량이 100MB 이하일 때의 휴대폰 요금은 1MB당 200원이고 100MB를 초과했을 때는 1MB당 400원이 부과된다.

휴대폰의 이용 시간과 데이터 이용량의 합을 요금으로 부과하면 되므로

$$(\text{요금})=\begin{cases} 500 \times x+200 \times y \ (0 \leq x \leq 120,\ 0 \leq y \leq 100) \\ 500 \times 120+1000 \times (x-120)+200 \times y \\ \qquad (x>120,\ 0 \leq y \leq 100) \\ 500 \times x+200 \times 100+400 \times (y-100) \\ \qquad (0 \leq x \leq 120,\ y>100) \\ 500 \times 120+1000 \times (x-120)+200 \times 100 \\ \qquad +400 \times (y-100)\ (x>120,\ y>100) \end{cases}$$

3 $a+\frac{4}{b}=1$의 양변에 b를 곱하면

$ab+4=b$ ……㉠

$b+\frac{1}{c}=4$의 양변에 c를 곱하면

$bc+1=4c$ ……㉡

㉠의 양변에 c를 곱하면

$abc+4c=bc$ ……㉢

㉡을 ㉢에 대입하면 $abc+bc+1=bc$
따라서, $abc=-\mathbf{1}$이다.

4 $\frac{a^2+3a}{a+1}=\frac{b^2+3b}{b+1}=\frac{c^2+3c}{c+1}=k$에서

$a^2+3a=k(a+1)$ ……㉠
$b^2+3b=k(b+1)$ ……㉡
$c^2+3c=k(c+1)$ ……㉢
㉠－㉡에서 $a^2-b^2+3a-3b=ka-kb$이므로
$(a+b)(a-b)+3(a-b)=k(a-b)$에서
$(a-b)(a+b+3)=k(a-b)$
그런데 $a\neq b$이므로 $a+b+3=k$ ……㉣
㉡－㉢에서 $b^2-c^2+3b-3c=kb-kc$이므로
$(b+c)(b-c)+3(b-c)=k(b-c)$에서
$(b-c)(b+c+3)=k(b-c)$
그런데 $b\neq c$이므로 $b+c+3=k$ ……㉤
㉣－㉤에서 $a-c=0$이므로 $a=c$이다.

5 $y^x=\left\{\left(1+\frac{1}{n}\right)^{n+1}\right\}^{\left(1+\frac{1}{n}\right)^n}$이고, $x^y=\left\{\left(1+\frac{1}{n}\right)^{n}\right\}^{\left(1+\frac{1}{n}\right)^{n+1}}$

이므로 밑이 $1+\frac{1}{n}$로 서로 같다. 즉,

y^x의 지수 $(n+1)\left(1+\frac{1}{n}\right)^n$과 x^y의 지수 $n\left(1+\frac{1}{n}\right)^{n+1}$이

서로 같음을 보이면 된다.

$n\left(1+\frac{1}{n}\right)^{n+1}=n\left\{\left(1+\frac{1}{n}\right)\left(1+\frac{1}{n}\right)^n\right\}=(n+1)\left(1+\frac{1}{n}\right)^n$

으로 y^x의 지수와 x^y의 지수는 서로 같으므로
$y^x=x^y$이다.

P. 52~61

특목고 대비 문제

1 -2　**2** $\frac{1}{2}$　**3** $a=3,\ b=-2$　**4** 5
5 0　**6** (1, 12, 1), (11, 2, 1)
7 $x=-2,\ y=-7$　**8** $m=-\frac{1}{2},\ x=2,\ y=4$
9 $\begin{cases}x=4\\y=5\end{cases}$ 또는 $\begin{cases}x=2\\y=3\end{cases}$　**10** 3
11 $a=\frac{1}{2},\ b=-\frac{3}{4}$　**12** $x+y=-1,\ xy=-1$
13 a : 20%, b : 10%　**14** 2개
15 남학생 : 330명, 여학생 : 180명
16 A : 5%, B : 2%　**17** 300명
18 갑 : 100m, 을 : 50m　**19** 27　**20** 5일
21 54g　**22** 16회
23 9% : 30000원, 8% : 18000원, 7% : 12000원
24 2km　**25** 76　**26** 30kg　**27** 746
28 A : 100명, B : 60명

1 잘못 보고 푼 ㉡의 y의 계수를 a라 하면 연립방정식은
$\begin{cases}2x-y-2=0 & \cdots\cdots㉠\\2x+ay+2=0 & \cdots\cdots㉡\end{cases}$
$x=3$을 ㉠에 대입하면 $6-y-2=0$이므로
$y=4$이다.
$x=3,\ y=4$를 ㉡에 대입하면
$6+4a+2=0$이므로 $4a=-8$에서 $a=-2$이다.
즉, ㉡에서 y의 계수 3을 $-\mathbf{2}$로 잘못 보았다.

2 $\begin{cases}x+ay-5=0 & \cdots\cdots㉠\\2x+y-5a=0 & \cdots\cdots㉡\end{cases}$
㉠×2－㉡에서
$(2a-1)y-10+5a=0,\ (2a-1)y=5(2-a)$
따라서, 해를 갖지 않으려면
$2a-1=0$이므로 $a=\frac{\mathbf{1}}{\mathbf{2}}$이다.

다른풀이
연립방정식에서 해를 갖지 않으려면
$\frac{1}{2}=\frac{a}{1}\neq\frac{5}{5a}$이므로 $a=\frac{\mathbf{1}}{\mathbf{2}}$이다.

3 A의 해를 $x=p$, $y=q$라 하면 B의 해는 $x=q$, $y=p$이므로 이것을 두 연립방정식에 대입하면

A : $\begin{cases} 3p-2q=8 & \cdots\cdots ㉠ \\ 2ap+3q=b+11 & \cdots\cdots ㉡ \end{cases}$

B : $\begin{cases} aq-2bp=5 & \cdots\cdots ㉢ \\ 4q+5p=6 & \cdots\cdots ㉣ \end{cases}$

㉠, ㉣을 연립하여 풀면

$p=2$, $q=-1$이다.

$p=2$, $q=-1$을 ㉡, ㉢에 각각 대입하면

$\begin{cases} 4a-3=b+11 & \cdots\cdots ㉤ \\ -a-4b=5 & \cdots\cdots ㉥ \end{cases}$

㉤, ㉥을 연립하여 풀면

$\boldsymbol{a=3}$, $\boldsymbol{b=-2}$이다.

4 $\begin{cases} ax+by=x+y+7 \\ 2(ax-by)-3=x+y+7 \end{cases}$

위의 연립방정식에 $x=3$, $y=1$을 각각 대입하면

$\begin{cases} 3a+b=11 & \cdots\cdots ㉠ \\ 3a-b=7 & \cdots\cdots ㉡ \end{cases}$

㉠, ㉡을 연립하여 풀면

$a=3$, $b=2$이다.

따라서, $a+b=\mathbf{5}$이다.

5 $\dfrac{a^2+5a+6}{-6}=\dfrac{-5}{5}\neq\dfrac{a-7}{12}$이므로

$\dfrac{a^2+5a+6}{-6}=-1$에서 $a^2+5a+6=6$, $a(a+5)=0$

따라서, $a=0$, -5이다.

그런데 $\dfrac{-5}{5}\neq\dfrac{a-7}{12}$이므로 $a\neq-5$이다.

따라서, $a=\mathbf{0}$이다.

6 $\begin{cases} xy+yz=24 & \cdots\cdots ㉠ \\ xz+yz=13 & \cdots\cdots ㉡ \end{cases}$

㉡에서 $(x+y)z=13$이고 x, y, z는 자연수이므로

$x+y>1$이다.

이때, 13은 소수이므로 $z=1$, $x+y=13$이다.

그러므로 자연수 x, y는

$(1, 12)$, $(2, 11)$, $(3, 10)$, $(4, 9)$, $(5, 8)$, $(6, 7)$, $(7, 6)$, $(8, 5)$, $(9, 4)$, $(10, 3)$, $(11, 2)$, $(12, 1)$

$z=1$을 ㉠에 대입하면

$xy+y=24 \quad \cdots\cdots ㉢$

따라서, ㉢을 만족하는 x, y는

$x=1$, $y=12$ 또는 $x=11$, $y=2$이다.

그러므로 주어진 연립방정식을 만족하는 자연수의 해의 순서쌍(x, y, z)는 $\mathbf{(1, 12, 1)}$ 또는 $\mathbf{(11, 2, 1)}$이다.

7 두준이는 ㉡을 정확하게 보고 풀었으므로 $x=2$, $y=1$을 ㉡에 대입하면

$4+b=3$에서 $b=-1$이다.

같은 방법으로 $x=1$, $y=2$를 ㉠에 대입하면

$a-2=1$에서 $a=3$이다.

따라서, 연립방정식 $\begin{cases} 3x-y=1 \\ 2x-y=3 \end{cases}$ 을 풀면

$\boldsymbol{x=-2}$, $\boldsymbol{y=-7}$이다.

8 $\begin{cases} (3m+5)x-(m+3)y+3=0 & \cdots\cdots ㉠ \\ (m+6)x+(m-1)y-5=0 & \cdots\cdots ㉡ \end{cases}$

y의 값이 x의 값의 2배이므로 $y=2x$를 ㉠, ㉡에 대입하여 정리하면

$\begin{cases} (m-1)x+3=0 & \cdots\cdots ㉢ \\ (3m+4)x-5=0 \end{cases}$

연립방정식의 해가 존재하므로 $m\neq1$, $m\neq-\dfrac{4}{3}$이고

$\dfrac{-3}{m-1}=\dfrac{5}{3m+4}$이므로 $m=-\dfrac{1}{2}$이다.

$m=-\dfrac{1}{2}$을 ㉢에 대입하여 정리하면

$-\dfrac{3}{2}x+3=0$이므로 $x=2$이고,

$y=2x$이므로 $y=4$이다.

따라서, $\boldsymbol{m=-\dfrac{1}{2}}$, $\boldsymbol{x=2}$, $\boldsymbol{y=4}$이다.

9 $\begin{cases} y=|x|+|x-3| & \cdots\cdots ㉠ \\ y=x+1 & \cdots\cdots ㉡ \end{cases}$

(i) $x\geq3$일 때,

㉠은 $y=x+x-3=2x-3$

㉡과 연립하여 풀면

$x=4$, $y=5$이고 조건을 만족한다.

(ii) $0\leq x<3$일 때,

㉠은 $y=x-x+3=3$

㉡과 연립하여 풀면

$y=3$, $x=2$이고 조건을 만족한다.

(iii) $x<0$일 때

㉠은 $y=-x-x+3=-2x+3$

㉡과 연립하여 풀면 $x=\dfrac{2}{3}$이지만 이것은 조건을 만족하지 않는다.

따라서, 주어진 방정식의 해는

$\begin{cases} \boldsymbol{x=4} \\ \boldsymbol{y=5} \end{cases}$ 또는 $\begin{cases} \boldsymbol{x=2} \\ \boldsymbol{y=3} \end{cases}$

10 $\begin{cases} 3x+5y=k+1 & \cdots\cdots ㉠ \\ 2x+3y=k & \cdots\cdots ㉡ \end{cases}$

이라 하면 $x+y=2$이므로 $y=2-x$를 ㉠, ㉡에 각각 대입하여 정리하면

$$\begin{cases} 2x+k=9 & \cdots\cdots ㉢ \\ x+k=6 & \cdots\cdots ㉣ \end{cases}$$

㉢$-$㉣에서 $x=3$이므로

$k=\mathbf{3}$이다.

다른풀이

㉠$\times 2-$㉡$\times 3$에서 $y=-k+2$를 ㉡에 대입하면 $x=2k-3$

따라서, $x+y=(2k-3)+(-k+2)=k-1=2$이므로

$k=\mathbf{3}$이다.

11 $\dfrac{x-3}{3}=\dfrac{y+2}{2}$에서 $2(x-3)=3(y+2)$이므로

$2x-6=3y+6$, $2x-3y=12$

이 식이 $ax+by=3$과 같으므로

$\dfrac{a}{2}=\dfrac{b}{-3}=\dfrac{3}{12}$

따라서, $\boldsymbol{a=\dfrac{1}{2}}$, $\boldsymbol{b=-\dfrac{3}{4}}$이다.

다른풀이

$2x-3y=12$의 그래프 위의 두 점을 찾아서 $ax+by=3$에 대입한다.

즉, $(6, 0)$, $(0, -4)$를 대입하면 $6a=3$, $-4b=3$이므로

$\boldsymbol{a=\dfrac{1}{2}}$, $\boldsymbol{b=-\dfrac{3}{4}}$이다.

※ 이 방법은 V단원 일차함수에서 학습한다.

12 $\dfrac{1}{x}+\dfrac{1}{y}=1$의 양변에 xy를 곱하면 $x+y=xy$이고

$x+y=xy$를 $x+y+xy=-2$에 대입하면

$2xy=-2$, $xy=-1$이다.

따라서, $\boldsymbol{xy=x+y=-1}$이다.

13 농도가 10%인 소금물 100g에 들어 있는 소금의 양은

$\dfrac{10}{100}\times 100=10(\text{g})$이므로 증발하고 남은 소금물 50g에 들어 있는 소금의 양도 10g 이다.

따라서, 처음 남은 소금물 50g의 농도는

$\boldsymbol{a}=\dfrac{10}{50}\times 100=\mathbf{20(\%)}$이다.

소금물 50g에 물 50g을 부은 소금물 100g의 소금의 양도 10g이다.

따라서, 새로 만든 소금물 100g의 농도는

$\boldsymbol{b}=\dfrac{10}{100}\times 100=\mathbf{10(\%)}$이다.

14 사야 될 과일을 수박은 x통, 배는 y개, 사과는 z개라고 하면

$$\begin{cases} x+y+z=10 & \cdots\cdots ㉠ \\ 5000x+1000y+500z=25000 & \cdots\cdots ㉡ \end{cases}$$

㉡$\div 500-$㉠에서 $9x+y=40$이므로

$x=\dfrac{40-y}{9}$ $\cdots\cdots$㉢

x는 양의 정수이고 ㉢에서 $40-y$가 9의 배수이어야 하므로 $y=4$이다.

㉢과 ㉠에서 $x=4$, $z=2$이다.

따라서, 사과는 **2개**를 사게 된다.

15 작년 남학생, 여학생의 입학자 수를 각각 x명, y명이라 하면

$$\begin{cases} (x+y)\times\dfrac{2}{100}=10 & \cdots\cdots ㉠ \\ \dfrac{10}{100}x-\dfrac{10}{100}y=10 & \cdots\cdots ㉡ \end{cases}$$

㉠에서 $x+y=500$ $\cdots\cdots$㉢

㉡에서 $x-y=100$ $\cdots\cdots$㉣

㉢, ㉣에서 $x=300$, $y=200$이다.

따라서, 올해의 **남학생** 입학자 수는 $300\times 1.1=\mathbf{330}$**(명)**, **여학생** 입학자 수는 $200\times 0.9=\mathbf{180}$**(명)**이다.

16 소금물 A, B의 농도를 각각 $x\%$, $y\%$라 하면

$\dfrac{x}{100}\times 200+\dfrac{y}{100}\times 100=\dfrac{4}{100}\times 300$이므로

$2x+y=12$ $\cdots\cdots$㉠

$\dfrac{x}{100}\times 100+\dfrac{y}{100}\times 200=\dfrac{3}{100}\times 300$이므로

$x+2y=9$ $\cdots\cdots$㉡

㉠과 ㉡을 연립하여 풀면 $x=5$, $y=2$이다.

따라서, **소금물 A**의 농도는 **5%**, **소금물 B**의 농도는 **2%**이다.

17 입학 지원자의 남녀의 비 ⇨ $3p:2p$

합격자의 남녀의 비 ⇨ $5q:2q$

불합격자의 남녀의 비 ⇨ $r:r$

(입학 지원자)=(합격자)+(불합격자)이므로

$3p+2p=(5q+2q)+(r+r)$에서 $5p=7q+2r$

또한 합격자의 수가 140명이므로 $5q+2q=7q=140$에서 $q=20$이다.

남자 입학 지원자의 수는 $3p=5q+r$ $\cdots\cdots$㉠

여자 입학 지원자의 수는 $2p=2q+r$ $\cdots\cdots$㉡

㉠$-$㉡에서 $p=3q=60$이다.

따라서, 입학 지원자의 수는 $5p=5\times 60=\mathbf{300}$**(명)**이다.

18 갑과 을이 1분 동안에 걸은 거리를 각각 xm, ym라 하면

$x : y=200 : 100$에서 $x=2y$ ……㉠

$10x+10y=1500$에서 $x+y=150$ ……㉡

㉠, ㉡을 연립하여 풀면 $x=100$, $y=50$이다.

따라서, **갑**과 **을**이 1분 동안 걸은 거리는 각각 **100m**, **50m**이다.

19 전체 일의 양을 1이라 하면 이 일을 A가 혼자서 하면 x일, B가 혼자서 하면 y일이 걸리므로 A, B가 하루에 할 수 있는 일의 양은 각각 $\frac{1}{x}$, $\frac{1}{y}$이다.

즉, $\begin{cases} \frac{1}{x}+\frac{1}{y}=\frac{3}{20} \\ \left(\frac{1}{x}+\frac{1}{y}\right)\times 5+\frac{1}{x}\times 3=1 \end{cases}$

$\frac{1}{x}=X$, $\frac{1}{y}=Y$라 하면

$\begin{cases} X+Y=\frac{3}{20} & \cdots\cdots ㉠ \\ 8X+5Y=1 & \cdots\cdots ㉡ \end{cases}$

㉡$\times 4-$㉠$\times 20$에서 $12X=1$이므로

$X=\frac{1}{12}$, $Y=\frac{1}{15}$

따라서, $x=12$, $y=15$이므로 $x+y=$**27**이다.

20 전체 일의 양을 1이라 하고, 이 일을 A가 혼자서 하면 x일, B가 혼자서 하면 y일이 걸린다고 하면

즉, $\begin{cases} \frac{4}{x}+\frac{6}{y}=1 \\ \frac{3}{x}+\frac{12}{y}=1 \end{cases}$

$\frac{1}{x}=X$, $\frac{1}{y}=Y$라 하면

$\begin{cases} 4X+6Y=1 & \cdots\cdots ㉠ \\ 3X+12Y=1 & \cdots\cdots ㉡ \end{cases}$

㉠$\times 2-$㉡에서 $5X=1$이므로 $X=\frac{1}{5}$, $Y=\frac{1}{30}$

즉, $x=5$, $y=30$이다.

따라서, A가 혼자서 하면 일을 완성하는 데 **5일**이 걸린다.

21 4%의 소금물의 양을 xg, 6%의 소금물의 양을 yg이라고 하면 (4%의 소금물의 양) : (더 부은 물의 양)$=1 : 3$이므로 더 부은 물의 양은 $3x$g이다.

$\begin{cases} x+y+3x=120 & \cdots\cdots ㉠ \\ \frac{4}{100}x+\frac{6}{100}y=\frac{3}{100}\times 120 & \cdots\cdots ㉡ \end{cases}$

$\begin{cases} 4x+y=120 & \cdots\cdots ㉢ \\ 4x+6y=360 & \cdots\cdots ㉣ \end{cases}$

㉣$-$㉢에서 $5y=240$이므로 $y=48$, $x=18$이다.

따라서, 더 부은 물의 양은 $3\times 18=$**54(g)**이다.

22 A가 이긴 횟수를 x회, 진 횟수를 y회라 하면 B가 이긴 횟수는 y회, 진 횟수는 x회이므로

$\begin{cases} 2x-y=20 \\ 2y-x=8 \end{cases}$, 즉 $\begin{cases} 2x-y=20 & \cdots\cdots ㉠ \\ -x+2y=8 & \cdots\cdots ㉡ \end{cases}$

㉠, ㉡을 연립하여 풀면

$x=16$, $y=12$이다.

따라서, A가 이긴 횟수는 **16회**이다.

23 연이율이 9%, 8%, 7%인 예금액을 차례로 x원, y원, z원이라 하면

$\begin{cases} x+y+z=60000 \\ 0.09x+0.07z=3540 \\ 0.08y+0.07z=2280 \end{cases}$

$\begin{cases} z=60000-x-y & \cdots\cdots ㉠ \\ 9x+7z=354000 & \cdots\cdots ㉡ \\ 8y+7z=228000 & \cdots\cdots ㉢ \end{cases}$

㉠을 ㉡, ㉢에 대입하면

$\begin{cases} 9x+7(60000-x-y)=354000 \\ 8y+7(60000-x-y)=228000 \end{cases}$

$\begin{cases} 2x-7y=-66000 & \cdots\cdots ㉣ \\ -7x+y=-192000 & \cdots\cdots ㉤ \end{cases}$

㉣$+$㉤$\times 7$에서 $-47x=-1410000$이므로

$x=30000$이다.

$x=30000$을 ㉡에 대입하면

$270000+7z=354000$이므로 $7z=84000$에서 $z=12000$이다.

$z=12000$을 ㉢에 대입하면

$8y+84000=228000$이므로 $y=18000$이다.

따라서, **9%, 8%, 7%**의 이율로 예금한 금액은 각각 **30000원, 18000원, 12000원**이다.

24 걸어서 간 거리를 $x$km, 버스를 타고 간 거리를 $y$km라고 하면 버스가 되돌아간 거리는 $(y-x)$km이다.

학교에서 체육관까지의 거리가 13km이므로

$x+y=13$ ……㉠

B모둠이 P지점에서 체육관까지 걸어간 시간은 버스가 A모둠에게 되돌아간 시간에 A모둠을 태우고 다시 체육관까지 가는 시간을 더한 것과 같으므로

$\frac{x}{4}=\frac{y-x}{40}+\frac{y}{40}$ ……㉡

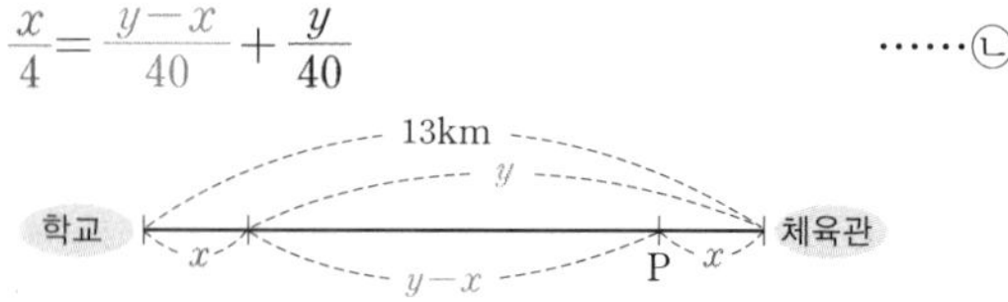

㉠, ㉡을 연립하여 풀면

$x=2$, $y=11$이다.

따라서, 걸어서 간 거리는 **2km**이다.

25 오른쪽 그림과 같이 카드 한 장의 가로와 세로의 길이를 각각 x, y라고 하면

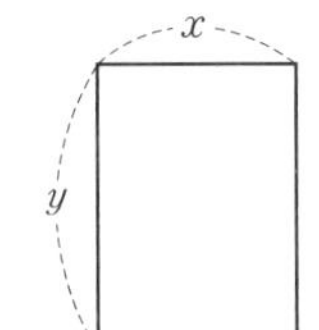

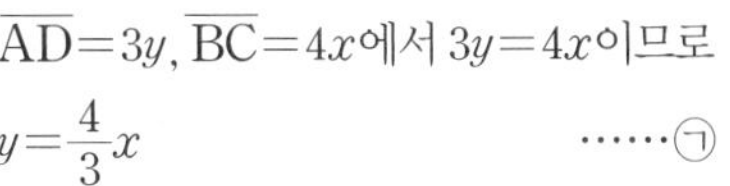

$\overline{AD}=3y$, $\overline{BC}=4x$에서 $3y=4x$이므로

$y=\dfrac{4}{3}x$ ……㉠

또, 사각형 ABCD의 넓이가 336이므로

$7xy=336$에서

$xy=48$ ……㉡

㉠을 ㉡에 대입하면 $\dfrac{4}{3}x^2=48$이므로 $x^2=36$에서

$x=6$, $y=8$이다.

따라서, 사각형 ABCD의 둘레의 길이는

$2(\overline{AB}+\overline{BC})=2(x+y+4x)=10x+2y$

$=10\times6+2\times8$

$=\mathbf{76}$

26 5명의 학생의 기록된 몸무게를 x_1, x_2, x_3, x_4, x_5라고 하면 몸무게의 평균이 60kg으로 보고 되었으므로

$x_1+x_2+x_3+x_4+x_5=5\times60=300$

잘못 기록된 학생의 몸무게를 x_1이라 하면 x_1의 실제 값이 80kg이므로

$80+x_2+x_3+x_4+x_5=5\times70=350$에서

$x_2+x_3+x_4+x_5=350-80=270$

따라서, 잘못 기록된 몸무게 x_1은

$x_1=300-270=\mathbf{30(kg)}$

27 백의 자리의 숫자를 x, 십의 자리의 숫자를 y, 일의 자리의 숫자를 z라고 하면

$$\begin{cases} x+y+z=17 & \cdots\cdots ㉠ \\ x+z=13 & \cdots\cdots ㉡ \\ 100z+10y+x=100x+10y+z-99 & \cdots\cdots ㉢ \end{cases}$$

㉠$-$㉡에서 $y=4$

㉢을 정리하면 $x-z=1$ ……㉣

㉡$+$㉣에서 $2x=14$이므로 $x=7$, $z=6$이다.

따라서, $x=7$, $y=4$, $z=6$이므로

구하는 세 자리의 자연수는 **746**이다.

28 A, B중학교에서 시험을 치르기 위해 선발된 학생 수를 각각 x명, y명이라고 하면

$$\begin{cases} x+y=160 \\ (66.5+1.5)x+(66.5-2.5)y=66.5\times160 \end{cases}$$

$$\begin{cases} x+y=160 & \cdots\cdots ㉠ \\ 17x+16y=2660 & \cdots\cdots ㉡ \end{cases}$$

㉠, ㉡을 연립하여 풀면

$x=100$, $y=60$이다.

따라서, **A, B중학교**에서 선발된 학생 수는 각각 **100명**, **60명**이다.

P. 62~63

특목고 구술 · 면접 대비 문제

1 59세 **2** $a\neq4$, $b\neq2$ **3** $x=1$, $y=3$ **4** -2

5 (1) $t_1=\dfrac{s}{v_1-v_2}$ (2) $t_2=\dfrac{s}{v_1+v_2}$ (3) $v_2=\dfrac{3s}{t_1+t_2}$

1 아버지의 나이를 $10a+b$(a, b는 $1\le a\le9$, $0\le b\le9$인 정수), 소년의 나이를 $10+c$(c는 $0\le c\le9$인 정수)라 하면 아버지의 나이 뒤에 자신의 나이를 붙여서 만든 네 자리의 수는

$1000a+100b+10+c$이다.

또, 아버지의 나이와 소년의 나이의 차는

$(10a+b)-(10+c)$이므로

$1000a+100b+10+c-\{(10a+b)-(10+c)\}=4289$

위의 식을 정리하면

$990a+99b+2c=4269$

a는 한 자리의 수이므로 4이고

$99b+2c=4269-3960=309$

b도 한 자리의 수이므로 3이고

$2c=309-297=12$에서 $c=6$

따라서, 아버지의 나이는 43세이고, 소년의 나이는 16세이므로 두 사람의 나이의 합은

$43+16=\mathbf{59}$**(세)**이다.

참고

a의 값의 범위를 구하면

$990a+99b+2c=4269$에서

$990a=4269-(99b+2c)$이고

$0\le b\le9$에서 $0\le99b\le891$

$0\le c\le9$에서 $0\le2c\le18$

$0\le99b+2c\le909$에서 $-909\le-(99b+2c)\le0$

$3360\le4269-(99b+2c)\le4269$

$3360\le990a\le4269$에서 $3.3\cdots\le a\le4.3\cdots$

따라서, a는 정수이므로 4이다.

같은 방법으로 b의 값을 구하면 3이다.

2 $ax+2y-3=4x+by+5$에서 이항하여 정리하면

$(a-4)x+(2-b)y-8=0$

두 미지수 x, y에 관한 일차방정식이 되려면 x의 계수와 y의 계수가 0이 되면 안 된다.

즉, $a-4\neq0$, $2-b\neq0$이므로 $\boldsymbol{a\neq4}$, $\boldsymbol{b\neq2}$이다.

3 $4x+3y=13$에서 $x=\dfrac{13-3y}{4}$이고 x가 양의 정수이므로

$13-3y>0$ ……㉠

$13-3y=4k$ (k는 자연수)

㉠에서 $0<y<\frac{13}{3}$

$y=3$일 때, k는 자연수이다.

따라서, $\boldsymbol{y=3}$, $\boldsymbol{x}=\frac{13-3\times3}{4}=\boldsymbol{1}$이다.

4 주어진 연립방정식의 해가 무수히 많을 조건은

$\frac{b}{a}=\frac{2c}{b}=\frac{4a}{c}$이므로

$\frac{b}{a}=\frac{2c}{b}=\frac{4a}{c}=k$라 하면 $b=ak$, $2c=bk$, $4a=ck$

따라서, $8abc=abck^3$

그런데 $abc\neq0$이므로 $k^3=8$에서 $k=2$이다.

즉, $b=2a$, $2c=2b$, $4a=2c$에서 $b=c=2a$

이때, 주어진 두 방정식은 모두 $x+2y+2=0$이므로

$x+2y=\boldsymbol{-2}$이다.

5 (1) 같은 방향으로 신명이가 규철이를 따라 잡았을 때 걸린 시간이 t_1이므로

(신명이가 달린 거리)−(규철이가 달린 거리)$=s$

즉, $v_1t_1-v_2t_1=s$이므로

$(v_1-v_2)t_1=s$에서 $\boldsymbol{t_1=\frac{s}{v_1-v_2}}$

(2) 반대 방향으로 달려서 두 사람이 만났을 때 걸린 시간이 t_2이므로

(신명이가 달린 거리)+(규철이가 달린 거리)$=s$

즉, $v_1t_2+v_2t_2=s$이므로

$(v_1+v_2)t_2=s$에서 $\boldsymbol{t_2=\frac{s}{v_1+v_2}}$

(3) 가정에 의하여 규철이가 달린 거리는

((1)의 거리)+((2)의 거리)$=3s$이므로

$t_1v_2+t_2v_2=3s$에서 $(t_1+t_2)v_2=3s$

따라서, $\boldsymbol{v_2=\frac{3s}{t_1+t_2}}$이다.

P. 64~67

시·도 경시 대비 문제

1 $x=\frac{1}{4}, y=\frac{3}{4}$ **2** 32 **3** 3

4 10km **5** 10곡 **6** 6마리

7 연필 : 8자루, 지우개 : 4개 **8** 37.5일

9 23개 **10** $x=\frac{1}{2}, y=1, z=\frac{1}{4}$

11 $(2, 12, 6), (9, 4, 7)$

12 A : 10시간, B : 12시간, C : 15시간

1 $\frac{1}{x+y}=A$, $\frac{1}{x-y}=B$라고 하면

$$\begin{cases}7A+3B=1 & \cdots\cdots㉠\\ A-2B=5 & \cdots\cdots㉡\end{cases}$$

㉡×7−㉠에서

$-17B=34$이므로 $B=-2$이고

이것을 ㉡에 대입하면

$A+4=5$이므로 $A=1$이다.

즉, $\frac{1}{x+y}=1$, $\frac{1}{x-y}=-2$이므로

$$\begin{cases}x+y=1 & \cdots\cdots㉢\\ x-y=-\frac{1}{2} & \cdots\cdots㉣\end{cases}$$

㉢+㉣에서

$2x=\frac{1}{2}$이므로 $x=\frac{1}{4}$이다.

이것을 ㉢에 대입하면

$\frac{1}{4}+y=1$이므로 $y=\frac{3}{4}$이다.

따라서, $\boldsymbol{x=\frac{1}{4}}$, $\boldsymbol{y=\frac{3}{4}}$이다.

2 에스컬레이터의 높이를 나타내는 총 계단의 수를 x라 하면 A는 24계단을 내려왔으므로 A가 내려올 때 실제로 에스컬레이터가 내려온 계단 수는 $(x-24)$이다.

B는 16계단을 내려왔으므로 B가 내려올 때 실제로 에스컬레이터가 내려온 계단 수는 $(x-16)$이다.

에스컬레이터가 1계단 내려오는 데 소요되는 시간을 단위 시간으로 하면 A와 B가 계단을 내려오는 속력은 각각

$\frac{24}{x-24}$, $\frac{16}{x-16}$이다.

A, B 두 학생의 속력의 비는 3 : 1이므로

$\frac{24}{x-24}:\frac{16}{x-16}=3:1$, $\frac{24}{x-24}=\frac{48}{x-16}$,

$24(x-16)=48(x-24)$, $x-16=2(x-24)$에서

$x=32$이다.

따라서, 이 에스컬레이터의 계단 수는 **32개**이다.

3 $3x+5y=233$에서

$x=\frac{233-5y}{3}=\frac{231+2-6y+y}{3}$

$=77-2y+\frac{y+2}{3}$ ……㉠

x는 자연수이므로 $y+2$는 3의 배수이고

$y+2=3k$(k는 정수)라 하면

$y=3k-2$

이것을 ㉠에 대입하면

$x=77-2(3k-2)+k=81-5k$

$x\geq1$, $y\geq1$이므로

$81-5k\geq1$에서 $k\leq16$이고
$3k-2\geq1$에서 $k\geq1$이다.
따라서, $1\leq k\leq16$이다.
$|x-y|=|(81-5k)-(3k-2)|=|83-8k|$
가 최소인 경우는 $k=10$일 때이다.
즉, $x=81-5\times10=31$, $y=3\times10-2=28$일 때,
x와 y의 차의 최솟값은 **3**이다.

4 평지, 오르막 길, 내리막 길의 거리를 각각 $x$km, $y$km, $z$km라 하면
$x+y+z=24$ ……㉠
가는데 걸리는 시간은
$\frac{x}{5}+\frac{y}{4}+\frac{z}{6}=4\frac{50}{60}=\frac{29}{6}$ ……㉡
오는데 걸리는 시간은
$\frac{x}{5}+\frac{y}{6}+\frac{z}{4}=5$ ……㉢
㉡+㉢에서
$\frac{2}{5}x+\left(\frac{1}{4}+\frac{1}{6}\right)(y+z)=\frac{59}{6}$ ……㉣
㉠에서 $y+z=24-x$이므로 ㉣에 대입하면
$\frac{2}{5}x+\left(\frac{1}{4}+\frac{1}{6}\right)(24-x)=\frac{59}{6}$이므로
$\frac{2}{5}x+10-\frac{5}{12}x-\frac{59}{6}=0$에서 $x=10$이다.
따라서, 평지는 **10km**이다.

5 곡과 곡 사이에는 1분간 쉬는 시간이 있으므로 6분짜리 x곡과 8분짜리 y곡을 연주한다고 하면 총 쉬는 시간은 $(x+y-1)$분이다.
전체 연주 시간에 대한 식을 세우면
$\begin{cases}6x+8y+(x+y-1)=105(\text{계획})\\6y+8x+(x+y-1)=117(\text{실제})\end{cases}$
⇨ $\begin{cases}7x+9y=106\\9x+7y=118\end{cases}$
두 방정식을 연립하여 풀면 $x=10$, $y=4$
따라서, 처음에 연주하려고 계획한 6분짜리 곡은 모두 **10곡**이었다.

6 다섯 마리 묶음을 x개, 세 마리 묶음을 y개, 낱개를 z마리 팔았다고 하면
$\begin{cases}5x+3y+z=100 & \cdots\cdots㉠\\9700x+6700y+2500z=200000\end{cases}$
$97x+67y+25z=2000$ ……㉡
㉠×25−㉡에서
$28x+8y=500$, $7x+2y=125$
위의 식에서 $2y$가 짝수이고 125가 홀수이므로 x는 홀수이어야 한다.
$x=2n+1(n=0, 1, 2, 3, \cdots)$ ……㉢
$y=\frac{125-7x}{2}=59-7n$ ……㉣
㉢, ㉣을 ㉠에 대입하여 정리하면
$z=11n-82$
$x\geq0$, $y\geq0$, $z\geq0$이므로
㉢에서 $2n+1\geq0$, $n\geq-\frac{1}{2}$
㉣에서 $59-7n\geq0$, $n\leq\frac{59}{7}=8.4\times\times\times$
㉤에서 $11n-82\geq0$, $n\geq\frac{82}{11}=7.4\times\times\times$이므로
$n=8$이다.
따라서, $x=17$, $y=3$, $z=6$이다.
따라서, 낱개로 판 오징어의 수는 **6마리**이다.

7 연필과 지우개의 개수를 각각 x, y, 연필과 지우개 1개의 값을 각각 a, b라 하면
$\begin{cases}x+y=12 & \cdots\cdots㉠\\ax+by=132 & \cdots\cdots㉡\\a=b+3 & \cdots\cdots㉢\\x>y & \cdots\cdots㉣\end{cases}$
㉠에서 $y=12-x$ ……㉤
㉢, ㉤을 ㉡에 대입하면
$(b+3)x+b(12-x)=132$이므로
$x+4b=44$에서 $x=4(11-b)$
㉣, ㉤에서
$x>12-x$이므로 $6<x\leq12$이고 x는 4의 배수이므로
$x=8$ 또는 $x=12$이다.
(i) $x=8$이면 $y=4$, $b=9$, $a=12$
(ii) $x=12$이면 $y=0$이므로 조건에 맞지 않다.
따라서, **연필은 8자루, 지우개는 4개**를 샀다.

8 저수지에 있는 지금의 물의 양, 하루에 흘러드는 양, 흘러 보내는 양을 각각 a, b, c라 하고 원래 양대로 물을 흘러 보냈을 때, x일 동안 쓸 수 있다고 하면
$\begin{cases}a+30b=30c & \cdots\cdots㉠\\a+30(1+0.2)b=30(1+0.1)c & \cdots\cdots㉡\\a+(1+0.2)bx=cx & \cdots\cdots㉢\end{cases}$
㉡−㉠에서
$c=2b$ ……㉣
$c=2b$를 ㉠에 대입하면
$a=30b$ ……㉤
㉣, ㉤을 ㉢에 대입하면
$30b+1.2bx=2bx$이므로 $0.8bx=30b$에서
$x=37.5$이다.
따라서, **37.5일** 동안 쓸 수 있다.

9 미란이가 가진 구슬의 개수가 정윤이가 가진 구슬의 개수의 2배이므로 두 사람이 가진 구슬의 총 개수는 3의 배수이다.

따라서, $18+19+21+23+25+34=140$에서 깨진 구슬의 개수를 빼면 3의 배수가 되어야 한다.

주어진 수 중에서 이것을 만족하는 수는 23뿐이다.

따라서, 깨진 구슬은 **23개**이다.

참고

실제로 미란이는 $19+25+34=78$(개)
정윤이는 $18+21=39$(개)의 구슬을 가졌다.

10 $\frac{xy}{x+y}=\frac{1}{3}$에서 $\frac{x+y}{xy}=3$

$\frac{1}{x}+\frac{1}{y}=3$ ……㉠

$\frac{yz}{y+z}=\frac{1}{5}$에서 $\frac{y+z}{yz}=5$

$\frac{1}{y}+\frac{1}{z}=5$ ……㉡

$\frac{xz}{x+z}=\frac{1}{6}$에서 $\frac{x+z}{xz}=6$

$\frac{1}{x}+\frac{1}{z}=6$ ……㉢

㉠+㉡+㉢을 하면

$2\left(\frac{1}{x}+\frac{1}{y}+\frac{1}{z}\right)=14$, $\frac{1}{x}+\frac{1}{y}+\frac{1}{z}=7$ ……㉣

㉠, ㉣에서 $\frac{1}{z}=4$이므로 $z=\frac{1}{4}$

㉡, ㉣에서 $\frac{1}{x}=2$이므로 $x=\frac{1}{2}$

㉢, ㉣에서 $\frac{1}{y}=1$이므로 $y=1$

따라서, $\boldsymbol{x=\frac{1}{2}, y=1, z=\frac{1}{4}}$이다.

11 $\begin{cases} x+y+z=20 & \cdots\cdots ㉠ \\ 20x+30y+100z=1000 & \cdots\cdots ㉡ \end{cases}$

㉠에서 $y=20-x-z$, $x=20-y-z$ ……㉢

㉡은 $2x+3y+10z=100$ ……㉣

㉢의 두 식을 각각 ㉣에 대입하여 정리하면

x, y, z는 모두 자연수이므로

$x=7z-40>0$ ……㉤

$y=60-8z=4(15-2z)>0$ ……㉥

㉤, ㉥에서 z의 값의 범위는

$\frac{40}{7}<z<\frac{15}{2}$이므로 $z=6$ 또는 $z=7$

(i) $z=6$일 때, $x=2$, $y=12$

(ii) $z=7$일 때, $x=9$, $y=4$

따라서, 순서쌍 (x, y, z)는 $\boldsymbol{(2, 12, 6), (9, 4, 7)}$이다.

12 물이 가득 들었을 때의 양을 $a(a>0)$라 하고 A, B, C의 수도관이 각각 1시간에 x, y, z의 물을 넣는다고 하자.

1시간에 넣을 수 있는 물의 양을 생각할 때, A, B, C 세 개의 수도관으로 4시간이 걸리므로

$x+y+z=\frac{a}{4}$ ……㉠

A, C 두 개의 수도관으로 6시간이 걸리므로

$x+z=\frac{a}{6}$ ……㉡

B, C 두 개의 수도관으로 6시간 40분이 걸리므로

$y+z=\frac{a}{\frac{20}{3}}=\frac{3a}{20}$ ……㉢

㉠−㉡에서 $y=\frac{a}{12}$, ㉠−㉢에서 $x=\frac{a}{10}$

$x=\frac{a}{10}$를 ㉡에 대입하면 $z=\frac{a}{15}$

따라서, A, B, C 각각 1개의 수도관으로 물탱크에 물을 가득 채우는 데 걸리는 시간은

A는 $a\div\frac{a}{10}=$**10(시간)**, B는 $a\div\frac{a}{12}=$**12(시간)**

C는 $a\div\frac{a}{15}=$**15(시간)**

다른풀이

A, B, C 각각 1개의 수도관만 사용하여 물을 가득 채우는 데 걸리는 시간을 각각 x시간, y시간, z시간이라고 하자.
(단, x, y, z는 양수이다.)

가득 찼을 때의 물의 양을 1이라 하면 A, B, C 수도관이 1시간에 넣을 수 있는 물의 양은 각각 $\frac{1}{x}$, $\frac{1}{y}$, $\frac{1}{z}$이다.

A, B, C 세 개의 수도관으로 4시간이 걸리므로

$4\left(\frac{1}{x}+\frac{1}{y}+\frac{1}{z}\right)=1$

양변을 4로 나누면

$\frac{1}{x}+\frac{1}{y}+\frac{1}{z}=\frac{1}{4}$ ……㉠

A, C 두 개의 수도관으로 6시간이 걸리므로

$\frac{1}{x}+\frac{1}{z}=\frac{1}{6}$ ……㉡

B, C 두 개의 수도관으로 $\frac{20}{3}$시간이 걸리므로

$\frac{1}{y}+\frac{1}{z}=\frac{3}{20}$ ……㉢

$\frac{1}{x}=X$, $\frac{1}{y}=Y$, $\frac{1}{z}=Z$로 치환하면

$X+Y+Z=\frac{1}{4}$, $X+Z=\frac{1}{6}$, $Y+Z=\frac{3}{20}$

세 식을 연립하여 풀면

$X=\frac{1}{10}$, $Y=\frac{1}{12}$, $Z=\frac{1}{15}$이므로 $x=10$, $y=12$, $z=15$

따라서, A, B, C 1개의 수도관으로 물탱크에 물을 가득 채우는 데 걸리는 시간은 차례로 **10시간, 12시간, 15시간**이다.

P. 68~69

올림피아드 대비 문제

1 12 **2** 민희 : 40m, 동기 : 60m **3** 0 또는 2
4 18만 원

1 (i) $x>y$일 때, $\max(x, y)=x$, $\min(x, y)=y$이므로
주어진 연립방정식은

$\begin{cases} x=2x+3y-13 \\ y=3x-y-6 \end{cases} \Rightarrow \begin{cases} x+3y=13 \\ 3x-2y=6 \end{cases}$

연립하여 풀면 $x=4$, $y=3$

이것은 $x>y$라는 조건에 적합하다.

(ii) $x<y$일 때, $\max(x, y)=y$, $\min(x, y)=x$이므로
주어진 연립방정식은

$\begin{cases} y=2x+3y-13 \\ x=3x-y-6 \end{cases} \Rightarrow \begin{cases} 2x+2y=13 \\ 2x-y=6 \end{cases}$

연립하여 풀면 $x=\frac{25}{6}$, $y=\frac{7}{3}$

이것은 $x<y$라는 조건에 부적합하다.

(i), (ii)에서 $x=4$, $y=3$이므로

$xy=\mathbf{12}$이다.

2 민희와 동기의 속력을 각각 v_1, v_2라 하면 민희와 동기가 각각 200m, 300m 가는데 걸리는 시간이 같으므로

$\frac{200}{v_1}=\frac{300}{v_2}$, $v_2=\frac{3}{2}v_1$ ……㉠

또, 12분만에 두 사람이 만났으므로

$12v_1+12v_2=1200$, $v_1+v_2=100$ ……㉡

㉠, ㉡을 연립하여 풀면

$v_1=40$(m/분), $v_2=60$(m/분)

따라서, **민희**와 **동기**가 1분 동안에 걷은 거리는 각각 **40m**, **60m**이다.

3 $\begin{cases} ax+2y+z=0 & \cdots\cdots ㉠ \\ 2x+ay+z=0 & \cdots\cdots ㉡ \\ x+y+z=0 & \cdots\cdots ㉢ \end{cases}$

㉠－㉡에서 $(a-2)x+(2-a)y=0$이므로

$(a-2)x-(a-2)y=0$, $(a-2)(x-y)=0$

따라서, $a=2$ 또는 $x=y$이다.

(i) $a=2$일 때, 주어진 연립방정식은

$\begin{cases} 2x+2y+z=0 & \cdots\cdots ㉣ \\ x+y+z=0 & \cdots\cdots ㉤ \end{cases}$

㉣－㉤에서 $x+y=0$이므로

$x=-y$, $z=0$이다.

따라서, 이 경우에는 $x=y=z=0$ 이외의 근을 갖으므로 조건을 만족한다.

(ii) $x=y$일 때, 주어진 연립방정식은

$\begin{cases} ax+2x+z=0 & \cdots\cdots ㉥ \\ 2x+z=0 & \cdots\cdots ㉦ \end{cases}$

㉥－㉦에서 $ax=0$이다.

따라서, $a=0$이면 $x=y=-\frac{z}{2}$인 근을 갖으므로 이 경우에도 $x=y=z=0$ 이외의 근을 갖으므로 조건을 만족한다.

(i), (ii)에서 $\boldsymbol{a=0}$ **또는** $\boldsymbol{a=2}$이다.

4 A, B, C 세 종류의 선물의 개수를 각각 a, b, c개 라고 하면

$\begin{cases} a+b+c=28 & \cdots\cdots ㉠ \\ 3a+2b+c=48 & \cdots\cdots ㉡ \\ a<b<c & \cdots\cdots ㉢ \end{cases}$

㉡－㉠에서 $2a+b=20$이므로

$b=20-2a$

$b>0$이므로 $20-2a>0$에서 $0<a<10$

a는 짝수이므로 $a=2, 4, 6, 8$일 때의 b, c의 값을 구하여 보면 ㉢에 의해 $a=6$, $b=8$, $c=14$이다.

a	2	4	**6**	8
b	16	12	**8**	4
c	10	12	**14**	16

따라서, A선물의 총 금액은 $6\times3=\mathbf{18}$**(만 원)**이다.

IV 부등식

P. 74~85

특목고 대비 문제

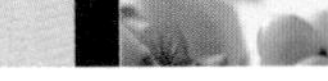

1 풀이 참조　**2** $1\le\frac{1}{3}(x+4)\le3$

3 $2a-1$　**4** $\frac{a+c}{b+d}>\frac{ac}{bd}$　**5** 풀이 참조

6 (1) $y=-\frac{3}{2}(x-2)$, $-\frac{3}{2}\le y<\frac{15}{2}$　(2) 3개

7 $a>b$　**8** $x<-3$　**9** $-\frac{3}{4}$　**10** $a>4$　**11** 1

12 $a<0$, $b>0$　**13** 5　**14** $a>3$

15 $-8\le a<-\frac{13}{2}$　**16** $x<-3$

17 $a>-8$　**18** $\frac{4}{7}\le x<\frac{12}{11}$　**19** 9

20 375g 이상 1250g 이하　**21** 49개 또는 50개

22 $\frac{3}{4}$　**23** 2분　**24** 16　**25** 6개

26 풀이 참조　**27** 9　**28** 풀이 참조

29 16, 61, 106　**30** $-\frac{2}{3}<a\le1$

31 $-\frac{8}{7}<x<-\frac{2}{5}$　**32** $18\le x<26$　**33** 36

34 풀이 참조　**35** 풀이 참조　**36** 풀이 참조

37 $6<y-x<7$　**38** 10월 23일

39 시속 27km 이상　**40** $\frac{400}{3}$g

1 (i) $a>0$일 때,

$ax>b \Rightarrow x>\frac{b}{a}$

(ii) $a<0$일 때,

$ax>b \Rightarrow x<\frac{b}{a}$

(iii) $a=0$이고

$b\ge0$일 때, 해는 없다. (해의 개수 : 0개)

$b<0$일 때, 해는 모든 수 (해의 개수 : 무수히 많다.)

2 $|x-2|\le3$에서

$-3\le x-2\le3$, $-1\le x\le5$, $3\le x+4\le9$

따라서, $\mathbf{1\le\frac{1}{3}(x+4)\le3}$이다.

3 $x+y=3$, $y\ge1$에서

$y=3-x\ge1$이므로 $x\le2$이다.

따라서, $1\le x\le2$이다.

같은 방법으로 하면 $1\le y\le2$이다.

이때, a가 양수이므로 $a\le ax\le2a$이고

$-2\le-y\le-1$이다.

따라서, $a-2\le ax-y\le2a-1$이므로

$ax-y$의 최댓값은 $\mathbf{2a-1}$이다.

4 $$\frac{a+c}{b+d}-\frac{ac}{bd}=\frac{(a+c)bd-(b+d)ac}{(b+d)bd}$$
$$=\frac{abd+bcd-abc-acd}{(b+d)bd}$$
$$=\frac{ab(d-c)+cd(b-a)}{(b+d)bd}>0$$

(왜냐하면 (분모)>0, (분자)>0)

따라서, $\mathbf{\frac{a+c}{b+d}>\frac{ac}{bd}}$이다.

5 $p+q<pq+1$에서 $pq-p-q+1>0$임을 보이면 된다.

$pq-p-q+1=p(q-1)-(q-1)$
$=(p-1)(q-1)$

이때, $-1<p<1$, $-1<q<1$이므로

$-2<p-1<0$, $-2<q-1<0$에서

$(p-1)(q-1)>0$

따라서, $p+q<pq+1$이다.

6 (1) $3x-2y=6(x-1)$이므로

$2y=3x-6(x-1)=-3x+6$에서 $\mathbf{y=-\frac{3}{2}(x-2)}$

$-3<x\le3$에서 $-5<x-2\le1$이므로

$-\frac{3}{2}\le-\frac{3}{2}(x-2)<\frac{15}{2}$

따라서, $\mathbf{-\frac{3}{2}\le y<\frac{15}{2}}$이다.

(2) $y=-\frac{3}{2}(x-2)$에서 $-5<x-2\le1$이고,

y는 정수이므로

$x-2=-4, -2, 0$

즉, $x=-2, 0, 2$

따라서, 순서쌍 (x, y)는 $(-2, 6)$, $(0, 3)$, $(2, 0)$으로

3개이다.

7 $m>n>1$이므로 $a=\frac{m}{n}>1$

이때, m, n은 1보다 큰 정수이므로 $\frac{1}{m}<1$, $\frac{1}{n}<1$이 되어

$b=\frac{m+n}{mn}=\frac{1}{n}+\frac{1}{m}<1$

따라서, $\mathbf{a>b}$이다.

8 $ax>a-2b$이고 이 부등식의 해가 $x<3$이므로

$a<0$ ……㉠

$x<\dfrac{a-2b}{a}$이므로 $\dfrac{a-2b}{a}=3$에서

$a=-b$ ……㉡

이때, $bx-(4a+b)<0$에서

$a=-b$를 대입하여 정리하면

$bx<-3b$이다.

이때, ㉠, ㉡에서 $a<0$이므로 $b>0$이 되어 $\boldsymbol{x<-3}$이다.

9 $\dfrac{2x-3}{2}>\dfrac{5x-6}{3}$ ……㉠

$5x-3<\dfrac{3x+a}{2}$ ……㉡

㉠의 양변에 6을 곱하면 $3(2x-3)>2(5x-6)$이므로

$6x-9>10x-12$, $-4x>-3$에서

$x<\dfrac{3}{4}$ ……㉢

㉡의 양변에 2를 곱하면 $10x-6<3x+a$이므로

$7x<a+6$에서

$x<\dfrac{a+6}{7}$ ……㉣

㉢과 ㉣이 일치하므로 $\dfrac{3}{4}=\dfrac{a+6}{7}$

따라서, $a=\boldsymbol{-\dfrac{3}{4}}$이다.

10 $|2x-a|<a-4$에서 $4-a<2x-a<a-4$이므로

$4<2x<2a-4$, $2<x<a-2$

따라서, 부등식의 해가 존재하려면 $a-2>2$이므로

$\boldsymbol{a>4}$이다.

11 $-1\le x\le 3$, $2\le y\le 3$에서

$-\dfrac{1}{2}\le\dfrac{x}{y}\le\dfrac{3}{2}$이므로 $p=-\dfrac{1}{2}$, $q=\dfrac{3}{2}$이다.

따라서, $p+q=-\dfrac{1}{2}+\dfrac{3}{2}=\mathbf{1}$

12 $(a-3b)x<3a-b$의 해가 $x>\dfrac{5}{3}$이므로

$a-3b<0$ ……㉠

$x>\dfrac{3a-b}{a-3b}$이므로 $\dfrac{3a-b}{a-3b}=\dfrac{5}{3}$ ……㉡

㉡에서 $9a-3b=5a-15b$, $4a=-12b$이므로

$a=-3b$ ……㉢

㉢을 ㉠에 대입하면 $-6b<0$이므로

$b>0$ ……㉣

㉢, ㉣에서 $a<0$

따라서, $\boldsymbol{a<0}$, $\boldsymbol{b>0}$이다.

13 $3-3x\ge 2x-7$을 풀면 $5x\le 10$에서

$x\le 2$ ……㉠

$x+3>a$에서 $x>a-3$ ……㉡

㉠, ㉡에서 해가 없으므로

$a-3\ge 2$에서 $a\ge 5$이다.

따라서, a의 최솟값은 **5**이다.

14 $3x-5\le 2x-a+3$을 풀면

$x\le 8-a$ ……㉠

$5x-3\ge 3x+7$에서 $2x\ge 10$이므로

$x\ge 5$ ……㉡

㉠과 ㉡의 공통 부분이 없으려면 $8-a<5$이므로

$\boldsymbol{a>3}$이다.

15 $2x+a<2-\dfrac{2-x}{2}<\dfrac{3x-1}{3}$에서

$2x+a<2-\dfrac{2-x}{2}$ ……㉠

$2-\dfrac{2-x}{2}<\dfrac{3x-1}{3}$ ……㉡

㉠의 양변에 2를 곱하면 $4x+2a<4-(2-x)$이므로

$3x<2-2a$에서 $x<\dfrac{2-2a}{3}$ ……㉢

㉡의 양변에 6을 곱하면 $12-3(2-x)<2(3x-1)$이므로

$12-6+3x<6x-2$, $3x>8$에서 $x>\dfrac{8}{3}$ ……㉣

㉢과 ㉣에서 $\dfrac{8}{3}<x<\dfrac{2-2a}{3}$

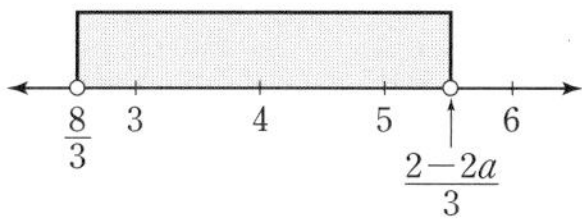

이때, x를 만족하는 정수가 3개이므로

$5<\dfrac{2-2a}{3}\le 6$에서

$15<2-2a\le 18$, $13<-2a\le 16$

따라서, $\boldsymbol{-8\le a<-\dfrac{13}{2}}$이다.

16 $(a+b)x+2a-3b<0$에서

$(a+b)x<-(2a-3b)$

이때, 해가 $x<-\dfrac{1}{3}$이므로 $a+b<0$이면

$x>-\dfrac{2a-3b}{a+b}$가 되어 모순이다.

따라서, $a+b>0$이다. ……㉠

$x<-\dfrac{2a-3b}{a+b}$이므로 $\dfrac{2a-3b}{a+b}=\dfrac{1}{3}$에서

$6a-9b=a+b$

따라서, $a=2b$이다. ……㉡

㉠, ㉡에서

$a+b=2b+b=3b>0$이므로 $b>0$이다.

$(a-3b)x+b-2a>0$에 ㉡을 대입하면

$(2b-3b)x+b-2(2b)>0$, $bx<-3b$

이때, $b>0$이므로 $\boldsymbol{x<-3}$이다.

17 $2x-4<3x$를 풀면

$x>-4$ ……㉠

$5x+4>6x-a$를 풀면

$x<a+4$ ……㉡

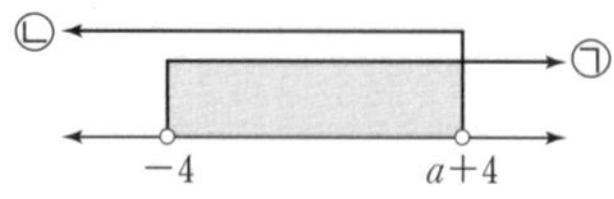

이때, 위의 그림에서 ㉠과 ㉡의 공통 부분이 없으려면

$a+4>-4$이므로

$\boldsymbol{a>-8}$이다.

18 $\begin{cases} x<2y \\ 2y\le 3x \end{cases}$에서 $\begin{cases} \frac{x}{2}<y & \cdots\cdots㉠ \\ y\le\frac{3}{2}x & \cdots\cdots㉡ \end{cases}$

$3x+5y=6$에서 $y=\frac{6-3x}{5}$ ……㉢

㉢을 ㉠, ㉡에 대입하면

$\begin{cases} \frac{x}{2}<\frac{6-3x}{5} & \cdots\cdots㉣ \\ \frac{6-3x}{5}\le\frac{3}{2}x & \cdots\cdots㉤ \end{cases}$

㉣에서 $x<\frac{12}{11}$, ㉤에서 $x\ge\frac{4}{7}$이다.

따라서, $\boldsymbol{\frac{4}{7}\le x<\frac{12}{11}}$이다.

19 $(a+b)\left(\frac{1}{a}+\frac{4}{b}\right)=1+\frac{4a}{b}+\frac{b}{a}+4=5+\left(\frac{b}{a}+\frac{4a}{b}\right)$

$\ge 5+2\sqrt{\frac{b}{a}\cdot\frac{4a}{b}}$

$=5+4=9$

이때, 등호는 $b=2a$일 때, 성립한다.

따라서, 최솟값은 **9**이다.

20 3%의 소금물의 양을 xg이라 하면

3%의 소금물 xg에 들어 있는 소금의 양은

$x\times\frac{3}{100}=\frac{3x}{100}$(g)

10%의 소금물 500g에 들어 있는 소금의 양은

$500\times\frac{10}{100}=50$(g)

따라서, 전체 소금의 양은 $\left(50+\frac{3x}{100}\right)$g이고, 전체 소금물의 양은 $(500+x)$g이므로 부등식을 세우면

$\frac{5}{100}\le\frac{50+\frac{3}{100}x}{500+x}\le\frac{7}{100}$

$\frac{5}{100}(500+x)\le 50+\frac{3}{100}x\le\frac{7}{100}(500+x)$

$2500+5x\le 5000+3x\le 3500+7x$

$\begin{cases} 2500+5x\le 5000+3x \Rightarrow 2x\le 2500,\ x\le 1250 \\ 5000+3x\le 3500+7x \Rightarrow 4x\ge 1500,\ x\ge 375 \end{cases}$

따라서, $375\le x\le 1250$

따라서, 3%의 소금물 **375g 이상 1250g 이하**를 넣어야 한다.

21 과일의 개수를 x개라 하면

$12<\frac{x}{4}<13$ ……㉠

$16<\frac{x}{3}<17$ ……㉡

㉠의 양변에 4를 곱하면

$48<x<52$ ……㉢

㉡의 양변에 3을 곱하면

$48<x<51$ ……㉣

㉢과 ㉣에서 $48<x<51$이다.

따라서, 과일의 개수는 정수이므로 **49개 또는 50개**이다.

22 구하는 기약분수를 $\frac{y}{x}$(x, y는 서로소인 자연수)라 하면

$\frac{y}{x+2}=\frac{1}{2}$ ……㉠

$1<\frac{y+3}{x}<2$ ……㉡

㉠에서 $2y=x+2$이므로 $y=\frac{x+2}{2}$ ……㉢

㉢을 ㉡에 대입하면 $1<\frac{\frac{x+2}{2}+3}{x}<2$이므로

$1<\frac{\frac{x}{2}+4}{x}<2$

이때, $x>0$이므로 $x<\frac{x}{2}+4<2x$

(i) $x<\frac{x}{2}+4$이므로 $\frac{x}{2}<4$에서 $x<8$

(ii) $\frac{x}{2}+4<2x$이므로 $\frac{3}{2}x>4$에서 $x>\frac{8}{3}$

(i), (ii)에서 $\frac{8}{3}<x<8$이다.

이때, x는 자연수이므로 x의 값은 3, 4, 5, 6, 7이다.

그런데 y의 값도 자연수이어야 하므로 $x=3$, 4, 5, 6, 7을 ㉢에 대입하여 y의 값이 자연수가 되는 것을 찾으면

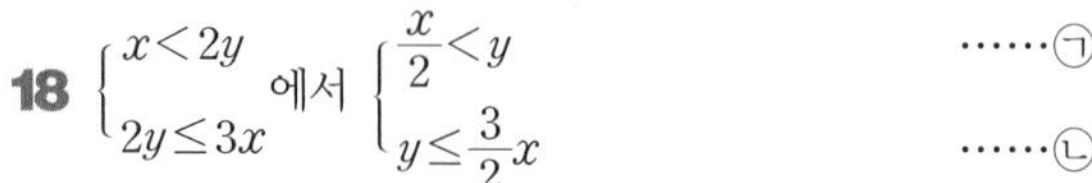

$x=4$일 때, $y=\frac{4+2}{2}=3$이므로

$\frac{y}{x}=\frac{3}{4}$

$x=6$일 때, $y=\frac{6+2}{2}=4$이므로

$\frac{y}{x}=\frac{4}{6}$

따라서, $\frac{y}{x}$는 기약분수이므로 $\mathbf{\frac{3}{4}}$이다.

23 진이가 걸리는 시간을 x시간, 정희가 걸리는 시간을 y시간이라 하면 500m=0.5km이므로 x의 값의 범위는

$\frac{0.5}{3}+\frac{0.5}{3}+\frac{1}{6}\le x\le\frac{0.5}{2}+\frac{0.5}{2}+\frac{1}{6}$

따라서, $\frac{1}{2}\le x\le\frac{2}{3}$ ……㉠

100m=0.1km이므로 y의 값의 범위는

$\frac{0.1}{2}+\frac{0.1}{2}+\frac{1}{3}\le y\le\frac{0.1}{1}+\frac{0.1}{1}+\frac{1}{3}$

따라서, $\frac{13}{30}\le y\le\frac{16}{30}$ ……㉡

㉠, ㉡에서 $\frac{-7}{30}\le y-x\le\frac{1}{30}$

따라서, 최대 시간은 $\frac{1}{30}$시간, 즉 **2분**이다.

24 학생 수를 x라 하면 과일의 개수 N은 $4x+7$이다.

$5(x-4)<4x+7\le5(x-3)$에서

$5(x-4)<4x+7$ ……㉠

$4x+7\le5(x-3)$ ……㉡

㉠, ㉡을 연립하여 풀면 $22\le x<27$이므로

$x=22, 23, 24, 25, 26$

따라서, $a=22\times4+7=95$, $b=26\times4+7=111$이므로

$b-a=111-95=\mathbf{16}$

25 낱개의 개수를 x개, 3개 묶음의 개수를 y개, 5개 묶음의 개수를 z개라 하면

$x+3y+5z=100$ ……㉠

$25x+67y+97z=2000$ ……㉡

㉠×25−㉡에서 $8y+28z=500$이므로

$2y+7z=125$ ……㉢

㉢에서 좌변이 홀수이기 위해서는 z가 홀수이므로

$z=2k+1$($k\ge0$인 정수) ……㉣

라 하고 ㉣을 ㉢에 대입하면

$y=59-7k$ ……㉤

㉣, ㉤을 ㉠에 대입하면

$x=11k-82$

이때, $x>0$, $y>0$, $z>0$이므로

$11k-82>0$, $59-7k>0$, $2k+1>0$에서

$\frac{82}{11}<k<\frac{59}{7}$이다.

즉, $7.45\cdots<k<8.42\cdots$이고, k는 정수이므로 $k=8$이다.

따라서, $x=6$, $y=3$, $z=17$이다.

따라서, 낱개로 판 것의 개수는 **6개**이다.

26 다람쥐를 x마리, 밤 개수를 y개라 하면

$3x+8=y$ ……㉠

$5(x-1)<y<5x$ ……㉡

㉠을 ㉡에 대입하면

$5(x-1)<3x+8<5x$에서 $4<x<6.5$

이때, x의 값은 정수이므로 $x=5$ 또는 $x=6$이다.

$x=5$일 때, $y=3\times5+8=23$

$x=6$일 때, $y=3\times6+8=26$

따라서, **다람쥐 5마리, 밤 23개 또는 다람쥐 6마리, 밤 26개**이다.

27 200원짜리 상품 x개, 400원짜리 상품 y개, 600원짜리 상품 z개를 산다고 하면

$x+y+z=16$ ……㉠

$200x+400y+600z=6000$에서

$2x+4y+6z=60$ ……㉡

㉠×4−㉡에서 $2x-2z=4$이므로

$x=z+2$ ……㉢

㉢을 ㉠에 대입하면 $y+2z=14$이므로

$y=14-2z$ ……㉣

$x\ge1$, $z\ge1$이고 모두 정수이므로

㉢에서 $z=x-2\ge1$이므로 $x\ge3$이고,

㉣에서 $y=14-2z\ge1$이므로 $z\le6.5$이다.

그런데, z는 정수이므로 $z\le6$이다.

따라서, $z=6$일 때 $x=8$, $y=2$이고,

$x=3$일 때 $y=12$, $z=1$이다.

따라서, 600원짜리 상품을 최대로 6개 살 수 있고 200원짜리 상품을 최소로 3개 살 수 있다.

따라서, $M+m=6+3=\mathbf{9}$

28 1만 원짜리 지폐를 x장, 500원짜리 동전을 y개, 거스름돈으로 받은 1000원짜리 지폐를 z장이라 하면

$10000x+500y=100000$에서

$20x+y=200$ ……㉠

$40000\le1000z<50000$ ……㉡

$y=z$ ……㉢

㉢을 ㉠에 대입하여 정리하면

$x=10-\frac{z}{20}$에서 x는 자연수이므로 z는 20의 배수이다.

㉡에서 $40 \le z < 50$이므로 $z=40$이다.
따라서, $z=40$이므로 $x=8$, $y=40$이다.
그러므로 **1만 원짜리 지폐**는 **8장**, **500원짜리 동전**은 **40개**이다.
따라서, **학용품을 사는 데 사용한 금액**은
$100000-1000z=100000-40000=$ **60000(원)**이다.

29 첫 번째 이정표에 표시된 수 : $10x+y$
두 번째 이정표에 표시된 수 : $10y+x$
세 번째 이정표에 표시된 수 : $100x+y$
(단, $1 \le x \le 9$, $1 \le y \le 9$인 정수)
라 하면 자동차가 등속 운동을 하므로 1시간당 달린 거리는 같다. 즉,
$10y+x-(10x+y)=100x+y-(10y+x)$
$108x-18y=0$, $y=6x$
이때, x, y는 모두 1 이상 9 이하의 정수이므로
$x=1$, $y=6$이다.
따라서, 세 개의 이정표에 표시된 수는 차례로 **16**, **61**, **106**이다.

30 $ax-a+2>0$의 해가 $-1<x \le 4$를 포함하고 있어야 한다.
$ax-a+2>0$의 해를 구하면 $ax>a-2$에서
(i) $a>0$인 경우,
$x>\dfrac{a-2}{a}$이므로

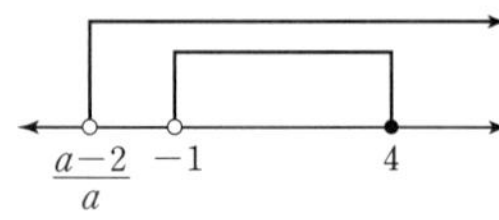

$\dfrac{a-2}{a} \le -1$, $a-2 \le -a$, $2a \le 2$, $a \le 1$
따라서, $0<a \le 1$이다.
(ii) $a<0$인 경우,
$x<\dfrac{a-2}{a}$이므로

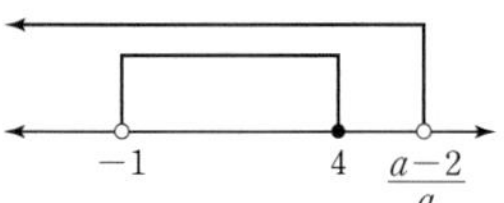

$4<\dfrac{a-2}{a}$, $4a>a-2$, $3a>-2$, $a>-\dfrac{2}{3}$
따라서, $-\dfrac{2}{3}<a<0$이다.
(iii) $a=0$인 경우, $0 \cdot x>-2$이므로 x는 모든 수이다.
따라서, $a=0$이다.
(i), (ii), (iii)에서 $\boldsymbol{-\dfrac{2}{3}<a \le 1}$이다.

다른풀이
$y=ax-a+2$라 하면 y는 x에 관한 일차함수이다.
(i) $a>0$인 경우
$x=-1$일 때 $y \ge 0$이면 $-1<x \le 4$에서 $y>0$이 된다.
즉, $a(-1)-a+2 \ge 0$, $a \le 1$
따라서, $0<a \le 1$이다.
(ii) $a<0$인 경우
$x=4$일 때 $y>0$이면 $-1<x \le 4$에서 $y>0$이 된다.
즉, $4a-a+2>0$, $a>-\dfrac{2}{3}$
따라서, $-\dfrac{2}{3}<a<0$이다.
(iii) $a=0$인 경우, $y=2>0$이므로 항상 성립한다.
(i), (ii), (iii)에서 $\boldsymbol{-\dfrac{2}{3}<a \le 1}$이다.
※ 이 풀이 방법은 V단원 일차함수에서 학습한다.

31 $x+2y+3z=4$ ……㉠
$2x+3y+4z=5$ ……㉡
㉠$\times 3-$㉡$\times 2$에서 $z=x+2$ ……㉢
㉢을 ㉠에 대입하여 정리하면 $y=-2x-1$ ……㉣
$x<2y<3z$에 ㉢, ㉣을 대입하여 정리하면
$x<-4x-2<3x+6$
(i) $x<-4x-2$에서 $x<-\dfrac{2}{5}$
(ii) $-4x-2<3x+6$에서 $x>-\dfrac{8}{7}$
(i), (ii)에서 $\boldsymbol{-\dfrac{8}{7}<x<-\dfrac{2}{5}}$이다.

32 $3<\left[\dfrac{x}{4}-1\right]<6$에서
$\left[\dfrac{x}{4}-1\right]=4$ 또는 $\left[\dfrac{x}{4}-1\right]=5$이므로
$4-\dfrac{1}{2} \le \dfrac{x}{4}-1<5+\dfrac{1}{2}$, $\dfrac{7}{2} \le \dfrac{x}{4}-1<\dfrac{11}{2}$,
$\dfrac{9}{2} \le \dfrac{x}{4}<\dfrac{13}{2}$
따라서, $\boldsymbol{18 \le x<26}$이다.

33 $\dfrac{1}{a}+\dfrac{1}{b}+\dfrac{1}{c}$
$=\dfrac{a+4b+9c}{a}+\dfrac{a+4b+9c}{b}+\dfrac{a+4b+9c}{c}$
$=1+\dfrac{4b+9c}{a}+4+\dfrac{a+9c}{b}+9+\dfrac{a+4b}{c}$
$=14+\left(\dfrac{4b}{a}+\dfrac{a}{b}\right)+\left(\dfrac{9c}{a}+\dfrac{a}{c}\right)+\left(\dfrac{9c}{b}+\dfrac{4b}{c}\right)$
$\ge 14+2\sqrt{\dfrac{4b}{a}\cdot\dfrac{a}{b}}+2\sqrt{\dfrac{9c}{a}\cdot\dfrac{a}{c}}+2\sqrt{\dfrac{9c}{b}\cdot\dfrac{4b}{c}}$
$=14+4+6+12=$ **36**
(단, 등호는 $\dfrac{4b}{a}=\dfrac{a}{b}$, $\dfrac{9c}{a}=\dfrac{a}{c}$, $\dfrac{9c}{b}=\dfrac{4b}{c}$일 때, 즉
$a=2b=3c=\dfrac{1}{6}$일 때, 성립)

34 오른쪽 그림과 같이 한 변의 길이가 1인 정사각형을 OABC, $\overline{\mathrm{OP}}=x$, $\overline{\mathrm{OR}}=y$라 하면

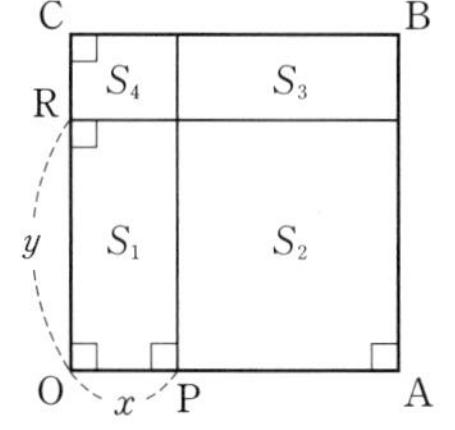

$x=x\times1=S_1+S_4$,

$y=y\times1=S_1+S_2$,

$xy=S_1$이고

$S_1+S_2+S_3+S_4=1$이므로

$(1+xy)-(x+y)$

$=(S_1+S_2+S_3+S_4+S_1)-(S_1+S_4+S_1+S_2)$

$=S_3>0$

따라서, $xy+1>x+y$이다.

다른풀이

$(xy+1)-(x+y)>0$임을 보이면 된다.

$x<1$, $y<1$, 즉 $x-1<0$, $y-1<0$이므로

$xy-x-y+1=x(y-1)-(y-1)=(x-1)(y-1)>0$

따라서, $xy+1>x+y$이다.

35 $\dfrac{b}{a}-\dfrac{b+m}{a+m}=\dfrac{b(a+m)-a(b+m)}{a(a+m)}$

$=\dfrac{ab+bm-ab-am}{a(a+m)}$

$=\dfrac{m(b-a)}{a(a+m)}$

이때, $b-a<0$이므로 $\dfrac{m(b-a)}{a(a+m)}<0$

$\dfrac{1}{2}<\dfrac{2}{3}$, $\dfrac{3}{4}<\dfrac{4}{5}$, $\cdots$, $\dfrac{99}{100}<\dfrac{100}{101}$ ……㉠

㉠의 각각에 대하여 (좌변)<(우변)이고, 좌변들의 곱과 우변들의 곱을 각각 S, T라 하면 $S<T$이므로

$S^2<S\cdot T=\dfrac{1}{2}\times\dfrac{2}{3}\times\dfrac{3}{4}\times\dfrac{4}{5}\times\cdots\times\dfrac{99}{100}\times\dfrac{100}{101}$

$=\dfrac{1}{101}<\dfrac{1}{100}$

따라서, $S^2<\dfrac{1}{100}$이므로 $S<\dfrac{1}{10}$이다.

36

Y(y)	S_4	S_3	S_3
$\frac{x+y}{2}$	S_4	S_3	S_3
X(x)	S_1	S_2	S_2
O	A(a)	$\frac{a+b}{2}$	B(b)

$\overline{\mathrm{OA}}=a$, $\overline{\mathrm{OB}}=b$, $\overline{\mathrm{OX}}=x$, $\overline{\mathrm{OY}}=y$, $\overline{\mathrm{OP}}=\dfrac{a+b}{2}$,

$\overline{\mathrm{OQ}}=\dfrac{x+y}{2}$라 하면 위의 그림에서

$\dfrac{a+b}{2}\cdot\dfrac{x+y}{2}=S_1+S_2+S_3+S_4$

$ax+by=S_1+(S_1+2S_2+4S_3+2S_4)$

$=2(S_1+S_2+S_3+S_4)+2S_3$

$\dfrac{ax+by}{2}-\dfrac{a+b}{2}\cdot\dfrac{x+y}{2}$

$=S_1+S_2+S_3+S_4+S_3-(S_1+S_2+S_3+S_4)$

$=S_3\geq0$

따라서, $\dfrac{ax+by}{2}\geq\dfrac{a+b}{2}\cdot\dfrac{x+y}{2}$이다.

다른풀이

$\dfrac{ax+by}{2}-\dfrac{a+b}{2}\cdot\dfrac{x+y}{2}=\dfrac{ax+by}{2}-\dfrac{ax+by+bx+ay}{4}$

$=\dfrac{ax+by-(bx+ay)}{4}$

$=\dfrac{a(x-y)-b(x-y)}{4}$

$=\dfrac{(a-b)(x-y)}{4}$

이때, $0<a\leq b$, $0<x\leq y$에서 $a-b\leq0$, $x-y\leq0$이므로

$\dfrac{(a-b)(x-y)}{4}\geq0$이다.

따라서, $\dfrac{ax+by}{2}\geq\dfrac{a+b}{2}\cdot\dfrac{x+y}{2}$이다.

37 실수 x에 대하여 $[x]$는 x를 넘지 않는 최대의 정수이므로 $[x]=k$라 하면(단, k, n은 정수)

$k\leq x<k+1$, $k-n\leq x-n<k+1-n$

$k-n\leq x-n<k-n+1$

즉, $[x-n]=k-n=[x]-n$

연립방정식 $\begin{cases}y=2[x]+3\\y=3[x-2]+5\end{cases}$에서

$\begin{cases}y=2[x]+3 & \cdots\cdots㉠\\y=3([x]-2)+5 & \cdots\cdots㉡\end{cases}$

㉠−㉡에서 $[x]=4$이므로 $4\leq x<5$

㉠에서 $y=2\cdot4+3=11$

이때, x는 정수가 아니므로 $4<x<5$, $y=11$

따라서, $\mathbf{6<y-x<7}$이다.

38 서현이가 x월, y일에 태어났다고 하면

$2(5y-4)+x=232$이므로 $x=240-10y$ ……㉠

이때, x와 y는 자연수이고 그 범위는

$1\leq x\leq12$, $1\leq y\leq31$ ……㉡

㉠을 ㉡에 의하여 $1\leq240-10y\leq12$이고

이것을 풀면 $22.8\leq y\leq23.9$이므로 $y=23$ ……㉢

㉢을 ㉠에 대입하면 $x=10$이다.

따라서, 서현이의 생일은 **10월 23일**이다.

39 물의 속력이 시속 2km이므로 내려갈 때의 배의 속력은 $23+2=25$(km/시)이고, 올라올 때의 배의 속력은 $(x-2)$km/시이다.

두 지점을 8시간 이내에 왕복하려면

$\frac{100}{25}+\frac{100}{x-2}\leq 8$이므로

$\frac{100}{x-2}\leq 4$, $\frac{25}{x-2}\leq 1$

이때, $x-2>0$이므로

$x-2\geq 25$에서 $x\geq 27$이다.

따라서, 올라올 때는 **시속 27km 이상**이어야 한다.

40 4%, 5%, 8%의 소금물을 각각 xg, yg, zg 더하여 6%의 소금물 300g을 만든다고 하면

$x+y+z=300$ ……㉠

$0.04x+0.05y+0.08z=0.06\times 300$에서

$4x+5y+8z=1800$ ……㉡

x, y의 값의 범위에서 z의 값의 범위를 구해야 한다.

㉠×5−㉡에서 $x-3z=-300$이므로

$x=3z-300$이다.

그런데 $0\leq x\leq 100$이므로

$0\leq 3z-300\leq 100$이다.

즉, $100\leq z\leq \frac{400}{3}$ ……㉢

㉡−㉠×4에서 $y+4z=600$이므로

$y=-4z+600$이다.

그런데 $0\leq y\leq 100$이므로

$0\leq -4z+600\leq 100$이다.

즉, $125\leq z\leq 150$ ……㉣

㉢, ㉣에서 $125\leq z\leq \frac{400}{3}$이다.

따라서, 8%의 소금물은 $\mathbf{\frac{400}{3}}$**g**까지 사용할 수 있다.

P. 86~87

특목고 구술·면접 대비 문제

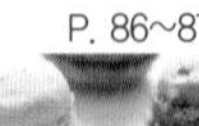

1 풀이 참조	**2** $3<a\leq 4$	**3** 392
4 $a=-1$, $b=2$	**5** 풀이 참조	**6** $a\geq 1$

1 $(a-b)x>a-b$에서

(i) $a=b$인 경우, $0\cdot x>0$이므로 해는 없다.

(ii) $a\neq b$인 경우, $a>b$이면 $x>1$, $a<b$이면 $x<1$이다.

2 연립부등식 $\begin{cases}2x-3<5\\x+1\geq a\end{cases}$, 즉 $\begin{cases}x<4 & \cdots\cdots㉠\\x\geq a-1 & \cdots\cdots㉡\end{cases}$ 에서

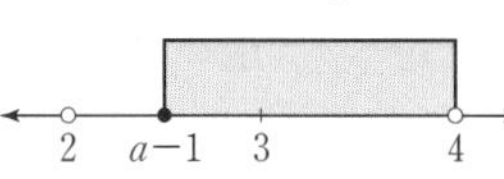

$a-1\leq x<4$에 속하는 정수가 1개뿐이므로

$2<a-1\leq 3$이다.

따라서, $\mathbf{3<a\leq 4}$이다.

3 a는 백의 자리의 숫자이므로 $1\leq a\leq 9$

b는 십의 자리의 숫자이므로 $0\leq b\leq 9$

c는 일의 자리의 숫자이고, $c>0$이므로 $1\leq c\leq 9$

$b>2a+c$를 만족하는 b의 가장 큰 수는 $b=9$일 때이고, $c>0$이므로 $2a+c\leq 8$에서 a의 가장 큰 수가 3이면 c의 가장 큰 수는 2이다.

따라서, N의 최댓값은 **392**이다.

4 $|ax+1|\geq 0$이므로 $b\geq 0$

따라서, $-b\leq ax+1\leq b$에서 $-b-1\leq ax\leq b-1$이다.

(i) $a>0$인 경우,

$\frac{-b-1}{a}\leq x\leq \frac{b-1}{a}$이 $-1\leq x\leq 3$과 같아야 하므로

$\frac{-b-1}{a}=-1$ ……㉠

$\frac{b-1}{a}=3$ ……㉡

㉠, ㉡을 연립하여 풀면 $a=-1$, $b=-2$

그런데 $a>0$, $b\geq 0$이므로 모순이다.

(ii) $a<0$인 경우,

$\frac{b-1}{a}\leq x\leq \frac{-b-1}{a}$이 $-1\leq x\leq 3$과 같아야 하므로

$\frac{b-1}{a}=-1$ ……㉢

$\frac{-b-1}{a}=3$ ……㉣

㉢, ㉣을 연립하여 풀면 $a=-1$, $b=2$

이것은 $a<0$, $b\geq 0$이라는 조건에 적합하다.

따라서, $\mathbf{a=-1}$, $\mathbf{b=2}$이다.

5 오른쪽 그림에서

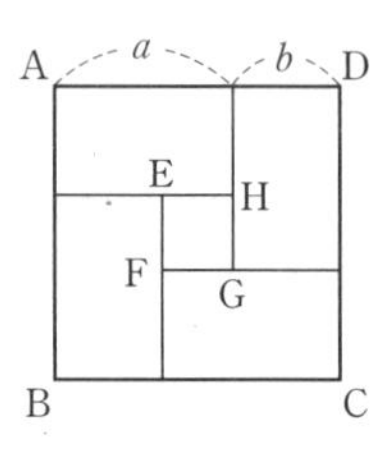

$\overline{EH}=\overline{EF}=\overline{FG}=\overline{HG}=a-b$

이므로 $\square EFGH=(a-b)^2$

또, $\square ABCD=(a+b)^2$이므로

$\square ABCD-\square EFGH$

$=(a+b)^2-(a-b)^2$

$=a^2+2ab+b^2-(a^2-2ab+b^2)$

$=4ab$

□ABCD ≥ □ABCD − □EFGH ……㉠

즉, $(a+b)^2 \geq 4ab$이고 $a>0$, $b>0$이므로

$a+b \geq 2\sqrt{ab}$

따라서, $\frac{a+b}{2} \geq \sqrt{ab}$이다.

그림에서 $a=b$이면 ㉠에서 □EFGH$=0$이므로

$(a+b)^2=4ab$에서

$\frac{a+b}{2}=\sqrt{ab}$이다.

즉, $a=b$일 때, 등호가 성립한다.

6 (i) $x \geq 0$인 경우,

$x=ax+1$, $(a-1)x=-1$

$a=1$이면 해가 없으므로 양의 근이 없다는 조건에 적합하다.

$a \neq 1$이면 $x=\frac{-1}{a-1}$인데 양의 근이 없고 음의 근이 있어야 하므로 $\frac{-1}{a-1}<0$, $a-1>0$에서 $a>1$이다.

따라서, $a \geq 1$이다.

(ii) $x<0$인 경우,

$-x=ax+1$, $(a+1)x=-1$

$a=-1$이면 $0 \cdot x=-1$이므로 모순이다.

$a \neq -1$이면 $x=\frac{-1}{a+1}$인데 양의 근이 없고 음의 근이 있어야 하므로 $\frac{-1}{a+1}<0$, $a+1>0$에서 $a>-1$이다.

따라서, $a>-1$이다.

(i), (ii)에서 $\boldsymbol{a \geq 1}$이다.

다른풀이

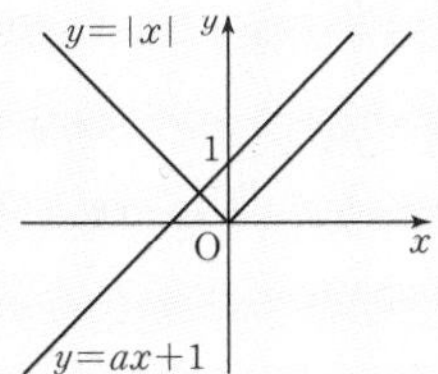

V단원에서 학습하는 일차함수로 문제를 풀 수도 있다 즉, $y=|x|$, $y=ax+1$의 두 그래프가 $x<0$인 범위에서 만날 때의 a의 값의 범위를 구하면 된다.

$y=ax+1$의 그래프는 x, y의 값에 관계없이 항상 점 $(0, 1)$을 지난다.

따라서, 위의 그림을 보면 a의 값의 범위는 $a \geq 1$이다.

P. 88~91

시·도 경시 대비 문제

1 $a<c \leq b$

2 $x=3$, $y=4$, $z=12$ 또는 $x=3$, $y=5$, $z=30$

3 풀이 참조　**4** $a=3$일 때, 최댓값 $\frac{1}{6}$

5 $(-1, 1)$, $(-1, 2)$, $(0, 2)$　**6** 풀이 참조

7 -9

8 (1) $x_i^2-(a+b)x_i+ab \leq 0$　(2) 풀이 참조

9 (1) $1-a_i<1-a_i^2$　(2) $1-a_i>(1-a_i)^2$　(3) $A>B$

10 $\frac{1}{a+b}<x \leq \frac{b+1}{a+b}$

11 (1) 풀이 참조　(2) $a=2$, $b=3$, $c=5$

12 $a=1$, $b=2$, $c=3$

1 $0<a<1$이므로

$b=\frac{1}{2}\left(a+\frac{1}{a}\right) \geq \frac{1}{2} \cdot 2\sqrt{a \cdot \frac{1}{a}}=1$, 즉 $b \geq 1$

$c=\frac{1}{2}\left(b+\frac{1}{b}\right) \geq \frac{1}{2} \cdot 2\sqrt{b \cdot \frac{1}{b}}=1$, 즉 $c \geq 1$

$b-c=b-\frac{1}{2}\left(b+\frac{1}{b}\right)=\frac{b}{2}-\frac{1}{2b}=\frac{b^2-1}{2b}$

이때, $b \geq 1$이므로 $\frac{b^2-1}{2b} \geq 0$, 즉 $b \geq c$

따라서, $\boldsymbol{a<c \leq b}$이다.

2 $z>y>x \geq 3$에서 역수를 취하면 $\frac{1}{z}<\frac{1}{y}<\frac{1}{x} \leq \frac{1}{3}$

$\frac{1}{x}+\frac{1}{y}=\frac{1}{2}+\frac{1}{z}$에서

$\frac{1}{2}<\frac{1}{x}+\frac{1}{y}<\frac{1}{x}+\frac{1}{x}=\frac{2}{x}$

즉, $\frac{1}{2}<\frac{2}{x}$에서 $x<4$이므로 $x=3$

$\frac{1}{2}<\frac{1}{3}+\frac{1}{y}$에서 $\frac{1}{6}<\frac{1}{y}$, $y<6$

즉, $3<y<6$이므로 $y=4$ 또는 $y=5$

$y=4$일 때, $\frac{1}{3}+\frac{1}{4}=\frac{1}{2}+\frac{1}{z}$에서 $z=12$

$y=5$일 때, $\frac{1}{3}+\frac{1}{5}=\frac{1}{2}+\frac{1}{z}$에서 $z=30$

따라서, $\boldsymbol{x=3}$, $\boldsymbol{y=4}$, $\boldsymbol{z=12}$ **또는** $\boldsymbol{x=3}$, $\boldsymbol{y=5}$, $\boldsymbol{z=30}$

3 둔각삼각형이 될 조건은

$a+b>c$, $a^2+b^2<c^2$ ……㉠

이때, $a<b$에서

$a^2+a^2<20^2$, $a^2<200$, $a<14.14\cdots$이므로 $a \leq 14$

$a=14$를 ㉠에 대입하면

$14^2+b^2<20^2$, $b^2<204$, $b<14.28\cdots$이므로 $b=14$

그런데 $a<b$이므로 모순이다.
$a=13$을 ㉠에 대입하면
$13^2+b^2<20^2$, $b^2<231$, $b<15.19\cdots$이므로
$b=14$ 또는 $b=15$이다.
따라서, **a의 최댓값은 13이고 이때의 b의 값은 14 또는 15** 이다.

4 $\dfrac{a}{a^2+9}=\dfrac{1}{a+\dfrac{9}{a}}$이고

산술, 기하평균에 의하여 $a+\dfrac{9}{a}\ge 2\sqrt{a\times\dfrac{9}{a}}=6$이므로

$\dfrac{1}{a+\dfrac{9}{a}}\le\dfrac{1}{6}$이다.

등호가 성립하는 경우는 $a=\dfrac{9}{a}$, 즉 $a=3$일 때이다.

따라서, **$a=3$일 때, $\dfrac{a}{a^2+9}$의 최댓값은 $\dfrac{1}{6}$**이다.

다른풀이

$a=n$일 때, 최댓값을 가진다고 하면 다음이 성립한다.

$\dfrac{n}{n^2+9}\ge\dfrac{n-1}{(n-1)^2+9}$

$n^3-n^2+9n-9\le n^3-2n^2+10n$

$n^2-n-9\le 0$, $n(n-1)\le 9$

이때, n은 정수이므로 최대 정수는 3이 되어

$n=3=a$

따라서, **$a=3$일 때, $\dfrac{a}{a^2+9}$의 최댓값은** $\dfrac{3}{3^2+9}=\dfrac{3}{18}=\dfrac{1}{6}$이다.

5 $3x+y-3<0$ ……㉠
$x-y+1<0$ ……㉡
$3x-y+6>0$ ……㉢
㉠에서 $y<3-3x$
㉡에서 $x+1<y$
㉢에서 $y<3x+6$
㉠, ㉡에서 $x+1<y<3-3x$ ……㉣
㉡, ㉢에서 $x+1<y<3x+6$ ……㉤
㉣, ㉤에서 $x+1<3-3x$, $x+1<3x+6$
이것을 동시에 만족하는 x의 값의 범위는

$-\dfrac{5}{2}<x<\dfrac{1}{2}$이다.

그런데 x는 정수이므로 $x=-2, -1, 0$

(i) $x=-2$인 경우,
㉣에서 $-1<y<9$, ㉤에서 $-1<y<0$
따라서, 동시에 만족하는 정수 y는 없다.

(ii) $x=-1$인 경우,
㉣에서 $0<y<6$, ㉤에서 $0<y<3$
따라서, 동시에 만족하는 정수 y는 1 또는 2이다.

(iii) $x=0$인 경우,
㉣에서 $1<y<3$, ㉤에서 $1<y<6$
따라서, 동시에 만족하는 정수 y는 2이다.

(i), (ii), (iii)에서 만족하는 정수 (x, y)의 순서쌍은
$(-1, 1)$, $(-1, 2)$, $(0, 2)$이다.

6 $(a+2b)^2-9ab=a^2+4ab+4b^2-9ab$
$=a^2-5ab+4b^2$
$=a^2-ab-4ab+4b^2$
$=a(a-b)-4b(a-b)$
$=(a-b)(a-4b)$

$1\le a\le 2$ ……㉠

$\dfrac{1}{2}\le b\le 1$ ……㉡

$2\le 4b\le 4$ ……㉢

㉠, ㉡에서 $0\le a-b\le\dfrac{3}{2}$ ……㉣

㉠, ㉢에서 $-3\le a-4b\le 0$ ……㉤

㉣, ㉤에서 $(a-b)(a-4b)\le 0$

따라서, $(a+2b)^2\le 9ab$이다.

참고

부등식의 사칙연산

x, y의 값의 범위가 각각 $a<x<b$, $c<y<d$일 때,

① 덧셈

$$\begin{array}{r} a<x<b \\ +)\ c<y<d \\ \hline a+c<x+y<b+d \end{array}$$

② 뺄셈

$$\begin{array}{r} a<x<b \\ -)\ c<y<d \\ \hline a-d<x-y<b-c \end{array}$$

③ 곱셈

$$\begin{array}{r} a<x<b \\ \times)\ c<y<d \\ \hline (\text{최솟값})<xy<(\text{최댓값}) \end{array}$$

(ac, ad, bc, bd 중에서)

④ 나눗셈

$$\begin{array}{r} a<x<b \\ \times)\ c<y<d \\ \hline (\text{최솟값})<\dfrac{x}{y}<(\text{최댓값}) \end{array}$$

$\left(\dfrac{a}{c}, \dfrac{a}{d}, \dfrac{b}{c}, \dfrac{b}{d}\ \text{중에서}\right)$

7 $x+2\le\dfrac{4}{3}(x-2)$에서 $3x+6\le 4x-8$이므로

$x\ge 14$ ……㉠

$0.5(x+a)<0.2x-0.3$에서 $5x+5a<2x-3$이므로

$x<\dfrac{-5a-3}{3}$ ……㉡

이때, 연립부등식의 해가 무수히 많으므로 ㉠, ㉡에서

$\dfrac{-5a-3}{3}\ge 14$, $-5a-3\ge 42$

$-5a\ge 45$, $a\le -9$

따라서, a의 최댓값은 **-9**이다.

8 (1) $x_i^2-(a+b)x_i+ab=x_i^2-ax_i-bx_i+ab$

$=x_i(x_i-a)-b(x_i-a)$

$=(x_i-a)(x_i-b)$

이때, $a\le x_i\le b$이므로 $x_i-a\ge 0$, $x_i-b\le 0$에서

$(x_i-a)(x_i-b)\le 0$

따라서, $\boldsymbol{x_i^2-(a+b)x_i+ab\le 0}$ $(1\le i\le n)$

(2) $(x_1-a)(x_1-b)+(x_2-a)(x_2-b)$

$+\cdots+(x_n-a)(x_n-b)\le 0$

$\{x_1^2-(a+b)x_1+ab\}+\{x_2^2-(a+b)x_2+ab\}$

$+\cdots+\{x_n-(a+b)x_n+ab\}\le 0$

$(x_1^2+x_2^2+\cdots+x_n^2)$

$-(a+b)(x_1+x_2+\cdots+x_n)+nab\le 0$

즉, $1+0+nab\le 0$이므로

$ab\le -\dfrac{1}{n}$이다.

9 $0<a_i<1(i=1, 2, \cdots, 10)$이므로

$a_1>a_1a_2>a_1a_2a_3>\cdots>a_1a_2\cdots a_{10}$

(1) $a_i>0$, $a_i-1<0$이므로

$(1-a_i)-(1-a_i^2)=a_i^2-a_i=a_i(a_i-1)<0$

따라서, $\boldsymbol{1-a_i<1-a_i^2}$이다.

(2) $0<a_i<1$에서 $-1<-a_i<0$, $0<1-a_i<1$이므로

$\boldsymbol{1-a_i>(1-a_i)^2}$

(3) $1-a_1<1-a_1a_2<\cdots<1-a_1a_2\cdots a_{10}$ ……㉠

$1-a_1>(1-a_1)(1-a_2)>\cdots$

$>(1-a_1)(1-a_2)\cdots(1-a_{10})$ ……㉡

㉠, ㉡에서 $1-a_1a_2\cdots a_{10}>(1-a_1)(1-a_2)\cdots(1-a_{10})$

따라서, $\boldsymbol{A>B}$이다.

10 $0<x+y\le 1$의 양변에 양수 b를 곱하면

$0<bx+by\le b$ ……㉠

$ax-by=1$에서 $by=ax-1$ ……㉡

㉡을 ㉠에 대입하면

$0<bx+ax-1\le b$, $1<(a+b)x\le b+1$

$a+b>0$이므로 양변을 $a+b$로 나누면

$\boldsymbol{\dfrac{1}{a+b}<x\le\dfrac{b+1}{a+b}}$이다.

11 (1) $(ab-1)(bc-1)(ca-1)$

$=(ab^2c-ab-bc+1)(ca-1)$

$=a^2b^2c^2-ab^2c-a^2bc+ab-abc^2+bc+ac-1$

$=a^2b^2c^2-abc(a+b+c)+(ab+bc+ca)-1$

$=abc\{abc-(a+b+c)\}+(ab+bc+ca)-1$

$(ab-1)(bc-1)(ca-1)$이 abc로 나누어 떨어지므로

$ab+bc+ca-1$도 abc로 나누어 떨어진다.

(2) $ab+bc+ca-1=abc\cdot N$ (N은 자연수)

이고 $2\le a<b<c$이므로

$N=\dfrac{1}{a}+\dfrac{1}{b}+\dfrac{1}{c}-\dfrac{1}{abc}<\dfrac{1}{2}+\dfrac{1}{2}+\dfrac{1}{2}=\dfrac{3}{2}$

따라서, $N=1$이므로 $ab+bc+ca-1=abc$ ……㉠

㉠의 양변을 bc로 나누면

$a=\dfrac{a}{c}+1+\dfrac{a}{b}-\dfrac{1}{bc}<1+1+1-\dfrac{1}{bc}=3-\dfrac{1}{bc}<3$

따라서, $2\le a<3$이므로 $a=2$이다.

$a=2$를 ㉠에 대입하면

$2b+bc+2c-1=2bc$, $bc-2b-2c+1=0$,

$b(c-2)-2(c-2)=3$, $(b-2)(c-2)=3$

이때, $b<c$이므로 $b-2=1$, $c-2=3$에서

$b=3$, $c=5$이다.

따라서, $\boldsymbol{a=2, b=3, c=5}$이다.

12 $abc=a+b+c$ (a, b, c는 양의 정수) ……㉠

$1\le a\le b\le c$이므로 ……㉡

$c\le abc=a+b+c\le c+c+c=3c$, $c\le abc\le 3c$에서

$1\le ab\le 3$이다.

(i) $ab=1$인 경우, ㉡에서 $a=b=1$이고

㉠에서 $c=2+c$이므로 모순이다.

(ii) $ab=2$인 경우, ㉡에서 $a=1$, $b=2$이고

㉠에서 $2c=3+c$이므로 $c=3$이다.

(iii) $ab=3$인 경우, ㉡에서 $a=1$, $b=3$이고

㉠에서 $3c=4+c$이므로 $c=2$이다.

이것은 $1\le a\le b\le c$에 모순이다.

(i), (ii), (iii)에 의하여 $\boldsymbol{a=1, b=2, c=3}$이다.

P. 92~93

올림피아드 대비 문제

1 $c>a>b$	**2** 풀이 참조
3 $p=8$, $q=26$	**4** $p=1$, $l=5$, $m=2$, $n=1$

1 $a^2-a-2b-2c=0$ ……㉠

$a+2b-2c+3=0$ ……㉡

㉠+㉡에서

$a^2-4c+3=0$, $4c=a^2+3$

위의 식의 양변에서 $4a$를 빼면

$4(c-a)=a^2-4a+3=a^2-a-3a+3$

$=a(a-1)-3(a-1)$

$=(a-3)(a-1)$ ……㉢

㉠에서 $a^2-a=2(b+c)$ ……㉣

㉡에서 $a+3=2(c-b)$ ……㉤

㉣－㉤에서

$4b=a^2-2a-3=a^2-3a+a-3$

$=a(a-3)+(a-3)$

$=(a-3)(a+1)>0$ ……㉥

즉, $a>3$이다.

따라서, ㉢으로부터 $4(c-a)>0$이므로 $c>a$

또, ㉥과 $3<a<5$에 의하여

$4b-4a=a^2-2a-4a-3=a^2-6a-3$

$4(b-a)=a^2-3a-3a+9-3-9$

$=a(a-3)-3(a-3)-12$

$=(a-3)^2-12<0$

이때, $3<a<5$이므로 $(a-3)^2-12<0$이다.

즉, $4(b-a)<0$에서 $a>b$이다.

따라서, $\boldsymbol{c>a>b}$이다.

2 주어진 조건에서

$a_1\le a_2\le\cdots\le a_k<0<a_{k+1}\le\cdots\le a_{n-1}\le a_n$을 만족시키는 $a_k(1\le k\le n-1)$가 존재한다. 이때,

$a_1+2a_2+\cdots+ka_k\ge k(a_1+a_2+\cdots+a_k)$ ……㉠

$(k+1)a_{k+1}+(k+2)a_{k+2}+\cdots+na_n$

$\ge(k+1)(a_{k+1}+a_{k+2}+\cdots+a_n)$

$>k(a_{k+1}+a_{k+2}+\cdots+a_n)$ ……㉡

㉠, ㉡에 의하여

$a_1+2a_2+\cdots+na_n>k(a_1+a_2+\cdots+a_n)=k\cdot0=0$

따라서, $a_1+2a_2+3a_3+\cdots+na_n>0$이다.

3 $a+2b+2\ge P$ ……㉠

$b+2c+1\ge P$ ……㉡

$c+2a-3\ge P$ ……㉢

$a+b+c=8$ ……㉣

㉠+㉡+㉢에서

$(a+b+c)+2(a+b+c)\ge3P$, $a+b+c\ge P$

㉣에 의하여 $8\ge P$

따라서, P의 최댓값은 8이다.

$a+2b+2=8$에서 $b=3-\frac{1}{2}a$ ……㉤

$c+2a-3=8$에서 $c=11-2a$ ……㉥

㉤, ㉥을 ㉣에 대입하면 $a+3-\frac{1}{2}a+11-2a=8$이므로

$-\frac{3}{2}a=-6$에서 $a=4$

$a=4$를 ㉤에 대입하면 $b=1$

$a=4$를 ㉥에 대입하면 $c=3$

따라서, $a^2+b^2+c^2=4^2+1^2+3^2=26$이므로

$\boldsymbol{p=8}$, $\boldsymbol{q=26}$이다.

4 전체 일의 양을 1이라 하고 갑, 을, 병이 혼자서 일을 마치는 데 걸리는 시간을 각각 a, b, c라 하면

$\frac{l}{a}=\frac{1}{b}+\frac{1}{c}$에서 $l=\frac{a}{b}+\frac{a}{c}=\frac{ac+ab}{bc}$이고

$l+1=\frac{ac+ab}{bc}+1=\frac{ac+ab+bc}{bc}$이므로

$\frac{1}{l+1}=\frac{bc}{ab+bc+ca}$

같은 방법으로

$\frac{m}{b}=\frac{1}{c}+\frac{1}{a}$이므로 $\frac{1}{m+1}=\frac{ca}{ab+bc+ca}$

$\frac{n}{c}=\frac{1}{a}+\frac{1}{b}$이므로 $\frac{1}{n+1}=\frac{ab}{ab+bc+ca}$

따라서, $\frac{1}{l+1}+\frac{1}{m+1}+\frac{1}{n+1}=1$ ……㉠

또, $l>m>n$이므로

$\frac{1}{l+1}<\frac{1}{m+1}<\frac{1}{n+1}$

$1=\frac{1}{l+1}+\frac{1}{m+1}+\frac{1}{n+1}$

$<\frac{1}{n+1}+\frac{1}{n+1}+\frac{1}{n+1}=\frac{3}{n+1}$

즉, $1<\frac{3}{n+1}$이므로 $n+1<3$에서 $n<2$이다.

이때, n은 자연수이므로 $n=1$이므로

$n=1$을 ㉠에 대입하면

$\frac{1}{l+1}+\frac{1}{m+1}+\frac{1}{2}=1$

$\frac{1}{l+1}+\frac{1}{m+1}=\frac{1}{2}$

$\frac{1}{2}=\frac{1}{l+1}+\frac{1}{m+1}<\frac{1}{m+1}+\frac{1}{m+1}=\frac{2}{m+1}$

즉, $\frac{1}{2}<\frac{2}{m+1}$이므로 $m+1<4$에서 $m<3$이다.

이때, m은 자연수이고 $m>n$이므로 $m=2$이다.

$n=1$, $m=2$를 ㉠에 대입하면

$\frac{1}{l+1}+\frac{1}{3}+\frac{1}{2}=1$이므로 $\frac{1}{l+1}=\frac{1}{6}$에서

$l=5$이다.

따라서, $\boldsymbol{p=1}$, $\boldsymbol{l=5}$, $\boldsymbol{m=2}$, $\boldsymbol{n=1}$이다.

V 일차함수

P. 98~111

특목고 대비 문제

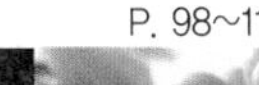

1 $y=-2x+2$ **2** -4 **3** -7 **4** -5

5 제2사분면 **6** $y=\frac{1}{2}x+\frac{7}{2}$ **7** $-\frac{6}{5}$

8 6 **9** $-\frac{3}{4}$ **10** $y=-6x-\frac{2}{3}$

11 $-3\le a\le -2$ **12** -44 **13** 4 **14** -12

15 125000 **16** 9 **17** 3 **18** 제 2, 3, 4사분면

19 8 **20** 2 **21** $\left(\frac{1}{2}, \frac{1}{2}\right)$ **22** $\frac{5}{2}$

23 $(6, 10)$ **24** (1) $1\le m\le 3$ (2) $(m-1)(m-3)>0$

25 $a>1$ **26** $y=\frac{6}{5}x+\frac{3}{5}$ **27** $\frac{24}{7}$ **28** $m\le 1$

29 155 **30** $y=\frac{5}{11}x+\frac{20}{11}$ **31** $4<y<11$

32 2 **33** 8 **34** $a+3b=3$

35 $f(x)=-|x-1|+1$ **36** $y=-\frac{2}{15}x+4$

37 $(4, 0)$ **38** $-\frac{1}{5}$ **39** 35℃ **40** 2 **41** 2

42 $y=\frac{1}{20}x+20$, 26cm

1 $y=2x-1$ ……㉠
㉠과 x축에 대하여 대칭인 그래프의 일차함수의 식은
$-y=2x-1$이므로 $y=-2x+1$ ……㉡
㉡을 x축의 방향으로 2만큼, y축의 방향으로 -3만큼 평행이동한 그래프의 일차함수의 식은
$y+3=-2(x-2)+1$
따라서, $\boldsymbol{y=-2x+2}$이다.

2 $y=-3x+2 \xrightarrow{y\text{축 방향으로 }a} y-a=-3x+2$ ……㉠
㉠에 $(0, 0)$을 대입하면 $-a=2$이므로 $a=-2$
$y=-3x+2 \xrightarrow{x\text{축 방향으로 }b} y=-3(x-b)+2$
$=-3x+3b+2$
$3b+2=8$이므로 $b=2$이다.
따라서, $ab=(-2)\cdot 2=\boldsymbol{-4}$

3 $y=2ax-b$ ……㉠
$y=-6x+1$ ……㉡
$y=3x+4$ ……㉢
㉠과 ㉡이 평행하므로 $2a=-6$에서
$a=-3$이다.
㉠과 ㉢이 y축 위의 한 점에서 만나므로 y절편이 서로 같다.
즉, $-b=4$이므로 $b=-4$이다.
따라서, $a+b=-3-4=\boldsymbol{-7}$이다.

4 $y-p=ax+2$ ……㉠
㉠이 점 $(3, 1)$, $(5, 5)$를 지나므로
$1-p=3a+2$ ……㉡
$-5-p=5a+2$ ……㉢
㉡－㉢을 하면 $-4=-2a$에서 $a=2$이다.
$a=2$를 ㉡에 대입하면 $1-p=6+2$에서 $p=-7$이다.
따라서, $a+p=2-7=\boldsymbol{-5}$

5 주어진 그래프에서
$a<0$, $b<0$이므로
$y=abx-\frac{b}{a}$에서
기울기 $ab>0$이고
y절편 $-\frac{b}{a}<0$이다.

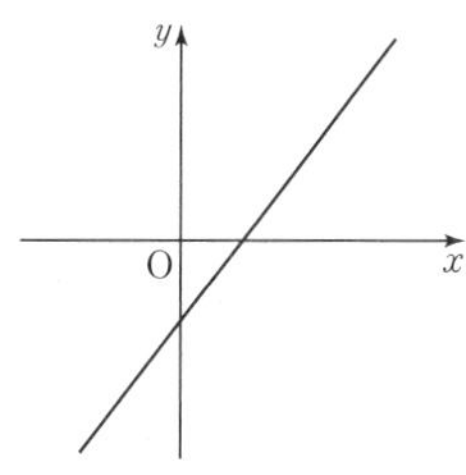

따라서, 그래프를 그려보면 위의 그림과 같다.
즉, **제2사분면**을 지나지 않는다.

6 $\begin{cases} y=x+2 & \cdots\cdots ㉠ \\ y=2x-1 & \cdots\cdots ㉡ \\ 2x+y=1 & \cdots\cdots ㉢ \end{cases}$
㉠, ㉡을 연립하면 $x+2=2x-1$이므로 $x=3$이다.
$x=3$을 ㉠에 대입하면
$y=3+2=5$이다.
즉, 교점은 $(3, 5)$이다.
구하는 직선의 방정식을 $y=mx+b$라 하면
㉢에 수직이이므로 $-2\times m=-1$에서
$m=\frac{-1}{-2}=\frac{1}{2}$이다.
따라서, 구하는 직선은 $y-5=\frac{1}{2}(x-3)$, 즉
$\boldsymbol{y=\frac{1}{2}x+\frac{7}{2}}$이다.

7 두 일차함수 $y=2x+6$,
$y=ax+6$의 그래프를
그리면 오른쪽 그림과 같다.
따라서, 두 일차함수의
그래프와 x축으로 둘러싸인
도형의 넓이는
$24=\frac{1}{2}\left(-\frac{6}{a}+3\right)\times 6$이므로

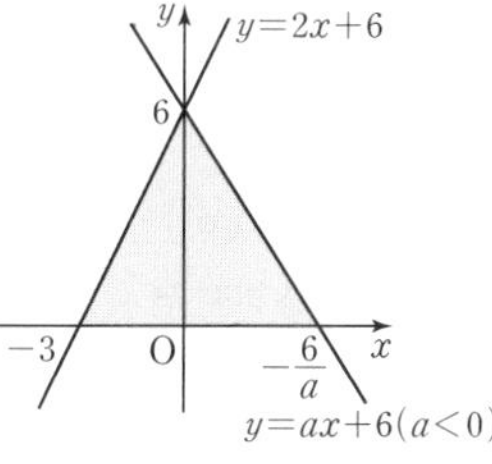

$8=3-\frac{6}{a}$, $\frac{6}{a}=-5$

따라서, $a=-\mathbf{\frac{6}{5}}$이다.

8 y축에 평행인 그래프는 $x=k$의 꼴이어야 하므로 이 직선 위의 모든 x의 값은 같아야 한다. 즉, $a=2a-6$이다.
따라서, $a=\mathbf{6}$이다.

9 $y=\frac{3}{4}x+3$에서
$x=0$일 때 $y=3$, $y=0$일 때 $x=-4$이므로
$\mathrm{A}(0,\ 3)$, $\mathrm{B}(-4,\ 0)$이다.
$\triangle$ABO의 넓이를 이등분하려면 빗변의 중점, 즉 점 A, B의 중점인 $\left(-2,\ \frac{3}{2}\right)$을 지나야 하므로
$y=mx$에서 $\frac{3}{2}=-2m$이다.
따라서, $m=-\mathbf{\frac{3}{4}}$이다.

10 $\begin{cases} y=-3ax+3a & \cdots\cdots ㉠ \\ y=\frac{1}{3}x+\frac{b}{2} & \cdots\cdots ㉡ \end{cases}$

㉠, ㉡이 일치하므로
$-3a=\frac{1}{3}$에서 $a=-\frac{1}{9}$
$3a=\frac{b}{2}$에서 $b=6a=6\cdot\left(-\frac{1}{9}\right)=-\frac{2}{3}$
x절편이 $-\frac{1}{9}$이고, y절편이 $-\frac{2}{3}$인 직선은
$\frac{x}{-\frac{1}{9}}+\frac{y}{-\frac{2}{3}}=1$이므로
$-9x-\frac{3}{2}y=1$, $\frac{3}{2}y=-9x-1$
따라서, $\boldsymbol{y=-6x-\frac{2}{3}}$이다.

11 ($\overleftrightarrow{\mathrm{CA}}$의 기울기)$\le a\le$($\overleftrightarrow{\mathrm{CB}}$의 기울기)
일 때, 직선이 선분 AB와 만난다.
$\mathrm{A}(1,1)$, $\mathrm{B}(3,-2)$, $\mathrm{C}(0,4)$이므로
(i) ($\overleftrightarrow{\mathrm{CA}}$의 기울기)$=\frac{1-4}{1-0}=-3$
(ii) ($\overleftrightarrow{\mathrm{CB}}$의 기울기)$=\frac{-2-4}{3-0}=-2$
따라서, $\boldsymbol{-3\le a\le -2}$이다.

12 $f(a)=-a$이므로 $-3a+16=-a$에서 $a=8$이고
$f(b)=b$이므로 $-3b+16=b$에서 $b=4$이다.
$f(a+b)=c$이므로 $f(12)=c$, $-36+16=c$에서
$c=-20$이다.
따라서, $f(|c|)=f(20)=-60+16=\mathbf{-44}$

13 $x=1$일 때, $y=2-a+1=3-a$
$x=3$일 때, $y=6-a+1=7-a$
$y=2x-a+1$은 증가함수이므로 $3-a\le4\le7-a$
$3-a\le4$에서 $a\ge-1$이고
$7-a\ge4$에서 $a\le3$이므로
$-1\le a\le3$이다.
따라서, $p=-1$, $q=3$이므로
$q-p=3-(-1)=\mathbf{4}$

14 세 점이 한 직선을 지나므로
$\frac{0-2}{a-0}=\frac{4-2}{b-0}$에서 $a=-b$이다.
주어진 세 점을 지나는 직선의 x절편, y절편이 각각 $a(a<0)$, 2이므로 이 직선과 x축, y축으로 둘러싸인 삼각형의 넓이는
$\frac{1}{2}\times(-a)\times2=6$에서
$a=-6$
따라서, $a-b=-6-6=\mathbf{-12}$

15 $500=2^2\times5^3$이므로 500의 약수 중 자기자신을 제외한 가장 큰 약수는 $2\times5^3=250$이다.
따라서, $f(500)=500\times\langle500\rangle=500\times250=\mathbf{125000}$

16 $y=ax+4$에 $x=1$, $y=1$을 대입하면
$1=a+4$이므로 $a=-3$이다.
따라서, $y=-3x+4$이다. ······㉠
㉠을 x축의 방향으로 3만큼, y축의 방향으로 2만큼 평행이동하면
$y-2=-3(x-3)+4$이므로
$y=-3x+15$ ······㉡
㉡이 $y=bx+c$가 되므로 $b=-3$, $c=15$이다.
따라서, $a+b+c=(-3)+(-3)+15=\mathbf{9}$

17 $y=m(x-1)$의 그래프를 y축의 방향으로 3만큼 평행이동하면 $y-3=m(x-1)$이고
다시 원점에 대하여 대칭이동하면
$-y-3=m(-x-1)$이다.
즉, $y=m(x+1)-3$ ······㉠
㉠이 원점을 지나므로 $0=m-3$에서
$m=\mathbf{3}$이다.

18 $ax+by+c=0$을 y에 관하여 정리하면
$y=-\frac{a}{b}x-\frac{c}{b}$이므로 $-\frac{a}{b}>0$, $-\frac{c}{b}>0$

이때, $a>0$이므로 $b<0$, $c>0$이다.

따라서, $ax-by+\frac{a}{c}=0$, 즉 $y=\frac{a}{b}x+\frac{a}{bc}$에서

$\frac{a}{b}<0$, $\frac{a}{bc}<0$이므로 그래프는 오른쪽 그림과 같다.

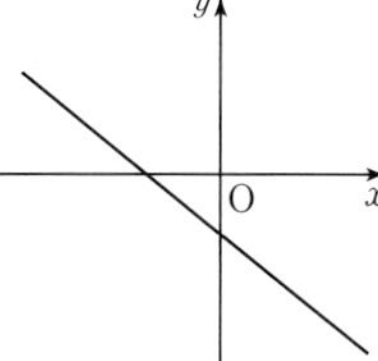

따라서, **제2, 3, 4사분면**을 지난다.

19 주어진 식에서 $y=-(a+1)x-b-2$이고

(기울기)$=-(a+1)=1$이므로

$a=-2$이다.

(y절편)$=-b-2=2$이므로

$b=-4$이다.

따라서, $ab=(-2)\times(-4)=\mathbf{8}$

20 점 $(-2,\ -4)$를 지나는 직선을 $y=m(x+2)-4$라 하자. 오른쪽 그래프에서 두 점 $(-2,\ -4)$, $(0,\ 0)$을 지나는 직선의 기울기가 2이므로 제 4사분면을 지나지 않으려면 기울기는 2보다 크거나 같고 (y절편)≥0이어야 한다.

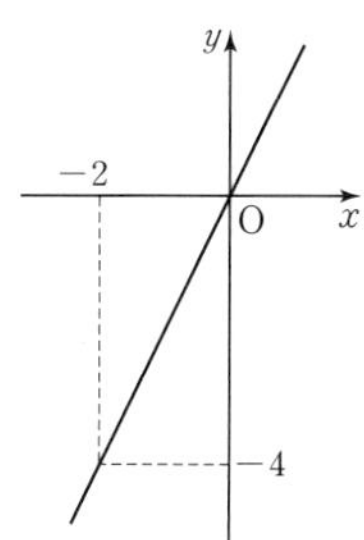

즉, $m\geq2$, $2m-4\geq0$이므로

$m\geq2$이다.

따라서, 구하는 직선의 기울기의 최솟값은 **2**이다.

21 $y=ax-1$  ⋯⋯㉠

㉠이 점 $\left(\frac{1}{3},\ 0\right)$을 지나므로 $0=\frac{1}{3}a-1$에서

$a=3$이다.

즉, 직선의 방정식은 $y=3x-1$이다.

구하는 점을 $(t,\ t)$라 하면 $t=3t-1$이므로

$2t=1$에서 $t=\frac{1}{2}$이다.

따라서, 구하는 점의 좌표는 $\left(\mathbf{\frac{1}{2},\ \frac{1}{2}}\right)$이다.

22 $mx+y=5$에서

$\begin{cases} x=0\text{일 때, } y=5 \\ y=0\text{일 때, } x=\frac{5}{m} \end{cases}$

이므로 x절편은 $\frac{5}{m}$, y절편은 5이다.

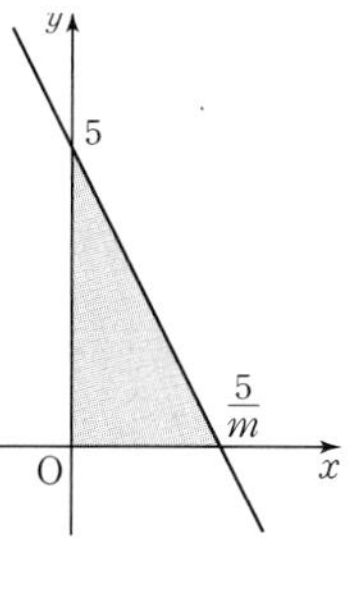

따라서, 삼각형의 넓이는

$\frac{1}{2}\times5\times\frac{5}{m}=5$이므로 $2m=5$에서

$m=\mathbf{\frac{5}{2}}$이다.

23 오른쪽 그림과 같이 평행사변형의 나머지 한 꼭짓점의 좌표를 $\mathrm{C}(a,\ b)$라 하면 $\overline{\mathrm{OC}}$의 중점과 $\overline{\mathrm{AB}}$의 중점은 일치한다. 즉,

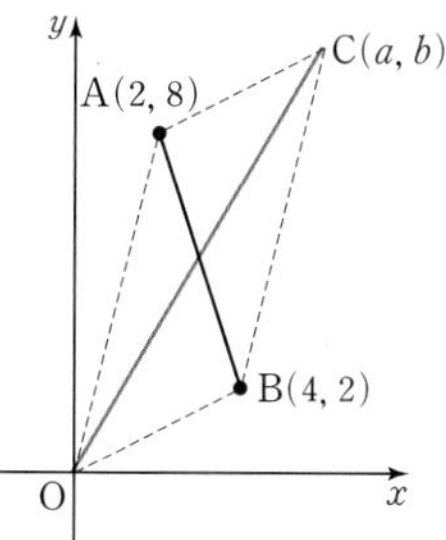

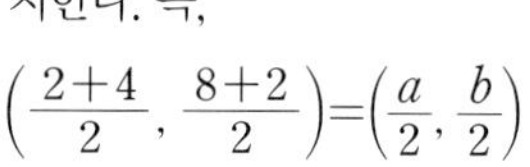

$\left(\frac{2+4}{2},\ \frac{8+2}{2}\right)=\left(\frac{a}{2},\ \frac{b}{2}\right)$

이므로 $a=6$, $b=10$이다.

따라서, 꼭짓점의 좌표는 $\mathbf{(6,\ 10)}$이다.

24 (1) y가 항상 양의 값을 가지려면 아래와 같은 그래프 모양이어야 한다.

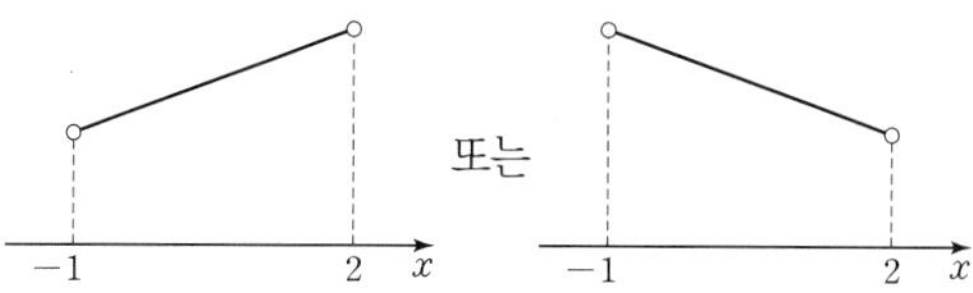

(i) $x=-1$일 때, $y=(4-2m)x+m+1$에서
$y=-4+2m+m+1\geq0$이므로 $3m\geq3$에서
$m\geq1$ ⋯⋯㉠

(ii) $x=2$일 때, $y=(4-2m)x+m+1$에서
$y=8-4m+m+1\geq0$이므로
$m\leq3$ ⋯⋯㉡

따라서, ㉠, ㉡을 동시에 만족하는 m의 값의 범위를 구하면 $\mathbf{1\leq m\leq3}$이다.

(2) y가 양의 값과 음의 값을 모두를 가지려면 아래와 같은 그래프 모양이어야 한다.

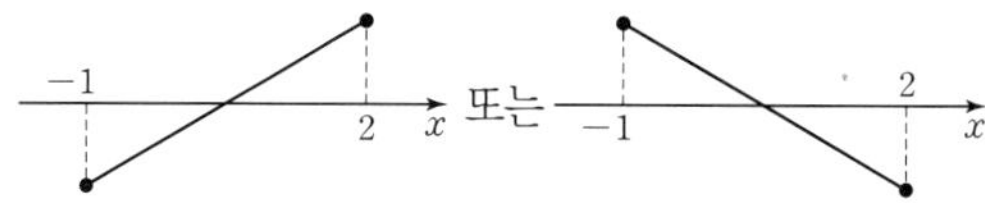

$f(x)=(4-2m)x+m+1$라 하면

$f(-1)f(2)<0$이어야 한다.

$f(-1)=(4-2m)(-1)+m+1$
$=2m-4+m+1=3m-3$

$f(2)=(4-2m)2+m+1$
$=8-4m+m+1=-3m+9$

이므로

$f(-1)f(2)=(3m-3)(-3m+9)<0$

따라서, $\mathbf{(m-1)(m-3)>0}$이다.

x에 관한 이차부등식이 $(x-\alpha)(x-\beta)\geq0$(단, $\alpha<\beta$)의 꼴로 나타내어지면 이 이차부등식의 해는 $x\leq\alpha$ 또는 $x\geq\beta$이고, $(x-\alpha)(x-\beta)\leq0$이면 $\alpha\leq x\leq\beta$이다.

25 □OABC를 이등분하려면 $y=ax+2$의 그래프가 점$(2, 4)$를 지나야 한다.
즉, $4=2a+2$에서 $a=1$이다.
따라서, 아랫부분의 넓이가 더 크려면 $\boldsymbol{a>1}$이어야 한다.

26 평행사변형은 두 대각선의 교점을 지나는 직선이 그 넓이를 이등분한다. 따라서, 각 사각형들의 대각선의 교점 $(2, 3)$과 $(-3, -3)$을 지나는 직선의 방정식을 구하면 된다. 이 직선의 방정식을 $y=ax+b$라 하면

$3=2a+b$ ……㉠

$-3=-3a+b$ ……㉡

㉠－㉡에서 $6=5a$이므로 $a=\frac{6}{5}$이고

㉠에서 $b=3-2\times\frac{6}{5}=\frac{3}{5}$이다.

따라서, 구하는 직선은 $\boldsymbol{y=\frac{6}{5}x+\frac{3}{5}}$이다.

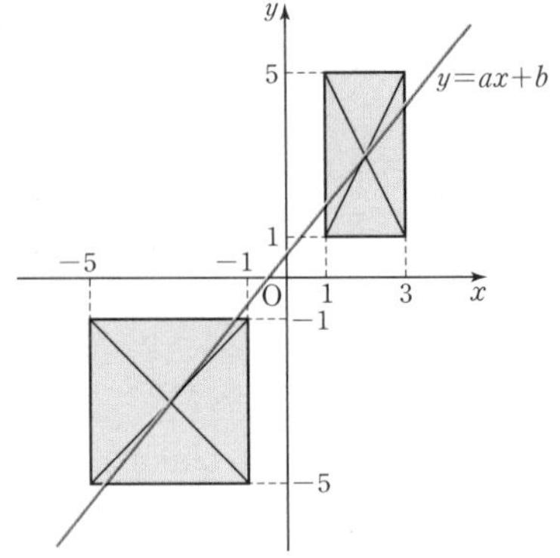

27 $P(a, b)$가 $\frac{x}{3}+\frac{y}{4}=1$ 위의 점이므로

$\frac{a}{3}+\frac{b}{4}=1$에서 $4a+3b=12$ ……㉠

또한, $\frac{a}{3}x+\frac{b}{4}y=1$에서 $y=-\frac{4a}{3b}x+\frac{4}{b}$이고 ……㉡

$\frac{x}{3}+\frac{y}{4}=1$에서 $y=-\frac{4}{3}x+4$이다. ……㉢

이때, ㉡, ㉢이 서로 평행하므로

$-\frac{4a}{3b}=-\frac{4}{3}$에서 $a=b$, $\frac{4}{b}\neq4$에서 $b\neq1$이다.

$a=b$를 ㉠에 대입하면 $7a=12$이다.

따라서, $a=\frac{12}{7}$, $b=\frac{12}{7}$이므로

$a+b=\boldsymbol{\frac{24}{7}}$이다.

28 $f(x)=mx+2m-3$으로 놓으면
$-1<x<1$에서 항상 $y<0$이 되려면
$f(-1)\leq0$, $f(1)\leq0$이다.

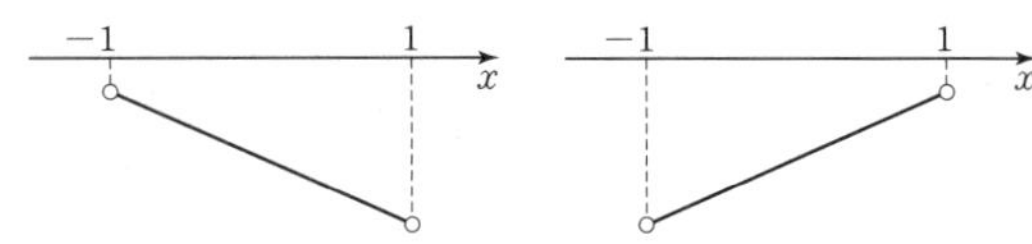

$f(-1)=-m+2m-3=m-3\leq0$이므로

$m\leq3$ ……㉠

$f(1)=m+2m-3=3m-3\leq0$이므로

$m\leq1$ ……㉡

따라서, ㉠, ㉡에서 $\boldsymbol{m\leq1}$이다.

29 $f(x+1)=3x+2$에서
$x+1=t$라 하면(단, t는 임의의 실수)
$x=t-1$이므로
$f(t)=3(t-1)+2=3t-1$
따라서, $f(1)+f(2)+f(3)+\cdots+f(9)+f(10)$
$=2+5+8+\cdots+26+29$
$=\mathbf{155}$

30 $\overline{AB}=4=\overline{CO}$이므로
점 C의 좌표는 $(-4, 0)$이다.
이때, 점 A의 좌표가 $(7, 5)$이므로 직선 AC의 방정식은

$y-0=\frac{5-0}{7-(-4)}(x+4)$, $y=\frac{5}{11}(x+4)$에서

$\boldsymbol{y=\frac{5}{11}x+\frac{20}{11}}$이다.

31 $x=0$일 때, $y=b$이므로 $-1<b<1$ ……㉠

$x=1$일 때, $y=a+b$이므로 $2<a+b<3$ ……㉡

㉡×3에서 $6<3a+3b<9$ ……㉢

㉠×2에서 $-2<2b<2$ ……㉣

㉢－㉣에서 $4<3a+b<11$

따라서, $x=3$일 때, $y=3a+b$이므로

$\boldsymbol{4<y<11}$이다.

32 $y=ax+b$를 직선 $y=x$에 대하여 대칭이동하면

$x=ay+b$에서 $y=\frac{1}{a}x-\frac{b}{a}$ ……㉠

㉠이 $y=bx+a$와 일치해야 하므로

$\frac{1}{a}=b$, $-\frac{b}{a}=a$이다.

즉, $-\frac{1}{a}\times\frac{1}{a}=a$이므로 $a^3=-1$이다.

따라서, $a=-1$, $b=-1$이므로 $a^2+b^2=1+1=\mathbf{2}$

33 주어진 직선은 x절편이 $a(>0)$, y절편이 $b(>0)$인 직선이므로
$\overline{OA}=a$, $\overline{OB}=b$
즉, $a+b=8$
$a>0$, $b>0$일 때

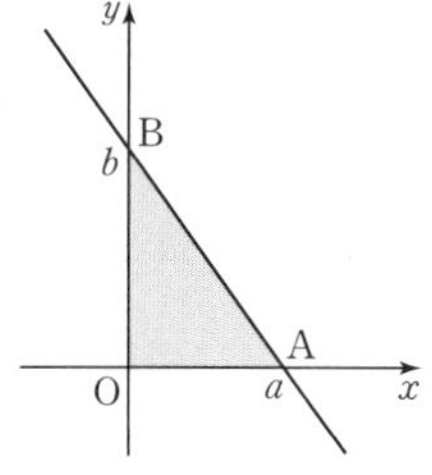

$\frac{a+b}{2}\geq\sqrt{ab}$이므로
$\sqrt{ab}\leq4$에서 $ab\leq16$
따라서, $\triangle OAB=\frac{1}{2}ab\leq\frac{1}{2}\times16=8$이므로
$\triangle OAB$의 넓이의 최댓값은 **8**이다.

34 두 점 $\left(2, \frac{1}{3}\right)$, $\left(-1, \frac{4}{3}\right)$를 지나는 직선을 구하면

$y-\frac{1}{3}=\frac{\frac{4}{3}-\frac{1}{3}}{-1-2}(x-2)$이므로

$y=-\frac{1}{3}(x-2)+\frac{1}{3}$에서

$y=-\frac{1}{3}x+1$ ……㉠

점 (a, b)가 ㉠ 위에 있으므로 $b=-\frac{1}{3}a+1$이다.
따라서, $\boldsymbol{a+3b=3}$이다.

35 주어진 그래프는 $y=-|x|$의 그래프를 x축 방향으로 1만큼, y축 방향으로 1만큼 평행이동한 것이므로
x대신 $x-1$, y대신 $y-1$을 대입하면
$y-1=-|x-1|$, $y=-|x-1|+1$에서
$\boldsymbol{f(x)=-|x-1|+1}$

36 점 Q의 좌표를 $(6, b)$라 하면
$\square OAQP=\frac{1}{2}\times(b+4)\times6=36\times\frac{3}{5}$이므로
$b+4=\frac{36}{5}$에서 $b=\frac{16}{5}$이다.
이때, $P(0, 4)$, $Q\left(6, \frac{16}{5}\right)$을 지나는 직선을 $y=mx+4$라 하면
$\frac{16}{5}=6m+4$이므로 $6m=\frac{-4}{5}$에서 $m=-\frac{2}{15}$이다.
따라서, $\boldsymbol{y=-\frac{2}{15}x+4}$이다.

37 점 A와 x축에 대하여 대칭인 점을 A′이라고 하면 $A'(3, -2)$이고
$\overline{AC}=\overline{A'C}$이므로
$\overline{AC}+\overline{BC}$의 길이가 최소가 되려면 $\overline{A'C}+\overline{BC}$의 길이가 최소가 되면 된다.

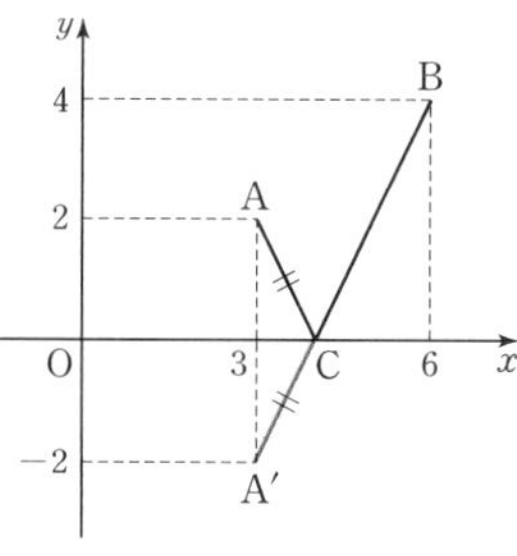

그런데, $\overline{A'C}+\overline{BC}$의 길이가 최소일 때는 $\overline{A'C}$, $\overline{BC}$가 일직선을 이룰 때이다. 그러므로, 두 점 $A'(3, -2)$, $B(6, 4)$를 지나는 직선이 x축과 만나는 점이 C이다.
따라서, 직선 A′B는 $y-(-2)=\frac{4-(-2)}{6-3}(x-3)$이므로
$y=2(x-3)-2$에서
$y=2x-8$ ……㉠
㉠에서 $y=0$일 때, $x=4$이다.
따라서, 점 C의 좌표는 **(4, 0)**이다.

38 $y=-\frac{2}{a}x+\frac{4}{a}$와 $y=-\frac{2}{5}x+b$가 일치해야 하므로
$-\frac{2}{a}=-\frac{2}{5}$에서 $a=5$이고
$\frac{4}{a}=b$에서 $b=\frac{4}{5}$이다.
이때, $5x+y-\frac{4}{5}=0$과 $x-ky-4=0$이 평행하므로
$\frac{5}{1}=\frac{1}{-k}\neq\frac{-\frac{4}{5}}{-4}$
따라서, $\boldsymbol{k=-\frac{1}{5}}$이다.

39 화씨 온도를 x°F, 섭씨 온도를 y°C라 하면 x의 값의 증가량이 180일 때, y의 값의 증가량이 100이므로 x, y에 관한 일차함수의 식을 $y=\frac{5}{9}x+b$라 하자.
이때, 이 일차함수의 그래프가 점 $(32, 0)$을 지나므로
$0=\frac{5}{9}\times32+b$에서 $b=-\frac{160}{9}$이다.
따라서, $y=\frac{5}{9}x-\frac{160}{9}=\frac{5}{9}(x-32)$ ……㉠
㉠에 $x=95$를 대입하면
$y=\frac{5}{9}\times63=35$이다.
따라서, 화씨 95°F는 섭씨로 **35°C**이다.

40 직선 $ax+by-2=0$에서
$x=0$일 때, $y=\frac{2}{b}$

$y=1$일 때, $ax+b-2=0$이므로 $x=\frac{2-b}{a}$

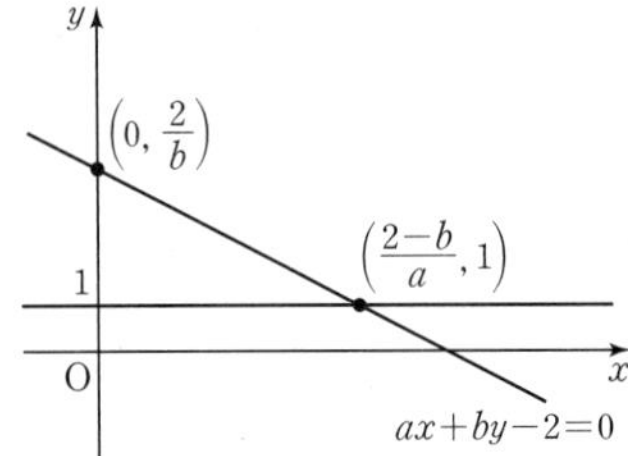

세 꼭짓점은 각각 $(0, 1)$, $\left(0, \frac{2}{b}\right)$, $\left(\frac{2-b}{a}, 1\right)$이고

무게중심의 좌표는 $\left(\frac{\frac{2-b}{a}}{3}, \frac{\frac{2}{b}+2}{3}\right)$이다.

$$\begin{cases} \frac{\frac{2-b}{a}}{3}=2 \longrightarrow 2-b=6a & \cdots\cdots ㉠ \\ \frac{\frac{2}{b}+2}{3}=2 \longrightarrow \frac{2}{b}+2=6 & \cdots\cdots ㉡ \end{cases}$$

㉡에서 $\frac{2}{b}=4$이므로 $b=\frac{1}{2}$이고

$b=\frac{1}{2}$을 ㉠에 대입하면

$2-\frac{1}{2}=6a$이므로 $6a=\frac{3}{2}$에서 $a=\frac{1}{4}$이다.

따라서, $\frac{b}{a}=\frac{\frac{1}{2}}{\frac{1}{4}}=$ **2**

41 오른쪽 그림에서 $\overline{PB}=a+8$, $\overline{AO}=a$, $\overline{OB}=4$이므로 사다리꼴 OBPA의 넓이는

$\frac{1}{2}\times\{(a+8)+a\}\times 4=24$

즉, $(2a+8)\times 2=24$,

$2a+8=12$에서

$a=$**2**이다.

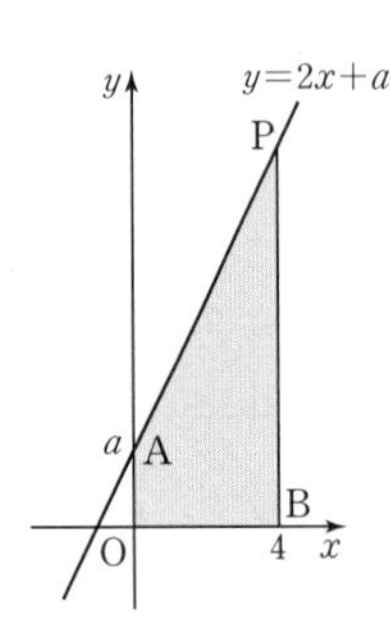

42 x와 y에 관한 관계식을 $y=ax+b$라 하면

$x=0$일 때, $y=20$이므로 $b=20$이고

$x=20$일 때, $y=21$이므로

$21=20a+20$에서 $a=\frac{1}{20}$이다.

따라서, $\boldsymbol{y=\frac{1}{20}x+20}$이다. ⋯⋯㉠

㉠에 $x=120$을 대입하면

$y=\frac{1}{20}\cdot 120+20=26$

따라서, 용수철의 길이는 **26cm**이다.

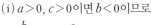

특목고 구술 · 면접 대비 문제

1 제1사분면 **2** $0\le(y$절편$)\le 4$ **3** $\frac{1}{3}$
4 13 **5** 풀이 참조
6 $m\le-\frac{1}{3}$ 또는 $m\ge\frac{1}{3}$

1 $ac>0$이므로 a와 c는 같은 부호이고,
$bc<0$이므로 b와 c는 다른 부호이다.

(i) $a>0$, $c>0$이면 $b<0$이므로

$\frac{b}{a}<0$, $-\frac{c}{a}<0$

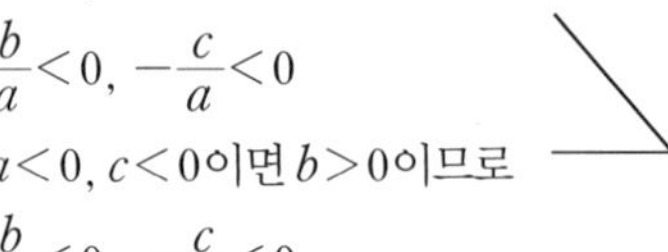

(ii) $a<0$, $c<0$이면 $b>0$이므로

$\frac{b}{a}<0$, $-\frac{c}{a}<0$

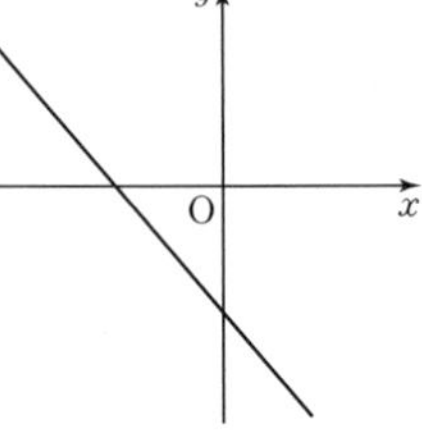

따라서, $y=\frac{b}{a}x-\frac{c}{a}$의 그래프는

기울기가 음수이고 y절편도 음수이므로

제1사분면을 지나지 않는다.

2 $f(x)=ax+b(a\ne 0)$라 하면

y절편은 b이고

$1\le f(1)\le 2$, $0\le f(2)\le 2$

에서 b의 값의 범위는 오른쪽 그림과 같다.

㉠의 경우에서 $b=4$

㉡의 경우에서 $b=0$

이므로 $0\le b\le 4$이다.

따라서, $\boldsymbol{0\le(y}$**절편**$\boldsymbol{)\le 4}$이다.

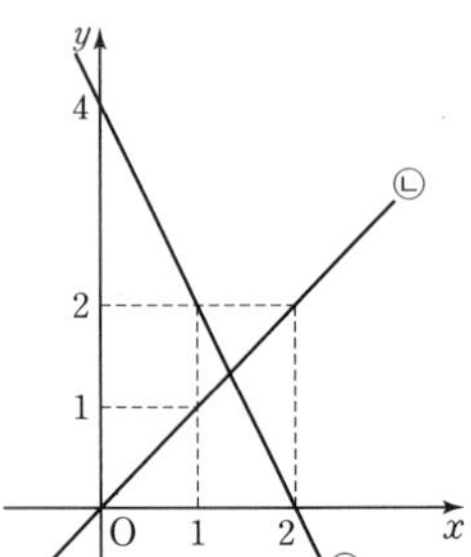

3 $y=mx-m+3=m(x-1)+3$ ⋯⋯㉠

㉠은 m의 값에 관계없이 항상 점 $(1, 3)$을 지나므로 이 직선이 $\triangle$ABC의 넓이를 이등분하려면 선분 BC의 중점 $(4, 4)$를 지나면 된다.

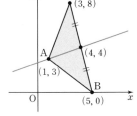

$x=4$, $y=4$를 ㉠에 대입하면 $4=3m+3$이므로

$3m=1$에서

$m=\boldsymbol{\frac{1}{3}}$이다.

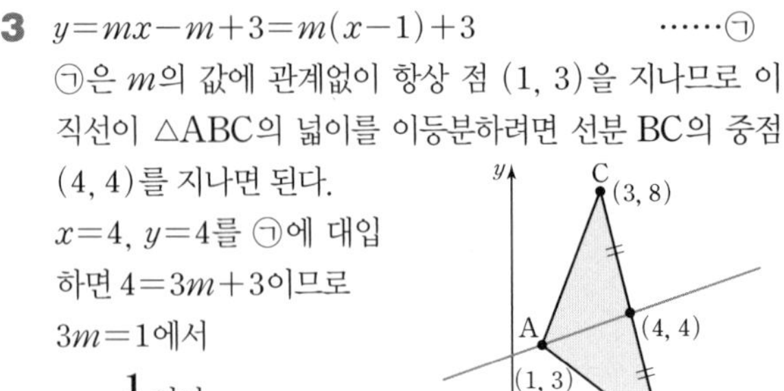

4 주어진 세 직선의 기울기가 모두 다르므로 세 직선으로 삼각형이 만들어지지 않으려면 세 직선은 한 점에서 만나야 한다.

$\begin{cases} 2x+3y+4=0 \\ x-2y-5=0 \end{cases}$ 을 풀면 $x=1$, $y=-2$이다.

$7x-3y-a=0$에 $x=1$, $y=-2$를 대입하면

$7+6-a=0$이므로

$a=\mathbf{13}$이다.

5 (i) $-3\le x<-2$이면 $f(x)=2x-3$

(ii) $-2\le x<-1$이면 $f(x)=2x-2$

(iii) $-1\le x<0$이면 $f(x)=2x-1$

(iv) $0\le x<1$이면 $f(x)=-2x$

(v) $1\le x<2$이면 $f(x)=-2x+1$

(vi) $2\le x<3$이면 $f(x)=-2x+2$

(vii) $x=3$이면 $f(x)=-3$

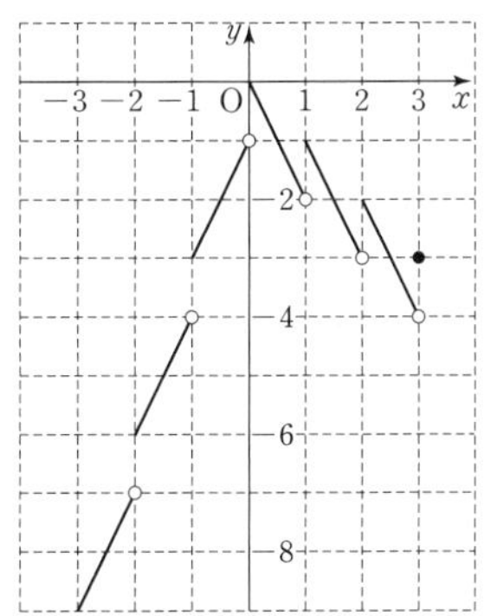

6 $y=g(x)$의 그래프는 m의 값에 관계없이 한 정점을 지난다.

$g(x)=(3x-1)m+2$에서 정점은 $\left(\frac{1}{3},\ 2\right)$이고 두 그래프가 한 개의 교점을 가지는 경우는 아래 그리과 같이 $y=g(x)$의 그래프가 색칠한 부분을 지날 때이므로

$3m\le-1$ 또는 $3m\ge1$이다.

따라서, $\boldsymbol{m\le-\frac{1}{3}}$ **또는** $\boldsymbol{m\ge\frac{1}{3}}$이다.

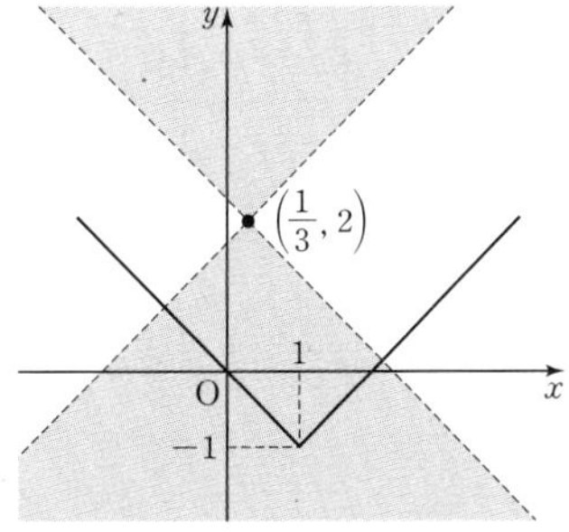

시·도 경시 대비 문제

P. 114~117

1 $m\ge0$ **2** 16 **3** $a^2\ne4$, $a\ne-3$

4 $\mathrm{P}\left(-\frac{7}{4},\ 0\right)$, $\mathrm{Q}\left(0,\ \frac{7}{3}\right)$ **5** 4

6 $-5\le k\le4$ **7** 7 **8** $\frac{1}{4}\le a\le5$

9 $3x+y-2=0$ **10** 풀이 참조 **11** 풀이 참조

12 $6\le x+y<7$

1 $y=-\frac{|x|}{x}$에서

$x>0$일 때, $y=-\frac{x}{x}=-1$

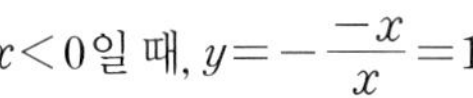

$x<0$일 때, $y=-\frac{-x}{x}=1$

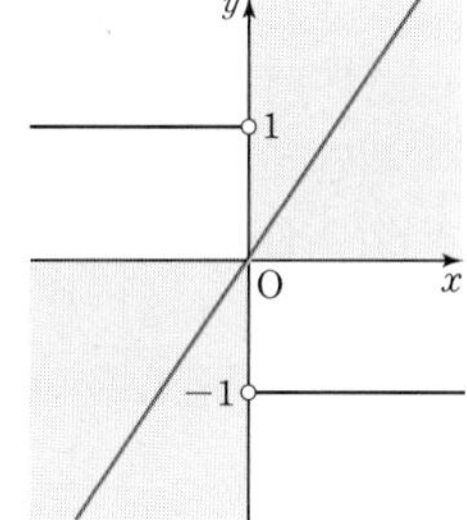

직선 $y=mx$는 원점을 지나는 직선이므로 오른쪽 그림의 색칠한 부분에 있으면 된다.

따라서, $\boldsymbol{m\ge0}$이다.

2 주어진 조건을 만족하는 직선의 그래프는 오른쪽 그림과 같다.

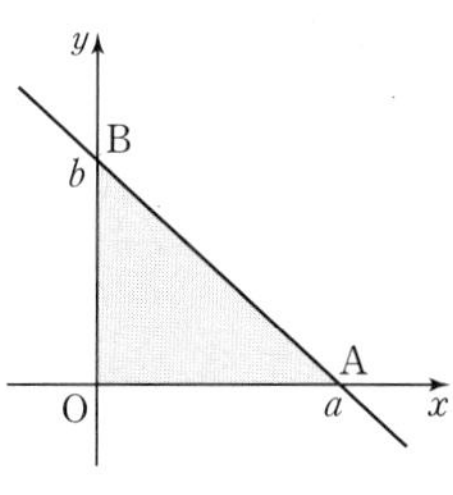

이때, △OAB의 넓이가 32이므로 $\frac{1}{2}ab=32$이다.

따라서, $ab=64(a>0,\ b>0)$

산술 · 기하평균에 의하여

$a+b\ge2\sqrt{ab}=2\sqrt{64}=16$

따라서, $a+b$의 최솟값은 **16**이다.

3 $x+ay-3=0$에서 $y=-\frac{1}{a}x+\frac{3}{a}$

$ax+4y+2=0$에서 $y=-\frac{a}{4}x-\frac{1}{2}$

$x-3y-1=0$에서 $y=\frac{1}{3}x-\frac{1}{3}$

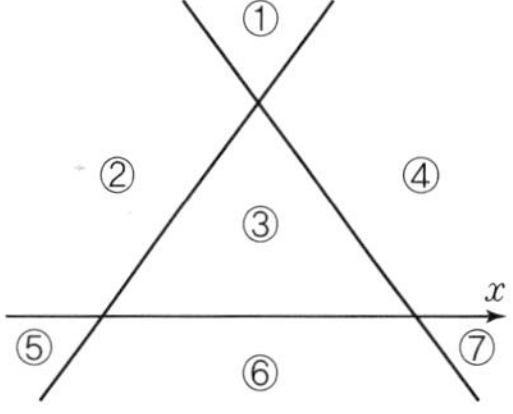

서로 다른 세 직선에 의해 평면이 7개의 부분으로 나누어지려면 위의 그림과 같이 세 직선 중 어느 두 직선도 평행하면 안된다.

즉, 세 직선의 기울기가 모두 달라야한다.

따라서, $-\frac{1}{a} \neq -\frac{a}{4}$, $-\frac{1}{a} \neq \frac{1}{3}$, $-\frac{a}{4} \neq \frac{1}{3}$이므로

$a^2 \neq 4$, $a \neq -3$, $a \neq -\frac{4}{3}$

이때, $a \neq 0$인 정수이므로 구하는 구하는 a의 조건은

$\boldsymbol{a^2 \neq 4}$, $\boldsymbol{a \neq -3}$이다.

4 점 A와 x축에 대하여 대칭인 점을 A′,
점 B와 y축에 대하여 대칭인 점을 B′이라 하면
$\overline{AP}+\overline{PQ}+\overline{QB}$
$=\overline{A'P}+\overline{PQ}+\overline{QB'}$이므로
$\overline{AP}+\overline{PQ}+\overline{QB}$가 최소이려면 네 점 A′, P, Q, B′이 한 직선 위에 있어야 한다.

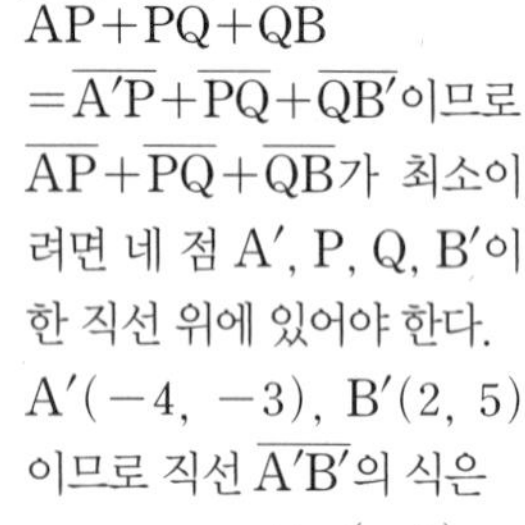

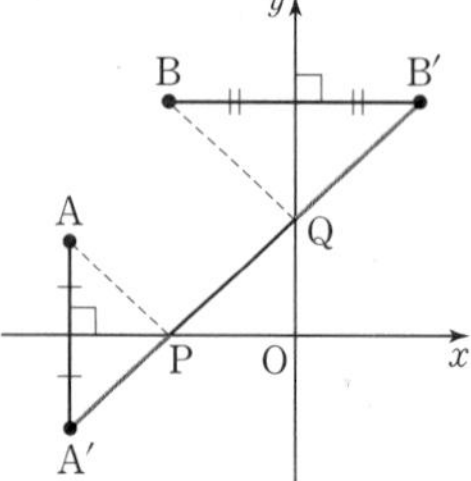

A′$(-4,\ -3)$, B′$(2,\ 5)$이므로 직선 $\overline{A'B'}$의 식은

$y-(-3)=\frac{5-(-3)}{2-(-4)}(x+4)$

즉, $y=\frac{4}{3}(x+4)-3$에서

$y=\frac{4}{3}x+\frac{7}{3}$ ……㉠

㉠에서

$x=0$일 때, $y=\frac{7}{3}$

$y=0$일 때, $x=-\frac{7}{4}$

따라서, $\mathbf{P}\left(-\frac{7}{4},\ 0\right)$, $\mathbf{Q}\left(0,\ \frac{7}{3}\right)$이다.

5 세 일차함수

$y=3x+2$ ……㉠

$y=x+3$ ……㉡

$y=-x+5$ ……㉢

의 그래프를 그려보자.

먼저, ㉠, ㉡의 교점은 $3x+2=x+3$에서

$x=\frac{1}{2}$, $y=\frac{7}{2}$

㉠, ㉢의 교점은 $3x+2=-x+5$에서

$x=\frac{3}{4}$, $y=\frac{17}{4}$

㉡, ㉢의 교점은 $x+3=-x+5$에서

$x=1$, $y=4$

따라서, $f(x)=\begin{cases} 3x+2 & \left(x<\frac{1}{2}\right) \\ x+3 & \left(\frac{1}{2} \le x<1\right) \\ -x+5 & (x \ge 1) \end{cases}$이다.

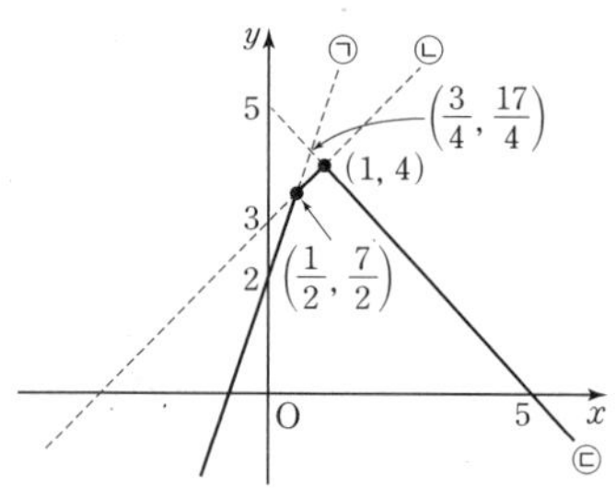

그러므로 $f(x)$의 최댓값은 $x=1$일 때, $f(1)=\mathbf{4}$이다.

6 직선 $y=x+k$는 직선 $y=x$에 평행하다. 오른쪽 그림에서 직선 $y=x+k$가 점 A$(4,\ 8)$을 지날 때 $4+k=8$에서 $k=4$이고 점 C$(7,\ 2)$를 지날 때 $7+k=2$에서 $k=-5$이다.
따라서, 직선 $y=x+k$가 △ABC와 만나기 위한 k의 값의 범위는
$\boldsymbol{-5 \le k \le 4}$이다.

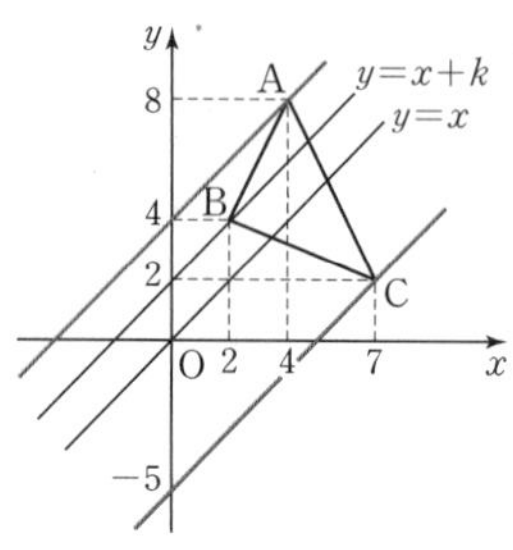

7 $f(0) \le f(1)$이므로 $f(x)$는 증가함수, 즉

$a \ge 0$ ……㉠

$f(2) \ge f(3)$이므로 $f(x)$는 감소함수, 즉

$a \le 0$ ……㉡

조건식에서 $f(x)$는 일차 또는 상수함수일 수 밖에 없으므로 증감의 변화가 생길 수는 없다.

따라서, ㉠, ㉡에 의하여 $a=0$이다.

즉, $f(x)=b$인 상수함수이다.

조건에서 $f(4)=7$이므로 $b=7$이다.

따라서, $f(x)=7$이므로 $f(2006)=\mathbf{7}$이다.

8 $y=ax-2$에서
㉠의 경우 A$(1,\ 3)$을 지나므로
$3=a-2$에서 $a=5$이다.
㉡의 경우 B$(4,\ -1)$을 지나므로
$-1=4a-2$, $4a=1$에서

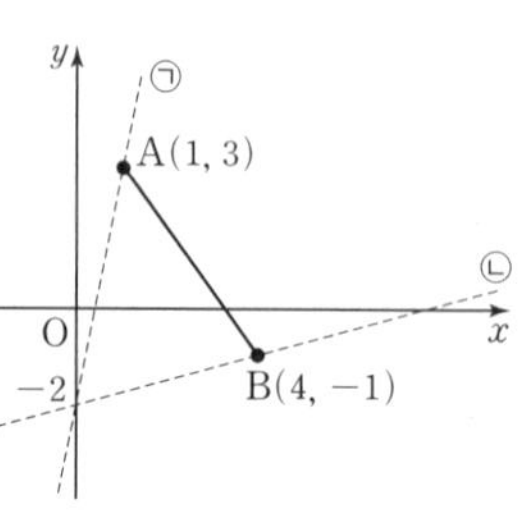

$a=\frac{1}{4}$이다.

따라서, ㉠과 ㉡ 사이일 때, $y=ax-2$와 선분 AB가 만나므로 구하는 a의 값의 범위는

$\boldsymbol{\frac{1}{4} \le a \le 5}$이다.

9 점 (a, b)가 직선 $2x+y=1$ 위를 움직이므로

$2a+b=1$ ……㉠

점 $(a+b, a-b)=(X, Y)$라 하면

$\begin{cases} X=a+b & \cdots\cdots ㉡ \\ Y=a-b & \cdots\cdots ㉢ \end{cases}$

㉡+㉢에서 $2a=X+Y$이므로 $a=\dfrac{X+Y}{2}$

㉡−㉢에서 $2b=X-Y$이므로 $b=\dfrac{X-Y}{2}$

a와 b를 ㉠에 대입하면 $2\cdot\dfrac{X+Y}{2}+\dfrac{X-Y}{2}=1$이므로

$2X+2Y+X-Y=2$에서

$3X+Y-2=0$

따라서, 구하는 직선의 방정식은

$\boldsymbol{3x+y-2=0}$이다.

10 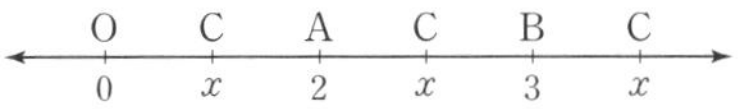

(i) C가 $\overline{OA}$ 위에 있을 때, $0\le x<2$이므로

$\overline{CA}=2-x$, $\overline{CB}=3-x$가 되어

$y=2-x+3-x=5-2x$

(ii) C가 $\overline{AB}$ 위에 있을 때, $2\le x<3$이므로

$\overline{CA}=x-2$, $\overline{CB}=3-x$가 되어

$y=x-2+3-x=1$

(iii) C가 B보다 클 때, $x\ge 3$이므로

$\overline{CA}=x-2$, $\overline{CB}=x-3$가 되어

$y=x-2+x-3=2x-5$

따라서, $\begin{cases} \boldsymbol{0\le x<2}\textbf{일 때, }\boldsymbol{y=5-2x} \\ \boldsymbol{2\le x<3}\textbf{일 때, }\boldsymbol{y=1} \\ \boldsymbol{x\ge 3}\textbf{일 때, }\boldsymbol{y=2x-5} \end{cases}$ 이다.

11 (1) $y=f(x)$의 그래프를 y축에 관하여 대칭이동한 것이다.

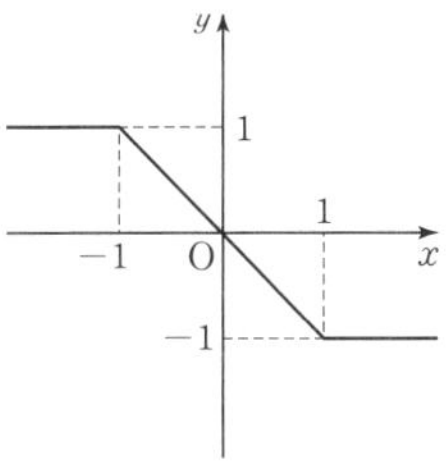

(2) $x\ge 0$일 때 $y=f(x)$, $x<0$일 때 $y=f(-x)$

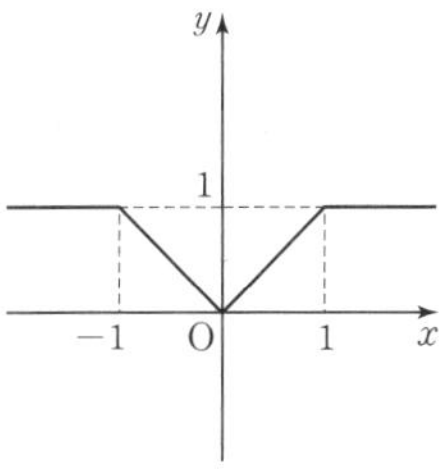

(3) $y\ge 0$일 때 $y=f(x)$, $y<0$일 때 $-y=f(x)$

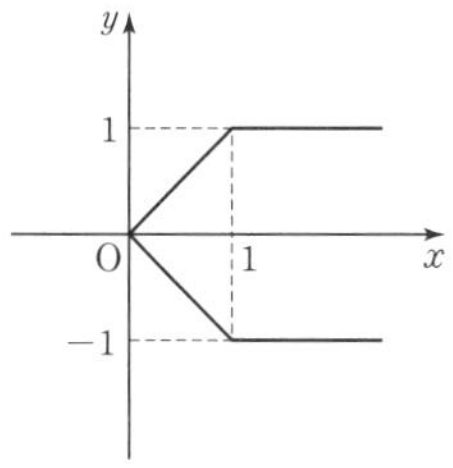

12 $y=[x]-4$와 $y=3[x-5]+1$의 교점의 x좌표는 방정식 $[x]-4=3[x-5]+1$의 근이다.

$n\le x<n+1$(n은 정수)이면 $[x]=n$이고, m이 정수이면

$[x+m]=n+m=[x]+m$

$[x-5]=[x]-5$이므로

$[x]-4=3([x]-5)+1=3[x]-14$에서

$2[x]=10$, $[x]=5$

따라서, $5\le x<6$이다.

이때, $y=[x]-4=5-4=1$이므로

$\boldsymbol{6\le x+y<7}$이다.

P. 118~119

올림피아드 대비 문제

1 ㄴ, ㄷ **2** 풀이 참조 **3** 165 **4** 풀이 참조

1 가로축(시간)을 x축으로, 세로축(각도)을 y축이라고 하면 시침과 분침은 4시 정각에 각각 $120°$, $0°$ 위치에서 60분 동안에 각각 $30°$, $360°$를 회전하므로

4시 x분일 때의 시침의 위치 $y°$는

$y=\dfrac{1}{2}x+120$ ……㉠

4시 x분일 때의 분침의 위치 $y°$는

$y=6x$ ……㉡

ㄱ. ㉠, ㉡을 연립하면 $\dfrac{1}{2}x+120=6x$이므로

$\dfrac{11}{2}x=120$에서 $x=\dfrac{240}{11}\ne 25$이다.

ㄴ. $\dfrac{1}{2}x+120-6x=98$이므로

$\dfrac{11}{2}x=22$에서 $x=4$이다.

따라서, 4시 4분이다.

ㄷ. $6x-\left(\dfrac{1}{2}x+120\right)=89$이므로

$\dfrac{11}{2}x=209$에서 $x=38$이다.

따라서, 4시 38분이다.
그러므로 옳은 것은 ㄴ, ㄷ이다.

2 (1) $|f(x)-f(y)|=|x-y|$에 $y=0$을 대입하면
$|f(x)-f(0)|=|x-0|$,
$f(0)=0$이므로 $|f(x)-0|=|x|$
따라서, $|f(x)|=|x|$

(2) $f(x)f(y)=xy$에 $y=1$, $x=1$을 각각 대입하면
$f(x)f(1)=x$ ……㉠
$f(y)f(1)=y$ ……㉡
㉡에 y대신 $x+y$를 대입해도 성립하므로
$f(x+y)f(1)=x+y$ ……㉢
㉢에 ㉠, ㉡의 x, y를 대입하면
$f(x+y)f(1)=f(x)f(1)+f(y)f(1)$
$=\{f(x)+f(y)\}f(1)$
$|f(x)|=|x|$에서 $f(1)=\pm1\neq0$이므로
$f(x+y)=f(x)+f(y)$
따라서, $f(x)f(y)=xy$일 때, $f(x+y)=f(x)+f(y)$

3 점 P의 위치에 따라 다음 세 가지 경우로 나눌 수 있다.
(i) 점 P가 $\overline{AB}$ 위에 있을 때

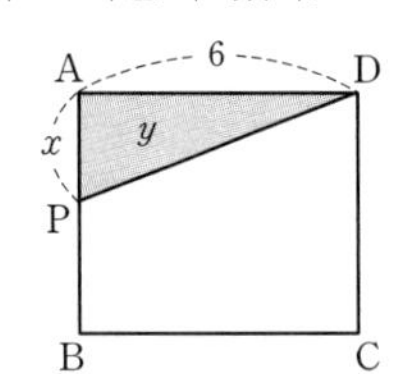

$y=\frac{1}{2}\times6\times x$
$=3x(0<x\le5)$

(ii) 점 P가 $\overline{BC}$위에 있을 때

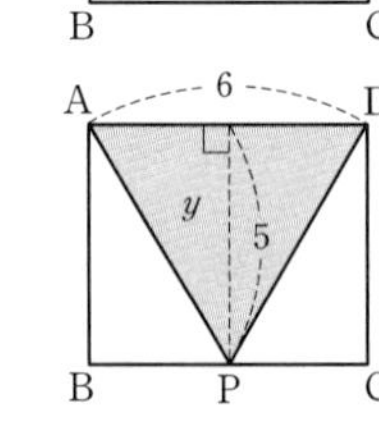

$y=\frac{1}{2}\times6\times5$
$=15(5\le x\le11)$

(iii) 점 P가 $\overline{CD}$ 위에 있을 때

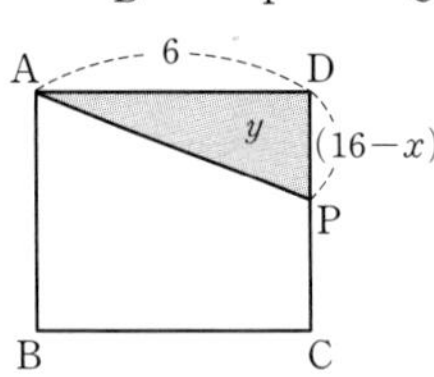

$y=\frac{1}{2}\times6\times(16-x)$
$=-3x+48$
$(11\le x<16)$

(i), (ii), (iii)에서
$\begin{cases} y=3x & (0<x\le5) \\ y=15 & (5\le x\le11) \\ y=-3x+48 & (11\le x<16) \end{cases}$
이것을 그래프로 나타내면 다음 그림과 같다.
따라서, 구하는 도형의 넓이는

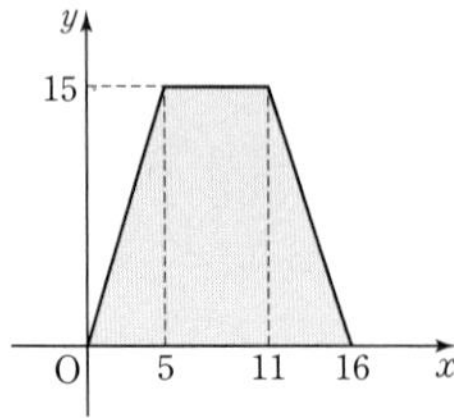

$\frac{1}{2}\times(6+16)\times15$
$=11\times15=$**165**

4 (1) $y=f(x)$로 표시되는 그래프 위의 임의의 한 점 $P(x', y')$과 원점에 관한 대칭점을 $Q(x, y)$라고 하면

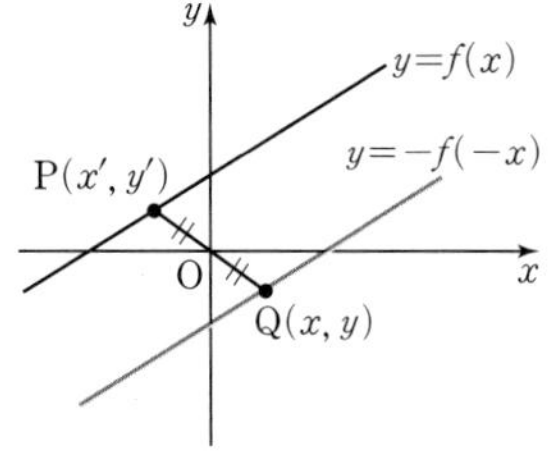

$\begin{cases} x=-x' \text{ 이므로} \\ y=-y' \text{ 이므로} \end{cases}$
$\begin{cases} x'=-x \\ y'=-y \end{cases}$ ……㉠
또, 한 점 $P(x', y')$는 $y=f(x)$로 표시되는 그래프 위의 점이므로
$y'=f(x')$ ……㉡
㉠에서 $y'=-y$, $x'=-x$를 ㉡에 대입하면
$-y=f(-x)$이다.

(2) $y=f(x)$로 표시되는 그래프 위의 한 점 $P(x', y')$와 $y=x$에 관한 대칭점을 $Q(x, y)$라고 하면 오른쪽 그림에서

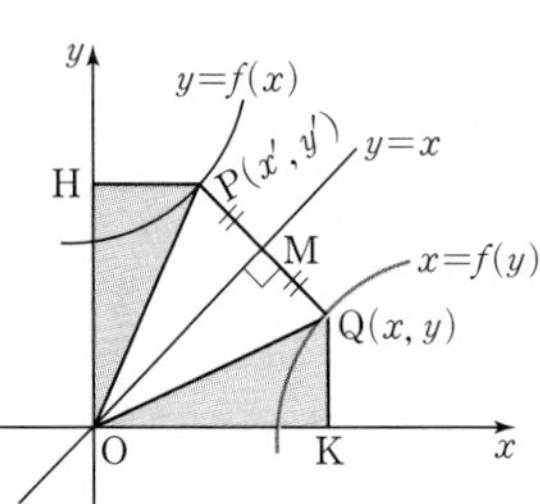

$\triangle OPM\equiv\triangle OQM$, $\triangle OPH\equiv\triangle OQK$
따라서, $\overline{HP}=\overline{KQ}$이므로 $x'=y$ ……㉠
$\overline{OH}=\overline{OK}$이므로 $y'=x$ ……㉡
한편, 점 $P(x', y')$는 $y=f(x)$의 그래프 위의 점이므로
$y'=f(x')$이다.
㉠, ㉡에서 $y'=x$, $x'=y$를 대입하면
$x=f(y)$이다.

VI 확 률

P. 124~138

특목고 대비 문제

1 12가지 **2** 20가지 **3** 540가지 **4** 60가지
5 15가지 **6** 20개 **7** 34개 **8** 48가지
9 54개 **10** 40번째 **11** 70개 **12** (1) 20개 (2) 76개
13 60가지 **14** 48가지 **15** 31개 **16** 16가지
17 22개 **18** 30개 **19** 12가지 **20** 6가지
21 (1) 96개 (2) 60개 (3) 20개 **22** 336가지
23 18가지 **24** 23개 **25** 22개 **26** 585
27 36가지 **28** 53가지 **29** 16가지 **30** $\frac{5}{6}$ **31** $\frac{1}{36}$
32 $\frac{3}{4}$ **33** $\frac{3}{5}$ **34** $\frac{5}{16}$ **35** $\frac{6}{25}$ **36** $\frac{1}{8}$
37 $\frac{1}{12}$ **38** 21 **39** 20가지 **40** 101가지
41 9가지 **42** $\frac{13}{36}$ **43** $\frac{1}{12}$ **44** $\frac{2}{27}$
45 135가지

1 (1, 1, 10), (1, 2, 9), (1, 3, 8), (1, 4, 7), (1, 5, 6), (2, 2, 8), (2, 3, 7), (2, 4, 6), (2, 5, 5), (3, 3, 6), (3, 4, 5), (4, 4, 4)
따라서, **12(가지)**이다.

다른풀이
12자루를 세 묶음으로 나누는 경우를 수형도로 나타낼 수 있다.

2 (i) 3번째 우승이 가려지는 경우
A가 우승하는 경우 : (AAA)의 1가지
B가 우승하는 경우 : (BBB)의 1가지
이므로 2가지이다.
(ii) 4회째 우승이 가려지는 경우
A가 우승하는 경우
(AABA), (ABAA), (BAAA) : 3가지
B가 우승하는 경우
(BBAB), (BABB), (ABBB) : 3가지
이므로 6가지이다.
(iii) 5번째 우승이 가려지는 경우
A가 우승하는 경우
(BBAAA), (BABAA), (ABBAA), (ABABA), (AABBA), (BAABA) : 6가지
B가 우승하는 경우
(AABBB), (ABABB), (BAABB), (BABAB), (BBAAB), (ABBAB) : 6가지
이므로 12가지이다.
따라서, (i), (ii), (iii)에서
$2+6+12=$**20(가지)**

3 A는 B, C, D, E와 이웃해 있으므로 A에 칠한 색은 B, C, D, E에 되풀이하여 사용할 수 없다. 만약 B, C, D, E에서 같은 색을 칠하려면 건너 뛰어 칠하면 된다.
따라서 A에 색을 칠하는 경우의 수는 5가지이고, B, C, D, E에 색을 칠하는 경우의 수는 각각 4가지, 3가지, 3가지, 3가지이다.
따라서, $5\times4\times3\times3\times3=$**540(가지)**

4 사과와 배 중에서 하나가 정해지면 나머지가 정해진다. 사과를 먼저 넣어보자.
(i) 아래의 경우 각각 2가지이다.

	사과	
배		배

		사과
배	배	

	배	
배		사과

(ii) 1가지

		배
	사과	

(iii) 3가지

	배	배
사과		배

(i), (ii), (iii)에서
$2\times3+1+3=10$(가지)이고 각각의 경우에 포도, 복숭아와 밤을 넣는 방법이 $3\times2\times1=6$(가지)이다.
따라서, 구하는 경우의 수는
$10\times6=$**60(가지)**

5 엄지에 하나의 손가락을 붙인 경우 : 4가지
엄지에 두 개의 손가락을 붙인 경우 : $\frac{4\times3}{2}=6$(가지)
엄지에 세 개의 손가락을 붙인 경우 : 4가지
엄지에 네 개의 손가락을 붙인 경우 : 1가지
따라서, 구하는 방법의 수는
$4+6+4+1=$**15(가지)**

6 1부터 50까지의 정수 중 4의 배수는 12개, 5의 배수는 10개이다. 또, 4와 5의 공배수인 20의 배수는 2개이다.
따라서, 4 또는 5의 배수의 개수는
$12+10-2=\mathbf{20}$**(개)**

7 0의 개수를 기준으로 나눠보면
(i) 0이 두 개 들어 있는 경우
[ ][0][0] : 4(개)
(ii) 0이 한 개 들어 있는 경우
[ ][ ][0] : ${}_4P_2=4\times3=12$(개)
[ ][0][ ] : $3\times2=6$(개)
(iii) 0이 들어 있지 않은 경우
[ ][ ][2] : $3\times2=6$(개)
[ ][ ][4] : $3\times2=6$(개)
따라서, (i), (ii), (iii)에서 짝수의 개수는
$4+12+6+6+6=\mathbf{34}$**(개)**

다른풀이
짝수가 되려면 일의 자리에 0, 2, 4가 있어야 한다.
(i) [ ][ ][0] 인 경우 : $4\times4=16$(개)
(ii) [ ][ ][2] 인 경우 : $3\times3=9$(개)
(iii) [ ][ ][4] 인 경우 : $3\times3=9$(개)
따라서, (i), (ii), (iii)에서
$16+9+9=\mathbf{34}$**(개)**

8 오른쪽 그림과 같이 3개의 고리를 각각 1, 2, 3이라 하면 1, 2, 3의 고리를 그리는 방법은 3개의 숫자를 일렬로 나열하는 방법과 같으므로 $3!$가지이고 그 각각에 대하여 하나의 고리를 그리는 방법은 왼쪽, 오른쪽 방향의 2가지이므로 곱의 법칙에 의하여
$3!\times2\times2\times2=\mathbf{48}$**(가지)**

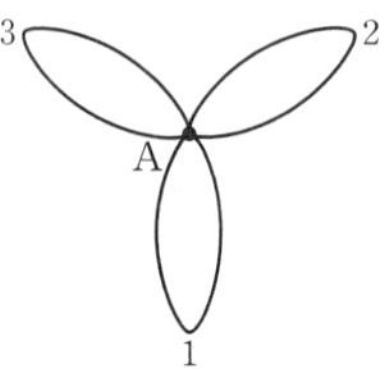

다른풀이
A에서 처음 선택 가능한 길은 6가지, 두 번째는 4가지, 세 번째는 2가지이므로
$6\times4\times2=\mathbf{48}$**(가지)**

9 32000보다 작은 수는 다음과 같다.
(i) 1 [ ][ ][ ][ ] 꼴의 경우 : $4!$(개)
(ii) 2 [ ][ ][ ][ ] 꼴의 경우 : $4!$(개)
(iii) 3 1 [ ][ ][ ] 꼴의 경우 : $3!$(개)
(i), (ii), (iii)에서 구하는 수의 개수는
$4!+4!+3!=\mathbf{54}$**(개)**

10 $bdcea$보다 앞에 오는 문자의 수를 생각하면
a [ ][ ][ ][ ]의 꼴 : $4!$
b a [ ][ ][ ]의 꼴 : $3!$
b c [ ][ ][ ]의 꼴 : $3!$
b d a [ ][ ]의 꼴 : $2!$
b d c a e : 1
b d c e a : 1
이므로 $4!+3!+3!+2!+1+1=40$
따라서, $bdcea$는 **40번째**에 있는 문자이다.

11 가로선 두 개와 세로선 두 개에 의하여 하나의 사각형이 결정되므로 사각형의 총 개수는 $10\times10=100$(개)
이 중에서 정사각형의 개수는
한 변의 길이가 1일 때 : $4\times4=16$(개)
한 변의 길이가 2일 때 : $3\times3=9$(개)
한 변의 길이가 3일 때 : $2\times2=4$(개)
한 변의 길이가 4일 때 : $1\times1=1$(개)
따라서, 구하는 직사각형의 개수는
$100-(16+9+4+1)=\mathbf{70}$**(개)**

12 (1) 두 점이 한 직선을 결정하므로 9개의 점을 이어서 만들어지는 직선의 수는 $\frac{9\times8}{2}=36$(개)
이 중 오른쪽 그림과 같이 동일 직선 위에 세 점이 있는 8가지의 경우는 직선이 중복된다. 중복되는 직선의 개수는
$8\times(3-1)=8\times2=16$(개)
따라서, $36-16=\mathbf{20}$**(개)**이다.

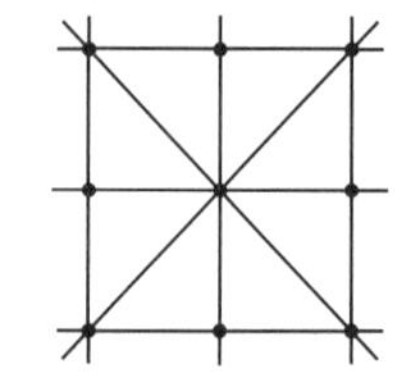

(2) 세 점이 삼각형을 결정하므로 9개의 점을 이어서 만들어지는 삼각형의 개수는 $\frac{9\times8\times7}{3\times2}=84$(개)
그런데 동일 직선 위에 세 점이 있는 8가지의 경우는 삼각형이 만들어지지 않는다.
따라서, $84-8=\mathbf{76}$**(개)**이다.

13 F, O, O, P, R를 일렬로 나열하는 것과 같으므로
$\frac{5!}{2!}=\mathbf{60}$**(가지)**

참고
n개 중 서로 같은 것이 각각 p개, q개, r개 있을 때, n개를 일렬로 나열하는 방법의 수는 $\frac{n!}{p!q!r!}$ (단, $p+q+r=n$)
예 1, 2, 2, 3, 4, 5의 6개의 숫자를 사용하여 만들 수 있는 6자리의 정수의 개수 : $\frac{6!}{2!}=360$(가지)
$aabbbcd$를 일렬로 나열하는 방법의 수 : $\frac{7!}{2!3!}=420$(가지)

14 (i) 갑이 C, 을이 D를 거쳐서 가는 경우의 수는 곱의 법칙에 의하여

$(2\times3)\times(2\times2)=24$(가지)

(ii) 갑이 D, 을이 C를 거쳐서 가는 경우의 수는 곱의 법칙에 의하여

$(2\times2)\times(2\times3)=24$(가지)

따라서, (i), (ii)에서 구하는 경우의 수는 합의 법칙에 의하여

$24+24=$ **48(가지)**

15 7개의 점 중에서 3개의 점을 택하는 경우의 수에서 일직선 상의 4개의 점 중에서 3개의 점을 택하는 경우의 수를 빼면 된다.

따라서, $\dfrac{7\times6\times5}{3!}-\dfrac{4\times3\times2}{3!}=35-4=$ **31(개)**

16 (i) 오른쪽 그림과 같이 한 섬에 세 개의 다리를 건설하는 경우는 A, B, C, D를 중심으로 다리를 건설할 수 있으므로 4가지이다.

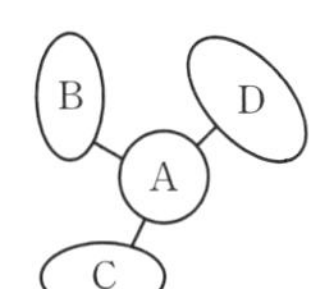

(ii) 한 섬에 다리를 1개 또는 2개를 건설하는 경우는

A → B → C → D

A → C → D → B

⋮

C → B → D → A

⋮

D → C → B → A

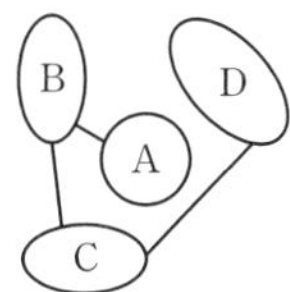

이므로 $4!=24$(가지)

그런데 A → B → C → D와 D → C → B → A, A → C → D → B와 B → D → C → A, ⋯ 등과 같이 같은 것이 2가지씩 있으므로

$\dfrac{24}{2}=12$(가지)

따라서, (i), (ii)에 의하여 $4+12=$ **16(가지)**

17 문자 a, b, c에서 중복을 허용하여 세 개를 선택하는 경우의 수는 서로 다른 세 개 중 중복을 허락하여 세 개를 뽑아 나열하는 방법의 수이므로 : $3\times3\times3=27$(가지)

여기서 a가 연속하여 있는 경우를 제외한다.

(i) a가 2개, b가 1개인 경우 : aab, baa의 2가지

(ii) a가 2개, c가 1개인 경우 : aac, caa의 2가지

(iii) a가 3개인 경우 : aaa의 1가지

따라서, 수신 가능한 단어의 수는

$27-(2+2+1)=$ **22(개)**

18 $3\le x\le8$의 범위에 속하는 정수 x는 3, 4, 5, 6, 7, 8이고 $2\le y\le6$의 범위에 속하는 정수 y는 2, 3, 4, 5, 6이므로 구하는 순서쌍 (x, y)의 개수는 $6\times5=$ **30(개)**

19 주사위 A, B에 나타나는 눈의 수를 a, b라 하면

$1\le a\le6$, $1\le b\le6$에서 $2\le a+b\le12$

눈의 수의 합이 3의 배수가 되는 경우는

$a+b=3, 6, 9, 12$이므로

(i) 눈의 수의 합이 3인 경우

(1, 2), (2, 1)의 2가지

(ii) 눈의 수의 합이 6인 경우

(1, 5), (2, 4), (3, 3), (4, 2), (5, 1)의 5가지

(iii) 눈의 수의 합이 9인 경우

(3, 6), (4, 5), (5, 4), (6, 3)의 4가지

(iv) 눈의 수의 합이 12인 경우

(6, 6)의 1가지

따라서, (i)~(iv)에서 구하는 경우의 수는

$2+5+4+1=$ **12(가지)**

20 A, B를 합쳐서 한 사람처럼 취급하면 (A, B), C, D가 순서를 정하는 경우이므로

$3!=$ **6(가지)**이다.

다른풀이

모든 경우를 나열하면

$A\cdot B\to C\to D$, $A\cdot B\to D\to C$

$C\to A\cdot B\to D$, $D\to A\cdot B\to C$

$C\to D\to A\cdot B$ $D\to C\to A\cdot B$

이므로 **6가지**이다.

21 (1) 만의 자리에는 0이 올 수 없으므로

$5!-4!=$ **96(개)**

(2) 짝수이므로 일의 자리에 올 수 있는 숫자는 0, 2, 4뿐이다.

(i) 일의 자리에 0이 오는 경우

			0

$4\times3\times2=24$(개)

(ii) 일의 자리에 2가 오는 경우

			2

$3\times3\times2=18$(개)

(iii) 일의 자리에 4가 오는 경우

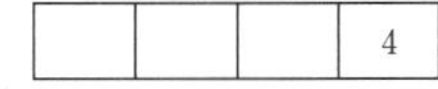

$3\times3\times2=18$(개)

따라서, (i), (ii), (iii)에서

$24+18+18=$ **60(개)**

(3) 자릿수의 합이 3의 배수가 되어야 한다.
먼저 3의 배수가 되기 위해서 어떤 숫자로 구성되어야 하는지 생각해 보면
$(0, 1, 2)$, $(0, 2, 4)$, $(1, 2, 3)$, $(2, 3, 4)$
(i) 0이 포함되는 경우 : $(2\times2)\times2=8$(개)
(ii) 0이 포함되지 않는 경우 : $3!\times2=12$(개)
따라서, (i), (ii)에서
$8+12=$**20(개)**

22 네 자리의 정수를 천의 자리, 백의 자리, 십의 자리, 일의 자리로 구분하여 생각해 보면
(i) 천의 자리에는 0이 오게 되면 세 자리수가 되므로 0은 올 수 없다. 즉, 7가지이다.
(ii) 백의 자리에는 천의 자리에서 한 장의 카드를 사용했으므로 두 개의 (앞, 뒤) 숫자를 제외한 6가지가 올 수 있다.
(iii) 십의 자리에는 천, 백의 자리에서 두 장의 카드를 사용했으므로 네 개의 (앞, 뒤) 숫자를 제외한 4가지가 올 수 있다.
(iv) 일의 자리에는 앞자리에서 사용한 세 장의 카드를 제외한 2가지가 올 수 있다.
따라서, (i)~(iv)에서 네 자리의 정수의 가지 수는
$7\times6\times4\times2=$**336(가지)**

23 오른쪽 그림과 같이 가로 한 칸을 a, 세로 한 칸을 b라 하고, 각각의 경우의 수를 구하면

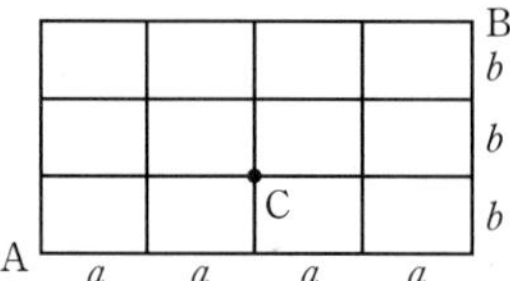

(i) A → C : a, a, b를 일렬로 나열하는 경우와 같으므로
$\frac{3!}{2!}=3$(가지)
(ii) C → B : a, a, b, b를 일렬로 나열하는 경우와 같으므로
$\frac{4!}{2!2!}=6$(가지)
따라서, (i), (ii)가 동시에 일어나야 하므로 구하는 경우의 수는 $3\times6=$**18(가지)**

24 a, b는 주사위의 눈의 수이므로
$1\le a\le6$, $1\le b\le6$
주어진 직선은 $y=\frac{a}{b}x+1$
따라서, 서로 다른 직선의 개수는 $\frac{a}{b}$의 값이 서로 다른 경우를 찾으면 된다.
(i) $b=1$일 때, $a=1, 2, 3, 4, 5, 6$의 6개이다.
(ii) $b=2$일 때, $a=1, 3, 5$의 3개이다.
(iii) $b=3$일 때, $a=1, 2, 4, 5$의 4개이다.
(iv) $b=4$일 때, $a=1, 3, 5$의 3개이다.
(v) $b=5$일 때, $a=1, 2, 3, 4, 6$의 5개이다.
(vi) $b=6$일 때, $a=1, 5$의 2개이다.
따라서, (i)~(vi)에서
$6+3+4+3+5+2=$**23(개)**

25 주머니 속에 들어 있는 구슬 전체의 개수를 n(개), 붉은색 구슬의 개수를 r(개)라 하면
$$\begin{cases}\frac{r-1}{n-1}=\frac{1}{7}\\ \frac{r}{n-2}=\frac{1}{5}\end{cases} \Rightarrow \begin{cases}7r-7=n-1 & \cdots\cdots ㉠\\ 5r=n-2 & \cdots\cdots ㉡\end{cases}$$
㉠$-$㉡을 하면 $2r-7=1$이므로
$r=4$, $n=22$이다.
따라서, 주머니 속에 들어 있는 구슬은 모두 **22개**이다.

26 대표가 된 1등부터 3등까지의 득표 수를 차례로 a, b, c라 하고, 4등을 한 사람의 득표 수를 x라고 하면
$x<c\le b\le a$, $4x<a+b+c+x\le1000$
이때, x는 0 또는 자연수이므로 $x\le250$이다.
따라서, 반드시 대표가 되려면 251표 이상을 얻어야 하므로 $p=251$이다.
한편, $1000=3\times333+1$이므로 332표 이하를 얻으면 절대로 1등을 할 수 없지만, 334표를 얻고 나머지 두 사람이 333표씩 얻으면 회장이 될 수 있다.
즉, $q=334$이다.
따라서, $p+q=251+334=$**585**

27 1,000원짜리 지폐의 개수를 기준으로 생각해 보자.
(i) 1,000원짜리 지폐가 5장인 경우 : 1가지
(ii) 1,000원짜리 지폐가 4장인 경우
500원짜리 동전이 0, 1, 2개의 3가지(나머지는 모두 100원자리 동전으로 바꾼다.)
(ii) 1,000원짜리 지폐가 3장인 경우
500원짜리 동전이 0, 1, 2, 3, 4개의 5가지
나머지 경우도 같은 방법으로 계산하면
(iv) 1,000원짜리 지폐가 2장인 경우 : 7가지
(v) 1,000원짜리 지폐가 1장인 경우 : 9가지
(vi) 1,000원짜리 지폐가 0장인 경우 : 11가지
따라서, (i)~(vi)에 의해서 구하는 가짓수는
$1+3+5+7+9+11=$**36(가지)**

28 가벼운 추를 모두 올려놓아도 무거운 추 하나보다 가벼우므로
1g짜리 추를 올려놓는 경우의 수는 0, 1, 2개의 3가지이다.
3g짜리 추를 올려놓는 경우의 수는 0, 1, 2개의 3가지이다.
9g짜리 추를 올려놓는 경우의 수는 0, 1개의 2가지이다.

27g짜리 추를 올려놓는 경우의 수는 0, 1, 2개의 3가지이다. 따라서, $3\times3\times2\times3=54$(가지)에서 하나도 올려놓지 않는 경우를 제외하면 **53(가지)**이다.

29 50원, 100원, 200원짜리 우표를 각각 x, y, z(장) 산다고 하면

$50x+100y+200z=1000$이므로 $x+2y+4z=20$

$x\ge1$, $y\ge1$이므로

$20=x+2y+4z\ge3+4z$에서 $4z\le17$이고 z는 자연수이므로 $z\le4$이다.

따라서, 다음 4가지의 경우가 있다.

(i) $z=4$일 때, $x+2y=4$이므로
$(x, y)=(2, 1)$의 1가지

(ii) $z=3$일 때, $x+2y=8$이므로
$(x, y)=(6, 1), (4, 2), (2, 3)$의 3가지

(iii) $z=2$일 때, $x+2y=12$이므로
$(x, y)=(10, 1), (8, 2), (6, 3), (4, 4), (2, 5)$ 의 5가지

(iv) $z=1$일 때, $x+2y=16$이므로
$(x, y)=(14, 1), (12, 2), (10, 3), (8, 4), (6, 5), (4, 6), (2, 7)$의 7가지

따라서, (i) ~ (iv)에서

$1+3+5+7=$**16(가지)**

30 $M-m>1$일 확률은

$1-(M-m=0$ 또는 $M-m=1$일 확률$)$

(i) $M-m=0$일 때,
$(1, 1, 1), (2, 2, 2), (3, 3, 3), (4, 4, 4), (5, 5, 5), (6, 6, 6)$의 6가지

(ii) $M-m=1$일 때,
$(6, 6, 5), (6, 5, 5), (5, 5, 4), (5, 4, 4), (4, 4, 3), (4, 3, 3), (3, 3, 2), (3, 2, 2), (2, 2, 1), (2, 1, 1)$ 의 10가지
각각의 경우에 3가지씩 나오므로 $10\times3=30$(가지)

(i), (ii)에서 $M-m=0$ 또는 $M-m=1$일 확률은

$\frac{6+30}{6^3}=\frac{6^2}{6^3}=\frac{1}{6}$

따라서, 구하는 확률은 $1-\left(\frac{1}{6}\right)=\mathbf{\frac{5}{6}}$이다.

31 xy의 값이 될 수 있는 것은 $0, -1, 1$인 경우이다.

(i) $xy=0$일 때의 확률
$0\times0, -1\times0, 0\times(-1), 0\times1, 1\times0$일 때이므로
$\frac{1}{6}\times\frac{1}{6}+\frac{2}{6}\times\frac{1}{6}+\frac{1}{6}\times\frac{2}{6}+\frac{1}{6}\times\frac{3}{6}+\frac{3}{6}\times\frac{1}{6}$
$=\frac{1}{36}+\frac{2}{36}+\frac{2}{36}+\frac{3}{36}+\frac{3}{36}=\frac{11}{36}$

(ii) $xy=-1$일 때의 확률
$1\times(-1), (-1)\times1$일 때이므로
$\frac{3}{6}\times\frac{2}{6}+\frac{2}{6}\times\frac{3}{6}=\frac{6}{36}+\frac{6}{36}=\frac{12}{36}$

(iii) $xy=1$일 때의 확률
$1\times1, (-1)\times(-1)$일 때이므로
$\frac{3}{6}\times\frac{3}{6}+\frac{2}{6}\times\frac{2}{6}=\frac{9}{36}+\frac{4}{36}=\frac{13}{36}$

따라서, (i), (ii), (iii)에서 구하는 기댓값은

$0\times\frac{11}{36}+(-1)\times\frac{12}{36}+1\times\frac{13}{36}=-\frac{12}{36}+\frac{13}{36}$
$=\mathbf{\frac{1}{36}}$

32 A는 한 번만 더 이기면 된다.

(i) A가 2차에 이길 확률 : $\frac{1}{2}$

(ii) B가 2차에 이기고, A가 3차에서 이길 확률 : $\frac{1}{2}\times\frac{1}{2}$

(i), (ii)에서 게임이 계속되었을 때, A가 이길 확률은

$\frac{1}{2}+\frac{1}{4}=\frac{3}{4}$이다.

따라서, A는 상금의 $\mathbf{\frac{3}{4}}$을 갖는 것이 적당하다.

33 A, B가 쏜 화살이 명중하는 경우를 ○, 명중시키지 못하는 경우를 ×라 하면

	A	B
(i)	○	○
(ii)	○	×
(iii)	×	○
(iv)	×	×

의 경우가 있다. 적어도 한 사람이 표적을 명중시킬 경우는 (i), (ii), (iii)이다.

따라서, 구하는 확률은

$1-$(두 사람 모두 명중시키지 못할 확률)

$=1-\left(\frac{3}{5}\times\frac{2}{3}\right)=1-\frac{2}{5}=\mathbf{\frac{3}{5}}$

34 짝수의 눈이 나오는 경우를 ○, 홀수의 눈이 나오는 경우를 ×라고 할 때, B가 4회 이내에 이길 확률은 다음과 같다.

B가 2회에 이기는 경우는 × ○일 때이다.

이때의 확률은 $\frac{1}{2}\times\frac{1}{2}=\frac{1}{4}$이다.

B가 4회에 이기는 경우는 × × × ○일 때이다.

이때의 확률은 $\frac{1}{2}\times\frac{1}{2}\times\frac{1}{2}\times\frac{1}{2}=\frac{1}{16}$이다.

따라서, 구하는 확률은

$\frac{1}{4}+\frac{1}{16}=\mathbf{\frac{5}{16}}$

35 수요일에 비가 오는 경우의 확률은 다음 2가지의 경우로 나누어 진다.

(i) 화요일에 비가 오고, 수요일에도 비가 오는 경우의 확률은

$\frac{1}{5}\times\frac{1}{5}=\frac{1}{25}$

(ii) 화요일에 비가 오지 않고, 수요일에는 비가 오는 경우의 확률은

$\left(1-\frac{1}{5}\right)\times\frac{1}{4}=\frac{4}{5}\times\frac{1}{4}=\frac{1}{5}$

따라서, (i), (ii)에서 구하는 확률은

$\frac{1}{25}+\frac{1}{5}=\mathbf{\frac{6}{25}}$

36 $S_2=X_1+X_2=0$이므로 $X_1=-X_2$에서

$(X_1, X_2)=(1, -1), (-1, 1)$의 2가지이다.

$S_6=X_1+X_2+X_3+X_4+X_5+X_6=2$에서

$X_1+X_2=0$이므로 $X_3+X_4+X_5+X_6=2$이다.

즉, X_3, X_4, X_5, X_6 중에서 앞면이 3번, 뒷면이 1번 나와야 하므로 4가지이다.

따라서, $S_2=0$이고 $S_6=2$인 경우의 수는

$2\times4=8$(가지)이다.

따라서, (구하는 확률)$=\frac{8}{2^6}=\mathbf{\frac{1}{8}}$이다.

37 $3x+ay+1=0$, $(b+1)x+4y+1=0$의 공통인 해가 존재하지 않기 위한 조건은 두 직선이 평행하면 되므로

$\frac{3}{b+1}=\frac{a}{4}\neq1$

$a(b+1)=12$를 만족하는 순서쌍 (a, b)를 구하면

$(2, 5)$, $(3, 3)$, $(4, 2)$, $(6, 1)$

그런데 $a=4$, $b=2$일 때는 $\frac{3}{b+1}=\frac{a}{4}=1$이 되어 해가 무수히 많다.

따라서, 두 방정식의 공통인 해가 존재하지 않게 될 경우의 수는 3가지이므로 구하는 확률은

$\frac{3}{36}=\mathbf{\frac{1}{12}}$이다.

38 (i) x의 경우 : 도로망을 다음 그림과 같이 생각하면

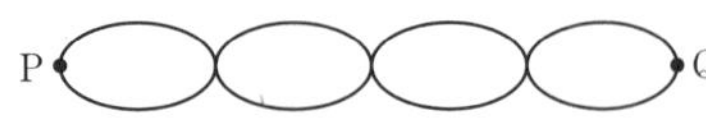

$x=2\times2\times2\times2=16$

(ii) y의 경우 : 같은 것이 있는 순열을 이용하여

$y=\frac{5!}{4!}=5$

따라서, (i), (ii)에서 $x+y=16+5=\mathbf{21}$

39 A, B, C, D, E의 5명과 이들의 수험표를 각각 a, b, c, d, e라 하자. 예를 들어 A, B만 자기 수험표를 받는다고 하면 수형도는 오른쪽과 같이 나타낼 수 있다.

A	B	C	D	E
a	b	d	e	c
		e	c	d

5명 중 2명이 자기 수험표를 받는 경우의 수는

$5\times4\div2=10$(가지)

그 각각의 경우에 따라 위의 표와 같이 두 가지씩 존재한다.

따라서, 모든 경우의 수는 $2\times10=\mathbf{20}$**(가지)**

40 (i) 한 장으로 합이 12가 되는 경우 : $12\Rightarrow1$가지

(ii) 두 장으로 합이 12가 되는 경우 :

$(1, 11)$, $(2, 10)$, $(3, 9)$, $(4, 8)$, $(5, 7)$

$\Rightarrow5\times2=10$(가지)

(iii) 세 장으로 합이 12가 되는 경우 :

$(1, 2, 9)$, $(1, 3, 8)$, $(1, 4, 7)$, $(1, 5, 6)$, $(2, 3, 7)$, $(2, 4, 6)$, $(3, 4, 5)$

$\Rightarrow7\times(3\times2\times1)=42$(가지)

(iv) 네 장으로 합이 12가 되는 경우 : $(1, 2, 3, 6)$, $(1, 2, 4, 5)$

$\Rightarrow2\times(4\times3\times2\times1)=48$(가지)

따라서, (i)~(iv)에서 $1+10+42+48=\mathbf{101}$**(가지)**

41 4명의 학생을 A, B, C, D라고 하면 모두 자기 가방을 들지 않았을 경우는 아래표와 같다.

A	B	C	D	A	B	C	D
B	A	D	C	C	D	B	A
B	C	D	A	D	A	B	C
B	D	A	C	D	C	A	B
C	A	D	B	D	C	B	A
C	D	A	B				

따라서, 구하는 경우의 수는 **9가지**이다.

42 두 개의 주사위를 던졌으므로 나올 수 있는 모든 경우의 수는

$6\times6=36$(가지)

점 P의 좌표는 $(-4, 0)$, 점 Q의 좌표는 $(5, 0)$

점 R의 좌표는 두 직선을 연립하여 풀면

$x+4=-2x+10$이므로 $3x=6$에서

$x=2$, $y=6$

그러므로 점 R의 좌표는 $(2, 6)$

따라서, 조건을 만족하는 순서쌍 (a, b)의 개수는 오른쪽 그림과 같이 13개이므로

구하는 확률은 $\mathbf{\frac{13}{36}}$이다.

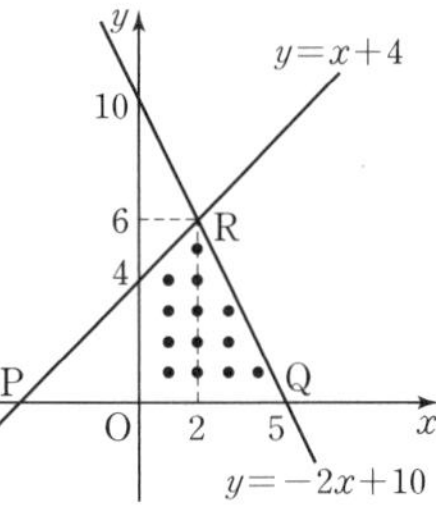

43 $\begin{cases} y=x-a \\ y=-3x+b \end{cases}$에서

$x-a=-3x+b$이므로 $x=\dfrac{a+b}{4}$

교점의 x좌표가 1이므로

$\dfrac{a+b}{4}=1$에서 $a+b=4$ ……㉠

㉠을 만족하는 순서쌍 (a, b)는 $(1, 3)$, $(2, 2)$, $(3, 1)$의 3개이다.

따라서, 구하는 확률은 $\dfrac{3}{36}=\mathbf{\dfrac{1}{12}}$이다.

44 각 자리의 수를 a, b, c라 하면 세 자리 수는 $100a+10b+c$이고, 이 수가 11의 배수가 되기 위해서는 $100a+10b+c=11(9a+b)+(a-b+c)$이므로 $a-b+c$가 11의 배수이어야 한다.

한편 a, b, c는 1 이상 6 이하의 정수이므로

$-4\leq a-b+c\leq 11$에서

$a-b+c=0$ 또는 11이다.

(i) $a-b+c=0$인 경우 :

$(1, 2, 1)$, $(1, 3, 2)$, $(1, 4, 3)$, $(1, 5, 4)$, $(1, 6, 5)$, $(2, 3, 1)$, $(2, 4, 2)$, $(2, 5, 3)$, $(2, 6, 4)$, $(3, 4, 1)$, $(3, 5, 2)$, $(3, 6, 3)$, $(4, 5, 1)$, $(4, 6, 2)$, $(5, 6, 1)$의 15가지

(ii) $a-b+c=11$인 경우 :

$(6, 1, 6)$의 1가지

따라서, (i), (ii)에서 구하는 확률은

$\dfrac{15}{6^3}+\dfrac{1}{6^3}=\mathbf{\dfrac{2}{27}}$

45 오른쪽 그림에서

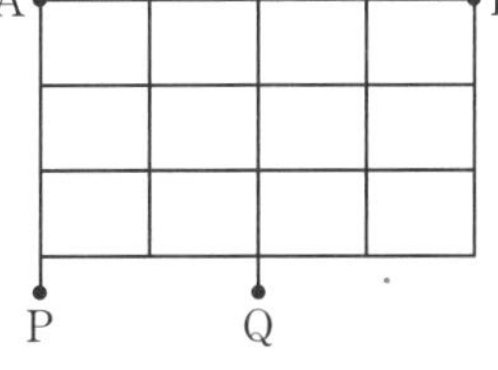

(i) 피자 가게 P를 들러서 최단 거리로 가는 방법의 수는

A → P → B이므로

$1\times\dfrac{(4+3)!}{4!3!}$

$=35$(가지)

(ii) 피자 가게 Q를 들러서 최단 거리로 가는 방법의 수는

A → Q → B이므로

$\dfrac{5!}{3!2!}\times\dfrac{5!}{2!3!}=10\times10=100$(가지)

따라서, (i), (ii)에서 구하는 방법의 수는

$35+100=$**135(가지)**

P. 139~140

특목고 구술 · 면접 대비 문제

1 (1) 8가지 (2) $\dfrac{3}{8}$ **2** 19개 **3** $\dfrac{1}{18}$ **4** 36가지

1 A지점에서 B지점까지 갈 수 있는 방법은

(1)

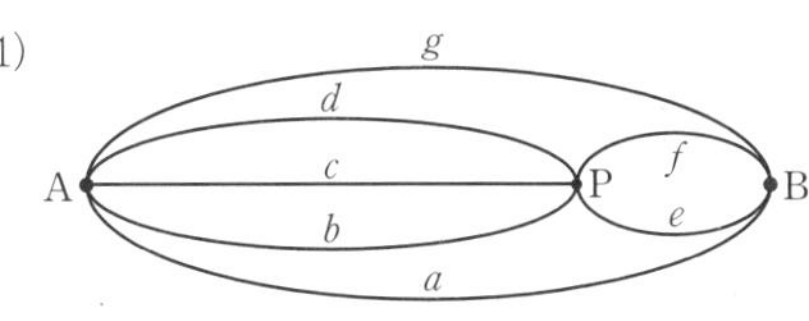

(i) A에서 B로 바로 가는 경우 : 2가지

(ii) A → P → B로 거쳐 가는 경우 : $3\times2=6$(가지)

(i), (ii)에서

$2+6=$**8(가지)**

(2) f를 거치는 경우 : $b\rightarrow f$, $c\rightarrow f$, $d\rightarrow f$의 3가지

따라서, 구하는 확률은 $\mathbf{\dfrac{3}{8}}$이다.

2 문자 a를 기준으로

(i) a가 3개인 경우 : aaa의 1가지

(ii) a가 2개인 경우 :

(a, a, b)를 뽑을 때, aab, aba, baa의 3가지

(a, a, c)를 뽑을 때, aac, aca, caa의 3가지

(iii) a가 1개인 경우 :

(a, b, b)를 뽑을 때, abb, bab, bba의 3가지

(a, b, c)를 뽑을 때, abc, acb, bac, bca, cab, cba의 6가지

(iv) a가 없는 경우 :

(b, b, c)를 뽑을 때, bbc, bcb, cbb의 3가지

따라서, (i)~(iv)에서 구하는 문자의 개수는

$1+3+3+3+6+3=$**19(개)**

3 4회 던져서 A 위치에 가기 위해서는 아래로 움직이지 않으므로 반드시 위로 1회, 나머지 3회에서 왼쪽으로 1회, 오른쪽으로 2회 움직여야 한다.

위 : ↑, 오른쪽 : →, 왼쪽 : ←으로 나타내면 주사위를 4번 던져서 A의 위치에 오는 것을 화살표로 나타내면 다음과 같이 12가지이다.

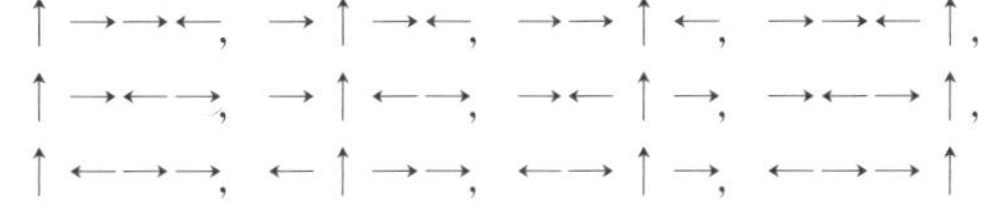

↑, →, ←이 나올 확률을 각각 P(↑), P(→), P(←)라 하면

P(↑)$=\dfrac{2}{6}$, P(→)$=\dfrac{1}{6}$, P(←)$=\dfrac{3}{6}$

따라서, 각 경우에 나타날 확률은

$\left(\frac{1}{6}\right)^2\times\frac{2}{6}\times\frac{3}{6}=\frac{1}{6^3}$ 이므로

구하는 확률은 $\frac{1}{6^3}\times12=\mathbf{\frac{1}{18}}$

4 두 가로줄의 위치를 서로 바꿀 수 있는 경우의 수는

${}_3P_2=6$(가지)

두 세로줄의 위치를 서로 바꿀 수 있는 경우의 수도

${}_3P_2=6$(가지)

따라서, 얻을 수 있는 서로 다른 배열의 가짓수는

$6\times6=$ **36(가지)**

P. 141~145

시·도 경시 대비 문제

1 51342 **2** $\frac{2}{9}$ **3** $\frac{5}{12}$ **4** $\frac{4}{9}$

5 2160가지 **6** $\frac{35}{18}$ **7** $\frac{7}{16}$ **8** $\frac{374}{675}$

9 $\frac{1}{6}$ **10** 1 **11** $\frac{11}{36}$ **12** 12가지

1 12345, 12354, 12435, …와 같이 차례대로 나열하면

1□□□□인 경우: $4\times3\times2\times1=24$(개)

2□□□□인 경우: $4\times3\times2\times1=24$(개)

3□□□□인 경우: $4\times3\times2\times1=24$(개)

4□□□□인 경우: $4\times3\times2\times1=24$(개)

따라서, 97번째 수는 51234, 98번째 수는 51243, 99번째 수는 51324, 100번째 수는 **51342**이다.

2 3번 던졌을 때, 도달할 수 있는 점은 A, B, C, D, E, F, G, I, J, M이고, 오른쪽으로 한 칸을 R, 위로 한 칸을 U, 제자리에 멈추는 것을 S라 하면 각 점에 도달할 수 있는 방법은 다음과 같다.

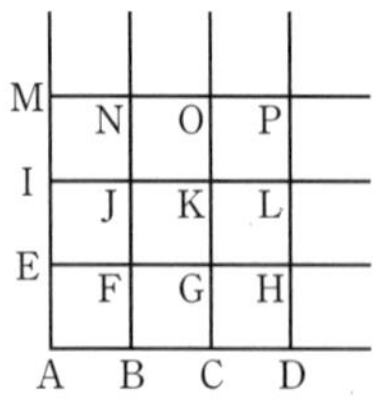

점 A : 3번 모두 제자리에서 멈추게 되는 경우이므로 1가지

점 B : 1번은 오른쪽으로 한 칸, 2번은 제자리에서 멈추게 되는 경우이므로
(S, S, R), (S, R, S), (R, S, S)의 3가지

점 C : 2번은 오른쪽으로 한 칸, 1번은 제자리에서 멈추게 되는 경우이므로
(R, R, S), (R, S, R), (S, R, R)의 3가지

점 D : 3번 모두 오른쪽으로 한 칸씩 진행하는 경우이므로 1가지

점 E : 1번은 위로 한 칸, 2번은 제자리에서 멈추게 되는 경우이므로
(U, S, S), (S, U, S), (S, S, U)의 3가지

점 F : 1번은 오른쪽으로 한 칸, 1번은 위로 한 칸, 1번은 제자리에서 멈추게 되는 경우이므로
(R, U, S), (R, S, U), (U, R, S), (U, S, R), (S, R, U), (S, U, R)의 6가지

점 G : 2번은 오른쪽으로 한 칸, 1번은 위로 한 칸 진행하는 경우이므로
(U, R, R), (R, U, R), (R, R, U)의 3가지

같은 방법으로 점 I, J : 3가지, 점 M : 1가지

오른쪽으로 한 칸, 위로 한 칸, 제자리에 멈추는 확률은 각각 $\frac{1}{3}$이므로 3번 주사위를 던졌을 때, 바둑알이 갈 수 있는 점 중 확률이 가장 높은 점은 경우의 수가 가장 많은 점은 F이고, 이때의 확률은

$\frac{1}{3}\times\frac{1}{3}\times\frac{1}{3}\times6=\mathbf{\frac{2}{9}}$

3 원에 내접하는 10각형의 10개의 꼭짓점으로 삼각형을 만들 수 있는 경우의 수는 10개 중에서 3개를 뽑은 경우의 수와 같으므로

$\frac{10\times9\times8}{3!}=120$(개)

(i) 10각형과 한 변을 공유하는 삼각형의 개수 :
10각형의 변마다 이 변의 양 끝점과 이웃한 두 변의 다른 끝점을 제외한 6개의 점 중 하나를 선택하면 되므로
$10\times6=60$(개)

(ii) 10각형과 두 변을 공유하는 삼각형의 개수 :
10각형의 꼭짓점마다 그 점의 좌우에 있는 두 점을 선택하면 되므로 10개

따라서, (i), (ii)에 의하여 10각형과 공유하는 변이 하나도 없는 삼각형이 만들어질 확률은

$1-\frac{60+10}{120}=\mathbf{\frac{5}{12}}$

4 주사위 A, B를 동시에 던져서 나오는 모든 경우의 수는

$6\times6=36$

$\sqrt{xy-2x-3y+6}=\sqrt{x(y-2)-3(y-2)}$
$=\sqrt{(x-3)(y-2)}$

이때, $1\le x\le6$, $1\le y\le6$이므로

$-2\le x-3\le3$, $-1\le y-2\le4$

따라서, $(x-3)(y-2)\le12$이므로

$(x-3)(y-2)=0, 1, 4, 9$일 때, 주어진 식은 정수가 된다.

(i) $(x-3)(y-2)=0$일 때,
$x=3$이면 y는 6가지
$y=2$이면 x는 6가지
$x=3$, $y=2$가 중복되므로
$6+6-1=11$(가지)
(ii) $(x-3)(y-2)=1$일 때,
$(x, y)=(4, 3)$, $(2, 1)$의 2가지
(iii) $(x-3)(y-2)=4$일 때,
$(x, y)=(4, 6)$, $(5, 4)$의 2가지
(iv) $(x-3)(y-2)=9$일 때,
$(x, y)=(6, 5)$의 1가지
(i)~(iv)에서 구하는 확률은
$\frac{11+2+2+1}{36}=\frac{16}{36}=\mathbf{\frac{4}{9}}$

5 여섯 사람을 2모둠으로 나누어 A, B방에 배정하는 방법은 다음과 같이 3가지 뿐이다.
(i) A방에 4명, B방에 2명
(ii) A방에 3명, B방에 3명
(iii) A방에 2명, B방에 4명
이제 여섯 사람을 각 침대에 배열하는 방법을 생각하면 된다.
따라서, 6개의 침대에 6명을 배정하는 방법은 $6!$이므로
구하는 방법의 수는
$3\times 6!=\mathbf{2160}$(가지)

6 $|x-y|$는 0, 1, 2, 3, 4, 5의 값을 가질 수 있으므로 다음과 같은 6가지의 경우로 나누어 생각할 수 있다.
(i) $|x-y|=0$인 경우
$(1, 1)$, $(2, 2)$, $(3, 3)$, $(4, 4)$, $(5, 5)$, $(6, 6)$의 6가지
(ii) $|x-y|=1$인 경우
$(1, 2)$, $(2, 3)$, $(2, 1)$, $(3, 4)$, $(3, 2)$, $(4, 5)$,
$(4, 3)$, $(5, 6)$, $(5, 4)$, $(6, 5)$의 10가지
(iii) $|x-y|=2$인 경우
$(1, 3)$, $(2, 4)$, $(3, 5)$, $(3, 1)$, $(4, 6)$, $(4, 2)$,
$(5, 3)$, $(6, 4)$의 8가지
(iv) $|x-y|=3$인 경우
$(1, 4)$, $(2, 5)$, $(3, 6)$, $(4, 1)$, $(5, 2)$, $(6, 3)$의 6가지
(v) $|x-y|=4$인 경우
$(1, 5)$, $(2, 6)$, $(5, 1)$, $(6, 2)$의 4가지
(vi) $|x-y|=5$인 경우
$(1, 6)$, $(6, 1)$의 2가지
따라서, (i)~(vi)에서 구하는 기댓값은
$\frac{6\times 0+10\times 1+8\times 2+6\times 3+4\times 4+2\times 5}{6\times 6}$
$=\frac{70}{36}=\mathbf{\frac{35}{18}}$

7 갑, 을 두 사람이라고 하고 갑은 1시 x분, 을은 1시 y분에 도착하였다고 하면
$0\leq x\leq 60$, $0\leq y\leq 60$, $|x-y|\leq 15$
색칠한 부분이 갑과 을이 만나는 영역이므로 넓이는

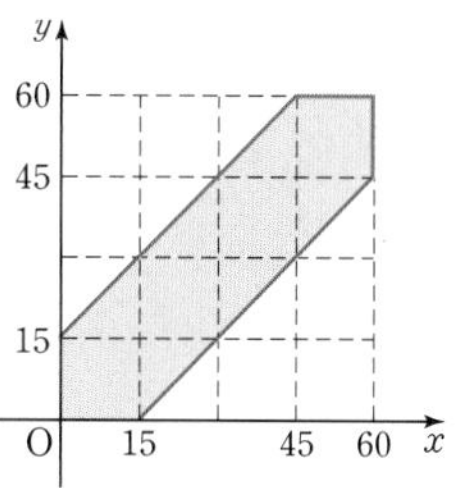

$60\times 60-2\times\frac{1}{2}\times 45\times 45$
$=3600-2025$
$=1575$
따라서, 구하는 확률은

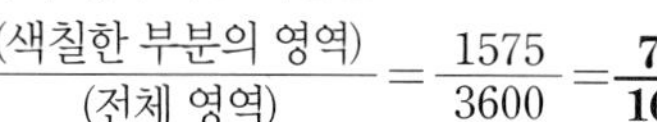
$\frac{(\text{색칠한 부분의 영역})}{(\text{전체 영역})}=\frac{1575}{3600}=\mathbf{\frac{7}{16}}$

8 첫 경기에 이긴 후 네 번째 경기에서도 이기는 경우는 다음의 4가지가 있다.

	1	2	3	4
(i)	○	×	×	○
(ii)	○	×	○	○
(iii)	○	○	×	○
(iv)	○	○	○	○

또, 경기에 패한 후 다음 경기에 패할 확률은
$1-\frac{2}{5}=\frac{3}{5}$
경기에 이긴 후 다음 경기에 패할 확률은
$1-\frac{2}{3}=\frac{1}{3}$
(i)의 경우에는 $\frac{1}{3}\times\frac{3}{5}\times\frac{2}{5}=\frac{2}{25}$
(ii)의 경우에는 $\frac{1}{3}\times\frac{2}{5}\times\frac{2}{3}=\frac{4}{45}$
(iii)의 경우에는 $\frac{2}{3}\times\frac{1}{3}\times\frac{2}{5}=\frac{4}{45}$
(iv)의 경우에는 $\frac{2}{3}\times\frac{2}{3}\times\frac{2}{3}=\frac{8}{27}$
따라서, 구하는 확률은
$\frac{2}{25}+\frac{4}{45}+\frac{4}{45}+\frac{8}{27}=\frac{54+60+60+200}{675}$
$=\mathbf{\frac{374}{675}}$

9 오른쪽 그림과 같이 직선 $y=\frac{n}{m}x$가 선분 AB와 만나기 위해서는 기울기 $\frac{n}{m}$이 직선 ㉠의 기울기보다 작거나 같고, 직선 ㉡의 기울기보다는 크거나 같아야 한다.

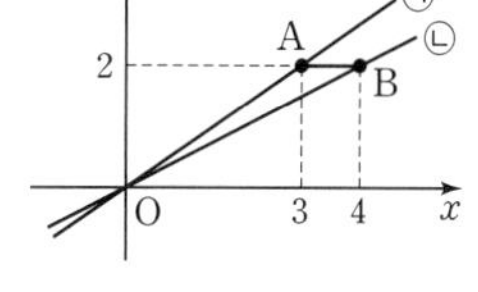

직선 ㉠은 $(0, 0)$, $(3, 2)$를 지나므로 기울기는
$\frac{2-0}{3-0}=\frac{2}{3}$

직선 ㉡은 $(0, 0)$, $(4, 2)$를 지나므로 기울기는

$\frac{2-0}{4-0}=\frac{2}{4}=\frac{1}{2}$

즉, $\frac{1}{2}\le\frac{n}{m}\le\frac{2}{3}$를 만족하는 모든 순서쌍 (m, n)을 구하면 $(2, 1)$, $(3, 2)$, $(4, 2)$, $(5, 3)$, $(6, 3)$, $(6, 4)$의 6가지이므로 구하는 확률은

$\frac{6}{36}=\mathbf{\frac{1}{6}}$이다.

10 $a+b+c=6$이고, $a\ge1$, $b\ge1$, $c\ge1$이므로

$1\le a\le4$, $1\le b\le4$, $1\le c\le4$

두 개의 주사위를 동시에 던질 때 나타나는 모든 경우의 수는 $6\times6=36$(가지)이다.

눈의 합이 3이 되는 경우는 한 주사위는 1의 눈이 나오고, 다른 주사위는 2의 눈이 나와야 되므로

$ab+ba=2ab$이다.

따라서, 눈의 합이 3일 확률은 $\frac{2ab}{36}=\frac{ab}{18}$이고, 눈의 합이 3인 수가 3회에 1회 꼴로 나오므로 확률은 $\frac{1}{3}$이다.

즉, $\frac{ab}{18}=\frac{1}{3}$이므로 $3ab=18$에서 $ab=6$이다.

이때, $1\le a\le4$, $1\le b\le4$이므로 $ab=6$인 경우는 $a=2$, $b=3$ 또는 $a=3$, $b=2$이다.

그런데 $a+b+c=6$이므로 $c=\mathbf{1}$이다.

11 1개의 박테리아가 20분 후에 2개가 되는 경우와 그 각각의 확률을 살펴보면 다음과 같다.

(●는 1개의 박테리아를 나타내고, ○는 0개가 되는 경우를 나타낸다.)

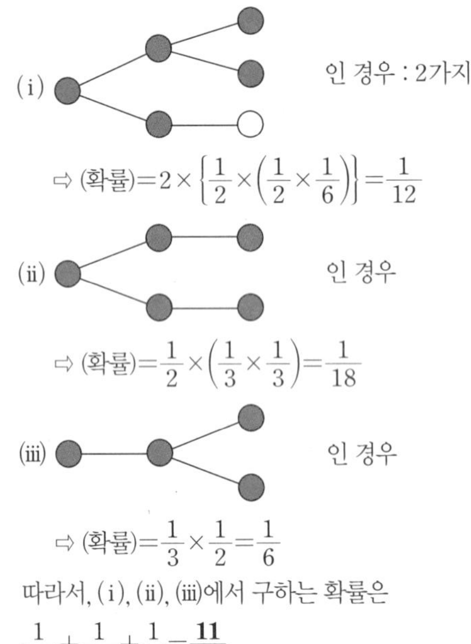

(i) 인 경우 : 2가지

⇨ (확률)$=2\times\left\{\frac{1}{2}\times\left(\frac{1}{2}\times\frac{1}{6}\right)\right\}=\frac{1}{12}$

(ii) 인 경우

⇨ (확률)$=\frac{1}{2}\times\left(\frac{1}{3}\times\frac{1}{3}\right)=\frac{1}{18}$

(iii) 인 경우

⇨ (확률)$=\frac{1}{3}\times\frac{1}{2}=\frac{1}{6}$

따라서, (i), (ii), (iii)에서 구하는 확률은

$\frac{1}{12}+\frac{1}{18}+\frac{1}{6}=\mathbf{\frac{11}{36}}$

12 (i) 먼저 1과 100을 각각 다른 상자에 넣고, 나머지 카드 모두를 남은 하나의 상자에 넣는 방법 :

두 수의 합이 100 이하라면 100을 넣은 상자에서 카드를 뽑지 않은 경우가 되고, 두 수의 합이 101이면 1과 100을 제외한 수를 넣은 상자에서 카드를 뽑지 않은 경우이며, 두 수의 합이 102 이상이면 1을 넣은 상자에서 카드를 뽑지 않은 경우이다.

상자의 색을 생각하면 모두 $3!=6$(가지)가 있다.

(ii) 3으로 나눈 나머지가 같은 것끼리 같은 상자에 넣는 방법 :

두 수의 합을 3으로 나눈 나머지가 0이면 3의 배수가 들어 있는 상자에서 카드를 뽑지 않은 경우이고, 나머지가 1이면 (3의 배수)+2인 상자에서 카드를 뽑지 않은 경우이며, 나머지가 2이면 (3의 배수)+1인 상자에서 카드를 뽑지 않은 경우이다.

따라서, 상자의 색을 고려하면 모두 $3!=6$(가지)이다.

따라서 (i), (ii)에서 구하는 방법의 수는

$6+6=\mathbf{12}$**(가지)**

P. 146~147

올림피아드 대비 문제

1 34가지 **2** 풀이 참조 **3** 864가지 **4** 420

1 1단씩 x번 오르고, 2단씩 y번 오른다고 하면

$x+2y=8(x\ge0, y\ge0)$

(i) 1단씩 8번, 2단씩 0번 오르는 경우 : $x=8$, $y=0$으로 1가지

(ii) 1단씩 6번, 2단씩 1번 오르는 경우 : $x=6$, $y=1$

즉, 1단씩 오르는 것을 a, 2단씩 오르는 것을 b라 하면 $aaaaaab$를 일렬로 나열하는 방법의 수와 같으므로 (6개의 문자가 중복) 구하는 방법의 수는

$\frac{7!}{6!}=7$(가지)

같은 방법으로

(iii) 1단씩 4번, 2단씩 2번 오르는 경우 : $x=4$, $y=2$로

$\frac{6!}{4!2!}=15$(가지)

(iv) 1단씩 2번, 2단씩 3번 오르는 경우 : $x=2$, $y=3$으로

$\frac{5!}{2!3!}=10$(가지)

(v) 1단씩 0번, 2단씩 4번 오르는 경우 : $x=0$, $y=4$로 1가지

따라서, (i)~(v)에서 구하는 방법의 수는

$1+7+15+10+1=\mathbf{34}$**(가지)**

2 7명의 어린이가 딴 버섯의 개수를 큰 것부터 각각 $a_1>a_2>a_3>a_4>a_5>a_6>a_7$이라 하면
$a_1+a_2+a_3+a_4+a_5+a_6+a_7=100$, $a_1+a_2+a_3\geq 50$ 임을 보이면 된다.

(i) $a_3\geq 16$이면 $a_2\geq 17$, $a_1\geq 18$이므로
$a_1+a_2+a_3\geq 18+17+16=51>50$

(ii) $a_3<16$이면, 즉 $a_3\leq 15$이면
$a_4\leq 14$, $a_5\leq 13$, $a_6\leq 12$, $a_7\leq 11$이므로
$a_4+a_5+a_6+a_7\leq 14+13+12+11=50$
따라서, $a_1+a_2+a_3=100-(a_4+a_5+a_6+a_7)$
$\geq 100-50=50$

따라서, (i), (ii)에서 어떤 세 어린이가 딴 버섯의 수의 합은 50보다 작지 않은 경우가 반드시 존재한다.

3 7개의 숫자 중 144, 174, 204는 3의 배수이다. 이 수를 각각 X, Y, Z라 하고,
$154=3\times 51+1$, $164=3\times 54+2$를 각각 a, b,
$184=3\times 61+1$, $194=3\times 64+2$를 각각 c, d라 하면
문제의 조건에 따른 배열은 7개의 수의 배열 중 가운데 수는 3의 배수가 와야 한다.

(i) X가 가운데 오고 수의 배열이
(a, b, Y), X, (Z, c, d)인 경우
(a, b, Y)를 일렬로 나열하는 방법의 수 $3!=6$(가지)
(Z, c, d)를 일렬로 나열하는 방법의 수 $3!=6$(가지)
(a, b, Y)와 (Z, c, d)가 자리를 바꾸는 경우의 수
⇨ 2가지
따라서, $6\times 6\times 2=72$(가지)이다.

(ii) X가 가운데 오고 수의 배열이
(a, b, Z), X, (Y, c, d)인 경우
(a, b, Z)를 일렬로 나열하는 방법의 수 $3!=6$(가지)
(Y, c, d)를 일렬로 나열하는 방법의 수 $3!=6$(가지)
(a, b, Z)와 (Y, c, d)가 자리를 바꾸는 경우의 수
⇨ 2가지
따라서, $6\times 6\times 2=72$(가지)이다.

(iii) X가 가운데 오고 수의 배열이
(a, d, Y), X, (Z, c, b)인 경우
(a, d, Y)를 일렬로 나열하는 방법의 수 $3!=6$(가지)
(Z, c, b)를 일렬로 나열하는 방법의 수 $3!=6$(가지)
(a, d, Y)와 (Z, c, b)가 자리를 바꾸는 경우의 수
⇨ 2가지
따라서, $6\times 6\times 2=72$(가지)이다.

(iv) X가 가운데 오고 수의 배열이
(a, d, Z), X, (Y, c, b)인 경우
(a, d, Z)를 일렬로 나열하는 방법의 수 $3!=6$(가지)
(Y, c, b)를 일렬로 나열하는 방법의 수 $3!=6$(가지)
(a, d, Z)와 (Y, c, b)가 자리를 바꾸는 경우의 수
⇨ 2가지
따라서, $6\times 6\times 2=72$(가지)이다.

(i)~(iv)에서
(X가 가운데 오는 경우의 수)$=72+72+72+72$
$=288$(가지)
마찬가지 방법으로
(Y가 가운데 오는 경우의 수)$=288$(가지)
(Z가 가운데 오는 경우의 수)$=288$(가지)
따라서, 구하는 경우의 수는
$288\times 3=$**864(가지)**

4 (i) 6번 던졌을 때 1부터 6까지의 눈이 모두 나오면 일곱 번째는 어떠한 눈이 나와도 상관없다. 그러므로 이런 경우의 확률은 다음과 같다.

$$\frac{6}{6}\times\frac{5}{6}\times\frac{4}{6}\times\frac{3}{6}\times\frac{2}{6}\times\frac{1}{6}\times\frac{6}{6}=\frac{120}{6^5}$$

(ii) 7번까지 던져야 1부터 6까지의 눈이 모두 나오려면 여섯 번 던질 때까지 같은 눈이 2번 나와야 한다. 여섯 번 던질 때까지 같은 눈이 2번 나오는 위치는 그림과 같이 15가지 방법이 있다. 또한, 1이 2번, 2가 2번, ⋯, 6이 2번 나올 수 있으므로 각각에 대하여 6가지가 더 나오게 된다.
그러므로 이런 경우의 확률은 다음과 같다.

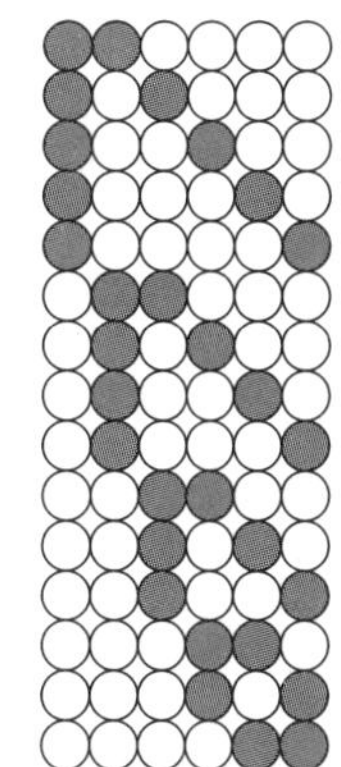

$$15\times 6\times\left(\frac{1}{6}\times\frac{1}{6}\times\frac{5}{6}\times\frac{4}{6}\times\frac{3}{6}\times\frac{2}{6}\times\frac{1}{6}\right)=\frac{300}{6^5}$$

따라서, (i), (ii)에서 구하는 확률은
$\dfrac{120+300}{6^5}=\dfrac{420}{6^5}$이므로 $n=$**420**이다.

다른풀이
주사위를 7번 던졌을 때, 같은 눈이 2번 나오는 경우의 수는 7번의 시행에서 2번을 선택하는 방법의 수와 같으므로
$\dfrac{7\times 6}{2}=21$(가지)
또한, 1이 2번, 2가 2번, ⋯, 6이 2번 나올 수 있으므로 각각에 대하여 6가지가 나오게 된다.
따라서, 구하는 확률은
$$21\times 6\times\left(\frac{1}{6}\times\frac{1}{6}\times\frac{5}{6}\times\frac{4}{6}\times\frac{3}{6}\times\frac{2}{6}\times\frac{1}{6}\right)=\frac{420}{6^5}$$
따라서, $n=$**420**이다.

VII 도형의 성질

P. 152~166

특목고 대비 문제

1 ②	**2** 풀이 참조		**3** 3	**4** 풀이 참조
5 60°	**6** 7	**7** $\frac{3}{2}$	**8** 36	**9** 30°
10 142°	**11** 115°	**12** 3cm	**13** 70°	**14** 2
15 (1) 128° (2) 18		**16** 100°	**17** $36\pi \text{cm}^2$	
18 18°	**19** 8cm	**20** 25 : 6	**21** 7cm	**22** 65°
23 33	**24** 30°	**25** 126°	**26** 9cm^2	
27 직사각형	**28** $\triangle ABE=15\text{cm}^2$, $\triangle DCE=10\text{cm}^2$			
29 90°	**30** 34cm^2	**31** 20°	**32** 20°	**33** 48
34 57.5°	**35** ⑤	**36** 풀이 참조	**37** ①, ④, ⑤	
38 풀이 참조		**39** 68°	**40** 21π	**41** 122°
42 80°	**43** 12	**44** 4배	**45** 59°	

1 ② '두 쌍의 대변의 길이가 각각 같다.'는 평행사변형의 성질이고, 뜻은 '두 쌍의 대변이 각각 평행하다.'이다.

2 $\triangle ABD$와 $\triangle ACE$에서
$\overline{AB}=\overline{AC}$, $\overline{BD}=\overline{CE}$, $\angle ABD=\angle ACE$이므로
$\triangle ABD \equiv \triangle ACE$ (SAS합동)
따라서, $\overline{AD}=\overline{AE}$이므로
$\triangle ADE$는 이등변삼각형이다.

3 $\triangle ACD$에서 $\angle ADC=180°-110°=70°$
$\angle ADC=\angle DAC$이므로 $\overline{CD}=\overline{AC}=x$
$\triangle ABC$에서 $\angle DAC=\angle ABC+\angle ACB$
$70°=35°+\angle ACB$
따라서, $\angle ACB=35°$이다.
$\angle ABC=\angle ACB$이므로 $\overline{AB}=\overline{AC}=3$
따라서, $x=\overline{AC}=\mathbf{3}$이다.

4 오른쪽 그림에서 $\triangle ABC$가 이등변삼각형이므로
$\angle B=\angle C=\angle a$라 하면
$\triangle EDC$에서
$\angle DEC=90°-\angle a$이므로
$\angle AEF=90-\angle a$
또, $\triangle FBD$에서

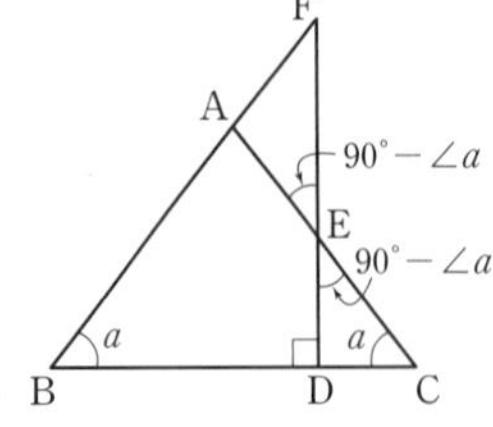

$\angle BDF=90°$, $\angle FBD=\angle a$이므로 $\angle BFD=90°-\angle a$
따라서, $\angle AEF=\angle BFD=90°-\angle a$이므로 $\triangle AEF$는 이등변삼각형이다. 즉, $\overline{AE}=\overline{AF}$이다.

5 $\angle DBE=\angle DEB=\angle a$라 하면
$\angle EDA=\angle EAD=\angle DBE+\angle DEB$
$=\angle a+\angle a=2\angle a$
또, $\angle ACE=\angle AEC=\angle ABE+\angle BAE$
$=\angle a+2\angle a=3\angle a$
그런데 $\angle ACE=\angle DBE+40°$이므로
$3\angle a=\angle a+40°$에서 $\angle a=20°$
따라서, $\angle EAC=180°-2\angle ACE$
$=180°-6\angle a=\mathbf{60°}$

6 두 직각삼각형 ADB와 CEA에서
$\overline{AB}=\overline{AC}$, $\angle DBA=\angle EAC$이므로
$\triangle ADB \equiv \triangle CEA$ (RHA합동)
따라서, $\overline{DE}=\overline{DA}+\overline{AE}=\overline{CE}+\overline{BD}=4+3=\mathbf{7}$

7 $\triangle AED \equiv \triangle AEC$ (RHS합동)이므로 $\overline{DE}=\overline{CE}$이고
$\overline{DB}=5-3=2$
$\overline{DE}=x$라 하면
$\triangle ABE+\triangle AEC=\triangle ABC$이고 $\overline{DE}=\overline{EC}$이므로
$\frac{1}{2}\times 5\times x+\frac{1}{2}\times 3\times x=\frac{1}{2}\times 3\times 4$에서
$4x=6$, $x=\frac{3}{2}$이다.
따라서, $\triangle DBE=\frac{1}{2}\times\overline{DB}\times\overline{DE}$
$=\frac{1}{2}\times 2\times\frac{3}{2}=\mathbf{\frac{3}{2}}$

8 $\triangle PDA \equiv \triangle PEA$ (RHA합동)이므로
$\overline{AD}=\overline{AE}=3$
$\triangle PEC \equiv \triangle PFC$ (RHA합동)이므로
$\overline{PE}=\overline{PF}=4$
$\overline{PE}=\overline{PD}$이므로 $\overline{PD}=4$
또, $\triangle PDB \equiv \triangle PFB$(RHS합동)
따라서, $\square PDBF=2\triangle PDB$
$=2\times\frac{1}{2}\times 9\times 4=\mathbf{36}$

9 $\triangle DAM \equiv \triangle DBM$ (SAS합동),
$\triangle DAM \equiv \triangle DAC$(RHA합동)이므로
$\angle B=\angle BAD=\angle CAD$
$\angle B=\angle x$라 하면 $\triangle ABC$에서
$2\angle x+\angle x+90°=180°$, $3\angle x=90$
따라서, $\angle x=\angle B=\mathbf{30°}$이다.

10 점 O가 삼각형 ABC의 외심이므로 $\overline{OA}=\overline{OB}=\overline{OC}$

따라서, △OAB, △OBC, △OAC는 이등변삼각형이다.

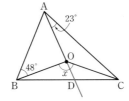

즉, $\angle ABO=\angle BAO=48^\circ$,

$\angle OAC=\angle OCA=23^\circ$

위의 그림에서 직선 AO의 연장선이 변 BC와 만나는 점을 D라 하면 외각의 성질에 의해

$\angle BOC=\angle BOD+\angle DOC$

$=2\angle ABO+2\angle CAO$

$=2(48^\circ+23^\circ)=\mathbf{142^\circ}$

11 오른쪽 그림에서

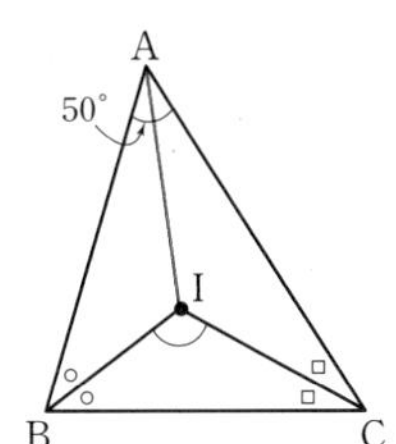

$\angle BIC$

$=180^\circ-(\angle IBC+\angle ICB)$

$=180^\circ-\frac{1}{2}(180^\circ-\angle BAC)$

$=180^\circ-\frac{1}{2}(180^\circ-50^\circ)$

$=180^\circ-65^\circ=\mathbf{115^\circ}$

12 오른쪽 그림에서 점 I는 △ABC의 내심이므로

$\overline{IE}=\overline{ID}=\overline{IF}$

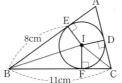

△IEB와 △IFB에서

$\overline{IB}$는 공통, $\overline{IE}=\overline{IF}$,

$\angle IEB=\angle IFB=90^\circ$이므로

△IEB≡△IFB (RHS합동)

따라서, $\overline{BE}=\overline{BF}=8(\text{cm})$이다.

같은 방법으로 △IFC≡△IDC (RHS합동)이므로

$\overline{CF}=\overline{CD}$이다.

따라서, $\overline{CD}=\overline{CF}=11-\overline{BF}=11-\overline{BE}$

$=11-8=\mathbf{3(cm)}$

13 오른쪽 그림에서

점 I는 내심이므로

$\angle IAB=\angle IAC=40^\circ$에서

$\angle IAD=10^\circ$이다.

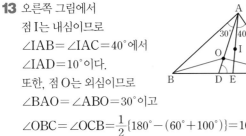

또한, 점 O는 외심이므로

$\angle BAO=\angle ABO=30^\circ$이고

$\angle OBC=\angle OCB=\frac{1}{2}\{180^\circ-(60^\circ+100^\circ)\}=10^\circ$이므로

$\angle ABC=\angle ABO+\angle OBC=30^\circ+10^\circ=40^\circ$

따라서, $\angle ADE$는 △ABD의 외각이므로

$\angle ADE=\angle DAB+\angle ABD$

$=30^\circ+40^\circ=\mathbf{70^\circ}$

14 오른쪽 그림에서

△ABC

$=\frac{1}{2}\times\overline{BC}\times\overline{AC}$

$=\frac{1}{2}\times12\times5$

$=\triangle IAC+\triangle ICB+\triangle IAB$

$=\frac{1}{2}\times(5+12+13)x$

즉, $15x=30$에서 $x=\mathbf{2}$이다.

15 (1) 점 I는 내심이고, $\overline{DE}\,/\!/\,\overline{BC}$이므로

$\angle DBI=\angle IBC=\angle DIB=22^\circ$,

$\angle ECI=\angle ICB=\angle EIC=30^\circ$이므로

$\angle BIC=180^\circ-(22^\circ+30^\circ)=\mathbf{128^\circ}$

(2) △DBI와 △EIC는 이등변삼각형이므로

$\overline{DB}=\overline{DI}$, $\overline{IE}=\overline{EC}$

따라서,

(△ADE의 둘레의 길이)$=\overline{AD}+\overline{DE}+\overline{AE}$

$=(\overline{AD}+\overline{DI})+(\overline{IE}+\overline{AE})$

$=\overline{AB}+\overline{AC}=\mathbf{18}$

16 오른쪽 그림에서

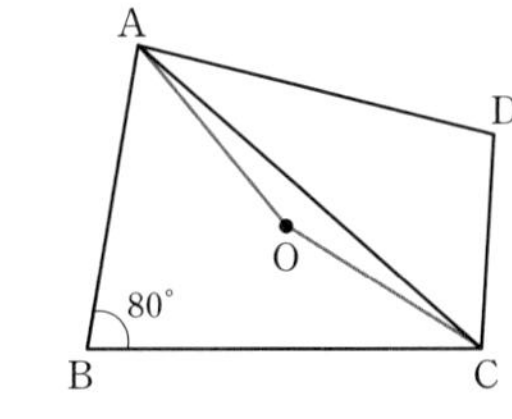

$\angle AOC$(작은 각)$=2\times80^\circ$

$=160^\circ$

$\angle AOC$(큰 각)$=360^\circ-160^\circ$

$=200^\circ$

$=2\angle ADC$

따라서, $\angle ADC=\angle D=\mathbf{100^\circ}$이다.

17 △ABC의 외접원의 반지름의 길이를 $r$cm라 하면 점 O가 △ABC의 외심이므로

$\overline{OA}=\overline{OB}=\overline{OC}=r(\text{cm})$

△AOC에서 $\overline{OA}+\overline{OC}+7=2r+7=19$이므로

$2r=12$에서 $r=6$이다.

따라서, △ABC의 외접원의 넓이는

$\pi\times r^2=\pi\times6^2=\mathbf{36\pi(cm^2)}$

18 $\angle B=\angle C=\frac{1}{2}(180^\circ-\angle A)=\frac{1}{2}(180^\circ-36^\circ)=72^\circ$

$\angle IBC=\angle IBA=\frac{1}{2}\angle B=36^\circ$

이등변삼각형의 내심과 외심은 꼭지각의 이등분선 위에 있으므로

$\angle OAB=\angle OBA=\frac{1}{2}\times36^\circ=18^\circ$

따라서, $\angle OBI=\angle IBA-\angle OBA$

$=36^\circ-18^\circ=\mathbf{18^\circ}$

19 △ABD와 △CAE에서
$\overline{AB}=\overline{CA}$, $\angle ADB=\angle CEA=90°$,
$\angle BAD=90°-\angle CAE=\angle ACE$이므로
$\triangle ABD \equiv \triangle CAE$(RHA합동)
따라서, $\overline{BD}=\overline{AE}=7$(cm), $\overline{AD}=\overline{CE}=15$(cm)이므로
$\overline{DE}=\overline{AD}-\overline{AE}=15-7$
$=\mathbf{8(cm)}$

20 $\overline{BD}:\overline{DA}=2:3$에서 $\triangle DEB:\triangle ADE=2:3$이므로
$\triangle DEB=2a(a>0)$라 하면 $\triangle ADE=3a$이다.
또한, $\overline{BE}:\overline{BC}=2:5$이므로
$\triangle AEB:\triangle ABC=2:5$
$\triangle AEB=\triangle ADE+\triangle DEB=5a$이므로
$\triangle ABC=\frac{5}{2}\triangle AEB=\frac{5}{2}\times 5a=\frac{25}{2}a$
따라서, $\triangle ABC:\triangle ADE=\frac{25}{2}a:3a$
$=\mathbf{25:6}$

21 점 I가 △ABC의 내심이므로
$\triangle DBI \equiv \triangle EBI$(RHS합동)
즉, $\overline{DB}=\overline{BE}=5$cm이다.
마찬가지로 $\overline{AD}=\overline{AF}=3$cm
$\overline{CF}=\overline{CE}=\overline{BC}-\overline{BE}=9-5=4$(cm)
따라서, $\overline{AC}=\overline{AF}+\overline{CF}=\overline{AD}+\overline{CE}$
$=3+4=\mathbf{7(cm)}$

22 $\angle CAB=180°-(80°+50°)=50°$
점 I는 세 내각의 이등분선의 교점이므로
$\angle CAI=\frac{1}{2}\angle CAB=25°$
△AHC에서
$\angle CAH=180°-(90°+50°)=40°$
$\angle x=\angle CAH-\angle CAI=40°-25°$
$=15°$
또, △IAC에서 외각의 성질에 의하여
$\angle y=\angle CAI+\angle ACI=25°+25°$
$=50°$
따라서, $\angle x+\angle y=15°+50°=\mathbf{65°}$이다.

23 둘레의 길이가 28이므로
$2(6+y)=28$, $6+y=14$에서 $y=8$이다.
또, $\angle B=\angle D=70°$이므로 △ACD에서
$\angle x=180°-(70°+85°)=25°$
따라서, $x+y=25+8=\mathbf{33}$이다.

다른풀이
$\angle x$의 크기를 다음과 같이 구할 수도 있다.
$\overline{AD}/\!/\overline{BC}$이므로 $\angle x=\angle ACB$(엇각)
평행사변형의 성질에서
$\angle ABC+\angle BCD=180°$, $70°+\angle x+85°=180°$
따라서, $\angle x=180°-155°=25°$이다.

24 $\angle OCB=\angle OAD=60°$(엇각), $\angle OBC=30°$이므로
$\angle BOC=180°-(30°+60°)=90°$
따라서, 평행사변형의 두 대각선이 직교하므로
□ABCD는 마름모이다.
즉, △BCD는 $\overline{BC}=\overline{DC}$인 이등변삼각형이다.
따라서, $\angle BDC=\angle DBC=\mathbf{30°}$이다.

25 $\angle A:\angle B=3:2$이므로
$\angle A=180°\times\frac{3}{5}=108°$에서
$\angle BAP=\frac{1}{2}\times\angle A=54°$
$\angle B=180°\times\frac{2}{5}=72°$
삼각형의 한 외각의 크기는 이와 이웃하지 않는 두 내각의 크기의 합과 같으므로
$\angle APC=\angle BAP+\angle B$
$=54°+72°=\mathbf{126°}$

26 $\square ABCD=7\times 4=28(cm^2)$
$\triangle PAD+\triangle BPC=\frac{1}{2}\times\square ABCD=14(cm^2)$
따라서, $\triangle PAD=14-\triangle PBC=14-5$
$=\mathbf{9(cm^2)}$

27 □ABCD가 평행사변형이므로 $\angle A+\angle B=180°$
$\angle EAB=\frac{1}{2}\angle A$, $\angle EBA=\frac{1}{2}\angle B$이므로
$\angle EAB+\angle EBA=\frac{1}{2}(\angle A+\angle B)=90°$
따라서, $\angle AEB=90°$이다.
마찬가지로 $\angle EHG=\angle HGF=\angle EFG=90°$이므로
□EFGH는 **직사각형**이다.

28 △EBC의 넓이는 평행사변형의 넓이의 $\frac{1}{2}$이므로
$\triangle ABE+\triangle DCE=\frac{1}{2}\times 50=25(cm^2)$,
$\triangle ABE:\triangle DCE=\overline{AE}:\overline{ED}=3:2$이므로
$\mathbf{\triangle ABE}=25\times\frac{3}{5}=\mathbf{15(cm^2)}$,
$\mathbf{\triangle DCE}=25\times\frac{2}{5}=\mathbf{10(cm^2)}$

29 △HAB와 △HDF에서
$\overline{AB}=\overline{DF}$, ∠HAB=∠HDF(엇각),
∠ABH=∠DFH(엇각)이므로
△HAB≡△HDF(ASA합동)
즉, $\overline{AH}=\overline{DH}=\frac{1}{2}\overline{AD}=\overline{AB}$ ······㉠
마찬가지로 △ABG≡△ECG(ASA합동)이므로
$\overline{BG}=\overline{CG}=\frac{1}{2}\overline{AD}=\overline{AB}$ ······㉡
㉠, ㉡에서 $\overline{AH}=\overline{BG}=\overline{AB}$이므로 □ABGH는 마름모이다.
따라서, ∠FPE=**90°**이다.

30 오른쪽 그림에서

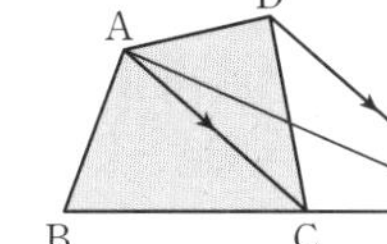

△DAC와 △EAC는 밑변 $\overline{AC}$를 공유하고 높이가 같으므로 넓이가 같다.
따라서,
□ABCD=△ABC+△ACD
=△ABC+△ACE
=18+16
=**34(cm²)**

31 △EBD에서 $\overline{BE}=\overline{DE}$이므로
∠EBD=∠BDE이다.
$\overline{AD}$ // $\overline{BC}$이므로 ∠EBD=∠BDA(엇각)
따라서, ∠D=3∠BDE=60°이므로
∠BDE=**20°**이다.

32 △ABE와 △BCF에서
$\overline{AB}=\overline{BC}$, $\overline{BE}=\overline{CF}$이고
∠ABE=∠BCF=90°이므로
△ABE≡△BCF(SAS합동)
따라서, ∠BFC=∠AEB=180°−110°=70°이다.
또, △BCF의 세 내각이 크기의 합이 180°이므로
∠CBF=180°−(70°+90°)=**20°**

다른풀이
△ABE≡△BCF이므로 ∠BAE=∠CBF=x라 하면
△ABE에서 외각의 성질에 의해
∠BAE+∠ABE=∠AEC이므로
$x+90°=110°$
따라서, x=∠CBF=**20°**이다.

33 평행사변형의 두 대각선은 서로 다른 것을 이등분하므로
$\overline{AO}=\overline{CO}=4$, $\overline{BO}=\overline{DO}=6$
△POB≡△POD(SSS합동)에서
∠POB=∠POD이므로 ∠POB=90°이다.
즉, 평행사변형의 두 대각선이 서로 다른 것을 수직이등분하므로 □ABCD는 마름모이다.
따라서, □ABCD=2×△ABC
$=2\times\frac{1}{2}\times\overline{AC}\times\overline{BO}$
$=2\times\frac{1}{2}\times8\times6$
=**48**

34 ∠B=∠D=180°−115°=65°이므로
∠ADF=∠EDC=$\frac{1}{2}$∠D
$=\frac{1}{2}\times65°=32.5°$
따라서, ∠BAF=∠A−∠DAF
=115°−(90°−32.5°)
=**57.5°**

35 평행사변형 ABCD의 넓이를 $4a$라 하면
△ABD=△BCD=$\frac{1}{2}$□ABCD=$2a$이고 $\overline{BE}=\overline{EC}$
이므로 △BDE=△DCE=a
$\overline{AD}$ // $\overline{BC}$이므로 △BDE=△ABE=a
또한, △BDE=a이고, $\overline{BD}$ // $\overline{EF}$이므로
△BDF=△BDE=a
따라서, △BCF=△BCD−△BDF
$=2a-a=a$
△AEF에서 $\overline{EF}=\frac{1}{2}\overline{BD}$이고, 꼭짓점 A에서 $\overline{EF}$에 이르는 거리는 꼭짓점 A에서 $\overline{BD}$에 이르는 거리보다 크므로
△AEF>a이다.
따라서, 넓이가 같지 않은 삼각형은 △AEF이다.

위의 풀이에서 △AEF의 넓이를 구하면
△AEF=□ABCD−△ABE−△ADF−△ECF
△ECF와 △BCF에서 높이는 같고 밑변이 각각 $\overline{EC}$, $\overline{BC}=2\overline{EC}$이므로
△ECF=$\frac{1}{2}$△BCF=$\frac{1}{2}a$
따라서, △AEF=$4a-a-a-\frac{1}{2}a=\frac{3}{2}a$

36 (1) 오른쪽 그림에서
$\triangle AFE \equiv \triangle BFG$
$\equiv \triangle CHG \equiv \triangle DHE$
(SAS 합동)이므로
$\overline{EF}=\overline{GF}=\overline{GH}=\overline{EH}$
따라서, □EFGH는 마름모이다.

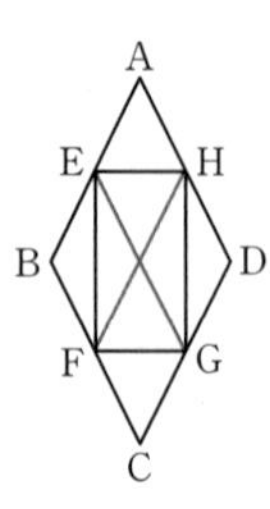

(2) □EBCG는 평행사변형이므로
$\overline{EG}=\overline{BC}$이고
□ABFH는 평행사변형이므로
$\overline{HF}=\overline{AB}$이다.
또한, □ABCD는 마름모이므로
$\overline{AB}=\overline{BC}$, 즉, $\overline{EG}=\overline{FH}$이다.
따라서, $\overline{EG}=\overline{FH}$이므로
평행사변형 EFGH는 직사각형이다.

37 $\triangle ABM$과 $\triangle ECM$에서
$\overline{BM}=\overline{CM}$, $\angle AMB=\angle EMC$(맞꼭지각)
$\angle ABM=\angle ECM$(엇각)이므로
$\triangle ABM \equiv \triangle ECM$(ASA합동)
즉, $\overline{AB}=\overline{EC}$이다.
따라서, □ABEC는 $\overline{AB}=\overline{EC}$, $\overline{AB} /\!/ \overline{EC}$이므로 평행사변형이다. 즉, $\overline{AM}=\overline{EM}$이다.
또한, $\triangle ABC \equiv \triangle CDA$이고 $\triangle ABC \equiv \triangle ECB$이므로
$\triangle CDA \equiv \triangle ECB$이다.
따라서, 옳은 것은 ①, ④, ⑤이다.

38 $\triangle ABC$와 $\triangle DCB$에서
$\overline{AB}=\overline{DC}$, $\angle ABC=\angle DCB$, $\overline{BC}$는 공통이므로
$\triangle ABC \equiv \triangle DCB$(SAS합동)
따라서, $\angle OBC=\angle OCB$이므로 $\triangle OBC$는 이등변삼각형이다. 즉, $\overline{OB}=\overline{OC}$이다.

39 $\triangle DAE$와 $\triangle DCE$에서
$\overline{DA}=\overline{DC}$(정사각형), $\overline{DE}$는 공통
$\angle EDA=\angle EDC=45°$이므로
$\triangle DAE \equiv \triangle DCE$(SAS합동)
즉, $\angle DCE=\angle DAF=23°$
따라서, $\triangle DCE$에서 외각의 성질에 의해
$\angle BEC=\angle EDC+\angle DCE$
$=45°+23°=\mathbf{68°}$

40 내접원의 반지름의 길이를 r라 하면 $\triangle ABC$의 넓이는
$\frac{1}{2}\times(6+10+8)\times r=\frac{1}{2}\times 8\times 6$이므로
$12r=24$에서 $r=2$이다.
직각삼각형의 외심은 빗변의 중점과 같으므로 외접원의 반지름의 길이는 $\frac{1}{2}\overline{AC}=5$이다.
따라서, 색칠한 부분의 넓이는
$25\pi-4\pi=\mathbf{21\pi}$

41 $\triangle AEC$와 $\triangle BDC$에서
$\overline{AC}=\overline{BC}$, $\overline{EC}=\overline{DC}$,
$\angle ACE=\angle BCD=60°-\angle ECB$이므로
$\triangle AEC \equiv \triangle BDC$(SAS합동)
따라서, $\angle AEC=\angle BDC$이다.
$\angle AEB=360°-(\angle AEC+\angle BEC)$
$=360°-(\angle BDC+\angle BEC)$ ……㉠
□BDCE에서 네 내각의 크기의 합이 360°이므로
$\angle BDC+\angle BEC=360°-(\angle EBD+\angle ECD)$
위 식을 ㉠에 대입하면
$\angle AEB=360°-\{360°-(\angle EBD+\angle ECD)\}$
$=\angle EBD+\angle ECD$
$=62°+60°=\mathbf{122°}$

42 $\angle DBC=x$, $\angle DCE=y$라 하면 외각의 성질에 의해
$\angle A+2x=2y$이고,
$x+40°=y$에서 $y-x=40°$이므로
$\angle A=2(y-x)=\mathbf{80°}$

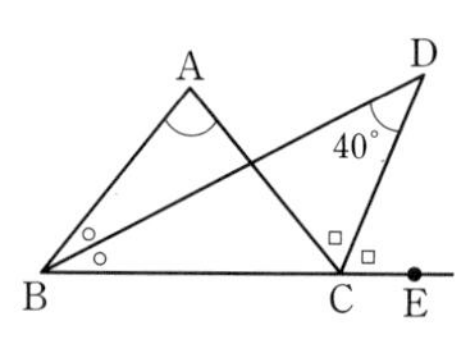

43 $\triangle AOF$와 $\triangle DEF$에서
$\angle FAO=\angle FDE$(엇각), $\angle AOF=\angle DEF$(엇각),
$\overline{AO}=\overline{OC}=\overline{DE}$이므로
$\triangle AOF \equiv \triangle DEF$(ASA합동)
즉, $\overline{AF}=\overline{DF}$, $\overline{OF}=\overline{EF}$이다.
따라서, $\overline{AF}+\overline{OF}=\frac{1}{2}\overline{AD}+\frac{1}{2}\overline{OE}$
$=\frac{1}{2}\overline{BC}+\frac{1}{2}\overline{CD}$
$=7+5=\mathbf{12}$

44 $\triangle OBH$와 $\triangle OCI$에서
$\overline{OB}=\overline{OC}$, $\angle OBH=\angle OCI=45°$,
$\angle BOH=\angle COI=90°-\angle COH$이므로
$\triangle OBH \equiv \triangle OCI$ (ASA합동)
따라서,
□OHCI $=\triangle OHC+\triangle OCI=\triangle OHC+\triangle OBH$
$=\triangle OBC=\frac{1}{4}$□ABCD
이므로 □ABCD의 넓이는 □OHCI의 넓이의 **4배**이다.

45 $\overline{AB}=\overline{CD}=\overline{CE}$이고, $\overline{AB}/\!/\overline{CE}$이므로 □ABEC는 평행사변형이다.
따라서, $\angle COE=\angle BEO$(엇각)$=\angle CEO=31^\circ$이므로 $\triangle COE$는 이등변삼각형이다.
또한, $\triangle DOE$에서
$\overline{OC}=\overline{CE}=\overline{CD}$이므로 점 C는 $\triangle DOE$의 외심이고, 점 C는 $\overline{DE}$(빗변)의 중점이므로 $\triangle DOE$는 직각삼각형이다.
즉, $\angle DOE=90^\circ$이다.
$\triangle COD$는 $\overline{CD}=\overline{OC}$인 이등변삼각형이므로
$\angle CDO=\angle COD$이다.
따라서, $\angle ABD=\angle BDC=\angle COD=90^\circ-31^\circ$
$=\mathbf{59^\circ}$

P. 167~168

특목고 구술 · 면접 대비 문제

1 18	**2** 64°	**3** 풀이 참조	**4** 풀이 참조
5 320°	**6** 45°		

1 $\triangle BFD$와 $\triangle BCA$에서
$\overline{BD}=\overline{BA}$, $\overline{BF}=\overline{BC}$
$\angle DBF=60^\circ-\angle ABF$
$=\angle ABC$
이므로
$\triangle BFD\equiv\triangle BCA$
(SAS합동)

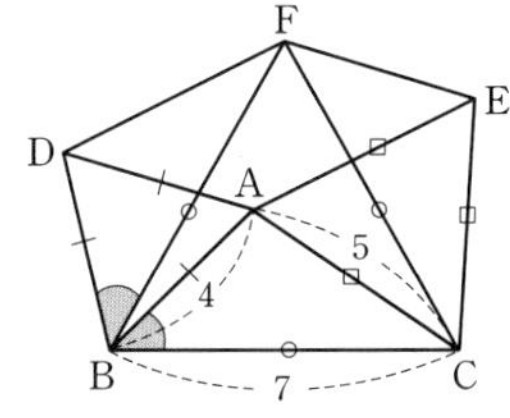

$\overline{DF}=\overline{AC}$이므로 □ADFE에서 $\overline{DF}=\overline{AE}$
또한, $\triangle FCE\equiv\triangle BCA$(SAS합동)이므로
$\overline{AB}=\overline{EF}$이고, □ADFE에서 $\overline{EF}=\overline{AD}$
따라서, □ADFE는 평행사변형이므로 둘레의 길이는
$2(\overline{AD}+\overline{AE})=2(4+5)=\mathbf{18}$

2 $\angle C'BD=\angle CBD=32^\circ$이므로
$\angle PBC'=90^\circ-\angle C'BD=90^\circ-32^\circ\times2=26^\circ$
따라서, $\angle P=90^\circ-\angle PBC'$
$=90^\circ-26^\circ=\mathbf{64^\circ}$

3 오른쪽 그림과 같이 점 P를 지나고 $\overline{AB}$, $\overline{AD}$와 평행한 직선이 평행사변형의 변과 만나는 점을 각각 F, H, E, G라 하면

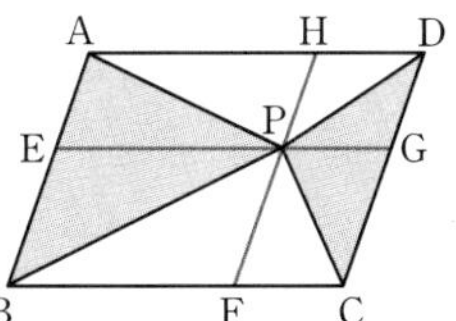

$\triangle AEP\equiv\triangle PHA$, $\triangle EBP\equiv\triangle FPB$
$\triangle FCP\equiv\triangle GPC$, $\triangle GDP\equiv\triangle HPD$
따라서, $\triangle PAB$와 $\triangle PCD$의 넓이의 합은 평행사변형의 넓이의 $\frac{1}{2}$이다.

4 $\overline{CP}=\overline{CQ}$이므로 $\angle CPQ=\angle CQP$이다.
따라서, $\angle PCB=\angle CPQ+\angle CQP=2\angle CQP$이므로
$\angle CQP=\frac{1}{2}\angle PCB$ ……㉠
$\overline{AB}=\overline{AC}$이므로 $\angle ABC=\angle PCB$
$\angle ABP=\angle CBP$이므로
$\angle CBP=\frac{1}{2}\angle ABC=\frac{1}{2}\angle PCB$ ……㉡
㉠, ㉡에서 $\angle CQP=\angle CBP$이다.
따라서, $\triangle PBQ$는 이등변삼각형이므로 $\overline{PB}=\overline{PQ}$이다.

5 점 E와 점 A를 연결하고 $\overline{AB}$와 $\overline{ED}$의 교점을 P라 하면
$\angle BPD$
$=360^\circ-(\angle B+\angle C+\angle D)$이므로
$\angle B+\angle C+\angle D=360^\circ-\angle BPD$
또, $\triangle FAE$에서
$\angle FEA+\angle FAE=180^\circ-40^\circ=140^\circ$이므로
$\angle E+\angle A=140^\circ-(\angle PEA+\angle PAE)$ ……㉠
$\angle EPA=\angle BPD$이므로 $\triangle PEA$에서
$\angle PEA+\angle PAE=180^\circ-\angle EPA$
$=180^\circ-\angle BPD$ ……㉡
㉡을 ㉠에 대입하면
$\angle E+\angle A=140^\circ-(180^\circ-\angle BPD)$
$=\angle BPD-40^\circ$
따라서, $\angle A+\angle B+\angle C+\angle D+\angle E$
$=360^\circ-\angle BPD+\angle BPD-40^\circ$
$=\mathbf{320^\circ}$

6 오른쪽 그림과 같이 점 C의 점 D에 대한 대칭점을 C′라 할 때, $\overline{AP}+\overline{PC}$의 값이 최소가 되는 것은 점 P가 $\overline{AC'}$와 $\overline{BD}$와의 교점에 위치할 때이다.
오른쪽 그림에서
$\overline{AB'}=\overline{AB}+\overline{BB'}=3a+a=4a$
이고, $\overline{B'C'}=\overline{BD}=4a$이므로 $\triangle AB'C'$는 직각이등변삼각형이다.
즉, $\angle APB=\angle AC'B'=45^\circ$
따라서, $\overline{AB}=\overline{BP}$일 때, $\overline{AP}+\overline{PC}$의 값이 최소가 되고 $\angle APB$의 크기는 $\mathbf{45^\circ}$이다.

참고

위의 그림에서 $\overline{AP}+\overline{PC}$의 값이 최소가 되는 점 P의 위치는 $\angle APB=45^\circ$이므로 $\overline{AB}=\overline{BP}$일 때이다.
마찬가지로 $\overline{CD}=\overline{DP}$일 때, $\overline{AP}+\overline{PC}$의 값이 최소가 된다.

P. 169~172

시·도 경시 대비 문제

1 풀이 참조	**2** 풀이 참조	**3** 풀이 참조
4 풀이 참조	**5** 12 : 7	**6** 풀이 참조
7 14 **8** 72°	**9** 30°	**10** 풀이 참조
11 풀이 참조		

1 오른쪽 그림과 같이 $\overline{BC}$를 지름으로 하는 $\triangle A'BC$의 변 BC의 중점 O에 대하여
$\overline{OB}=\overline{OA'}=\overline{OC}$이므로
두 삼각형 $OA'B$와 $OA'C$는 모두 이등변삼각형이다.

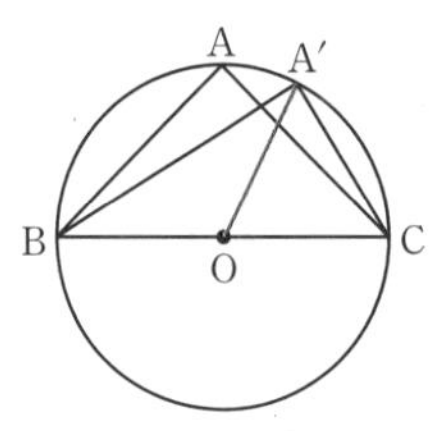

$\triangle OA'B$에서 $\angle A'BO=\angle BA'O=a$,
$\triangle OA'C$에서 $\angle A'CO=\angle CA'O=b$라 하면
$\triangle A'BC$에서 $\angle A'+\angle B+\angle C=180^\circ$이므로
$2a+2b=180$에서 $a+b=90^\circ$
즉, $\angle BA'C=\angle BA'O+\angle CA'O=a+b=90^\circ$
따라서, $\triangle A'BC$는 직각삼각형이고 마찬가지로 $\triangle ABC$도 직각삼각형이다.
따라서, 원의 지름을 한 변으로 하는 삼각형은 모두 직각삼각형이다.

2 정사각형 ABCD에서
$\angle A=\angle B=90^\circ$ ……㉠
또한 $\overline{AB}=\overline{AD}$, 조건에서 $\overline{AE}=\overline{DH}$이므로
$\overline{AB}-\overline{AE}=\overline{AD}-\overline{DH}$, 즉 $\overline{BE}=\overline{AH}$ ……㉡
$\overline{AE}=\overline{BF}$ ……㉢
㉠, ㉡, ㉢에서
$\triangle HAE\equiv\triangle EBF$(SAS합동)
즉, $\overline{HE}=\overline{EF}$, $\angle AEH=\angle BFE$
$\triangle EBF$에서 $\angle B=90^\circ$이므로
$\angle BFE+\angle BEF=90^\circ$
따라서, $\angle FEH=180^\circ-(\angle BEF+\angle AEH)$
$=180^\circ-(\angle BEF+\angle BFE)$
$=90^\circ$
마찬가지로 $\angle EFG=\angle FGH=\angle GHE=90^\circ$
따라서, □EFGH는 정사각형이다.

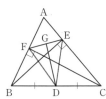

3 $\triangle ABD$가 직각삼각형이고,
F가 선분 AB의 중점이므로
$\overline{AF}=\overline{FB}=\overline{FD}$(외심)이다.
따라서, $\triangle FBD$는 $\overline{FB}=\overline{FD}$인 이등변삼각형이므로
$\angle B=\angle FDB$ ……㉠
$\triangle ABC$에서 E, F는 각각 $\overline{BC}$, $\overline{BA}$의 중점이므로
$\overline{EF}\,/\!/\,\overline{AC}$가 되어 $\angle FED=\angle C$(동위각) ……㉡
$\triangle FDE$에서 외각의 성질에 의해
$\angle EFD+\angle FED=\angle FDB$(외각)
즉, $\angle EFD=\angle FDB-\angle FED$ ……㉢
따라서, ㉠, ㉡을 ㉢에 대입하면
$\angle EFD=\angle B-\angle C$

4 $\overline{BE}\perp\overline{AC}$, $\overline{CF}\perp\overline{AB}$이므로
$\triangle BFC$, $\triangle BEC$는 직각삼각형이다.
또, $\overline{BC}$는 두 직각삼각형의 빗변이고 점 D가 $\overline{BC}$의 중점이므로 $\overline{DE}=\overline{DF}$(외심)이다.
따라서, $\triangle FDE$는 $\overline{DF}=\overline{DE}$인 이등변삼각형이다.
또한 점 G가 $\overline{EF}$의 중점이므로 $\overline{DG}$는 $\overline{EF}$를 수직이등분한다.
따라서, $\overline{DG}\perp\overline{EF}$이다.

5 오른쪽 그림에서 $\triangle APD$의 높이를 $h(h>0)$, $\triangle BPC$의 높이를 $h'(h'>0)$라 하면

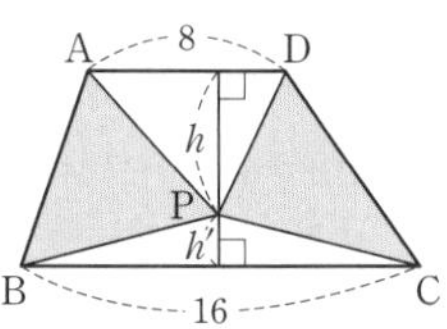

$\triangle APD=\dfrac{1}{2}\times8\times h=4h$
$\triangle BPC=\dfrac{1}{2}\times16\times h'=8h'$
$\triangle APD:\triangle BPC=3:2$이므로
$4h:8h'=3:2$, $8h=24h'$에서 $h=3h'$
따라서, $\square ABCD=\dfrac{(8+16)\times(h+h')}{2}$
$=\dfrac{24\times4h'}{2}=48h'$
이고
$\triangle ABP+\triangle DPC=\square ABCD-(\triangle APD+\triangle BPC)$
$=48h'-(4h+8h')$
$=48h'-(12h'+8h')$
$=28h'$
이므로
$\square ABCD:(\triangle ABP+\triangle DPC)=48h':28h'$
$=\mathbf{12:7}$

6 $\angle IBA=\angle IBC=x$, $\angle ICA=\angle ICB=y$라 놓으면
$2x+2y+\angle A=180^\circ$에서
$2x+2y=180^\circ-\angle A$
양변을 2로 나누면
$x+y=90^\circ-\frac{1}{2}\angle A$ ······㉠
$\triangle IBC$에서 $\angle BIC+x+y=180^\circ$이므로
$\angle BIC=180^\circ-(x+y)$ ······㉡
㉠을 ㉡에 대입하면
$\angle BIC=180^\circ-\left(90^\circ-\frac{1}{2}\angle A\right)$
$=90^\circ+\frac{1}{2}\angle A$

7 오른쪽 그림과 같이 $\overline{EA}$의 연장선 위에 $\overline{AB}=\overline{AH}$가 되는 점 H를 잡으면
$\angle BAH=90^\circ$, $\angle CAG=90^\circ$이므로
$\triangle ABC$와 $\triangle AHG$에서
$\angle HAG=\angle GAC-\angle HAC$
$=\angle HAB-\angle HAC=\angle BAC$
또한, $\overline{AC}=\overline{AG}$이므로
$\triangle ABC\equiv\triangle AHG$(SAS합동)
따라서, $\angle AHG=\angle ABC=90^\circ$이고
$\overline{HG}=\overline{BC}=7$, $\overline{EA}=\overline{AB}=4$이므로
$\triangle GEA=\frac{1}{2}\overline{EA}\times\overline{HG}$
$=\frac{1}{2}\times4\times7=$**14**

8 점 H는 직각삼각형 DEF의 빗변의 중점이므로 외심이다.
즉, $\overline{DH}=\overline{EH}=\overline{FH}$이다.
$\angle DFH=a$라 하면
$\triangle DHF$는 이등변삼각형이므로 $\angle FDH=a$에서
$\angle DHE=\angle FDH+\angle DFH$(외각)
$=a+a=2a$
$\triangle DBH$는 이등변삼각형이므로 $\angle DBH=2a$에서
$\angle DEF=\angle DBH+\angle BDC$(외각)
$=2a+36^\circ$
직각삼각형 DEF에서
$\angle DEF+\angle DFE=90^\circ$이므로
$2a+36^\circ+a=90^\circ$, $3a=54^\circ$, 즉 $a=18^\circ$
따라서, $\angle DEF=2a+36^\circ$
$=2\times18^\circ+36^\circ=$**72°**

9 $\triangle ABC$가 정삼각형이므로
$\overline{AB}=\overline{BC}=\overline{CA}$,
$\angle ABC=\angle BCA=\angle CAB=60^\circ$
$\triangle BEA$와 $\triangle ADC$에서
$\overline{AE}=\overline{CD}$, $\angle BAE=\angle ACD=60^\circ$
$\overline{AB}=\overline{AC}$이므로
$\triangle BEA\equiv\triangle ADC$(SAS합동)
즉, $\angle EBA=\angle DAC$이다.
따라서, $\angle QPB=\angle PAB+\angle PBA$
$=\angle PAB+\angle DAC$
$=60^\circ$
이므로 $\angle PBQ=180^\circ-(90^\circ+60^\circ)=$**30°**이다.

10 $\triangle BCM$, $\triangle CAN$이 정삼각형이므로
$\overline{CB}=\overline{CM}$, $\overline{AC}=\overline{NC}$,
$\angle BCM=60^\circ$, $\angle ACN=60^\circ$
$\triangle ACM$과 $\triangle NCB$에서
$\overline{AC}=\overline{NC}$, $\overline{CM}=\overline{CB}$
$\angle ACM=\angle NCB=\angle ACB+60^\circ$이므로
$\triangle ACM\equiv\triangle NCB$(SAS합동)
즉, $\overline{AM}=\overline{NB}$이다.
같은 방법으로 $\triangle BAN\equiv\triangle PAC$이므로
$\overline{BN}=\overline{PC}$이다.
따라서, $\overline{AM}=\overline{BN}=\overline{CP}$이다.

11 $\overline{EB}=\overline{DM}$ ······㉠
이 되도록 점 M을 $\overline{DA}$ 위에 잡으면
$\triangle MAE$는 $\overline{AM}=\overline{AE}$인 직각이등변삼각형이므로
$\angle AME=45^\circ$이다.
또, $\angle CBF=45^\circ$이므로
$\angle DME=\angle EBF=135^\circ$······㉡
$\angle MED=\theta$라 하면,
$\angle FEB=180^\circ-(\angle AEM+\theta+\angle DEF)$
$=180^\circ-(45^\circ+\theta+90^\circ)$
$=45^\circ-\theta$
$\angle EDM=180^\circ-(\angle DME+\theta)$
$=180^\circ-(135^\circ+\theta)$
$=45^\circ-\theta$
즉, $\angle FEB=\angle EDM$이다. ······㉢
㉠, ㉡, ㉢에 의하여
$\triangle DME\equiv\triangle EBF$(ASA합동)이므로
$\overline{DE}=\overline{EF}$이다.

P. 173~174

올림피아드 대비 문제

1 45°　**2** 30°　**3** 풀이 참조　**4** 풀이 참조

1 점 M에서 $\overline{AD}$, $\overline{BC}$와 평행한 직선을 그으면

$\angle ADM+\angle BNM=\angle DMN$ ……㉠

$\overline{AB}:\overline{BC}=2:3$이므로

$\overline{AB}=2k$, $\overline{BC}=3k$로 놓으면

$\overline{MB}=k$, $\overline{BN}=2k$, $\overline{NC}=k$, $\overline{CD}=2k$

$\triangle MBN$과 $\triangle NCD$에서

$\overline{MB}=\overline{NC}$, $\overline{BN}=\overline{CD}$이고

$\angle MBN=\angle NCD=90°$이므로

$\triangle MBN\equiv\triangle NCD$(SAS합동)

즉, $\overline{MN}=\overline{ND}$이다. ……㉡

$\angle MNB+\angle DNC=\angle MNB+\angle NMB$

$=180°-\angle MBN$

$=90°$

이므로

$\angle MND=180°-(\angle MNB+\angle DNC)=90°$ ……㉢

㉡, ㉢에서 $\triangle MND$는 $\overline{MN}=\overline{ND}$인 직각이등변삼각형이므로

$\angle DMN=45°$이다.

㉠에서 $\angle DMN=\angle ADM+\angle BNM$이므로

$\angle ADM+\angle BNM=$ **45°**

2 점 D와 점 C를 연결하면

$\overline{AB}=\overline{BF}=\overline{BC}$,

$\angle DBF=\angle DBC$,

$\overline{BD}$는 공통

이므로

$\triangle DBF\equiv\triangle DBC$(SAS합동)

즉, $\angle BFD=\angle BCD$이다. ……㉠

또, $\overline{AC}=\overline{BC}$, $\overline{AD}=\overline{BD}$, $\overline{CD}$는 공통이므로

$\triangle ACD\equiv\triangle BCD$(SSS합동)

즉, $\angle ACD=\angle BCD$이다. ……㉡

㉡에서

$\angle ACB=\angle ACD+\angle BCD=2\angle BCD=60°$이므로

$\angle BCD=30°$이다.

㉠에서 $\angle BFD=\angle BCD$이므로

$\angle BFD=$ **30°**이다.

3 $\overline{PM}$의 연장선과 $\overline{QC}$가 만나는 점을 R라 하면

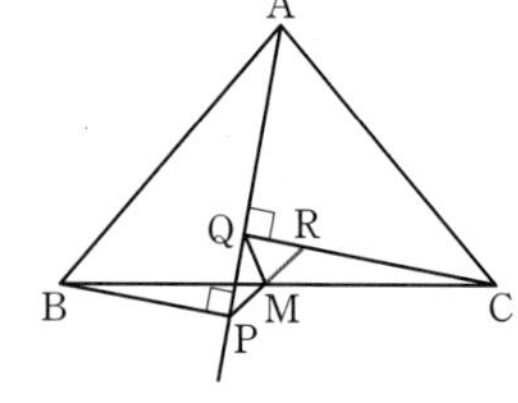

$\angle BMP=\angle CMR$

(맞꼭지각)

$\overline{BM}=\overline{CM}$,

$\overline{QC}/\!/\overline{BP}$이므로

$\angle PBM=\angle RCM$(엇각)

따라서, $\triangle BPM\equiv\triangle CRM$이므로 $\overline{PM}=\overline{MR}$이다.

또, $\triangle PQR$는 $\angle PQR$가 직각인 직각삼각형이므로 점 M은 $\triangle PQR$의 외심이다.

즉, $\overline{MP}=\overline{MQ}$이다.

4 오른쪽 그림에서 점 A를 $\overline{OX}$와 $\overline{OY}$에 대하여 대칭이동한 점을 각각 A′, A″라 하고, $\overline{AA'}$, $\overline{AA''}$와 $\overline{OX}$, $\overline{OY}$가 만나는 점을 각각 H, I라 하면

$\triangle ABH\equiv\triangle A'BH$

(SAS합동),

$\triangle ACI\equiv\triangle A''CI$(SAS합동)

이므로

$\overline{AB}=\overline{A'B}$, $\overline{AC}=\overline{A''C}$이다.

따라서, $\triangle ABC$의 둘레의 길이는

$\overline{AB}+\overline{BC}+\overline{AC}=\overline{A'B}+\overline{BC}+\overline{A''C}\geq\overline{A'A''}$

따라서, $\triangle ABC$의 둘레의 길이를 최소가 되게 하는 점 B, C는 $\overline{A'A''}$가 $\overline{OX}$, $\overline{OY}$와 만나는 점 B′, C′를 B, C로 정하면 된다.

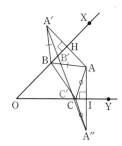

도형의 닮음

P. 178~193

특목고 대비 문제

1 5 **2** $\frac{12}{5}$ **3** $\frac{24}{5}$cm **4** 6 **5** 59
6 150cm^2 **7** $\frac{25}{9}$ **8** 6 **9** 14cm
10 9cm^2 **11** $\frac{16}{5}$ **12** 85cm^2 **13** 풀이 참조
14 6cm^2 **15** $\frac{19}{21}$ **16** 10 **17** 1 **18** 2 : 3
19 1 : 1 **20** 풀이 참조 **21** (1) 풀이 참조 (2) 180cm^2 **22** 18cm **23** 25cm
24 $\frac{a+c}{b}$ **25** $\frac{90}{19}$cm **26** 42cm^2 **27** 14
28 3 : 2 **29** 1 : 4 **30** $\frac{18}{5}$배 **31** 16 : 5
32 40cm^2 **33** 12cm^2 **34** $\frac{21}{80}$배 **35** 8cm^2 **36** 100
37 $\frac{21}{4}$cm **38** 5 : 3 : 12 **39** 8cm
40 20 : 5 : 1 **41** 5배 **42** 풀이 참조
43 $b=\frac{ac}{a+c}$ **44** 8 : 1 **45** 4배
46 1176πcm^3 **47** 5 : 11 **48** $\frac{13}{12}$

1 $\overline{ED}/\!/\overline{BC}$이므로 $\triangle FDE \backsim \triangle FBC$(AA닮음)
즉, $\overline{DF}:\overline{BF}=\overline{DE}:\overline{BC}$이므로 $\frac{\overline{DF}}{\overline{BF}}=\frac{\overline{DE}}{\overline{BC}}$ ……㉠
또한, $\overline{DE}=\frac{1}{3}\overline{AE}$이므로 $\overline{AE}:\overline{DE}=3:1$에서
$\overline{DE}=\frac{1}{4}\overline{AD}=\frac{1}{4}\overline{BC}$ ……㉡
㉡을 ㉠에 대입하면
$\frac{\overline{DF}}{\overline{BF}}=\frac{\frac{1}{4}\overline{BC}}{\overline{BC}}=\frac{1}{4}$이므로
$\overline{BF}:\overline{FD}=4:1$이고
$\overline{BD}:\overline{FD}=(4+1):1=5:1$
따라서, $\overline{BD}=5\overline{FD}$이므로
$t=$**5**이다.

2 $\overline{AC}/\!/\overline{DE}$이므로
$\overline{BE}:\overline{EA}=\overline{BD}:\overline{DC}=4:6=2:3$
$\triangle ABD$에서 $\overline{BD}/\!/\overline{EF}$이므로
$\overline{EF}:\overline{BD}=\overline{AE}:\overline{AB}$
$\overline{EF}:4=3:5$, $5\overline{EF}=12$
따라서, $\overline{EF}=\mathbf{\frac{12}{5}}$이다.

3 $\overline{AB}/\!/\overline{CF}$이므로 $\triangle EAB \backsim \triangle EFC$(AA닮음)
$\overline{BE}:\overline{CE}=\overline{AB}:\overline{FC}$
$\overline{BE}:\overline{CE}=6:(10-6)=3:2$
따라서, $\overline{BE}=\frac{3}{5}\overline{BC}=\frac{3}{5}\overline{AD}$
$=\frac{3}{5}\times 8=\mathbf{\frac{24}{5}}$**(cm)**

4 $\triangle ABF$에서 $\overline{AB}/\!/\overline{CD}$이므로
$\triangle FCD \backsim \triangle FAB$(AA닮음)
$\overline{FD}:\overline{FB}=\overline{CD}:\overline{AB}=2:3$
$\triangle BFE$에서 $\overline{CD}/\!/\overline{EF}$이므로
$\triangle BDC \backsim \triangle BFE$(AA닮음)
즉, $\overline{BD}:\overline{BF}=\overline{CD}:\overline{EF}$에서
$1:3=2:x$, $x=6$
따라서, $\overline{EF}=$**6**이다.

5 점 P에서 $\overline{BQ}$에 내린 수선의 발을 H, $\overline{BH}=x$, $\overline{HQ}=y$라 하면 $a'=x+y$이고,
$\triangle ABC \backsim \triangle HBP$(AA닮음)
이므로 $\overline{AB}:\overline{HB}=\overline{BC}:\overline{BP}$
에서 $c:x=a:c'$ 즉, $ax=cc'$ ……㉠
$\triangle ABC \backsim \triangle HPQ$(AA닮음)이므로
$\overline{AC}:\overline{HQ}=\overline{BC}:\overline{PQ}$에서
$b:y=a:b'$ 즉, $ay=bb'$ ……㉡
㉠, ㉡을 이용하면
$aa'=a(x+y)=ax+ay=cc'+bb'$이므로
$100=cc'+41$에서 $cc'=$**59**이다.

6 $\overline{AC}^2=\overline{CD}\cdot\overline{CB}$이므로
$20^2=16\cdot(16+\overline{BD})=16^2+16\overline{BD}$에서
$16\cdot\overline{BD}=400-256=144$
따라서, $\overline{BD}=9$(cm)이다.
$\overline{AB}^2=\overline{BD}\cdot\overline{BC}$이므로
$\overline{AB}^2=9\times 25=225$에서 $\overline{AB}=15$(cm)
따라서, $\triangle ABC=\frac{1}{2}\times\overline{AC}\times\overline{AB}=\frac{1}{2}\times 20\times 15$
$=$**150(cm^2)**

다른풀이

$\overline{AC}^2=\overline{CD}\cdot\overline{CB}$이므로

$20^2=16(16+\overline{BD})=16^2+16\overline{BD}$에서

$16\overline{BD}=400-256=144$ 따라서, $\overline{BD}=9(cm)$

$\overline{AD}^2=\overline{DB}\cdot\overline{DC}$이므로

$\overline{AD}^2=9\times16=144$에서 $\overline{AD}=12(cm)$

따라서, $\triangle ABC=\frac{1}{2}\times\overline{BC}\times\overline{AD}=\frac{1}{2}\times25\times12$

$=\mathbf{150(cm^2)}$

7 $\angle AFC=\angle BDE=90^\circ$,

$\angle ACF=90^\circ-\angle DBE=\angle BED$이므로

$\triangle AFC\backsim\triangle BDE$(AA닮음)

이때, 닮음비가 $\overline{AC}:\overline{BE}=15:5=3:1$이므로

$\triangle AFC:\triangle BDE=3^2:1^2=9:1$

즉, $\triangle AFC=9\triangle BDE$ ……㉠

$\angle BDE=\angle BAC=90^\circ$이므로 $\overline{DE}\,/\!/\,\overline{AC}$가 되어

$\triangle BDE\backsim\triangle BAC$(AA닮음)

닮음비가 $\overline{DE}:\overline{AC}=3:15=1:5$이므로

$\triangle BDE:\triangle BAC=1^2:5^2=1:25$

따라서, $\triangle ABC=25\triangle BDE$ ……㉡

㉠, ㉡에 의해

$\frac{\triangle ABC}{\triangle AFC}=\frac{25\triangle BDE}{9\triangle BDE}=\mathbf{\frac{25}{9}}$

다른풀이

$\triangle AFC\backsim\triangle BDE$(AA닮음)이므로

$\overline{AC}:\overline{BE}=\overline{CF}:\overline{ED}$, $15:5=\overline{CF}:3$, $5\overline{CF}=45$에서

$\overline{CF}=9(cm)$

또한, $\triangle AFC\backsim\triangle BAC$이므로 닮음비는

$\overline{CF}:\overline{CA}=9:15=3:5$

따라서, $\triangle AFC:\triangle ABC=3^2:5^2=9:25$

$\triangle ABC=\frac{25}{9}\triangle AFC$이므로

$\frac{\triangle ABC}{\triangle AFC}=\mathbf{\frac{25}{9}}$

8 대각선 AC를 연결하고 $\overline{BD}$와 만나는 점을 O라 하면

점 G는 $\triangle ABC$의 무게중심이므로

$\overline{BG}:\overline{GO}=2:1$이고

점 H는 $\triangle DAC$의 무게중심이므로

$\overline{DH}:\overline{HO}=2:1$이다.

따라서, $\overline{BO}=\overline{DO}=3a(a>0)$라 하면

$\overline{BG}=\frac{2}{3}\overline{BO}=2a$, $\overline{GO}=\frac{1}{3}\overline{BO}=a$,

$\overline{DH}=\frac{2}{3}\overline{DO}=2a$, $\overline{HO}=\frac{1}{3}\overline{DO}=a$이므로

$\overline{GH}=\overline{GO}+\overline{HO}=2a$

즉, $\overline{BG}:\overline{GH}:\overline{HD}=1:1:1$

따라서, $\square ABCD=2\triangle ABD$

$=2\cdot(3\triangle AGH)$

$=2\times3\times8=48$

$\triangle BCD$에서 삼각형의 중점연결정리에 의하여 $\triangle CEF$와 $\triangle CBD$의 닮음비가 $1:2$이므로 넓이의 비는

$1^2:2^2=1:4$이다.

따라서, $\triangle EFC=\frac{1}{4}\triangle BCD$

$=\frac{1}{4}\times\frac{1}{2}\square ABCD$

$=\frac{1}{4}\times\frac{1}{2}\times48=\mathbf{6}$

9 $\overline{AM}=\overline{BM}$, $\overline{DN}=\overline{CN}$이므로 $\overline{AD}\,/\!/\,\overline{MN}\,/\!/\,\overline{BC}$

삼각형의 중점연결정리에 의해

$\triangle ABD$에서 $\overline{MP}=\frac{1}{2}\overline{AD}$이고

$\triangle ABC$에서 $\overline{MQ}=\frac{1}{2}\overline{BC}$이다.

$\overline{MP}:\overline{PQ}=7:4$이므로

$\frac{1}{2}\overline{AD}:\left(\frac{1}{2}\overline{BC}-\frac{1}{2}\overline{AD}\right)=7:4$에서

$7\left(\frac{1}{2}\overline{BC}-\frac{1}{2}\overline{AD}\right)=2\overline{AD}$, $\frac{7}{2}\overline{BC}=\frac{11}{2}\overline{AD}$

따라서, $\overline{BC}=\frac{11}{7}\overline{AD}$ ……㉠

㉠을 $\overline{AD}+\overline{BC}=36$에 대입하면

$\overline{AD}+\frac{11}{7}\overline{AD}=36$, $\frac{18}{7}\overline{AD}=36$

따라서, $\overline{AD}=\mathbf{14(cm)}$이다.

10 $\overline{BG}=\overline{GF}$인 점 G를 $\overline{BC}$ 위에 잡으면 $\overline{EG}\,/\!/\,\overline{DF}\,/\!/\,\overline{AC}$이다.

따라서, $\triangle OFC=\frac{1}{4}\triangle EGC$

$=\frac{1}{4}\times\frac{2}{3}\triangle EBC$

$=\frac{1}{4}\times\frac{2}{3}\times\frac{1}{3}\triangle ABC$

$=\frac{1}{18}\times162$

$=\mathbf{9(cm^2)}$

11 점 M은 외심이므로

$\overline{AM}=\overline{BM}=\overline{CM}=5$

즉, $\overline{MD}=\overline{MC}-\overline{DC}=5-2=3$

$\triangle ABC$에서 $\overline{AD}^2=\overline{BD}\cdot\overline{DC}$이므로

$\overline{AD}^2=8\times2=16$이다.

따라서, $\overline{AD}=4$이다.

$\triangle$DAM에서

$\overline{AD}^2=\overline{AH}\cdot\overline{AM}=\overline{AH}\times 5$이므로

$5\overline{AH}=4^2=16$

따라서, $\overline{AH}=\mathbf{\frac{16}{5}}$이다.

12 $\angle DAE=\angle FCE=\angle CDE$,

$\angle ADE=\angle DCE=\angle CFE$

이므로

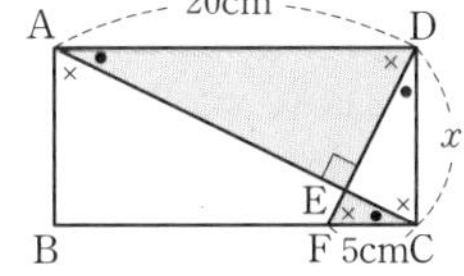

$\triangle DFC \backsim \triangle ADE \backsim \triangle CFE$

$\backsim \triangle ACD$

$\overline{CD}=x$라고 하면

$5:x=x:20$, $x^2=100$에서 $x=10$(cm)

따라서, $\triangle ACD=\frac{1}{2}\times 20\times 10=100(\text{cm}^2)$

$\triangle ADE \backsim \triangle CFE$이므로

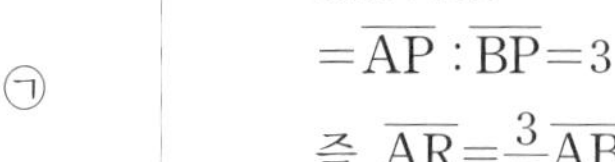

$\overline{AE}:\overline{CE}=\overline{AD}:\overline{CF}=20:5=4:1$ ⋯⋯㉠

따라서, $\triangle AED=\frac{4}{5}\triangle ACD$

$=\frac{4}{5}\times 100=80(\text{cm}^2)$

㉠에서

$\triangle ADE:\triangle CFE=4^2:1^2=16:1$이므로

$\triangle CEF=\frac{1}{16}\triangle AED$

$=\frac{1}{16}\times 80=5(\text{cm}^2)$

따라서, $\triangle AED+\triangle CEF=80+5=\mathbf{85(cm^2)}$

13 점 C에서 $\overline{AD}$에 내린 수선의 발을 H라 하고, E에서 $\overline{AD}$에 내린 수선의 발을 F라 하면

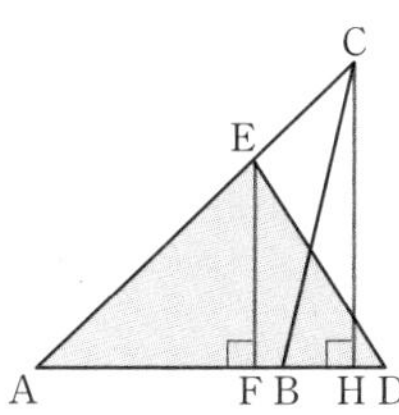

$\triangle AEF \backsim \triangle ACH$(AA닮음)

$\overline{EF}:\overline{CH}=\overline{AE}:\overline{AC}$

$=0.7:1$

이므로

$\overline{EF}=0.7\overline{CH}$ ⋯⋯㉠

$\overline{AD}=1.2\overline{AB}$ ⋯⋯㉡

㉠, ㉡에 의해

$\triangle ADE=\frac{1}{2}\times\overline{AD}\times\overline{EF}$

$=\frac{1}{2}\times 1.2\overline{AB}\times 0.7\overline{CH}$

$=1.2\times 0.7\times\left(\frac{1}{2}\times\overline{AB}\times\overline{CH}\right)$

$=0.84\triangle ABC$

따라서, $\triangle$ADE의 넓이는 $\triangle$ABC의 넓이보다 **16%감소** 한다.

14 점 G와 점 C를 연결하면

$\overline{DE}/\!/\overline{BC}$이므로

$\triangle GFE=\triangle GCE$이다.

또, 평행선의 성질에 의해

$\overline{AE}:\overline{EC}=\overline{AG}:\overline{GF}$

$=2:1$

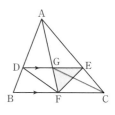

따라서, $\triangle GFE=\triangle GCE=\frac{1}{3}\triangle AGC$

$=\frac{1}{3}\times\left(\frac{1}{3}\times\triangle ABC\right)=\frac{1}{9}\triangle ABC$

$=\frac{1}{9}\times 54=\mathbf{6(cm^2)}$

15 $\overline{PR}$가 $\angle APB$의 이등분선이므로

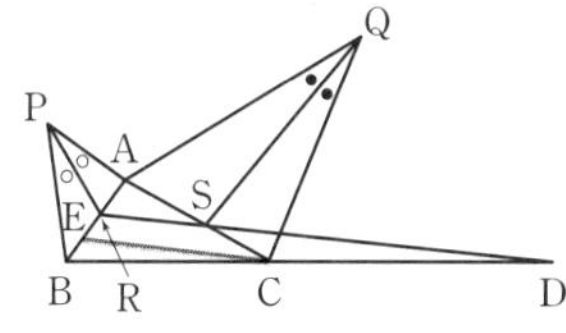

$\overline{AR}:\overline{RB}$

$=\overline{AP}:\overline{BP}=3:4$

즉, $\overline{AR}=\frac{3}{7}\overline{AB}$,

$\overline{RB}=\frac{4}{7}\overline{AB}$이다.

점 C를 지나고 $\overline{RS}$에 평행한 선분을 그어 $\overline{AB}$와 만나는 점을 E라 하면

$\overline{AR}:\overline{RE}=\overline{AS}:\overline{SC}$이고

$\overline{QS}$는 $\angle AQC$의 이등분선이므로

$\overline{AS}:\overline{SC}=\overline{AQ}:\overline{CQ}=10:7$에서

$\overline{AR}:\overline{RE}=10:7$이다.

$\frac{3}{7}\overline{AB}:\overline{RE}=10:7$에서 $10\overline{RE}=3\overline{AB}$이므로

$\overline{RE}=\frac{3}{10}\overline{AB}$이다.

$\overline{BE}=\overline{BR}-\overline{RE}=\frac{4}{7}\overline{AB}-\frac{3}{10}\overline{AB}$

$=\frac{19}{70}\overline{AB}$

$\triangle$BDR에서 $\overline{DR}/\!/\overline{CE}$이므로

$\overline{BC}:\overline{CD}=\overline{BE}:\overline{RE}=\frac{19}{70}\overline{AB}:\frac{3}{10}\overline{AB}$

$=19:21$

따라서, $\frac{\overline{BC}}{\overline{CD}}=\mathbf{\frac{19}{21}}$이다.

16 점 C를 지나고 $\overline{AD}$와 평행한 직선을 그어 $\overline{BE}$의 연장선과 만나는 점을 P라 하면

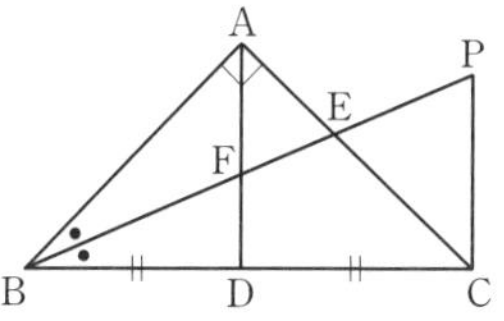

$\angle PCB=\angle ADB=90°$

$\overline{DF}/\!/\overline{CP}$, $\overline{BD}=\overline{CD}$이므로 $\triangle BDF \backsim \triangle BCP$

즉, $\overline{CP}=2\overline{DF}$ ⋯⋯㉠

또, $\angle PEC = \angle EBC + \angle ECB$

$= 22.5^\circ + 45^\circ = 67.5^\circ$

$\angle CPB = 90^\circ - \angle PBC$

$= 90^\circ - 22.5^\circ = 67.5^\circ$

따라서, $\angle PEC = \angle CPB$이므로 $\triangle CPE$는 이등변삼각형이다. 즉, $\overline{CE} = \overline{CP}$ ……㉡

㉠, ㉡에 의해

$\overline{CE} = 2\overline{DF} = 2 \times 5 = \mathbf{10}$

17 $\overline{AN}$은 $\angle BAC$의 이등분선이므로

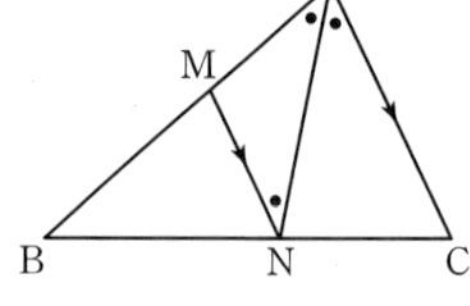

$\angle BAN = \angle CAN$

$\overline{AC} /\!/ \overline{MN}$이므로

$\angle CAN = \angle MNA$(엇각)

$\angle MNA = \angle MAN$이므로 $\triangle MNA$는 이등변삼각형이다.

즉, $\overline{MN} = \overline{AM}$ ……㉠

$\overline{MN} /\!/ \overline{AC}$이므로

$\dfrac{\overline{AM}}{\overline{AB}} = \dfrac{\overline{CN}}{\overline{BC}}, \dfrac{\overline{BM}}{\overline{BA}} = \dfrac{\overline{BN}}{\overline{BC}} = \dfrac{\overline{MN}}{\overline{AC}}$ ……㉡

㉠, ㉡에 의해

$\dfrac{\overline{AM}}{\overline{AB}} + \dfrac{\overline{AM}}{\overline{AC}} = \dfrac{\overline{CN}}{\overline{BC}} + \dfrac{\overline{MN}}{\overline{AC}}$ $(\overline{AM} = \overline{MN})$

$= \dfrac{\overline{CN}}{\overline{BC}} + \dfrac{\overline{BN}}{\overline{BC}}$

$= \dfrac{\overline{BC}}{\overline{BC}} = \mathbf{1}$

18 점 E에서 $\overline{CF}$와 평행한 선분을 그어 $\overline{BC}$와 만나는 점을 G라 하면 $\triangle ADC$에서 $\overline{EG} /\!/ \overline{AC}$, $\overline{AE} = \overline{ED}$이므로 삼각형의 중점 연결정리에 의하여

$\overline{EG} = \dfrac{1}{2}\overline{AC} = \dfrac{1}{2}b$, $\overline{DG} = \overline{GC}$

$\overline{EG} /\!/ \overline{FC}$이므로 $\triangle BEG \backsim \triangle BFC$

즉, $\dfrac{\overline{EG}}{\overline{FC}} = \dfrac{\overline{BG}}{\overline{BC}} = \dfrac{\frac{2}{3}a + \frac{1}{6}a}{a} = \dfrac{5}{6}$이므로

$\overline{FC} = \dfrac{6}{5}\overline{EG} = \dfrac{6}{5} \times \dfrac{1}{2}b = \dfrac{3}{5}b$,

$\overline{AF} = \overline{AC} - \overline{FC} = b - \dfrac{3}{5}b = \dfrac{2}{5}b$

따라서, $\overline{AF} : \overline{FC} = \dfrac{2}{5}b : \dfrac{3}{5}b = \mathbf{2 : 3}$

19 $\triangle BPD$에서

$\angle PBD = \angle CBD$(접은각), $\angle CBD = \angle BDP$(엇각)이므로 $\triangle BPD$는 이등변삼각형이다.

즉, $\overline{BP} = \overline{PD}$이다. ……㉠

또, $\overline{BC} = \overline{BE}$, $\overline{BC} = \overline{AD}$이므로 $\overline{BE} = \overline{AD}$ ……㉡

㉠, ㉡에 의하여

$\overline{AP} = \overline{AD} - \overline{PD} = \overline{BE} - \overline{BP} = \overline{PE}$이므로

$\overline{PA} : \overline{PE} = \mathbf{1 : 1}$이다.

20 $\triangle ABC$와 $\triangle ADE$에서

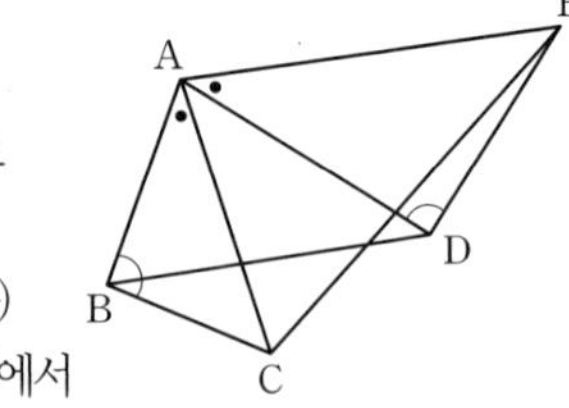

$\angle BAC = \angle DAE$,

$\angle ABC = \angle ADE$이므로

$\triangle ABC \backsim \triangle ADE$

(AA닮음)

즉, $\overline{AB} : \overline{AD} = \overline{AC} : \overline{AE}$에서

$\overline{AB} : \overline{AC} = \overline{AD} : \overline{AE}$ ……㉠

$\angle BAD = \angle BAC + \angle CAD$

$= \angle DAE + \angle CAD$

$= \angle CAE$ ……㉡

㉠과 ㉡에 의해 $\triangle ABD$와 $\triangle ACE$에서 대응하는 두 쌍의 길이의 비가 같고 그 끼인각이 같으므로

$\triangle ABD \backsim \triangle ACE$(SAS닮음)이다.

21 (1) 점 Q는 $\triangle ABC$의 무게중심이므로

$\overline{PQ} : \overline{QB} = 1 : 2$이고

점 R도 $\triangle DBC$의 무게중심이므로

$\overline{PR} : \overline{RC} = 1 : 2$이다.

따라서, $\triangle PBC$에서 각 선분의 길이의 비가 일정하므로

$\overline{QR} /\!/ \overline{BC}$이다.

(2) $\triangle PQR \backsim \triangle PBC$이고, 닮음비는 $1 : 3$이므로

넓이의 비가 $1 : 9$가 되어 $1 : 9 = 5 : \triangle PBC$에서

$\triangle PBC = 45(\text{cm}^2)$이다.

따라서, $\square ABCD = 4\triangle PBC = \mathbf{180(cm^2)}$

22 점 H를 지나 $\overline{BN}$과 평행한 직선을 그어 $\overline{AC}$와 만나는 점을 K라 하자.

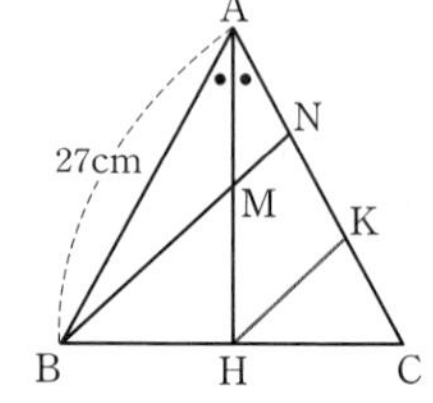

$\triangle AHK$에서

$\overline{AM} = \overline{MH}$, $\overline{MN} /\!/ \overline{HK}$이므로

$\overline{AN} = \overline{NK}$ ……㉠

$\triangle CBN$에서 이등변삼각형의 성질에 의해

$\overline{BH} = \overline{HC}$이다.

$\overline{HK} /\!/ \overline{BN}$이므로 $\overline{NK} = \overline{CK}$ ……㉡

㉠, ㉡에 의해 $\overline{AN} = \overline{NK} = \overline{CK}$

따라서, $\overline{CN} = \dfrac{2}{3}\overline{AC} = \dfrac{2}{3}\overline{AB}$

$= \dfrac{2}{3} \times 27 = \mathbf{18(cm)}$

23 $\overline{AB}/\!/\overline{CG}$이므로 $\triangle ABE \backsim \triangle GCE$(AA닮음)
즉, $\overline{BE}:\overline{CE}=\overline{AB}:\overline{GC}=10:4=5:2$
$\overline{BF}/\!/\overline{CD}$이므로 $\triangle BFE \backsim \triangle CDE$(AA닮음)
즉, $\overline{BF}:\overline{CD}=\overline{BE}:\overline{CE}$에서
$\overline{BF}:10=5:2$, $2\overline{BF}=50$이므로
$\overline{BF}=$**25(cm)**이다.

24 점 A에서 $\overline{BC}$에 내린 수선의 발을 H, $\overline{AH}$와 $\overline{MN}$의 교점을 S라 하면
$\overline{BC}/\!/\overline{MN}$이므로
$\triangle PBC=\triangle SBC$이다.

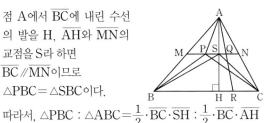

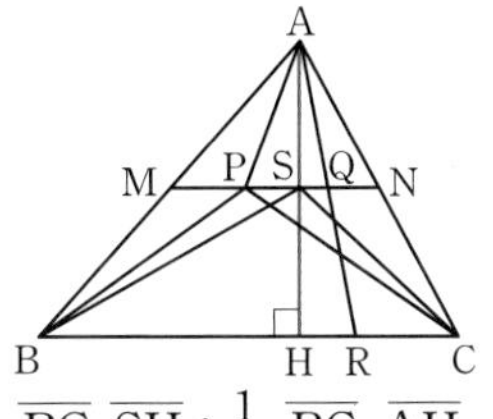

따라서, $\triangle PBC:\triangle ABC=\frac{1}{2}\cdot\overline{BC}\cdot\overline{SH}:\frac{1}{2}\cdot\overline{BC}\cdot\overline{AH}$
$=\overline{SH}:\overline{AH}$ ……㉠
$\triangle AHR$에서 $\overline{SQ}/\!/\overline{HR}$이므로
$\overline{SH}:\overline{AH}=\overline{QR}:\overline{AR}$ ……㉡
㉠, ㉡에서
$\triangle PBC:\triangle ABC=\overline{QR}:\overline{AR}$이므로
$b:(a+b+c)=\overline{QR}:\overline{AR}$
$b:(a+b+c)=\overline{QR}:(\overline{AQ}+\overline{QR})$
$(a+b+c)\overline{QR}=b(\overline{AQ}+\overline{QR})$
$(a+c)\overline{QR}=b\overline{AQ}$
따라서 $\dfrac{\overline{AQ}}{\overline{QR}}=\boldsymbol{\dfrac{a+c}{b}}$

25 $\overline{DF}:\overline{DE}:\overline{EF}=3:4:5$이므로
$\overline{DF}=3k$, $\overline{DE}=4k$,
$\overline{FE}=5k(k>0)$라고 놓을 수 있다.

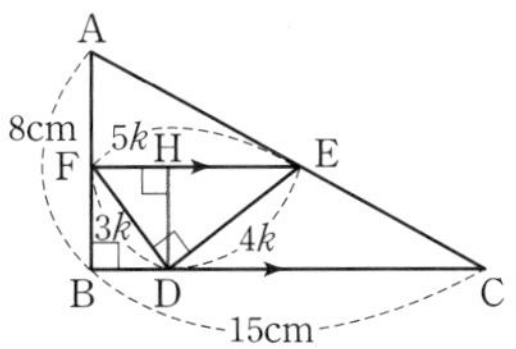

$\triangle DEF$의 점 D에서 $\overline{EF}$에 수선 DH를 그으면
$\overline{DH}\cdot\overline{EF}=\overline{DE}\cdot\overline{DF}$이므로
$\overline{DH}\cdot 5k=4k\times 3k$
따라서, $\overline{DH}=\frac{12}{5}k$
또한, $\overline{EF}/\!/\overline{BC}$, $\overline{BF}=\overline{DH}$이므로
$\overline{AF}:\overline{AB}=\overline{EF}:\overline{BC}$에서
$\left(8-\frac{12}{5}k\right):8=5k:15$
즉, $40k=15\left(8-\frac{12}{5}k\right)$, $76k=120$에서
$k=\frac{120}{76}=\frac{30}{19}$
따라서, $\overline{DF}=3k=3\times\frac{30}{19}=$ $\boldsymbol{\frac{90}{19}}$**(cm)**

26 $\overline{AB}$와 $\overline{CD}$의 연장선의 교점을 P라 하면 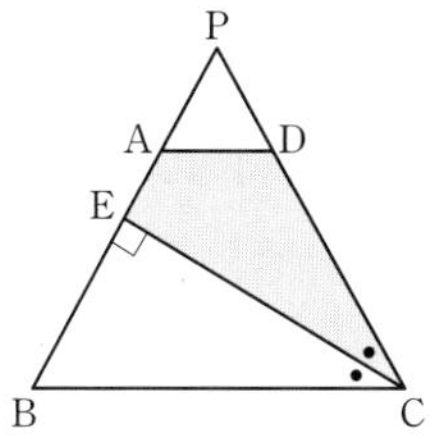
$\triangle PEC$와 $\triangle BEC$에서
$\overline{EC}$는 공통,
$\angle PEC=\angle BEC=90^\circ$,
$\angle ECP=\angle ECB$이므로
$\triangle PEC\equiv\triangle BEC$(ASA합동)
즉, $\overline{PE}=\overline{EB}=2\overline{AE}$이다.
$\overline{AD}/\!/\overline{BC}$이므로
$\triangle PAD \backsim \triangle PBC$이고
$\overline{PA}:\overline{PB}=1:4$이므로
$\triangle PAD:\triangle PBC=1:16$이다.
$\triangle PAD:\square ABCD=1:16-1=1:15$이므로
$\triangle PAD:90=1:15$에서 $\triangle PAD=6$ ……㉠
$\square AECD=\triangle PEC-\triangle PAD$
$=\frac{1}{2}\triangle PBC-\triangle PAD$
$=\frac{1}{2}(16\triangle PAD)-\triangle PAD$
$=7\triangle PAD$ ……㉡
㉠, ㉡에서
$\square AECD=7\triangle PAD$
$=7\times 6=$**42(cm²)**

27 $\overline{AD}$의 길이를 x라 하면
$\overline{DE}=x$이다.
$\overline{AF}=\overline{EF}=21$ 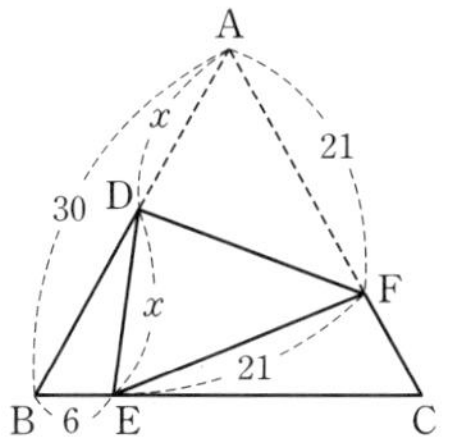
$\triangle DBE$와 $\triangle ECF$에서
$\angle DBE=\angle ECF$
$=60^\circ$ ……㉠

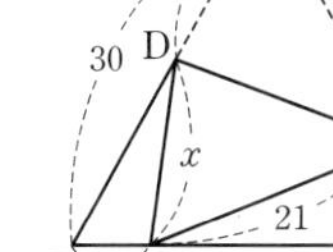

$\angle DEB+\angle BDE=120^\circ$,
$\angle DEB+\angle CEF=180^\circ-\angle DEF=120^\circ$
즉, $\angle BDE=\angle CEF$ ……㉡
㉠, ㉡에 의해
$\triangle DBE \backsim \triangle ECF$(AA닮음)
즉, $\overline{DE}:\overline{EF}=\overline{BE}:\overline{CF}$이므로
$x:21=6:9$, $9x=126$에서
$x=\overline{AD}=$**14**

28 오른쪽 그림에서 정사각형의 넓이가 36이므로 정사각형의 한 변의 길이는 6이고 $\overline{BH}=3$이다.

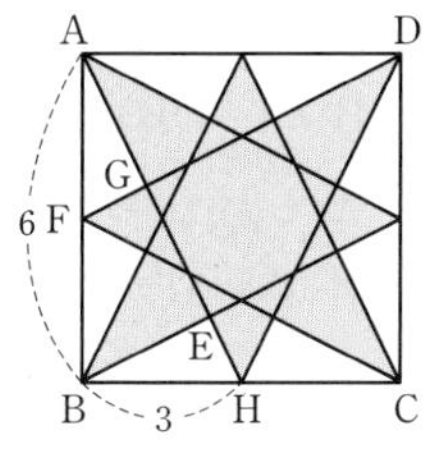

$\triangle ABH=\frac{1}{4}\square ABCD$
$=\frac{1}{4}\times 36=9$

$\triangle AGF \backsim \triangle AEB$(AA닮음)
즉, $\overline{AF} : \overline{AB} = 1 : 2$이므로
$\triangle AGF : \triangle AEB = 1 : 4$에서
$\triangle AGF = \frac{1}{4}\triangle ABE$이다.
따라서, $\triangle AGF : \square BEGF = 1 : 4-1 = 1 : 3$이고,
$\triangle AFG \equiv \triangle BHE$이므로 $\triangle AFG = \triangle BHE = a$라 하면
$\square BEGF = 3a$이다.
따라서, $\triangle AGF : \triangle ABH = a : a+3a+a$
$= a : 5a = 1 : 5$
이므로 $\triangle AGF = \frac{1}{5}\triangle ABH$이다.
흰 부분의 넓이는 $\triangle AGF$와 합동인 도형 8개의 합이므로
$8\triangle AGF = 8 \times \frac{1}{5}\triangle ABH = 8 \times \frac{1}{5} \times 9 = \frac{72}{5}$
따라서, 색칠한 부분의 넓이는 $36 - \frac{72}{5} = \frac{108}{5}$이므로
(색칠한 부분의 넓이) : (흰 부분의 넓이) $= \frac{108}{5} : \frac{72}{5}$
$= \mathbf{3 : 2}$

참고
$\triangle ABH$의 넓이를 직접 구할 수도 있다.
$\overline{AB} = 6$, $\overline{BH} = 3$이므로
$\triangle ABH = \frac{1}{2} \times 3 \times 6 = 9$

29 점 P에서 $\overline{AC}$, $\overline{BO}$에 평행한 선분을 그어 $\overline{CO}$와 만나는 점을 R라 하면

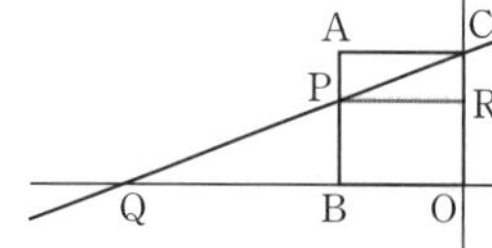

$\triangle APC + \triangle PQB$
$= \square PBOC$
$= \triangle PRC + \square PBOR$
$\triangle APC = \triangle PRC$이므로
$\triangle PQB = \square PBOR$이다.
$\triangle PQB = \frac{1}{2} \cdot \overline{PB} \cdot \overline{QB}$,
$\square PBOR = \overline{PB} \cdot \overline{BO}$이므로
$\frac{1}{2} \cdot \overline{PB} \cdot \overline{QB} = \overline{PB} \cdot \overline{BO}$에서
$\overline{BO} = \frac{1}{2}\overline{QB}$이다.
$\overline{AC} /\!/ \overline{QB}$이므로 $\triangle APC \backsim \triangle BPQ$(AA닮음)
따라서, $\overline{AC} : \overline{QB} = \overline{BO} : \overline{QB}$
$= \frac{1}{2}\overline{QB} : \overline{QB} = 1 : 2$
따라서, $\triangle APC : \triangle PQB = 1^2 : 2^2 = \mathbf{1 : 4}$

30 $\triangle ABM = \triangle ADN = \frac{2}{3}\triangle ABC$
$= \frac{1}{3}\square ABCD$
이때, $\triangle ABC = \triangle CBD$
$= \frac{1}{2}\square ABCD$이므로
$\triangle CNM = \frac{1}{9}\triangle CBD$
$= \frac{1}{18}\square ABCD$
따라서,
$\triangle AMN = \square ABCD - (\triangle ABM + \triangle ADN + \triangle CNM)$
$= \square ABCD - (2\triangle ABM + \triangle CNM)$
$= \square ABCD - \left(\frac{2}{3}\square ABCD + \frac{1}{18}\square ABCD\right)$
$= \frac{5}{18}\square ABCD$
이므로 $\square ABCD = \frac{18}{5}\triangle AMN$이다.
즉, $\square ABCD$의 넓이는 $\triangle AMN$의 넓이의 $\mathbf{\frac{18}{5}}$**배**이다.

31 오른쪽 그림과 같이 점 E에서 $\overline{AD}$와 평행한 선분을 그어 $\overline{BF}$와 만나는 점을 M이라 하면 중점연결정리에 의하여 $\overline{BM} = \overline{MF}$이고

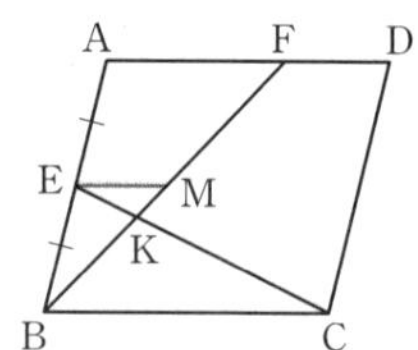

$\overline{EM} = \frac{1}{2}\overline{AF} = \frac{1}{2}\left(\frac{5}{8}\overline{AD}\right) = \frac{5}{16}\overline{AD}$
$\triangle EKM \backsim \triangle CKB$(AA닮음)이므로
$\overline{EK} : \overline{CK} = \overline{EM} : \overline{CB} = \frac{5}{16}\overline{AD} : \overline{AD} = 5 : 16$
따라서, $\overline{CK} : \overline{KE} = \mathbf{16 : 5}$이다.

32 점 A와 C를 연결하고, 점 F에서 $\overline{BC}$에 내린 수선의 발을 H라 하면 점 F는 $\triangle ABC$의 무게중심이므로
$\overline{AF} : \overline{FE} = \overline{CF} : \overline{FD} = 2 : 1$
$\overline{FH} /\!/ \overline{DB}$이므로
$\triangle CFH \backsim \triangle CDB$
즉, $\overline{FH} : \overline{DB} = \overline{CF} : \overline{CD}$이므로

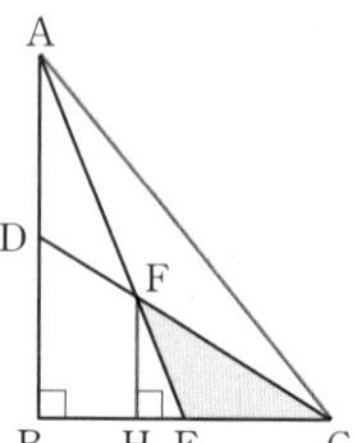

$\overline{FH} : \frac{1}{2}\overline{AB} = 2 : 3$, $\overline{FH} : 12 = 2 : 3$, $3\overline{FH} = 24$에서
$\overline{FH} = 8(\text{cm})$이다.
따라서, $\triangle FEC = \frac{1}{2} \times \overline{EC} \times \overline{FH}$
$= \frac{1}{2} \times 10 \times 8 = \mathbf{40(cm^2)}$

33 $\overline{AD} /\!/ \overline{EC}$이므로
$\triangle FDA \backsim \triangle FEC$이고
$\overline{BE} : \overline{EC} = 1 : 2$, $\overline{AD} = \overline{BC}$
이므로
$\overline{AD} : \overline{CE} = \overline{BC} : \overline{CE} = 3 : 2$
$\overline{AB} /\!/ \overline{CG}$이므로 $\triangle FAB \backsim \triangle FCG$
즉, $\overline{AB} : \overline{CG} = \overline{AF} : \overline{CF} = \overline{AD} : \overline{CE} = 3 : 2$이므로
$\overline{DG} : \overline{CG} = 1 : 2$
$\triangle FAB$와 $\triangle FCG$의 닮음비가 $3 : 2$이므로 넓이의 비는
$\triangle FAB : \triangle FCG = 3^2 : 2^2 = 9 : 4$
따라서, $\triangle FCG = \frac{4}{9}\triangle ABF$
$= \frac{4}{9} \times 54 = 24(\text{cm}^2)$
$\overline{DG} : \overline{CG} = 1 : 2$이므로
$\triangle FGD = \frac{1}{2}\triangle FCG = \frac{1}{2} \times 24$
$= \mathbf{12(cm^2)}$

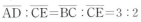

34 $\overline{AE} : \overline{EC} = 3 : 5$이므로
$\overline{AE} = 16 \times \frac{3}{8} = 6(\text{cm})$
$\triangle ABE$에서 $\angle A$의 이등분선이 $\overline{AF}$이므로
$\overline{BF} : \overline{FE} = \overline{AB} : \overline{AE} = 14 : 6 = 7 : 3$
따라서, $\triangle ABF = \frac{7}{10}\triangle ABE$
$= \frac{7}{10} \times \left(\frac{3}{8}\triangle ABC\right)$
$= \frac{21}{80}\triangle ABC$
이므로 $\triangle ABF$의 넓이는 $\triangle ABC$의 넓이의 $\mathbf{\frac{21}{80}}$**배**이다.

35 $\overline{UT} = \frac{1}{5}\overline{AB}$이므로
$\overline{MT} = \frac{1}{2}\overline{UT} = \frac{1}{10}\overline{AB}$
점 G가 무게중심이므로
$\overline{CG} : \overline{GM} = 2 : 1$
따라서, $\triangle GCT = \frac{2}{3}\triangle MCT$
$= \frac{2}{3}\left(\frac{1}{10}\triangle ABC\right)$
$= \frac{1}{15}\triangle ABC$ ······㉠
따라서, $\triangle GMV = \frac{1}{3}\triangle CMV$
$= \frac{1}{3}\left(\frac{3}{10}\triangle ABC\right)$
$= \frac{1}{10}\triangle ABC$ ······㉡
$\triangle ABC = \frac{1}{2} \cdot \overline{BC} \cdot \overline{AC}$
$= \frac{1}{2} \times 12 \times 8 = 48(\text{cm}^2)$
㉠, ㉡에 의해
$\triangle GMV + \triangle GCT = \frac{1}{10}\triangle ABC + \frac{1}{15}\triangle ABC$
$= \frac{1}{6}\triangle ABC$
$= \frac{1}{6} \times 48 = \mathbf{8(cm^2)}$

36 $\overline{AB} /\!/ \overline{CD}$이므로
$\overline{AB} : \overline{CD} = \overline{OB} : \overline{OD}$에서
$6 : \overline{CD} = 12 : 20$
$= 3 : 5$
$3\overline{CD} = 30$,
$\overline{CD} = 10$ ······㉠
또, $\overline{OA} : \overline{AC} = \overline{OB} : \overline{BD} = 12 : 8 = 3 : 2$이므로
$9 : \overline{AC} = 3 : 2$, $3\overline{AC} = 18$에서
$\overline{AC} = 6$이다.
$\overline{BC} /\!/ \overline{DE}$이므로
$\overline{BC} : \overline{DE} = \overline{OB} : \overline{OD} = 3 : 5$,
$8 : \overline{DE} = 3 : 5$, $3\overline{DE} = 40$에서
$\overline{DE} = \frac{40}{3}$ ······㉡
또, $\overline{OC} : \overline{CE} = \overline{OB} : \overline{BD} = 3 : 2$이므로
$15 : \overline{CE} = 3 : 2$, $3\overline{CE} = 30$에서
$\overline{CE} = 10$ ······㉢
㉠, ㉡, ㉢에서
$3(\overline{CD} + \overline{DE} + \overline{EC}) = 3\left(10 + \frac{40}{3} + 10\right) = \mathbf{100}$

37 점 A, O, O′는 서로 내접하는 두 원의 중심과 접점이므로 일직선 위에 있다.
$\overline{AO}$의 연장선을 그어 두 원과 만나는 점을 각각 B′, C′라 하면
$\angle ABB' = \angle ACC' = 90°$,
$\angle A$는 공통이므로
$\triangle ABB' \backsim \triangle ACC'$(AA닮음)
따라서, $\overline{AB} : \overline{BC} = \overline{AB'} : \overline{B'C'}$
$= 4 \times 2 : 7 \times 2 - 8$
$= 8 : 6 = 4 : 3$
이므로 $7 : \overline{BC} = 4 : 3$, $4\overline{BC} = 21$에서
$\overline{BC} = \mathbf{\frac{21}{4}(cm)}$이다.

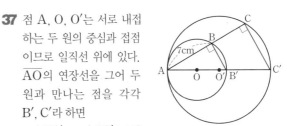

38 $\overline{AD} /\!/ \overline{BC}$이므로 $\triangle GDA \backsim \triangle GBC$(AA닮음)

즉, $\overline{AG} : \overline{CG} = \overline{DG} : \overline{BG} = \overline{AD} : \overline{CB}$

$= 4 : 12 = 1 : 3$ ······㉠

$\overline{GB} : \overline{DG} = 3 : 1$이므로

$\overline{EG} = \frac{3}{4}\overline{AD} = \frac{3}{4} \times 4 = 3(\text{cm})$

$\overline{CG} : \overline{GA} = 3 : 1$이므로

$\overline{GF} = \frac{3}{4}\overline{AD} = 3(\text{cm})$

$\overline{GF} /\!/ \overline{BC}$이므로 $\triangle TFG \backsim \triangle TBC$(AA닮음)

따라서, $\overline{GT} : \overline{CT} = \overline{FT} : \overline{BT} = \overline{GF} : \overline{CB}$

$= 3 : 12 = 1 : 4$ ······㉡

㉠, ㉡에 의해

$\overline{AG} : \overline{GT} : \overline{TC} = \frac{1}{3}\overline{GC} : \frac{1}{5}\overline{GC} : \frac{4}{5}\overline{GC}$

$= \mathbf{5 : 3 : 12}$

39 오른쪽 그림과 같이 $\overline{CD} = x$라고 하면 $\triangle ACD \backsim \triangle DEF$ (AA닮음)이므로

$x : 4 = \overline{AC} : \overline{DE}$ ······㉠

또한, $\triangle ABC \backsim \triangle DCE$(AA닮음)이므로

$16 : x = \overline{AC} : \overline{DE}$ ······㉡

㉠, ㉡에 의해 $x : 4 = 16 : x$이므로

$x^2 = 64$에서 $x = 8(x > 0)$이다.

따라서, $\overline{CD} = \mathbf{8(cm)}$이다.

40 $\triangle ABH = \frac{1}{2}\triangle ABD$

$= \frac{1}{2}\left(\frac{1}{2}\square ABCD\right)$

$= \frac{1}{4}\square ABCD$

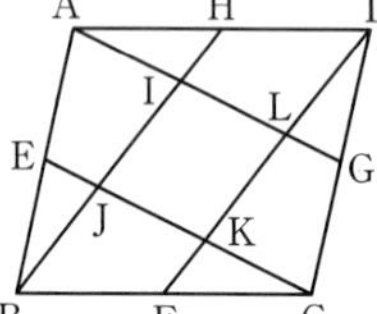

$\triangle BCJ$에서

$\overline{BF} = \overline{CF}$, $\overline{FK} /\!/ \overline{BJ}$이므로

삼각형의 중점연결정리에 의해 $\overline{CK} = \overline{KJ}$이다.

즉, $\triangle CKF = \frac{1}{4}\triangle CJB$이다.

$\triangle BCE = \triangle CJB + \triangle BJE$이고 $\triangle CKF = \triangle BJE$이므로

$\triangle CKF = \frac{1}{5}\triangle BCE$

$= \frac{1}{5}\left(\frac{1}{4}\square ABCD\right)$

$= \frac{1}{20}\square ABCD$

따라서, $\square ABCD : \triangle ABH : \triangle CKF$

$= \square ABCD : \frac{1}{4}\square ABCD : \frac{1}{20}\square ABCD$

$= \mathbf{20 : 5 : 1}$

41 $\triangle CBP$와 $\triangle ABC$에서 밑변 $\overline{PB}$와 $\overline{AB}$에서의 높이가 서로 같고, $\overline{PB} = \overline{AB}$이므로

$\triangle CBP = \triangle ABC$이다.

즉, $\triangle PQB = 2\triangle CBP$

$= 2\triangle ABC$ ······㉠

$\triangle ARD = \triangle ACD$이므로

$\triangle RSD = 2\triangle ARD$

$= 2\triangle ACD$ ······㉡

마찬가지 방법으로 하면

$\triangle QRC = 2\triangle BCD$ ······㉢

$\triangle SPA = 2\triangle ABD$ ······㉣

$\square ABCD = \triangle ABC + \triangle ACD$

$= \triangle BCD + \triangle ABD$ ······㉤

㉠, ㉡, ㉢, ㉣, ㉤에 의해

$\square PQRS = \triangle PQB + \triangle QRC + \triangle RSD$

$+ \triangle SPA + \square ABCD$

$= 2\triangle ABC + 2\triangle BCD + 2\triangle ACD$

$+ 2\triangle ABD + \square ABCD$

$= 2(\triangle ABC + \triangle ACD)$

$+ 2(\triangle BCD + \triangle ABD) + \square ABCD$

$= 5\square ABCD$

따라서, $\square PQRS$의 넓이는 $\square ABCD$의 넓이의 **5배**이다.

42 $\overline{AD} /\!/ \overline{BC}$이므로

$\triangle AOD \backsim \triangle BOC$(AA닮음)

또, $\triangle AOD : \triangle BOC = a^2 : b^2$

이므로 닮음비는 $a : b$이다.

$\triangle AOB$와 $\triangle AOD$의 높이는 같으므로

$\triangle AOB : \triangle AOD = \overline{BO} : \overline{DO}$에서

$\triangle AOB : a^2 = b : a$이다.

즉, $a\triangle AOB = a^2b$에서 $\triangle ABO = ab$이다.

또한, $\triangle AOD : \triangle DOC = \overline{AO} : \overline{CO}$에서

$a^2 : \triangle DOC = a : b$이다.

즉, $a\triangle DOC = a^2b$에서 $\triangle DOC = ab$이다.

따라서, $\square ABCD = \triangle AOD + \triangle AOB + \triangle DOC + \triangle BOC$

$= a^2 + ab + ab + b^2 = a^2 + 2ab + b^2$

43 $\overline{AB} /\!/ \overline{CD}$이므로 $\triangle EAB \backsim \triangle ECD$(AA닮음)

즉, $\overline{AE} : \overline{CE} = \overline{BE} : \overline{DE} = \overline{AB} : \overline{CD} = a : c$

$\overline{AB} /\!/ \overline{EF}$이므로 $\triangle ABC \backsim \triangle EFC$(AA닮음)

즉, $\overline{AB} : \overline{EF} = \overline{AC} : \overline{EC}$이므로

$a : b = (a+c) : c$, $b(a+c) = ac$

따라서, $\boldsymbol{b = \frac{ac}{a+c}}$이다.

44 $\angle A$의 이등분선이 $\overline{AE}$이므로

$\overline{BE}:\overline{EC}=\overline{AB}:\overline{AC}=1:2$

즉, $\triangle AEC=\frac{2}{3}\triangle ABC$ ……㉠

$\overline{BN}=\frac{1}{2}\overline{BC}$, $\overline{BE}=\frac{1}{3}\overline{BC}$이므로

$\overline{EN}=\overline{BN}-\overline{BE}$

$=\frac{1}{2}\overline{BC}-\frac{1}{3}\overline{BC}=\frac{1}{6}\overline{BC}$

즉, $\overline{BE}:\overline{EN}=\frac{1}{3}\overline{BC}:\frac{1}{6}\overline{BC}=2:1$

$\overline{AB}/\!/\overline{NF}$이므로 $\triangle BEA \backsim \triangle NEF$(AA닮음)

따라서, 닮음비는 $\overline{BE}:\overline{NE}=2:1$이므로 넓이의 비는 $2^2:1^2=4:1$이다.

따라서, $\triangle NEF=\frac{1}{4}\triangle ABE$

$=\frac{1}{4}\left(\frac{1}{3}\triangle ABC\right)$

$=\frac{1}{12}\triangle ABC$ ……㉡

㉠, ㉡에 의해

$\triangle AEC:\triangle NEF=\frac{2}{3}\triangle ABC:\frac{1}{12}\triangle ABC$

$=\mathbf{8:1}$

45 $\overline{AE}/\!/\overline{DC}$, $\overline{AD}/\!/\overline{EC}$이므로

$\overline{AE}=\overline{DC}=\overline{AB}$

$\overline{AC}=\overline{BC}$이므로

$\angle CAB=\angle CBA$,

$\angle BAE=180^\circ-2\angle ABE$

$=\angle BCA$

이므로 $\triangle ABE \backsim \triangle CBA$(AA닮음)

$\overline{BE}:\overline{BA}=\overline{AB}:\overline{CB}=1:2$에서 $\overline{AB}=2\overline{BE}$

$\overline{PE}/\!/\overline{CD}$이므로

$\overline{PE}:\overline{DC}=\overline{BE}:\overline{BC}=\overline{BE}:2\overline{AB}=\overline{BE}:2(2\overline{BE})$

$=1:4$

따라서, $\overline{CD}=4\overline{PE}$이므로 $\overline{CD}$의 길이는 $\overline{PE}$의 길이의 **4배**이다.

46 $\overline{O'B'}/\!/\overline{OB}$이므로

$\overline{AO'}:\overline{AO}=\overline{AB'}:\overline{AB}$에서

$(\overline{AO}-8):\overline{AO}=15:25$

$=3:5$

즉, $5(\overline{AO}-8)=3\overline{AO}$이므로

$2\overline{AO}=40$에서 $\overline{AO}=20(\text{cm})$

작은 원뿔과 큰 원뿔의 닮음비는 $3:5$이므로

부피의 비는 $3^3:5^3=27:125$이다.

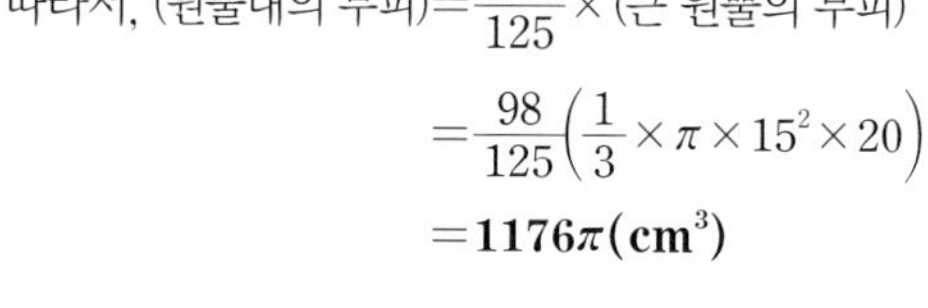

따라서, (원뿔대의 부피)$=\frac{98}{125}\times$(큰 원뿔의 부피)

$=\frac{98}{125}\left(\frac{1}{3}\times\pi\times15^2\times20\right)$

$=\mathbf{1176\pi(cm^3)}$

47 $\overline{EP}/\!/\overline{BM}$이므로

$\triangle AEP \backsim \triangle ABM$(AA닮음)

즉, $\overline{EP}:\overline{BM}=\overline{AE}:\overline{AB}$

$=1:2$

$\overline{PF}/\!/\overline{BM}$이므로

$\triangle QFP \backsim \triangle QBM$에서

$\overline{PQ}:\overline{MQ}=\overline{PF}:\overline{MB}$

$=\frac{3}{4}\overline{EF}:\frac{1}{2}\overline{BC}$

$=3:2$ (왜냐하면 $\overline{EF}=\overline{BC}$)

이때 삼각형의 중점연결정리에 의하여 $\overline{AP}=\overline{PM}$이므로

$\overline{AQ}:\overline{QM}=8:2=4:1$

따라서, $\triangle BMQ=\frac{1}{5}\triangle ABM$, $\triangle AEP=\frac{1}{4}\triangle ABM$

$\square EBQP=\triangle ABM-\triangle AEP-\triangle BMQ$

$=\triangle ABM-\frac{1}{4}\triangle ABM-\frac{1}{5}\triangle ABM$

$=\frac{11}{20}\triangle ABM$

따라서, $\triangle AEP:\square EBQP=\frac{1}{4}\triangle ABM:\frac{11}{20}\triangle ABM$

$=\mathbf{5:11}$

48 $\overline{AC}$와 $\overline{BD}$가 만나는 점을 O라 하면 점 P는 $\triangle ABC$의 무게중심이므로

$\overline{AP}:\overline{PM}=2:1$이다.

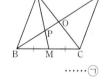

즉, $\triangle PBM=\frac{1}{2}\triangle ABP$ ……㉠

$\triangle PBM=\frac{1}{3}\triangle ABM=\frac{1}{3}\triangle AMC$ ……㉡

$\overline{AD}/\!/\overline{BM}$이므로 $\triangle APD \backsim \triangle MPB$(AA닮음)이고

$\overline{BM}=\frac{1}{2}\overline{BC}=\frac{1}{2}\overline{AD}$이므로 닮음비는 $2:1$이다.

즉, $\triangle PBM=\frac{1}{4}\triangle APD$ ……㉢

㉠, ㉡, ㉢에서

$a=\frac{1}{2}$, $b=\frac{1}{3}$, $c=\frac{1}{4}$이다.

따라서, $a+b+c=\frac{1}{2}+\frac{1}{3}+\frac{1}{4}=\frac{6+4+3}{12}$

$=\mathbf{\frac{13}{12}}$

P. 194~195

특목고 구술·면접 대비 문제

1 풀이 참조	**2** 풀이 참조	**3** 풀이 참조
4 풀이 참조	**5** 1 : 2	**6** $\frac{1}{3}$

1 $\overline{AN}$의 연장선과 $\overline{BC}$의 연장선이 만나는 점을 O라 하면

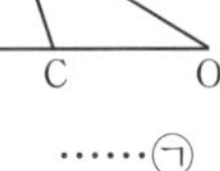

$\overline{AD}/\!/\overline{BO}$이므로

△NDA와 △NCO에서

$\overline{DN}=\overline{CN}$ ……㉠

$\angle DNA=\angle CNO$(맞꼭지각) ……㉡

$\angle NDA=\angle NCO$(엇각) ……㉢

㉠, ㉡, ㉢에 의해

$\triangle NDA\equiv\triangle NCO$(ASA합동)

즉, $\overline{AN}=\overline{ON}$, $\overline{AD}=\overline{OC}$이다.

M, N은 $\overline{AB}$와 $\overline{AO}$의 중점이므로

$\overline{MN}/\!/\overline{BO}$, $\overline{MN}=\frac{1}{2}\overline{BO}$이고,

$\overline{BO}=\overline{BC}+\overline{CO}=\overline{BC}+\overline{AD}$

따라서, $\overline{MN}/\!/\overline{BC}$이고 $\overline{MN}=\frac{1}{2}(\overline{AD}+\overline{BC})$

다른풀이

오른쪽 그림과 같이 $\overline{AC}$와 $\overline{MN}$의 교점을 P라 하면

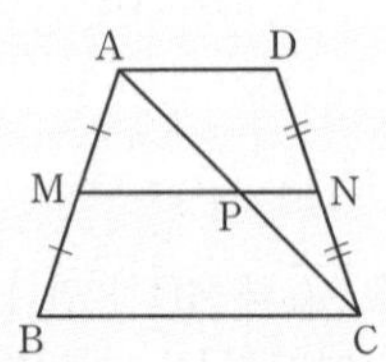

△ABC에서 $\overline{AM}=\overline{MB}$,

$\overline{MP}/\!/\overline{BC}$이므로 삼각형의 중점연결정리에 의하여

$\overline{MP}=\frac{1}{2}\overline{BC}$ ……㉠

또한, △ADC에서 $\overline{CN}=\overline{ND}$, $\overline{PN}/\!/\overline{AD}$이므로 삼각형의 중점연결정리에 의하여

$\overline{PN}=\frac{1}{2}\overline{AD}$ ……㉡

$\overline{MN}=\overline{MP}+\overline{PN}$이므로 ㉠, ㉡에 의하여

$\overline{MN}=\frac{1}{2}\overline{BC}+\frac{1}{2}\overline{AD}=\frac{1}{2}(\overline{AD}+\overline{BC})$

2 오른쪽 그림의 점 A와 B에서 $\overline{CF}$에 내린 수선의 길이의 비는 $\overline{AF}:\overline{BF}$이고,

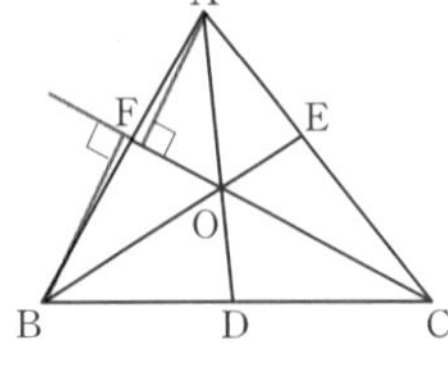

△AOC와 △BOC에서 밑변 $\overline{OC}$가 공통이므로 넓이의 비는 높이의 비와 같다.

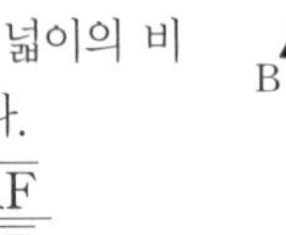

즉, $\frac{\triangle AOC}{\triangle BOC}=\frac{\overline{AF}}{\overline{BF}}$

마찬가지 방법으로 $\frac{\triangle AOB}{\triangle BOC}=\frac{\overline{AE}}{\overline{CE}}$

따라서, $\frac{\triangle AOC+\triangle AOB}{\triangle BOC}=\frac{\overline{AF}}{\overline{BF}}+\frac{\overline{AE}}{\overline{CE}}$ ……㉠

가비의 리에서

$$\frac{\overline{AO}}{\overline{DO}}=\frac{\triangle AOB}{\triangle BOD}=\frac{\triangle AOC}{\triangle COD}=\frac{\triangle AOB+\triangle AOC}{\triangle BOD+\triangle COD}=\frac{\triangle AOB+\triangle AOC}{\triangle BOC}\quad\cdots\cdots㉡$$

㉠, ㉡에 의하여

$\frac{\overline{AO}}{\overline{DO}}=\frac{\overline{AF}}{\overline{BF}}+\frac{\overline{AE}}{\overline{CE}}$

3 오른쪽 그림과 같이 □ABCD에서 각 변의 중점을 잡아 P, Q, R, S라 하고, 대각선 AC와 BD를 그으면 삼각형의 중점연결정리에 의하여 $\overline{PS}/\!/\overline{AC}$, $\overline{PS}=\frac{1}{2}\overline{AC}$이다.

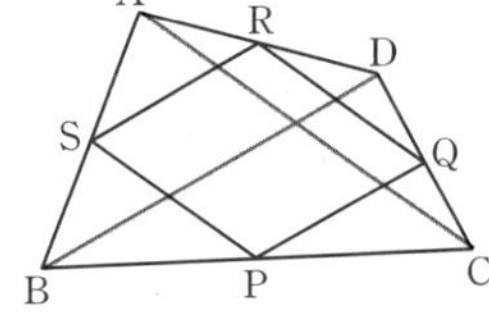

$\overline{RQ}/\!/\overline{AC}$, $\overline{RQ}=\frac{1}{2}\overline{AC}$이므로

$\overline{PS}/\!/\overline{RQ}$, $\overline{PS}=\overline{RQ}$이다.

따라서, □PQRS는 평행사변형이다.

□PQRS

$=$□ABCD$-(\triangle ASR+\triangle BPS+\triangle CQP+\triangle DRQ)$

$=$□ABCD$-\left(\frac{1}{4}\triangle ABD+\frac{1}{4}\triangle ABC+\frac{1}{4}\triangle BCD+\frac{1}{4}\triangle ACD\right)$

$=$□ABCD$-\left(\frac{1}{4}\right.$□ABCD$+\frac{1}{4}$□ABCD$\left.\right)$

$=\frac{1}{2}$□ABCD

따라서, □PQRS는 □ABCD의 넓이의 $\frac{1}{2}$배이다.

4 점 C를 지나는 임의의 선분을 A′B′라 하고, 점 C를 지나고 $\overline{TB'}$에 평행한 직선이 $\overline{TA'}$와 만나는 점을 P, 점 P를 지나고 $\overline{A'B'}$에 평행한 직선이 $\overline{TC}$와 만나는 점을 C′라 하면

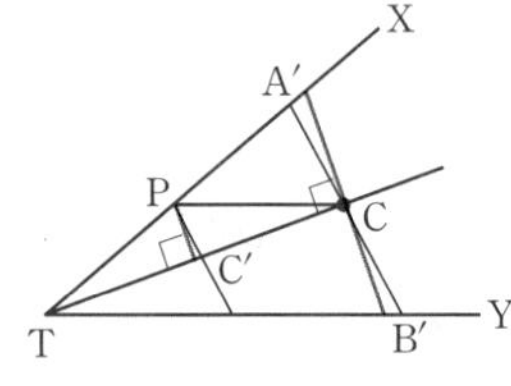

$\triangle TC'P \backsim \triangle TCA'$, $\triangle CPC' \backsim \triangle TB'C$이므로

$$\frac{\overline{PC'}}{\overline{A'C}}=\frac{\overline{TC'}}{\overline{TC}},\ \frac{\overline{PC'}}{\overline{B'C}}=\frac{\overline{CC'}}{\overline{TC}}$$

따라서, $\frac{\overline{PC'}}{\overline{B'C}}+\frac{\overline{PC'}}{\overline{A'C}}=\frac{\overline{CC'}}{\overline{TC}}+\frac{\overline{TC'}}{\overline{TC}}$

$$=\frac{\overline{TC}}{\overline{TC}}=1$$

이므로 $\frac{1}{\overline{B'C}}+\frac{1}{\overline{A'C}}=\frac{1}{\overline{PC'}}$이고,

$\frac{1}{\overline{B'C}}+\frac{1}{\overline{A'C}}$이 최대가 되기 위해서는 $\overline{PC'}$가 최소이어야 한다.

$\overline{PC'}$는 $\overline{TC}$와 수직일 때 최소이므로 $\overline{AB}$가 $\overline{TC}$에 수직이 되도록 현 ACB를 그리면 된다.

따라서, **$\overline{AB}\perp\overline{TC}$가 되도록 현 ACB를 그리면**

$\frac{1}{\overline{AC}}+\frac{1}{\overline{BC}}$가 최대가 된다.

5 오른쪽 그림의 $\triangle ABC$에서

$\overline{EQ}\,/\!/\,\overline{BC}$이므로

$\overline{EQ}:\overline{BC}=\overline{AE}:\overline{AB}$

$=6:10=3:5$

즉, $(\overline{EP}+5):15=3:5$

이므로 $5(\overline{EP}+5)=45$에서

$\overline{EP}=4(\text{cm})$이다.

$\triangle ABD$에서 $\overline{EP}\,/\!/\,\overline{AD}$이므로

$\overline{EP}:\overline{AD}=\overline{BE}:\overline{BA}$이다.

즉, $4:\overline{AD}=4:10$이므로

$4\overline{AD}=40$에서 $\overline{AD}=10(\text{cm})$이다.

$\triangle AOD$와 $\triangle QOP$에서 $\overline{AD}\,/\!/\,\overline{PQ}$이므로

$\triangle AOD \backsim \triangle QOP$(AA닮음)

따라서, 닮음비는

$\overline{AD}:\overline{QP}=10:5=2:1$이므로

$\triangle AOD=2^2\cdot\triangle OPQ=4\triangle OPQ$ ……㉠

또한, $\triangle OPQ$와 $\triangle OBC$에서 $\overline{PQ}\,/\!/\,\overline{BC}$이므로

$\triangle OPQ \backsim \triangle OBC$(AA닮음)

따라서, 닮음비는

$\overline{PQ}:\overline{BC}=5:15=1:3$이므로

$\triangle OBC=3^2\cdot\triangle OPQ=9\triangle OPQ$

따라서, $\square PBCQ=\triangle OBC-\triangle OPQ$

$=9\triangle OPQ-\triangle OPQ$

$=8\triangle OPQ$ ……㉡

㉠, ㉡에 의하여

$\triangle AOD:\square PBCQ=4\triangle OPQ:8\triangle OPQ$

$=\mathbf{1:2}$

6 오른쪽 그림과 같이 $\overline{DE}$의 연장선이 $\overline{BC}$의 연장선과 만나는 점을 H라 하고

$\overline{AD}=3a$, $\overline{BC}=7a$라 놓으면

$\overline{AD}\,/\!/\,\overline{BH}$이므로

$\triangle ADE \backsim \triangle BHE$(AA닮음)이다.

즉, $\overline{AD}:\overline{BH}=\overline{AE}:\overline{BE}=3:2$이므로

$3a:\overline{BH}=3:2$에서 $\overline{BH}=2a$이다.

점 F에서 $\overline{CH}$에 평행한 선분 FJ를 그으면 $\triangle DHC$에서

$\overline{FJ}:\overline{CH}=\overline{DF}:\overline{DC}$이다.

즉, $\overline{FJ}:(7a+2a)=2:3$에서 $3\overline{FJ}=18a$이므로

$\overline{FJ}=6a$이다.

$\overline{AD}\,/\!/\,\overline{FJ}$이므로 $\triangle ADP \backsim \triangle FJP$(AA닮음)

즉, $\overline{AP}:\overline{FP}=\overline{AD}:\overline{FJ}$이므로

$\overline{AP}:\overline{FP}=3a:6a=1:2$

따라서, $\frac{\triangle DAP}{\triangle DAF}=\frac{\overline{AP}}{\overline{AF}}=\mathbf{\frac{1}{3}}$

P. 196~201

시·도 경시 대비 문제

1 1　**2** 8 : 1　**3** 5　**4** 42 : 28 : 20 : 15

5 풀이 참조　**6** 9　**7** $\frac{80}{9}$cm　**8** 21

9 6cm²　**10** $\frac{1}{3}$　**11** 19 : 6 : 10　**12** 풀이 참조

13 $\frac{4}{13}$　**14** 풀이 참조　**15** 풀이 참조

16 47 : 23 : 37　**17** $\frac{38}{3}$cm

1 $\frac{\overline{AF}}{\overline{AB}}+\frac{\overline{BH}}{\overline{BC}}+\frac{\overline{CE}}{\overline{CA}}$

$=\frac{\triangle AFC}{\triangle ABC}+\frac{\triangle ABH}{\triangle ABC}+\frac{\triangle EBC}{\triangle ABC}$

$=\frac{\triangle AOC}{\triangle ABC}+\frac{\triangle AOB}{\triangle ABC}+\frac{\triangle BOC}{\triangle ABC}$

$=\frac{\triangle AOC+\triangle AOB+\triangle BOC}{\triangle ABC}$

$=\frac{\triangle ABC}{\triangle ABC}=\mathbf{1}$

2 오른쪽 그림과 같이 점 D를 지나 $\overline{AC}$와 평행한 직선을 그어 $\overline{BE}$와 만나는 점을 Q라 하면

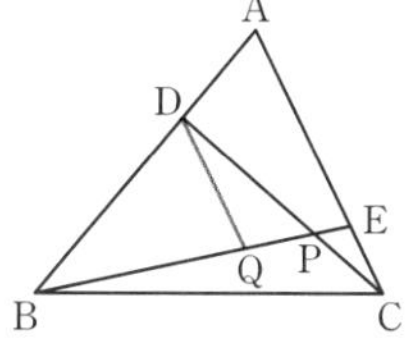

$\overline{BQ}:\overline{QE}=\overline{BD}:\overline{DA}$

$=2:1$

즉, $\overline{BQ}=2\overline{QE}$이다.

$\triangle PDQ \backsim \triangle PCE$(AA닮음)이므로

$\overline{QP} : \overline{EP}=\overline{DQ} : \overline{CE}$

$=\frac{2}{3}\overline{AE} : \frac{1}{3}\overline{AE}$

$=2 : 1$

즉, $\overline{QP}=2\overline{EP}=\frac{2}{3}\overline{QE}$, $\overline{PE}=\frac{1}{3}\overline{QE}$

$\triangle BPC$와 $\triangle PCE$는 높이가 같으므로

$\triangle BPC : \triangle PCE=\overline{BP} : \overline{PE}$

$=(\overline{BQ}+\overline{QP}) : \overline{PE}$

$=\left(2\overline{QE}+\frac{2}{3}\overline{QE}\right) : \frac{1}{3}\overline{QE}$

$=\mathbf{8 : 1}$

3 오른쪽 그림과 같이 점 F에서 $\overline{BC}$에 평행한 직선을 그어 $\overline{AE}$와 만나는 점을 G라 하면

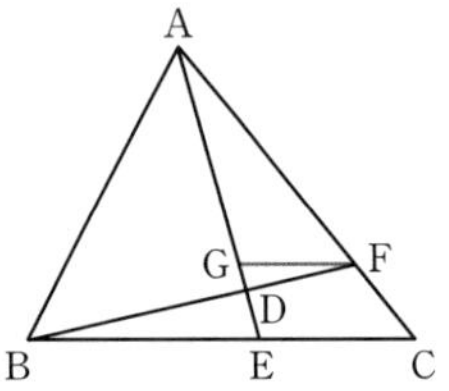

$\overline{AG} : \overline{GE}=\overline{AF} : \overline{FC}$

$=3 : 1$

즉, $\overline{AG}=3\overline{GE}$

$=3(\overline{GD}+\overline{DE})$ ……㉠

$\overline{GF} : \overline{EC}=3 : 4$이므로

$\overline{GF}=\frac{3}{4}\overline{EC}$이다.

$\triangle DFG \backsim \triangle DBE$(AA닮음)이므로

$\overline{GD} : \overline{ED}=\overline{GF} : \overline{EB}$

$=\frac{3}{4}\overline{EC} : \frac{3}{2}\overline{EC}$

$=1 : 2$

즉, $\overline{ED}=2\overline{GD}$ ……㉡

㉠, ㉡에 의해

$\overline{AD} : \overline{DE}=(\overline{AG}+\overline{GD}) : \overline{DE}$

$=\{3(\overline{GD}+\overline{DE})+\overline{GD}\} : \overline{DE}$

$=(4\overline{GD}+3\overline{DE}) : \overline{DE}$

$=10\overline{GD} : 2\overline{GD}$

$=5 : 1$

따라서, $\overline{AD}=5\overline{DE}$이므로 $k=\mathbf{5}$이다.

4 오른쪽 그림과 같이 $\overline{AD}/\!/\overline{BC}$이고, $\overline{AB}/\!/\overline{DC}$인 점 D를 잡으면

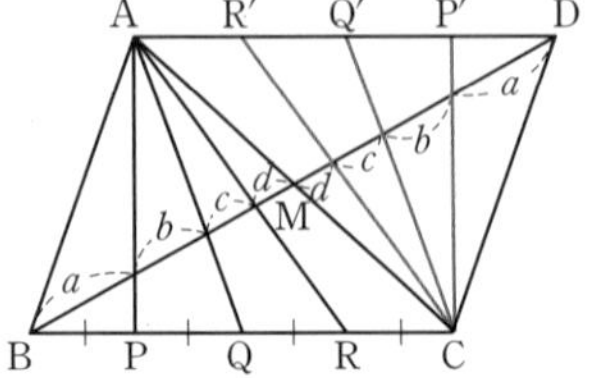

$\triangle ABC \equiv \triangle CDA$
(ASA합동)

점 M에 대해 점 P, Q, R와 대칭인 점 P′, Q′, R′를 잡으면

$\overline{AP}/\!/\overline{CP'}$이고 $\overline{BP} : \overline{PC}=1 : 3$이므로

$a : 2(b+c+d)=\overline{BP} : \overline{PC}=1 : 3$에서

$3a=2(b+c+d)$ ……㉠

$\overline{AQ}/\!/\overline{CQ'}$이고, $\overline{BQ} : \overline{QC}=1 : 1$이므로

$(a+b) : 2(c+d)=1 : 1$에서

$a+b=2(c+d)$ ……㉡

$\overline{AR}/\!/\overline{CR'}$, $\overline{BR} : \overline{RC}=3 : 1$이므로

$(a+b+c) : 2d=3 : 1$에서

$a+b+c=6d$이다. ……㉢

㉠, ㉡, ㉢을 연립하여 풀면

㉠$-$㉡에서

$2a-b=2b$, $2a=3b$이므로

$b=\frac{2}{3}a$이다. ……㉣

㉢$-$㉡에서

$c=4d-2c$, $3c=4d$이므로

$d=\frac{3}{4}c$이다. ……㉤

㉣, ㉤을 ㉠에 대입하면

$3a=2\left(\frac{2}{3}a+c+\frac{3}{4}c\right)$,

$3a=\frac{4}{3}a+\frac{7}{2}c$, $\frac{5}{3}a=\frac{7}{2}c$이므로

$c=\frac{10}{21}a$이다. ……㉥

㉥을 ㉤에 대입하면

$d=\frac{3}{4}c=\frac{3}{4}\times\frac{10}{21}a=\frac{5}{14}a$

따라서, $a : b : c : d=a : \frac{2}{3}a : \frac{10}{21}a : \frac{5}{14}a$

$=\mathbf{42 : 28 : 20 : 15}$

5 오른쪽 그림과 같이 $\overline{CD}$위에 $\overline{DN}=\overline{NE}$가 되도록 점 E를 잡으면

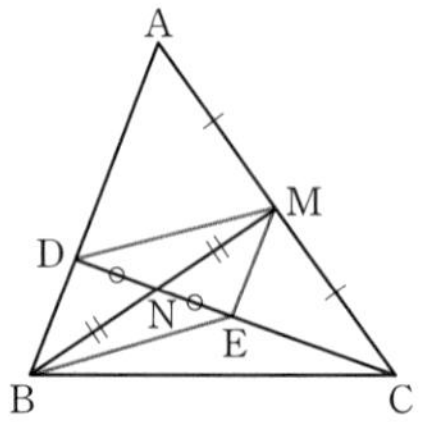

$\overline{ND}=\overline{NE}$, $\overline{NB}=\overline{NM}$이므로

□DBEM은 평행사변형이다.

즉, $\overline{AB}/\!/\overline{ME}$이므로

$\triangle CEM \backsim \triangle CDA$(AA닮음)

즉, $\overline{CE} : \overline{CD}=\overline{CM} : \overline{CA}=1 : 2$에서

$\overline{CD}=2\overline{CE}$이므로 $\overline{CE}=\overline{DE}$이다.

따라서, $\overline{CD} : \overline{ND}=\overline{CD} : \frac{1}{2}\overline{ED}$

$=2\overline{CE} : \frac{1}{2}\overline{CE}$

$=4 : 1$

따라서, $\overline{CD}=4\overline{ND}$이다.

6 오른쪽 그림과 같이 $\overline{CA}$의 연장선과 $\overline{BD}$의 연장선이 만나는 점을 Q라 하면
$\triangle ADB$와 $\triangle ADQ$에서
$\overline{AD}$가 공통 ……㉠
$\angle ADB = \angle ADQ$
$= 90^\circ$ ……㉡
$\angle BAD = \angle QAD$ ……㉢
㉠, ㉡, ㉢에 의해
$\triangle ADB \equiv \triangle ADQ$(ASA합동)
즉, $\overline{BD} = \overline{QD}$, $\overline{AB} = \overline{AQ}$이다.
$\triangle BCQ$에서 $\overline{BC}$와 $\overline{BQ}$의 중점이 각각 M, D이므로
삼각형의 중점연결정리에 의하여
$\overline{MD} /\!/ \overline{QC}$, $\overline{MD} = \frac{1}{2}\overline{CQ}$이다.
따라서, $\overline{MD} = \frac{1}{2}\overline{CQ}$
$= \frac{1}{2}(\overline{AQ} + \overline{AC}) = \frac{1}{2}(\overline{AB} + \overline{AC})$
$= \frac{1}{2} \times (10+8) = \mathbf{9}$

7 $\overline{AD} /\!/ \overline{BE}$이므로 $\triangle BGE \backsim \triangle DGA$(AA닮음)
따라서, $\overline{BG} : \overline{DG} = \overline{BE} : \overline{DA}$이다.
$= (\overline{BC} + \overline{CE}) : \overline{BC}$
$= \frac{5}{4} : 1 = 5 : 4$
이므로 $\overline{BG} : \overline{BD} = 5 : 9$이다.
즉, $9\overline{BG} = 5\overline{BD}$에서 $\overline{BG} = \frac{5}{9}\overline{BD}$ ……㉠
$\triangle HBE \backsim \triangle HDF$(AA닮음)이므로
$\overline{BH} : \overline{DH} = \overline{BE} : \overline{DF} = \frac{5}{4} : \frac{1}{5} = 25 : 4$
즉, $\overline{BH} : \overline{BD} = 25 : 29$이므로
$29\overline{BH} = 25\overline{BD}$에서 $\overline{BH} = \frac{25}{29}\overline{BD}$ ……㉡
㉠, ㉡에 의하여
$\overline{GH} = \overline{BH} - \overline{BG} = \frac{25}{29}\overline{BD} - \frac{5}{9}\overline{BD}$
$= \frac{25}{29} \times 29 - \frac{5}{9} \times 29 = 25 - \frac{145}{9}$
$= \mathbf{\frac{80}{9}(cm)}$

8 오른쪽 그림과 같이 점 E와 F를 연결하면 삼각형의 중점연결정리에 의하여

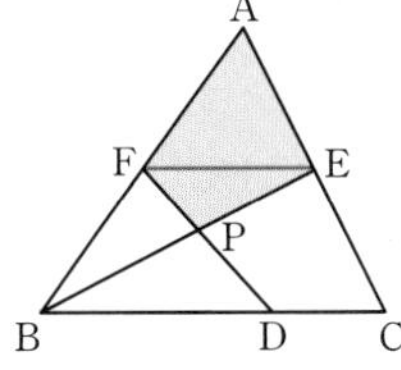

$\overline{EF} /\!/ \overline{BC}$, $\overline{EF} = \frac{1}{2}\overline{BC}$
$\triangle PEF$와 $\triangle PBD$에서
$\angle FEP = \angle DBP$(엇각)
$\angle EFP = \angle BDP$(엇각)
이므로 $\triangle PEF \backsim \triangle PBD$(AA닮음)
$\overline{BD} : \overline{DC} = 3 : 1$이고, $\overline{EF} = \frac{1}{2}\overline{BC}$이므로
$\overline{PF} : \overline{PD} = \overline{EF} : \overline{BD} = \frac{1}{2}\overline{BC} : \frac{3}{4}\overline{BC}$
$= 2 : 3$
$\triangle FBP = 9$이고 $\overline{BP} : \overline{EP} = 3 : 2$이므로
$\triangle PEF = 9 \times \frac{2}{3} = 6$
$\triangle AFE = \triangle EFB = \triangle FBP + \triangle PEF$
$= 9 + 6 = 15$
따라서, $\square AFPE = \triangle AFE + \triangle PEF$
$= 15 + 6 = \mathbf{21}$

9 오른쪽 그림과 같이 $\overline{AC'}$, $\overline{AB'}$의 연장선이 $\overline{PB}$, $\overline{PC}$와 만나는 점을 각각 M, N이라 하자.

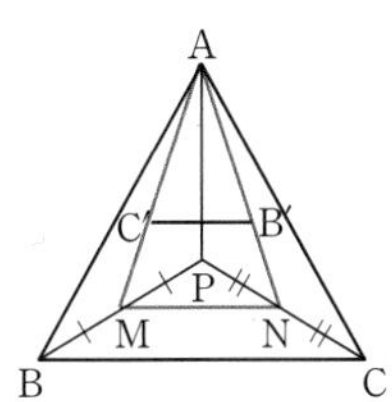

$\triangle PBC$에서 M, N은 각각 $\overline{PB}$, $\overline{PC}$의 중점이므로
$\overline{MN} = \frac{1}{2}\overline{BC}$, $\overline{MN} /\!/ \overline{BC}$이다.
그런데 C′, B′는 각각 $\triangle PAB$, $\triangle PCA$의 무게중심이므로 $\overline{AC'} : \overline{C'M} = \overline{AB'} : \overline{B'N} = 2 : 1$
즉, $\overline{C'B'} = \frac{2}{3}\overline{MN} = \frac{2}{3}\left(\frac{1}{2}\overline{BC}\right) = \frac{1}{3}\overline{BC}$
같은 방법으로 하면
$\overline{A'B'} = \frac{1}{3}\overline{AB}$, $\overline{A'C'} = \frac{1}{3}\overline{AC}$
따라서, $\triangle A'B'C' \backsim \triangle ABC$이고 닮음비가 $1 : 3$이므로
$\triangle A'B'C' : \triangle ABC = 1 : 9$에서
$\triangle A'B'C' : 54 = 1 : 9$, $9\triangle A'B'C' = 54$
따라서, $\triangle A'B'C' = \mathbf{6(cm^2)}$이다.

10 오른쪽 그림과 같이 $\overline{AB} = a$, $\overline{AH} = b$, $\overline{HR} = x$라 하면

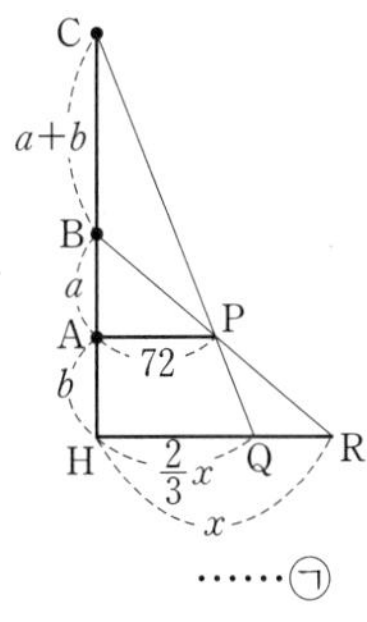

$\overline{BC} = a+b$, $\overline{HQ} = \frac{2}{3}x$
$\overline{AP} /\!/ \overline{HQ}$이므로
$\overline{CA} : \overline{CH} = \overline{AP} : \overline{HQ}$
즉, $(2a+b) : 2(a+b)$
$= 72 : \frac{2}{3}x$ ……㉠
$\overline{AP} /\!/ \overline{HR}$이므로
$\overline{BA} : \overline{BH} = \overline{AP} : \overline{HR}$
즉, $a : (a+b) = 72 : x$ ……㉡
㉠, ㉡에서

$(2a+b):2(a+b)=a:\frac{2}{3}(a+b)$이므로

$(2a+b):a=2(a+b):\frac{2}{3}(a+b)$

$(2a+b):a=6:2=3:1$

따라서, $\frac{\overline{AB}}{\overline{AC}}=\frac{a}{2a+b}=\mathbf{\frac{1}{3}}$

다른풀이

$(2a+b):2(a+b)=72:\frac{2}{3}x$이므로

$\frac{2}{3}(2a+b)x=144(a+b)$, $(2a+b)x=3\cdot72(a+b)$에서

$x=\frac{3\cdot72(a+b)}{2a+b}$ ……㉠

$a:(a+b)=72:x$이므로

$ax=72(a+b)$에서 $x=\frac{72(a+b)}{a}$ ……㉡

㉠, ㉡에서

$\frac{3\cdot72(a+b)}{2a+b}=\frac{72(a+b)}{a}$이므로

$\frac{3}{2a+b}=\frac{1}{a}$, $3a=2a+b$에서 $a=b$

따라서, $\frac{\overline{AB}}{\overline{AC}}=\frac{a}{2a+b}=\frac{a}{2a+a}=\mathbf{\frac{1}{3}}$

11 △AEC와 △EFB에서

$\angle C=\angle B=60^\circ$이고

$\angle CAE=180^\circ-60^\circ-\angle AEC$

$=120^\circ-\angle AEC$

$\angle BEF=180^\circ-60^\circ-\angle AEC$

$=120^\circ-\angle AEC$

이므로 $\angle CAE=\angle BEF$이다.

즉, △AEC∽△EFB(AA닮음)이므로

$\overline{EC}:\overline{FB}=\overline{AC}:\overline{EB}$ ……㉠

정삼각형의 한 변의 길이를 t라고 하면

$\overline{BE}:\overline{EC}=3:2$에서

$\overline{EB}=\frac{3}{5}t$, $\overline{EC}=\frac{2}{5}t$이다.

위 식을 ㉠에 대입하면

$\frac{2}{5}t:\overline{FB}=t:\frac{3}{5}t$이므로 $\overline{FB}=\frac{6}{25}t$이다.

따라서, $\overline{AF}=\overline{AB}-\overline{FB}=t-\frac{6}{25}t=\frac{19}{25}t$이고,

$\overline{AF}:\overline{FB}:\overline{EC}=\frac{19}{25}t:\frac{6}{25}t:\frac{2}{5}t$

$=\mathbf{19:6:10}$

12 ∠C의 이등분선이 $\overline{AB}$와 만나는 점을 P라고 하면

$\overline{AC}:\overline{BC}=\overline{AP}:\overline{BP}$ ……㉠

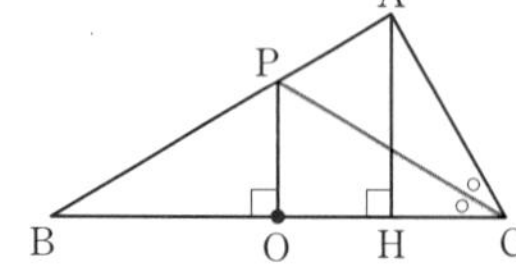

$\angle C=2\angle B$이므로

$\angle PBC=\angle PCB$이다.

따라서, △PBC는 이등변삼각형이므로 $\overline{PB}=\overline{PC}$이고 $\overline{PO}\perp\overline{BO}$이다.

또, $\overline{PO}/\!/\overline{AH}$이므로

$\overline{AP}:\overline{PB}=\overline{OH}:\overline{BO}$ ……㉡

㉠, ㉡에 의하여

$\overline{AC}:\overline{BC}=\overline{OH}:\overline{BO}$에서 $\overline{BC}=2\overline{BO}$이므로

$\overline{OH}=\frac{\overline{AC}\cdot\overline{BO}}{\overline{BC}}=\frac{\overline{BO}}{\overline{BC}}\cdot\overline{AC}=\frac{1}{2}\overline{AC}$

따라서, $\overline{AC}=2\overline{OH}$

13 오른쪽 그림과 같이 $\overline{AD}=a$, $\overline{BC}=2a$라 하고 사다리꼴 AEFD, 사다리꼴 EBCF의 높이를 각각 x, y라 하면

□ABCD

$=\frac{1}{2}\times(a+2a)\times(x+y)=\frac{3}{2}a(x+y)$

$\triangle EBC=\frac{1}{2}\times2a\times y=ay$

□ABCD$=2$△EBC이므로

$\frac{3}{2}a(x+y)=2ay$, $3(x+y)=4y$, $3x+3y=4y$에서

$3x=y$이다.

즉, $x:y=1:3$

$x=k$, $y=3k$라 놓고, $\overline{EF}$의 길이를 b라 놓으면

□ABFD$=$□AEFD$+$△EBF

$=\frac{1}{2}(a+b)\cdot k+\frac{1}{2}\times b\times3k$

$=\frac{a+4b}{2}k$

또, $\triangle FBC=\frac{1}{2}\times2a\times3k=3ak$

□ABFD$=$△FBC이므로

$\frac{a+4b}{2}k=3ak$, $a+4b=6a$, $5a=4b$, $b=\frac{5}{4}a$ ……㉠

즉, $a:b=4:5$이므로 $\overline{AD}:\overline{EF}=4:5$이다.

$\overline{EF}/\!/\overline{BC}$이므로 △PFE∽△PBC이 되어

△PFE와 △PBC의 높이의 비는

$\overline{EF}:\overline{CB}=b:2a=\frac{5}{4}a:2a=5:8$ (㉠에서)

따라서, $\triangle PBC=\frac{1}{2}\times2a\times\frac{8}{13}y$

$=a\times\frac{8}{13}\times3k=\frac{24}{13}ak$이고

□ABCD$=\frac{3}{2}a(x+y)=\frac{3}{2}a\times4k=6ak$

따라서, $\frac{\triangle PBC}{\square ABCD}=\frac{\frac{24}{13}ak}{6ak}=\mathbf{\frac{4}{13}}$

14 오른쪽 그림과 같이
$\overline{OA}=\overline{CE}=\overline{GC}=a$,
$\overline{OB}=\overline{DF}=\overline{HD}=c$
라 하면 △OEF와 △OGH가 닮음이므로 $\dfrac{\overline{OE}}{\overline{OG}}=\dfrac{\overline{OF}}{\overline{OH}}$

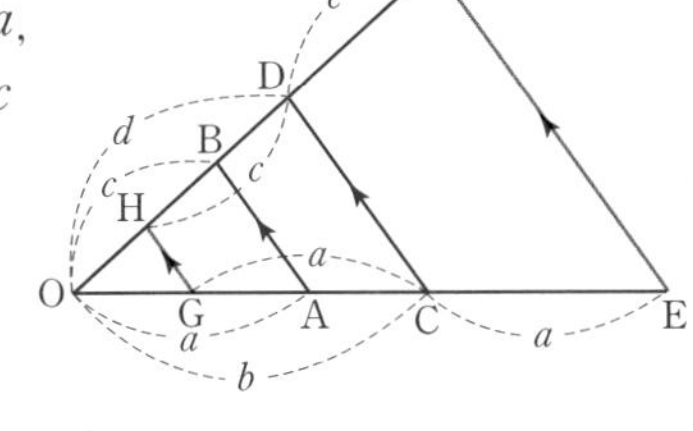

따라서, $\dfrac{a+b}{b-a}=\dfrac{c+d}{d-c}$ 이다.

15 $\dfrac{\overline{AC}}{\overline{CB}}=\dfrac{\overline{QC}}{\overline{CP}}=\dfrac{\overline{BC}}{\overline{CD}}$ 인 점 D를 $\overline{AB}$ 위에 잡으면

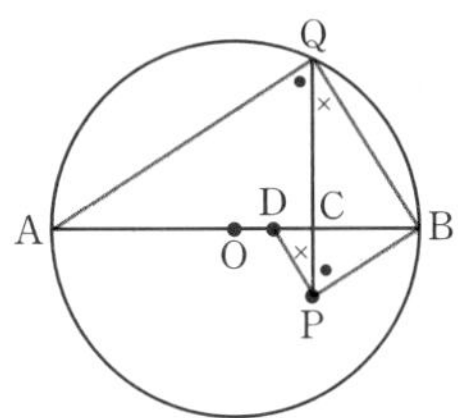

△ACQ와 △BCP에서
∠ACQ=∠BCP
(맞꼭지각)
$\overline{AC}:\overline{BC}=\overline{CQ}:\overline{CP}$이므로
△ACQ∽△BCP(SAS닮음)
즉, ∠AQC=∠BPC이다.
△BCQ와 △DCP에서
∠BCQ=∠DCP(맞꼭지각)이고
$\overline{QC}:\overline{PC}=\overline{BC}:\overline{DC}$이므로
△BCQ∽△DCP(SAS닮음)
즉, ∠BQC=∠DPC이다.
$\overline{AB}$가 원 O의 지름이므로
∠AQB=90°
=∠AQC+∠BQC
=∠BPC+∠DPC=∠BPD
따라서, 점 P의 자취는 $\overline{BD}$를 지름으로 하는 원주 위에 있다.

16 $\overline{DE}/\!/\overline{AB}$, $\overline{GF}/\!/\overline{BC}$, $\overline{MN}/\!/\overline{AC}$이므로
△DPG∽△ABC,
△MFP∽△ABC,
△PEN∽△MFP이고
△DPG, △MFP, △PEN의 닮음비를 $a:b:c$라고 하면
$\overline{DP}=5a$, $\overline{MF}=5b$, $\overline{PE}=5c$,
$\overline{PG}=6a$, $\overline{FP}=6b$, $\overline{EN}=6c$,
$\overline{GD}=7a$, $\overline{PM}=7b$, $\overline{NP}=7c$라고 할 수 있다.
따라서, $\overline{AB}=\overline{AM}+\overline{MF}+\overline{FB}$
$=\overline{DP}+\overline{MF}+\overline{PE}$이므로
$5=5a+5b+5c$에서
$a+b+c=1$ ……㉠

$\overline{DE}=\overline{FG}=\overline{MN}$이므로
$\overline{DP}+\overline{PE}=\overline{FP}+\overline{PG}=\overline{PM}+\overline{NP}$
$5a+5c=6b+6a=7b+7c$ ……㉡
㉠, ㉡을 풀면 $a=\dfrac{47}{107}$, $b=\dfrac{23}{107}$, $c=\dfrac{37}{107}$
따라서, $\overline{AM}:\overline{MF}:\overline{FB}=\overline{DP}:\overline{MF}:\overline{PE}$
$=a:b:c$
$=\mathbf{47:23:37}$

17 오른쪽 그림과 같이 선분 AC를 그어 $\overline{EF}$와 만나는 점을 R라 하자.
$\overline{AE}:\overline{AB}=x:1$이라고 할 때
$\overline{AE}:\overline{AB}=\overline{DF}:\overline{DC}$
$=x:1$
이므로 $\overline{AE}=10x$, $\overline{DF}=11x$
$\overline{EB}:\overline{AB}=\overline{FC}:\overline{DC}=(1-x):1$이므로
$\overline{EB}=10(1-x)$, $\overline{FC}=11(1-x)$
이때,
(□AEFD의 둘레의 길이)=(□EBCF의 둘레의 길이)
이므로
$8+10x+\overline{EF}+11x$
$=10(1-x)+15+11(1-x)+\overline{EF}$
에서 $21x+8=36-21x$, $42x=28$, $x=\dfrac{2}{3}$
따라서, $\overline{AE}:\overline{EB}=10\times\dfrac{2}{3}:10\left(1-\dfrac{2}{3}\right)=2:1$
△ABC에서
$\overline{ER}:\overline{BC}=\overline{AE}:\overline{AB}$이므로
$\overline{ER}:15=2:3$, $3\overline{ER}=30$, $\overline{ER}=10$(cm)
△CDA에서
$\overline{FR}:\overline{AD}=\overline{CF}:\overline{CD}$이므로
$\overline{FR}:8=1:3$, $3\overline{FR}=8$, $\overline{FR}=\dfrac{8}{3}$(cm)
따라서, $\overline{EF}=\overline{ER}+\overline{FR}=10+\dfrac{8}{3}$
$=\mathbf{\dfrac{38}{3}}$**(cm)**

P. 202~203

올림피아드 대비 문제

1 풀이 참조 **2** $\dfrac{3}{4}$ **3** $\dfrac{3}{8}$
4 335바퀴, P_5위치

1 삼각형의 중점연결정리에 의해

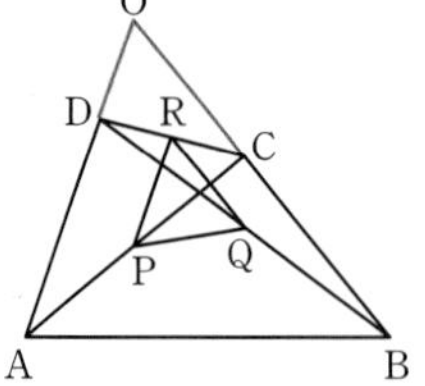

$\overline{PR} /\!/ \overline{AD}$,

$\overline{PR}=\frac{1}{2}\overline{AD}$이고

$\overline{RQ} /\!/ \overline{CB}$, $\overline{RQ}=\frac{1}{2}\overline{CB}$이다.

$\angle A+\angle B=120^\circ$이므로

$\overline{AD}$와 $\overline{BC}$의 연장선의 교점을 O라 할 때, $\angle AOB=60^\circ$가 된다.

$\overline{PR} /\!/ \overline{AD}$, $\overline{RQ} /\!/ \overline{CB}$이므로

$\angle PRQ=60^\circ$이다.

$\overline{AD}=\overline{BC}$, $\overline{PR}=\frac{1}{2}\overline{AD}$, $\overline{RQ}=\frac{1}{2}\overline{CB}$이므로

$\overline{PR}=\frac{1}{2}\overline{AD}=\frac{1}{2}\overline{BC}=\overline{RQ}$

$\triangle PQR$에서

$\angle PRQ=60^\circ$, $\overline{PR}=\overline{RQ}$이다.

따라서, $\triangle PQR$는 정삼각형이다.

$\overline{AD}=\overline{BC}$, $\angle A+\angle B=120^\circ$인 사각형을 'Equilic 사각형'이라고 한다.

2 삼각형의 중점연결정리에 의해

$\overline{MN} /\!/ \overline{BC}$, $\overline{MN}=\frac{1}{2}\overline{BC}$이므로

$\triangle EDN \backsim \triangle EBC$(AA닮음)

즉, $\overline{DN}:\overline{BC}=\overline{EN}:\overline{EC}$이므로

$\overline{DN}:4=(\overline{EC}-\overline{NC}):\overline{EC}$

$=(x-2):x$에서

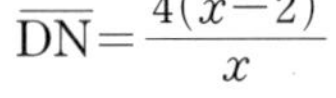

$\overline{DN}=\frac{4(x-2)}{x}$ ……㉠

또한, $\triangle FMD \backsim \triangle FBC$(AA닮음)이므로

$\overline{MD}:\overline{BC}=\overline{FM}:\overline{FB}$

$\overline{MD}:4=(\overline{FB}-\overline{MB}):\overline{FB}=(y-2):y$에서

$\overline{MD}=\frac{4(y-2)}{y}$ ……㉡

$\overline{MN}=\frac{1}{2}\overline{BC}=\frac{1}{2}\times 4=2$이므로

㉠, ㉡에 의하여

$\overline{MN}=\overline{MD}+\overline{DN}$

$=\frac{4(y-2)}{y}+\frac{4(x-2)}{x}=2$

$\frac{y-2}{y}+\frac{x-2}{x}=\frac{1}{2}$, $1-\frac{2}{y}+1-\frac{2}{x}=\frac{1}{2}$

$2-2\left(\frac{1}{x}+\frac{1}{y}\right)=\frac{1}{2}$, $2\left(\frac{1}{x}+\frac{1}{y}\right)=\frac{3}{2}$

따라서, $\frac{1}{x}+\frac{1}{y}=\frac{3}{4}$이므로

k의 값은 $\mathbf{\frac{3}{4}}$이다.

3 오른쪽 그림과 같이 정사각형의 한 변의 길이를 $2a$라 놓고, $\overline{BC}$와 $\overline{AM}$의 연장선의 교점을 G, $\overline{EM}$의 연장선과의 교점을 F라 하면

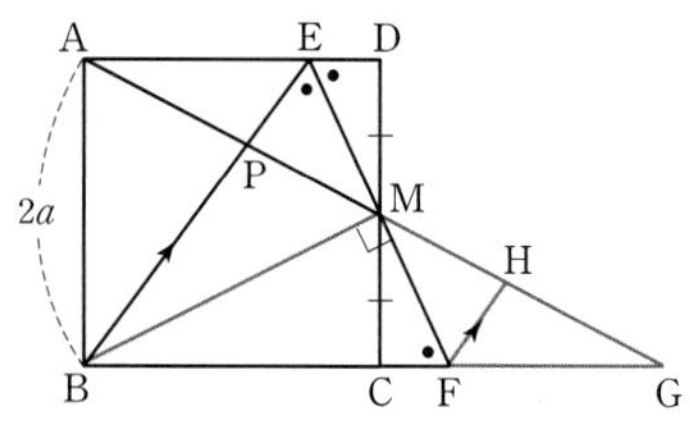

$\triangle EDM \equiv \triangle FCM$(ASA합동)이므로

$\angle DEM=\angle CFM$이다.

$\triangle BEF$에서 $\angle BEF=\angle BFE$이므로 이등변삼각형이고

점 M은 이등변삼각형의 밑변의 중점이므로

$\overline{BM}\perp\overline{EF}$이다.

$\triangle BMF$에서

$\overline{MC}^2=\overline{BC}\cdot\overline{CF}$이므로 $a^2=2a\cdot\overline{CF}$

즉, $\overline{CF}=\frac{a}{2}$

또, $\triangle ADM \equiv \triangle GCM$(ASA합동)이므로

$\overline{CG}=\overline{DA}=2a$

따라서, $\overline{FG}=\overline{CG}-\overline{CF}=2a-\frac{a}{2}=\frac{3}{2}a$

점 F에서 $\overline{BE}$와 평행한 선을 그어 $\overline{AG}$와 만나는 점을 H라 하면 $\triangle GFH \backsim \triangle GBP$(AA닮음)이므로

$\overline{FH}:\overline{BP}=\overline{GF}:\overline{GB}=\frac{3}{2}a:4a=3:8$

$\triangle MPE \equiv \triangle MHF$(ASA합동)이므로 $\overline{PE}=\overline{HF}$

즉, $\overline{PE}:\overline{BP}=\overline{FH}:\overline{BP}=3:8$이므로

$\frac{\overline{PE}}{\overline{BP}}=\mathbf{\frac{3}{8}}$이다.

4 메뚜기의 점프는 점대칭 이동이다.

$\triangle P_1PP_2$와 $\triangle P_4P_3P_5$에서 삼각형의 중점연결정리에 의해

$\overline{PP_2} /\!/ \overline{AB} /\!/ \overline{P_3P_5}$,

$\overline{PP_2}=2\overline{AB}=\overline{P_3P_5}$

따라서, $\square PP_3P_5P_2$는 평행사변형이다.

$\overline{P_6C}=\overline{P_5C}$, $\overline{P_3C}=\overline{P_2C}$이므로

$\square P_6P_3P_5P_2$도 평행사변형이 된다.

따라서, P와 P_6은 같은 점이 된다.

따라서, 메뚜기는 6번째 점프에서 처음 출발점 P에 다시 돌아온다.

$P_{2015}=P_{6\times335+5}$이므로 같은 자리를 **335바퀴** 돌아 **P_5위치**에 오게 된다.

교과서 외의 경시

P. 208~213

특목고 대비 문제

1 풀이 참조	**2** 풀이 참조	**3** 풀이 참조
4 풀이 참조	**5** 8개 반	**6** 풀이 참조
7 풀이 참조	**8** 풀이 참조	**9** 풀이 참조

10 4개 **11** -1 **12** $a=0$일 때 0, $0<a<1$일 때 -1
13 246 **14** 97 **15** 0 또는 8 **16** 1개
17 882

1 오른쪽 그림과 같이 삼각형 ABC의 각 변의 중점을 잡아 D, E, F라고 하면 한 변의 길이가 1인 정삼각형 4개가 되며, 4개의 삼각형 내부에 있는 점의 거리는 1을 넘지 못한다.

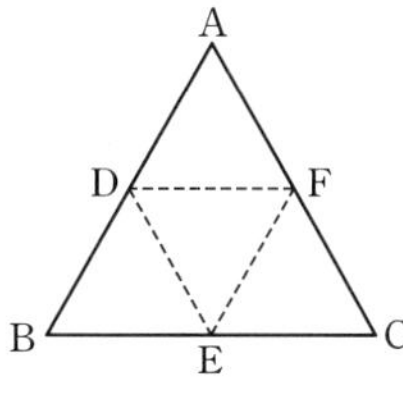

따라서, 다섯 개의 점은 4개의 삼각형의 내부에 적어도 2개의 점이 존재하게 되므로 두 점 사이의 거리가 1보다 작은 두 점이 반드시 존재하게 된다.

2 모든 자연수는 $2^k\times a(k\geq 0,\ a$는 홀수)의 꼴로 나타낼 수 있다. 1에서 100까지의 각 수에 대하여 a는 $1, 3, 5, \cdots, 99$ 중의 하나인데, 51개를 뽑으면 같은 a를 가지는 두 수가 존재한다. 그 두 수를 $p=2^r\times a$와 $q=2^s\times a(r<s)$라 하면 q는 p로 나누어 떨어진다.
따라서, 1에서 100까지의 정수 중에서 51개를 뽑으면 그 중 하나가 다른 하나로 나누어 떨어지는 두 수가 반드시 존재하게 된다.

3 학생의 수는 37명이고, 일년은 12개월이다.
3명씩 다른 달에 생일이라고 생각하더라도 36명 밖에 될 수 없으므로 비둘기집의 원리에 의해 37명의 학생 중 적어도 4명은 같은 달에 생일이 있게 된다.

4 n과 $n+1$은 서로소이며, 1은 다른 수와 서로소이다.
$(1, 2), (3, 4), (5, 6), \cdots, (2n-1, 2n)$은 각각 서로소이며, 이것은 n쌍이다.
각 쌍에서 한 개씩 꺼내면 n개인데, $n+1$개를 꺼내고자 하면 같은 쌍에서 두 개를 꺼내어야 한다.
따라서, 서로소인 두 정수가 반드시 나오게 된다.

5 36명의 학생을 5명으로 나누면 몫이 7을 넘게 된다. 즉, 7개 반이라고 한다면 6명 이상은 항상 작년과 같은 반이 될 것이다.
따라서, 8개 반인 경우 같은 반의 학생이 최대한 5명까지는 항상 나오게 되므로 이 학교는 최대 **8개 반**까지 가능하게 된다.

6 영준이의 생일에 초대되어 온 사람은 영준이를 알게 되므로, 모두 한 사람 이상은 알고 있는 것이다.
따라서, 영준이를 포함한 11명의 아는 친구의 수는 1부터 10까지로 10가지이다.
그러므로 비둘기집의 원리에 의해 아는 친구들의 수가 같은 사람이 적어도 2명은 존재하게 된다.

7 먼저 n개의 합
$a_1, a_1+a_2, a_1+a_2+a_3, \cdots, a_1+a_2+\cdots+a_n$
을 생각해 보면
이들 중 어느 것이 n으로 나누어지면 되는 것이다.
만약 그렇지 않다면, 이들을 n으로 나누면 나머지는 $1, 2, \cdots, n-1$ 중에 있다.
n개의 합이 $n-1$개의 나머지와 대응하게 되므로 비둘기집의 원리에 의해 적어도 같은 나머지를 갖는 두 개의 합이 있어야 한다. 그것을 $a_1+a_2+\cdots+a_p$와 $a_1+a_2+\cdots+a_q$ $(p<q<n)$라 하고 그 나머지를 r라 하면
$a_1+a_2+\cdots+a_p=bn+r$,
$a_1+a_2+\cdots+a_q=cn+r$
를 만족하는 정수 b, c가 존재한다.
이때, 두 식을 빼면 $a_{p+1}+\cdots+a_q=(c-b)n$이므로 $a_{p+1}+\cdots+a_q$는 n으로 나누어 떨어진다.
따라서, n개의 정수 중 그 합이 n으로 나누어 떨어지는 것이 존재한다.

8 귀류법에 의해 만약 모든 $i(i=1, 2, \cdots, n)$에 대해 $m_i\leq r$라 하면
$$\frac{m_1+m_2+\cdots+m_n}{n}\leq\frac{r+r+\cdots+r}{n}=\frac{nr}{n}=r$$
가 되어 모순이다.
따라서, m_i 중 적어도 하나는 r보다 크다.

9 원주 위에 나열된 한 수열을 $a_1, a_2, \cdots, a_{10}$이라 하면 이웃한 세 수를 잡을 수 있는 경우는
$\{a_1, a_2, a_3\}, \{a_2, a_3, a_4\}, \cdots, \{a_{10}, a_1, a_2\}$로 모두 10개이고
$$a_1+a_2+\cdots+a_{10}=0+1+2+\cdots+9=\frac{9\times 10}{2}=45$$
이므로 각 부분집합의 원소의 합 10개를 모두 합하면 $a_i(i=1, 2, \cdots, 10)$가 모두 세 번씩 들어 있으므로 $45\times 3=135$이다.

이때, 각 부분집합의 원소의 합 10개의 평균은 $\frac{135}{10}=13.5$이고 이 합들은 정수이며 모두 같지는 않으므로 평균보다 큰 수가 존재한다.
따라서, 세 숫자의 합이 13이 넘는 것이 존재한다.

10 $\left[3-\frac{x}{2}\right]$의 값은 정수이므로 1과 4 사이의 정수는 2와 3이다.

(i) $\left[3-\frac{x}{2}\right]=2$인 경우, $2\le 3-\frac{x}{2}<3$이므로

$-1\le -\frac{x}{2}<0$에서 $0<x\le 2$

(ii) $\left[3-\frac{x}{2}\right]=3$인 경우, $3\le 3-\frac{x}{2}<4$이므로

$0\le -\frac{x}{2}<1$에서 $-2<x\le 0$

(i), (ii)를 만족하는 정수 x는 -1, 0, 1, 2의 **4개**이다.

11 $2<x<3$이므로 $[x]=2$이고,
$-2<-x+1<-1$이므로 $[-x+1]=-2$

따라서, $\frac{[x]}{x-[x]}-\frac{x}{[-x+1]+x}=\frac{2}{x-2}-\frac{x}{-2+x}$

$=\frac{2-x}{x-2}=\mathbf{-1}$

12 $x=n+\alpha$(단, n은 정수, $0\le\alpha<1$)라 하면
$-x=-n-1+1-\alpha$
$0<1-\alpha\le 1$이므로
$[x]+[-x]=n+[-n-1+1-\alpha]$
$=n-n-1+[1-\alpha]=-1+[1-\alpha]$
그러므로 $\alpha=0$일 때, $-1+[1-\alpha]=-1+1=0$
$0<\alpha<1$일 때, $-1+[1-\alpha]=-1+0=-1$
따라서, **$\alpha=0$일 때 0, $0<\alpha<1$일 때 -1**

13 $\left[2.45+\frac{k}{100}\right]=\left[\frac{245+k}{100}\right]$라 하면

(i) $1\le k\le 54$일 때, $\left[2.45+\frac{k}{100}\right]=2$

(ii) $55\le k\le 100$일 때, $\left[2.45+\frac{k}{100}\right]=3$

(i), (ii)에서 구하는 식은
$2\times 54+3\times 46=108+138=\mathbf{246}$

14 100!은 1부터 100까지의 자연수를 곱한 것이다.
2의 배수들의 개수를 생각하면 4의 경우는 2가 2개, 8의 경우는 2가 3개가 된다.

즉, 2의 배수에서 2의 개수는 $\left[\frac{100}{2}\right]$개,

4의 배수에서 2의 개수는 $\left[\frac{100}{2^2}\right]$개,

8의 배수에서 2의 개수는 $\left[\frac{100}{2^3}\right]$개,

16의 배수에서 2의 개수는 $\left[\frac{100}{2^4}\right]$개,

32의 배수에서 2의 개수는 $\left[\frac{100}{2^5}\right]$개,

64의 배수에서 2의 개수는 $\left[\frac{100}{2^6}\right]$개이다.

따라서, 2의 배수의 개수는

$\left[\frac{100}{2}\right]+\left[\frac{100}{2^2}\right]+\left[\frac{100}{2^3}\right]+\left[\frac{100}{2^4}\right]+\left[\frac{100}{2^5}\right]+\left[\frac{100}{2^6}\right]$

$=50+25+12+6+3+1=97$

따라서, $a=\mathbf{97}$

15 $\langle 1\rangle=1-10\left[\frac{1}{10}\right]=1-10\cdot 0=1$

$\langle 2\rangle=2-10\left[\frac{2}{10}\right]=2-10\cdot 0=2$

$\langle 3\rangle=3-10\left[\frac{3}{10}\right]=3-10\cdot 0=3$

⋮

$\langle 11\rangle=11-10\left[\frac{11}{10}\right]=11-10\cdot 1=1$

$\langle 12\rangle=12-10\left[\frac{12}{10}\right]=12-10\cdot 1=2$

⋮

따라서, $\langle x\rangle$의 값은 x를 10으로 나눈 나머지, 즉 x의 일의 자리 수를 나타낸다. 그러므로 $\langle 9^n-1\rangle$의 값은 9^n-1의 일의 자리 수를 나타낸다.
n이 홀수일 때, 9^n의 일의 자리 수는 9이고, n이 짝수일 때, 9^n의 일의 자리 수는 1이므로 $9^{(\text{홀수})}-1$의 일의 자리 수는 8이 되고, $9^{(\text{짝수})}-1$의 일의 자리 수는 0이 된다.
따라서, $\langle 9^n-1\rangle$의 값은 **0 또는 8**이다.

16 $x=n+h$(n은 정수, $0\le h<1$)라 하면

(i) $0\le h<\frac{2}{3}$일 때,

$\left[x-\frac{2}{3}\right]=n-1$, $\left[x+\frac{1}{3}\right]=n$이므로

(주어진 식)$=(n-1)+n=5$에서 $n=3$

따라서, $3\le x<\frac{11}{3}$

(ii) $\frac{2}{3}\le h<1$일 때,

$\left[x-\frac{2}{3}\right]=n$, $\left[x+\frac{1}{3}\right]=n+1$이므로

(주어진 식)$=n+(n+1)=5$에서 $n=2$

따라서, $\frac{8}{3}\le x<3$

(i), (ii)에서 $\frac{8}{3}\le x<\frac{11}{3}$

따라서, 구하는 정수 x는 3으로 **1개**이다.

17 $a_1=\left[\frac{1}{5}\right]+\left[\frac{2}{5}\right]+\left[\frac{3}{5}\right]+\left[\frac{4}{5}\right]$

$=0+0+0+0=0$

$a_2=\left[\frac{2}{5}\right]+\left[\frac{4}{5}\right]+\left[\frac{6}{5}\right]+\left[\frac{8}{5}\right]$

$=0+0+1+1=2$

$a_3=\left[\frac{3}{5}\right]+\left[\frac{6}{5}\right]+\left[\frac{9}{5}\right]+\left[\frac{12}{5}\right]$

$=0+1+1+2=4$

$a_4=\left[\frac{4}{5}\right]+\left[\frac{8}{5}\right]+\left[\frac{12}{5}\right]+\left[\frac{16}{5}\right]$

$=0+1+2+3=6$

$a_5=[1]+[2]+[3]+[4]=1+2+3+4=10$

따라서, $k=1,\ 2,\ 3,\ 4,\ 5$와 $p=1,\ 2,\ 3,\ 4,\ 5$에 대하여 a_{5k+p}의 값은

$a_{5k+p}=\left[k+\frac{p}{5}\right]+\left[2k+\frac{2p}{5}\right]+\left[3k+\frac{3p}{5}\right]+\left[4k+\frac{4p}{5}\right]$

$=10k+a_p$

따라서,

$a_1+a_2+\cdots+a_{30}=(a_1+\cdots+a_5)+(a_6+\cdots+a_{10})+\cdots+(a_{26}+\cdots+a_{30})$

$=(a_1+a_2+\cdots+a_5)+10\times1\times5+(a_1+\cdots+a_5)+\cdots+10\times5\times5+(a_1+\cdots+a_5)$

$=6(a_1+a_2+\cdots+a_5)+10\times5\times(1+2+3+4+5)$

$=6\times22+10\times5\times15=$**882**

P. 214

특목고 구술 · 면접 대비 문제

1 풀이 참조	**2** 풀이 참조	**3** 8

1 $[2x]$는 x의 값이 $\frac{1}{2}$씩 증가 또는 감소할 때 값이 변하므로 $\frac{1}{2}$을 단위로 생각해본다.

$x=n+h$(n은 정수, $0\le h<1$)라 하면

(i) $0\le h<\frac{1}{2}$일 때,

$0\le 2h<1,\ \frac{1}{2}\le h+\frac{1}{2}<1,\ -\frac{1}{2}\le h-\frac{1}{2}<0$이므로

$[2x]=2[x]$ ……㉠

$\left[x+\frac{1}{2}\right]=[x],\ \left[x-\frac{1}{2}\right]=[x]-1$이므로

$\left[x+\frac{1}{2}\right]+\left[x-\frac{1}{2}\right]=2[x]-1$ ……㉡

㉠, ㉡에서

$[2x]=2[x]\neq\left[x+\frac{1}{2}\right]+\left[x-\frac{1}{2}\right]$

(ii) $\frac{1}{2}\le h<1$일 때,

$1\le 2h<2,\ 1\le h+\frac{1}{2}<\frac{3}{2},\ 0\le h-\frac{1}{2}<\frac{1}{2}$이므로

$[2x]=2[x]+1$ ……㉢

$\left[x+\frac{1}{2}\right]=[x]+1,\ \left[x-\frac{1}{2}\right]=[x]$이므로

$\left[x+\frac{1}{2}\right]+\left[x-\frac{1}{2}\right]=2[x]+1$ ……㉣

㉢, ㉣에서

$[2x]=\left[x+\frac{1}{2}\right]+\left[x-\frac{1}{2}\right]\neq2[x]$

따라서, **$x=n+h$라 할 때, $0\le h<\frac{1}{2}$이면 $[2x]$와 $2[x]$가 같고, $\frac{1}{2}\le h<1$이면 $[2x]$와 $\left[x+\frac{1}{2}\right]+\left[x-\frac{1}{2}\right]$이 같다.**

2 오른쪽 그림과 같이 한 변의 길이가 1인 정삼각형을 그리면 삼각형의 개수는 1, 3, 5, 7, …, $2n-1$개이다.

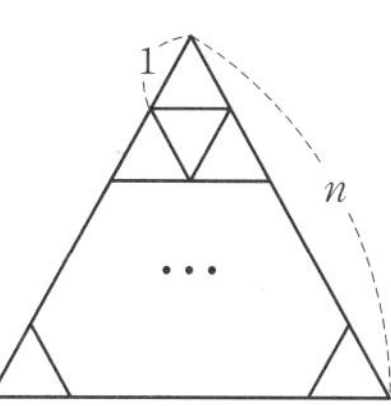

각 삼각형에 점을 하나씩 넣으면 점의 개수는

$1+3+5+\cdots+(2n-1)=\frac{n(1+2n-1)}{2}$

$=n^2$(개)

이므로 적어도 2개의 점은 한 변의 길이가 1인 정삼각형 안에 있어야 한다.

따라서, 두 점 사이의 거리가 1보다 작거나 같은 두 점이 반드시 존재하게 된다.

3 $[|x|]$의 값은 0보다 크거나 같은 정수이므로 합이 1이 되기 위해서는 $[|x|]=0$과 $[|x|]=1$인 경우로 나누어 생각해 보면 된다.

(i) $[|x|]=0$인 경우, $[|y|]=1$이어야 하므로

$0\le x<1$ 또는 $-1<x\le0$이면

$-2<y\le-1$ 또는 $1\le y<2$이다.

(ii) $[|x|]=1$인 경우, $[|y|]=0$이어야 하므로,

$1\le x<2$ 또는 $-2<x\le-1$이면

$-1<y\le0$ 또는 $0\le y<1$이다.

(i), (ii)의하여 x, y의 영역을 그래프에 나타내면 오른쪽 그림의 색칠한 부분과 같다.

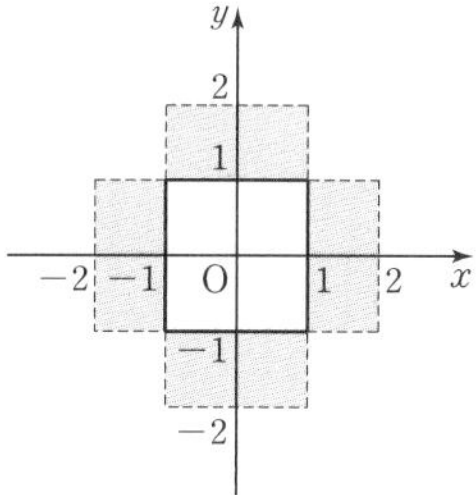

따라서, $2\times4=8$이다.

Memo